U0783694

高等院校应用型本科智能制造领域"十三五"规划教材

工程材料及应用

主　编　李爱农　刘钰如
副主编　王华敏　李振纲　李继强
　　　　张琳琅　徐　文　常万顺
主　审　余世浩

华中科技大学出版社
中国·武汉

内 容 简 介

本书主要介绍了材料的性能,材料的结构与结晶,材料的成分、组织与性能之间的关系及其变化规律,阐述了强化材料的几种手段(控制结晶、塑性变形、热处理和合金化)的基本原理,系统介绍了工程材料的分类及常用牌号、合理选择材料、正确设计热处理方案等基本知识。通过对本书知识内容的学习,读者能较系统地掌握与工程材料相关的知识与技能,从而为专业学习和技术应用打下基础。本书适合高等院校机械类和近机械类专业的学生作为技术基础课教材,也可供工程技术人员参考。

图书在版编目(CIP)数据

工程材料及应用/李爱农,刘钰如主编. —武汉:华中科技大学出版社,2019.1(2025.1重印)
高等院校应用型本科智能制造领域"十三五"规划教材
ISBN 978-7-5680-4852-1

Ⅰ.①工… Ⅱ.①李… ②刘… Ⅲ.①工程材料-高等学校-教材 Ⅳ.①TB3

中国版本图书馆 CIP 数据核字(2018)第 292017 号

工程材料及应用
Gongcheng Cailiao ji Yingyong

李爱农　刘钰如　主编

策划编辑:余伯仲
责任编辑:刘　飞
封面设计:原色设计
责任监印:周治超
出版发行:华中科技大学出版社(中国·武汉)　　电话:(027)81321913
　　　　　武汉市东湖新技术开发区华工科技园　　邮编:430223
录　　排:武汉市洪山区佳年华文印部
印　　刷:武汉邮科印务有限公司
开　　本:787mm×1092mm　1/16
印　　张:17
字　　数:418千字
版　　次:2025年1月第1版第2次印刷
定　　价:49.80元

华中出版

前　　言

工程材料课程是机械类专业(机械工程、机械设计制造及其自动化、材料成型及控制工程、机械电子工程、车辆工程、汽车服务工程、能源与动力工程、测控技术与仪器、工业工程等专业)和近机械类专业(包装工程、自动化、电气工程及自动化等专业)的技术基础课。

随着科学技术的发展和社会的进步,在产品设计与制造过程中,会遇到越来越多的材料及材料加工方面的问题,这就要求工程技术人员必须掌握必要的材料科学与材料工程知识,具备正确选择材料及其加工方法、合理安排加工工艺路线的能力。为了使高等工科院校机械类专业学生较扎实地掌握工程材料应用的基础知识与技能,作者编写了《工程材料及应用》一书。

全书包括绪论,材料的性能,晶体结构与结晶,二元合金及铁碳相图,金属的塑性变形与强化,钢的热处理,工业用钢的结构性能,高分子材料、陶瓷材料和复合材料的性能特点及应用等。

本书由武汉华夏理工学院李爱农、武汉科技大学城市学院刘钰如担任主编,由武汉科技大学城市学院王华敏,华北电力大学科技学院李振纲,浙江大学宁波理工学院李继强,武汉华夏理工学院张琳琅,武汉科技大学城市学院徐文,武汉华夏理工学院常万顺担任副主编。具体分工如下:绪论、第 5 章(钢的热处理)由李爱农编写,第 1 章(材料的性能)由王华敏编写,第 2 章(材料的晶体结构与结晶)由徐文编写,第 3 章(合金的结晶与二元相图)由刘钰如编写,第 4 章(金属的塑性变形与强化)、第 9 章(高分子材料)、第 10 章(陶瓷材料)和第 11 章(复合材料)由李继强编写,第 6 章(工业用钢)由李振纲编写,第 7 章(铸铁)、第 8 章(非铁金属及其合金)由张琳琅编写,第 12 章(工程材料的选用)由常万顺编写。本书由李爱农统稿,由武汉华夏理工学院余世浩教授担任主审。

在本书编写过程中,参考和引用了一些已出版图书和期刊中的有关内容,在此,编者对所引用文献的原作者及所有付出辛勤劳动的人员表示衷心的感谢!本书所含数字资源由东北师范大学理想软件股份有限公司提供,感谢相关工作人员的支持和付出。

由于编者水平有限,书中难免会存在疏漏与不足之处,请广大读者不吝赐教,我们将不胜感激!若有具体反馈意见请联系华中科技大学出版社余伯仲编辑。联系电话:027-81339688。电子邮箱:bzyu158@163.com。

编　者
2018 年 11 月

目　　录

绪　　论

材料是用于制造器件、构件和产品的物质。随着科学技术的飞速发展，材料、能源、信息和生物技术已成为现代科学技术的四大支柱和新技术革命的重要标志。

如今，材料已成为国民经济建设、国防建设和人民生活的重要组成部分，而能源和信息的发展，在一定程度上依赖于材料的进步。例如，涡轮增压发动机比常规发动机在缸体强度和耐热性方面的要求更高，如采用新型高温结构陶瓷制成的发动机可节省燃油约 30%、效率提高约 50%，由此可见，新材料的应用提高了现有能源的利用率。而半导体材料、传感材料和光纤材料的开发应用，促进了信息技术的快速发展和社会进步。与此同时，新型产业的发展，无不依赖着材料的进步。例如，海洋开发的探测设备及各种深潜装置需要耐压、耐蚀的新型结构材料；卫星和太空站等需要轻质高强的高性能材料；医学中制造人工骨骼、人工脏器等需要采用具有特殊功能并能与人体相容的生物材料。

由于材料在人类社会发展中的重要作用，许多发达国家都把材料科学作为重点发展的学科，而材料的品种、数量和质量也成了衡量一个国家综合国力的重要标志。

0.1　材料与材料科学

1. 材料及其技术发展

材料是人类赖以生存和发展的物质基础。从日常生活器具到高技术产品，从日常生活用品、机械装备、电子电器到复杂的高铁系统、大飞机、智能控制系统，乃至卫星、航天飞机等，都是用各种材料制造而成或由其加工的零件组装而成的。

人类社会的发展历程，是以材料为主要标志的。据此历史学家将人类历史划分为石器时代、青铜器时代、铁器时代、钢铁时代，等等。100 万年以前，人类以石头作为工具，那个时期称为旧石器时代。1 万年以前，人类对石器进行加工，使之成为器皿和精致的工具，从而进入新石器时代。新石器时代后期，出现了利用黏土烧制的陶器。人类在寻找石器的过程中认识了矿石，并在烧陶生产中发展了冶铜术，开创了冶金技术。公元前 5000 年，人类进入青铜器时代。公元前 1200 年，人类开始使用铸铁，从而进入了铁器时代。18 世纪，钢铁工业的发展，成为产业革命的重要内容和物质基础。19 世纪中叶，现代平炉和转炉炼钢技术的出现，使人类真正进入了钢铁时代。与此同时，铜、铅、锌也得到大量应用，铝、镁、钛等金属相继问世并得到应用。直到 20 世纪中叶，金属材料在材料工业中一直占有主导地位。

随着科学技术的迅猛发展，新材料又出现了划时代的变化：

（1）人工合成高分子材料问世，并得到广泛应用。先后出现尼龙、聚乙烯、聚丙烯、聚四氟乙烯等材料，以及维尼纶、合成橡胶、新型工程塑料、高分子合金和功能高分子材料等。仅半个世纪，高分子材料已与有上千年历史的金属材料并驾齐驱，并在年产量的体积上超过了钢铁，成为国民经济、国防尖端科学和高科技领域不可缺少的材料。

（2）陶瓷材料的发展。陶瓷是人类最早利用自然界所提供的原料制造而成的材料。20世纪 50 年代，合成化工原料和特殊制备工艺的发展，使陶瓷材料产生了一个飞跃，出现了从传统陶瓷向先进陶瓷的转变，许多新型功能陶瓷形成了产业，满足了电力、电子技术和航天技术的发展和需要。

（3）结构材料的发展，推动了功能材料的进步。20 世纪初，人们开始对半导体材料进行研究，50 年代制备出锗单晶，后又制备出硅单晶和化合物半导体等，使电子技术领域由电子管发展到晶体管、集成电路、大规模和超大规模集成电路。半导体材料的应用和发展，使人类社会进入到信息时代。

（4）现代材料科学技术的发展，促进了金属、非金属无机材料和高分子材料之间的密切联系，从而出现了一个新的材料领域——复合材料。复合材料以一种材料为基体，另一种或几种材料为增强体，可获得比单一材料更优越的性能。复合材料作为高性能的结构材料和功能材料，不仅可用于航空航天领域，而且在现代民用工业、能源技术和信息技术方面不断扩大应用。

2. 材料科学的形成

从简单的利用天然材料、冶铜炼铁到使用热处理工艺，人类对材料的认识逐步深入。18世纪中期以纺织机和蒸汽机为代表的欧洲工业革命，使人们对材料质量和数量的要求越来越高，促进了材料科学快速发展。1863 年光学显微镜首次应用于金属研究，诞生了金相学，使人类步入到材料微观世界，能够将材料的宏观性能与微观组织联系起来，标志着材料研究从经验走向科学。1912 年发现了 X 射线对晶体的衍射作用，并用于分析研究，使人类对固体材料微观结构的认识从最初的假想发展到科学的现实。

到 19 世纪末，晶体的 230 种空间群被确定，至此人们已经可以完全用数学的方法来描述晶体的几何特征。1932 年电子显微镜的出现把人们带到了微观世界的更深层次（10^{-7} m）。1934 年位错理论的提出，解决了晶体理论计算强度与实验测得的实际强度之间存在巨大差别的问题，对于人们认识材料的力学性能及设计高强度材料具有划时代的意义。

一些与材料有关的基础学科（如固体物理、量子力学、化学等）的发展，有力地促进了材料研究的深化，到 20 世纪中期，形成了一门系统的学科——材料科学与工程。材料科学与工程是一门以材料为研究对象的学科，它以凝聚态物理和物理化学、晶体学为理论基础，结合冶金、机械和化工等领域的研究成果，探讨和研究材料的成分、加工工艺、组织结构与性能各要素之间的内在联系及变化规律，如图 0.1 所示。

（1）材料的性能　它是与材料的成分、组织结构以及加工工艺密切相关的。在实际工作中，还需联系具体器件或构件的使用要求，力求用经济合理的办法制造出有效的器件或构件。材料科学与工程这一学科的研究内容包括：材料的化学组成、结构与性能之间的关系，材料的形成机理和制取方法，材料物理性能的测试方法和技术，材料的损坏机理，材料的合理加工方法和最佳使用方案等。

（2）材料的化学组成　它是指构成材料的基本组元及数量配比。

（3）材料的结构　它包含 6 个层次：① 宏观结构（macro-structure），肉眼可见（$10^{-3}\sim10^{-2}$m）；② 细观结构（meso-structure），借助放大镜可见（$10^{-5}\sim10^{-2}$m）；③ 微观结构（micro-structure），借助光学显微镜可见（$10^{-7}\sim10^{-5}$m）；④ 纳观结构（nano-structure），借助电

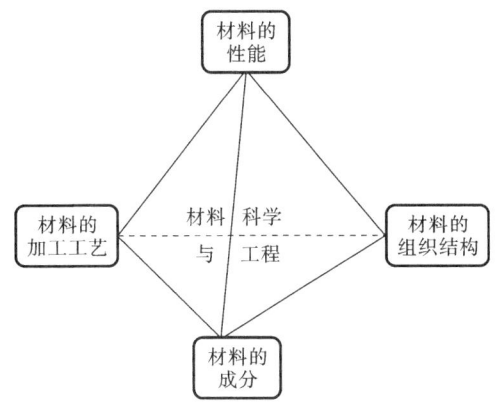

图 0.1　材料科学与工程组成要素的四面体关系

子显微镜可见（$10^{-9} \sim 10^{-7}$ m）；⑤原子排列（atom arrangement），借助高分辨电子显微镜可见（$10^{-10} \sim 10^{-9}$ m），或通过 X 射线间接分析；⑥原子结构（atom structure），原子的核外电子分布，决定材料的内禀性质。材料科学与工程所关注的结构层次主要为层次②～层次⑤，特别是层次③。微观结构对应着微观组织，它是材料在光学显微镜下所观察到的形貌，如同用显微镜观察细胞一样，材料的微观组织与材料的力学性能密切相关。从 19 世纪末一直到 20 世纪中期，微观组织的概念对建立钢的宏观力学性能与加工工艺之间的联系起着重要的桥梁作用，直到今天仍作用巨大。

（4）材料的加工工艺　它是指材料在制成零件过程中采取的加工方法，如金属零件的制造可能需要采用液态成型（铸造）、塑性成型（锻造、冲压、轧制、拉拔、挤压等）、连接成型（熔焊、压焊和钎焊等）、增材制造（粉末及丝材的熔融沉积或 3D 打印等）、热处理等加工工艺，而这些加工过程都会改变被加工材料的微观组织，进而影响材料和零件的性能。

0.2　工程材料的分类

材料按用途可分为工程材料和功能材料。工程材料是指机电装备、家用电器、汽车船舶、化工容器、高铁桥梁、航空航天等领域用于制造工程构件、机械零件和工具的结构材料。按照材料的组成和原子结合键的特点，可将工程材料分为金属材料、高分子材料、陶瓷材料和复合材料四大类，如图 0.2 所示。

（1）金属材料　它是以金属键结合为主的材料，具有金属光泽和良好的导电性、导热性、延展性，是目前用量最大、应用最广的工程材料。金属材料分为钢铁金属和非钢铁金属两类。铁及铁合金称为钢铁金属，即钢铁材料；钢铁金属之外的非铁金属及其合金称为非钢铁金属，非钢铁金属根据特性的不同，又可分为轻金属、重金属、贵金属、稀有金属等。

（2）高分子材料　它是以分子键和共价键结合为主的材料，具有优良的塑性、耐腐蚀性、电绝缘性、减振性及密度小等特点。主要有塑料、橡胶和纤维三大类。

（3）陶瓷材料　它是以共价键和离子键结合为主的材料，其性能特点是熔点高、硬度高、耐腐蚀、脆性大。陶瓷材料分为传统陶瓷、特种陶瓷和金属陶瓷三类。

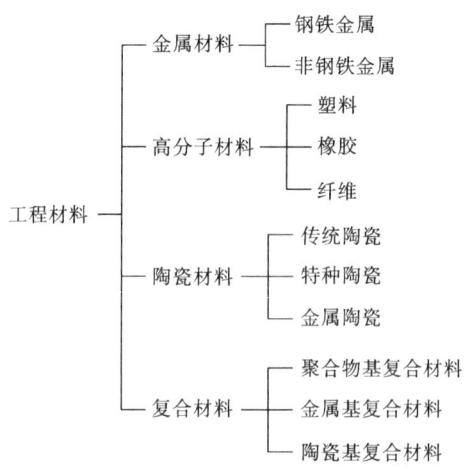

图 0.2 工程材料的分类

（4）复合材料 它是将两种或多种不同性质的材料组分优化组合制成的新材料。由于复合效应，复合材料具有比单一材料优越的综合性能，成为一类新型的工程材料。按照基体材料的不同，复合材料可分为聚合物基复合材料、金属基复合材料和陶瓷基复合材料。

0.3 工程材料的应用与发展

1. 工程材料的应用

随着经济全球化和科学技术的不断进步，对材料的性能要求越来越高。工程材料正朝着高比强度、高刚度、高韧性、耐高温、耐腐蚀、抗辐射和多功能的方向发展，新材料不断地涌现。新材料既是高新技术的重要组成部分，又是高新技术发展的基础和先导，也是传统产业技术升级、产业结构调整的关键。新材料、新能源、信息以及生物技术的持续发展成为产业进步、国民经济发展和保证国防安全的重要推动力。

在机械产品中，钢铁材料的用量占全部材料用量的 60% 以上。2017 年，中国粗钢产量超 8.31 亿吨（约占当年世界粗钢产量的 49.18%），已实现包括大型船舶及海工用钢的全品种、全规格的国产化，为机电装备、家用电器、汽车船舶、化工容器、高铁桥梁、航空航天等领域的中国制造提供了强大的物质基础。但是我国钢铁生产也存在着传统产品过剩、高附加值钢铁产品竞争力不足等问题。

工程上使用的高分子材料主要包括塑料、橡胶及合成纤维等，在机械动力、电力电器、轻工纺织、汽车船舶、飞机高铁等制造工业和医药化工、交通运输、航空航天等行业中有着广泛应用。

在陶瓷材料中，传统陶瓷又称普通陶瓷，是以天然材料（如黏土、石英、长石等）为原料的陶瓷，主要用作建筑材料；特种陶瓷又称精细陶瓷，是以人工合成材料为原料的陶瓷，常用作工程上的耐热、耐腐蚀、耐磨零件；金属陶瓷是金属与各种化合物粉末烧结而成的材料，兼有金属和陶瓷的某些优点，如金属的韧性和抗弯强度，陶瓷的耐高温、高强度和抗氧化性能等，主要用于工具、模具和耐高温部件等。

在复合材料的应用中，如现代航空发动机燃烧室中承受温度最高的材料就是通过粉末冶金法制备的氧化物粒子弥散强化的镍基合金复合材料,而碳纤维复合材料在国防工业、航空航天、精密机械、深潜器、机器人结构件和高档体育用品等领域有着广泛用途,它们具有密度小、弹性好、强度高等优点。

2. 工程材料的发展

世界各主要工业国家十分重视新材料在国民经济和国防安全中的基础地位和支撑作用,为保持其经济和科技的领先地位,各国都把发展新材料作为科技发展战略的目标。新材料研究已成为世界各国高技术发展中战略竞争的热点。我国非常重视新材料的发展,将新材料列为 21 世纪优先发展的关键技术之一,予以重点支持。明确提出将重点发展新型功能材料、先进结构材料、高性能纤维及其复合材料、共性基础材料,推进航空航天、能源资源、交通运输、重大装备等领域急需的碳纤维、半导体材料、高温合金材料、超导材料、高性能稀土材料、纳米材料等的研发及产业化。

近年来,国内外在新材料及材料的强化、成型加工等方面取得可喜的成就:

1) D&P 超级钢(屈服强度超过 2GPa,且延展性显著提升)

具有超高强度的金属材料通常应用于汽车、航空及国防工业,但在极高载荷等苛刻条件下应用的结构材料,不仅要求超高强度,而且也要求良好的延展性和韧性,以便能够实现零部件精准成型,并可防止出现材料和部件的意外失效。然而,材料的强度和延展性之间常常是鱼和熊掌的关系,通常的方法难以同时提高强度和延展性,因此如何得到强度和韧性更高的超级钢是人类社会进入铁器时代以来孜孜以求的目标。2017 年,美国期刊 *Science* 发表了由中国京、港、台三地钢铁科学家发明的 D&P 超级钢,实现了屈服强度超过 2GPa 钢铁材料的延展性的显著提升,屈服强度达到了前所未有的 2.2GPa、延伸率达到 16%。一方面,D&P 超级钢,在材料成分中添加了 0.47% 的碳、10% 的锰、2% 的铝、0.7% 的钒,其合金化配方保证了多相多尺度的目标组织设计,在增加材料强度的同时,使材料拥有足够的塑性,并且该钢种成分体系简单,价格低廉,可降低生产成本;另一方面,引入了比较复杂的轧制工艺,除了冷轧和热轧,还采用了温轧工艺,确保在轧制过程中形成大量具有高位错密度的马氏体和足够多的奥氏体,从而使材料具备较大的屈服强度和较好的塑性。超级钢的应用,对于汽车、航天航空等领域的轻量化发展具有极大的推动作用,对节材、节能、降耗和环保具有重要的应用价值。

2) 晶界稳定性调控——极微纳米晶强化新机制

对大部分传统金属而言,缩小晶粒尺寸会使金属得到一定的强化,即细晶强化机制,这满足经典的 Hall-Petch 方程。然而,这样的规律对一些合金而言,在达到某些纳米级晶粒尺寸后却会失效,晶粒发生软化。中国科学院金属研究所卢柯院士等在研究中揭开了这种反常现象,并发现纳米晶金属中的塑性变形机制及其硬度可通过调节晶界(GB)的稳定性实现。利用电沉积获得的纳米晶 Ni-Mo 合金样品,当晶粒尺寸在 10nm 以下时,由于晶界调控过程而出现软化。但通过弛豫和 Mo 偏析使晶界稳定后,纳米晶样品则实现超高硬度,塑性变形机制则由新出现的外延局部位错进行调控。由此可见,除了晶粒尺寸,晶界稳定性提供了另一晶粒强化机制,为产生具有特殊性能的新型纳米晶金属提供理论基础。相关研究成果 2017 年发表于美国期刊 *Science*。

3) 高应变率冲击液压成形技术

2018 年,中国科学院金属研究所塑性加工先进技术课题组在铝合金板材高应变率冲击液压成形技术与装备方面取得系列进展,研究中将充液拉深成形技术与高速冲击成形技术相结合,通过霍普金森拉杆实验发现,5A06 铝合金单向拉伸试件在高应变率条件下($2.7 \times 10^3 \, s^{-1}$)的延伸率相比于准静态条件增加了 40%。同时还发现,该工艺同样适用于铝合金、铝锂合金、镁合金、钛合金等非钢铁金属材料。这种通过室温高应变率成形、无须热处理即可提高材料在室温条件下的塑性的新型冲击液压成形技术,有望推动和提升我国航空钣金制造业的发展水平。相关研究成果在国际机械工程组织会刊 *CIRP Annals—Manufacturing Technology* 上发表。

4) 陶瓷纳米线焊接技术

与金属材料相比,陶瓷具有耐高温、硬度高、化学稳定性好以及密度小等优点,但目前还没有技术能够很好地实现陶瓷部件连接,并保持其良好的性能。因此,合适的连接技术成为陶瓷大量应用的关键,如果能将陶瓷材料连接起来并使其具有良好的性能就显得十分有意义。2018 年,中国石油大学(北京)李永峰教授、西安交通大学单智伟教授和燕山大学黄建宇教授在期刊 *Nature Communications* 上发表最新研究成果"Ceramic nanowelding"。该文介绍了一种用于陶瓷的纳米线焊接技术,采用该连接技术得到的接头的力学性能比原始纳米线的性能还要好。作者在 CO_2 氛围下,借助先进的球差环境透射电子显微镜(ETEM),以多孔 MgO 为钎料,通过化学反应 $MgO + CO_2 \rightarrow MgCO_3$ 实现了陶瓷的连接。该技术不仅能够实现 MgO、CuO 和 V_2O_5 纳米线的连接,而且可以连接宏观的陶瓷材料 SiO_2,这也意味着该技术未来可能用在陶瓷工具和器件上。

5) 超高速热喷涂 3D 打印高韧性 Fe 基非晶合金及其复合材料

块体非晶合金由于没有晶体缺陷(位错、晶界等)而表现出传统晶态金属材料更为优异的强度和弹性极限。在所有非晶体系中,Fe 基非晶合金因其高强度、优异的耐腐蚀性能以及相对低廉的原料成本,在表面涂层、磁性器件等诸多领域具有广泛的应用前景。然而,目前两大因素限制了 Fe 基非晶合金的工业应用:其一为非晶尺寸限制,其二为低塑性与低断裂韧性。2018 年,华中科技大学柳林教授课题组的张诚等人,开发出一种新型超音速热喷涂 3D 打印(简称 TS3DP)技术,利用粉末表面熔化以及超音速沉积作用,克服了激光 3D 打印技术引起的高温度梯度以及热影响区等限制,在大气环境下成功制备出超大尺寸、高致密度(99.7%)、近乎 100% 非晶相,且具有良好断裂韧性的 Fe 基非晶合金。更为重要的是,该技术可极其方便地添加任意比例的第二相,制备力学性能更加优异的非晶基复合材料。例如,将 Fe 基非晶合金与传统 316L 不锈钢粉末复合制备的 Fe 基非晶基复合材料,其强度达到 1.8 GPa,断裂韧度超过 20 MPa·$m^{1/2}$(是铸态 Fe 基非晶合金的 4 倍)。研究发现,该非晶合金及复合材料具有优异的断裂韧性主要归因于热喷涂产生的扁平状层间结构,该结构阻碍了裂纹贯穿性扩展,从而提高材料的断裂韧性。在此基础上,辅以预制模板,就可以打印出形状较为复杂的三维非晶零件。相比于传统激光 3D 打印技术,TS3DP 技术具有更高的 3D 打印效率(是激光 3D 打印的 4~10 倍)。该研究成果不仅提供了一种制备大尺寸、高韧性非晶合金及复合材料的新方法,也为促进高性能非晶合金及复合材料的工业应用奠定了基础。

6) 增材制造新技术打印金属纳米结构

增材制造是一种能将各种材料逐层叠加制造成三维结构的工艺,其中金属增材制造工艺改变了航空航天、汽车和医疗应用中复杂零件的生产现状。然而,增材制造工艺分辨率为 $20\sim50\ \mu m$,制约了纳米级复杂 3D 结构金属器件的生产。而纳米级金属具有特殊的性能,迫切需要开发一种具有宏观总体尺寸和微观亚微米金属结构的工艺。目前,等离子沉积和电子束自由成形制造之类的基于线和细丝的工艺可以生产毫米尺寸的器件,选择性激光熔化(SLM)和激光工程网状成形等基于粉末的工艺可将最小特征尺寸限制在 $20\ \mu m$ 左右,局部电镀或金属离子还原方法可非常缓慢地制造分辨率小于 $500\ nm$ 的结构,电化学制造(EFAB)允许制造分辨率为 $10\ \mu m$ 的结构。2018 年,美国加州理工学院 Julia R. Greer 在 *Nature Communications* 上发表了题为"Additive manufacturing of 3D nano-architected metals"的论文,论述了通过合成含有镍聚合物的杂化有机-无机材料,并用其制造光刻胶,再利用双光子光刻技术(TPL)以及热解制造出分辨率为 $25\sim100\ nm$ 的复杂三维金属几何图形的过程。该过程容易且可重复,为创建具有纳米尺度分辨率的复杂三维金属结构提供了有效的途径。

　　7)石墨烯纳米增强新型复合材料

　　2018 年,中国运载火箭技术研究院研发中心与哈尔滨工业大学共同研制出"石墨烯纳米增强新型复合材料",这种材料是在传统碳纤维复合材料的基础上,增加了纳米级的石墨烯,进一步提高了碳纤维材料的韧性、强度、刚度等性能,力学性能提升了 10% 以上。与传统碳纤维复合材料相比,除了力学性能的提升,它还具有以下优点:导电性能优于传统复合材料,大幅提高了产品的结构耐久性,具有很好的电磁屏蔽功能和减重的双重效果,有极强的疏水性能,可提高产品的环境适应能力,确保其在潮湿环境下的长期贮存和耐久性。该材料的成功研制,颠覆性地提高了现有复合材料的性能水平,为纳米增强复合材料技术研究开辟了新的途径,为未来航空航天飞行器轻质化设计奠定了材料基础。

　　此外,我国在超导材料、平板显示材料、稀土功能材料、生物医用材料、储氢材料、金刚石薄膜材料、高性能固体推进剂材料、红外隐身材料等功能材料研究领域以及材料设计与性能预测研究方面,取得了一批接近或达到国际先进水平的研究成果,在国际上占有一席之地。

　　在新材料研究应用、设计制备加工等方面,我国高等学校还建设有相关的国家重点实验室。例如:新金属材料国家重点实验室(北京科技大学),主要从事新金属结构材料和功能材料、材料制备新技术与新工艺、新材料计算机模拟与设计等方面的研究;高分子材料工程国家重点实验室(四川大学),主要围绕高分子材料高性能化、聚合物成型理论和技术、高性能和功能高分子材料、环境友好高分子材料、油田开发用高分子材料等开展应用基础研究;硅酸盐建筑材料国家重点实验室(武汉理工大学),主要从事硅酸盐建筑材料的低环境负荷制备、功能设计与调控、服役行为与延寿原理、可循环设计等方面的应用基础研究;材料复合新技术国家重点实验室(武汉理工大学),主要从事新一代材料复合与加工新技术、基于材料复合与加工新技术和复合材料基础研究与材料设计等方面的研究。这些国家重点实验室的研究对我国新材料的开发与应用起着重要的支撑和引领作用。

0.4　课程目的和基本要求

　　工程材料是机械类(机械工程、机械设计制造及其自动化、材料成型及控制工程、机械电子工程、车辆工程、汽车服务工程、能源与动力工程、测控技术与仪器、工业工程等专业)和近机械类(包装工程、自动化、电气工程及自动化等专业)的技术基础课。

随着科学技术的发展和社会的进步,在产品设计与制造过程中,会遇到越来越多的材料及材料加工方面的问题,这就要求工程技术人员必须掌握必要的材料科学与材料工程知识,具备正确选择材料及其加工方法、合理安排加工工艺路线的能力,本课程的目的也在于此。

工程材料课程的主要内容包括:

(1) 材料科学与工程的基础理论知识,包括材料的性能、材料的结构、材料的凝固、二元合金及铁碳相图、金属的塑性变形与再结晶、钢的热处理等;

(2) 各种常用工程材料的特点与应用,包括常用工程材料(金属材料、高分子材料、陶瓷材料和复合材料)的性能、结构、凝固、加工工艺(塑性变形、热处理)和选用原则等;

(3) 机械零件的失效、强化、选材及工程材料的应用。

本课程教学的目的是引导学生从微观上认识工程材料,学习工程材料的基本理论知识和必要的工艺知识,理解和掌握与材料有关的成分、结构、组织、工艺与性能之间的关系和基本规律,能根据零件工作条件和失效方式正确选择和合理使用材料、制定切实可行的零件加工工艺路线。

本课程教学的要求是:熟悉工程材料的性能、纯金属及合金的结构和性能、二元合金相图的建立和含义、铁碳合金相图;掌握选材原则,能合理选用材料和设计相应的热处理工艺;掌握常用工程材料的成型方法及工艺。

工程材料是一门理论性和实践性都很强的课程,涉及的概念多,实践性强。因此,在学习时应注意联系物理、化学、工程力学及金属工艺学等课程的相关内容,以加深对本课程内容的理解;同时要结合生产与应用的实际,注重分析、理解和运用,强调前后知识的整体联系和综合应用。

思考题

0.1　现代科学技术的四大支柱包括哪些领域?

0.2　何谓工程材料? 材料科学与工程学科主要研究什么内容?

0.3　按照原子结合键的不同,工程材料是如何分类的? 列举生活中的材料加工产品(至少 10 种),指出其所属工程材料的类别。

第1章　材料的性能

材料的性能是指材料的使用性能和工艺性能。使用性能是材料在使用条件下所表现出来的性能，用来衡量材料是否好用，包括力学性能、物理性能和化学性能等；工艺性能是指材料承受各种加工处理的能力，用来衡量材料是否容易加工，包括铸造性能、焊接性能、锻造性能、热处理性能和切削加工性能等。材料的性能不仅是设计选材的主要依据，还是评定产品质量优劣的重要标准。本章主要阐述材料的各种使用性能，并简要介绍材料的工艺性能。

1.1　材料的力学性能

材料在使用过程中，总会受到外力的作用。材料在外力作用下所表现出来的变形和破坏的特性，称为材料的力学性能。通常，根据在加工过程中材料所受的外力性质的不同，可以将载荷分为静载荷和动载荷。静载荷是指材料所受外力的大小、方向和作用点都不随时间变化或缓慢变化的载荷，动载荷是指材料所受外力的大小、方向和作用点随时间变化的载荷。静载荷条件下，材料的力学性能主要包括弹性、刚度、强度、塑性、硬度等；动载荷条件下，材料的力学性能主要包括冲击韧度、疲劳强度等。

1.1.1　静载下材料的力学性能

1. 拉伸试验

拉伸试验是测定材料力学性能最常用的试验，如图1.1所示。试验过程是：将标准试样（横截面可以为圆形、矩形等）装在拉伸试验机上，沿试样轴向缓慢施加静拉伸力，使其发生变形直至断裂，在拉伸过程中连续测量所施加静拉伸力的大小和试样相应的伸长量。

图1.2所示为圆形截面拉伸试样图。图中：d_0为试样平行长度的原始直径；A_0为试样平行长度部分的原始截面面积；l_0为原始标距长度；l_c为平行长度；l_t为试样总长度；l_1为拉伸后试样标距长度；A_1为拉伸后试样最小横截面面积；d_1为拉伸后试样最小横截面直径。对于每一个给定拉力F，试样标距l_0都有一伸长量Δl，力F与伸长量Δl的关系曲线被称为力-伸长曲线，将力F除以原始截面面积A_0、伸长量Δl除以原始标距长度l_0，可以得到材料的应力-应变曲线（R-e曲线），如图1.3所示为低碳钢的R-e曲线图。

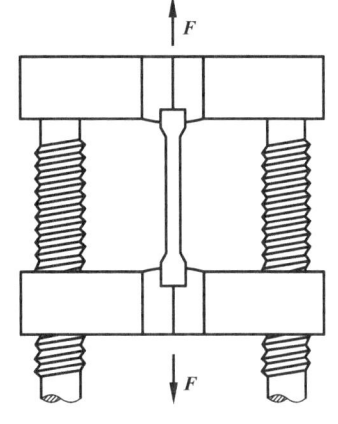

图1.1　拉伸试验原理图

金属材料的变形过程可分为三个阶段：

（1）弹性变形阶段　在曲线开始部分（Oe段），在载荷未到e点之前，试样只产生弹性变形，这时应力与应变成正比，载荷卸除后，变形可完全恢复，e点对应弹性变形阶段材料所

受最大应力 R_e 叫做弹性极限。

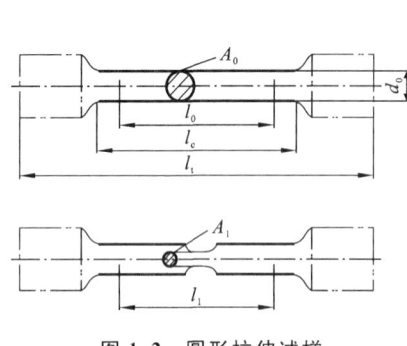

图 1.2　圆形拉伸试样

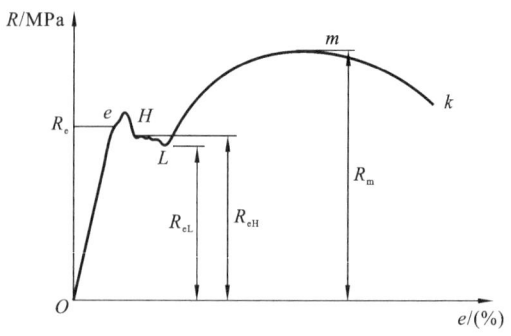

扫
一
扫　　图 1.3　低碳钢拉伸时的应力-应变曲线

（2）塑形变形阶段（$e\sim m$）　当载荷超过 e 点时，试样开始产生塑性变形，此阶段即使完全去除载荷也会残留下永久变形。当载荷继续增加到 H 点时，试样所承受的载荷虽不再增加，但试样仍继续产生塑性变形，R-e 曲线出现了近似水平线段，这种现象叫做材料的屈服。试样发生屈服而力首次下降前的最大应力称为上屈服强度，用 R_{eH} 表示。而下屈服强度 R_{eL} 是指屈服阶段的最小应力。当载荷继续增加到 m 点时，试样发生不均匀变形，截面出现局部变细的缩颈现象。

（3）不均匀变形至断裂阶段（$m\sim k$）　当变形量迅速增大至 k 点时，试样拉断。m 点的拉力是试样在拉断前所承受的最大载荷，其所对应的应力 R_m 为抗拉强度（tensile strength）。k 点对应的应力为断裂强度，记为 R_k。

应当指出，工程中所使用的金属材料，并非完全按照上述三个阶段进行，不同的金属材料可能有不同类型的应力-应变曲线。铝、铜及其合金、经热处理的钢材的应力-应变曲线如图 1.4（a）所示，其特点是没有明显的屈服现象；铝青铜和某些奥氏体钢，在断裂前虽也产生一定量的塑性变形，但不形成缩颈，如图 1.4（b）所示；而某些脆性材料，如淬火状态下的中、高碳钢和灰铸铁等，在拉伸时几乎没有明显的塑性变形即发生断裂，如图 1.4（c）所示。

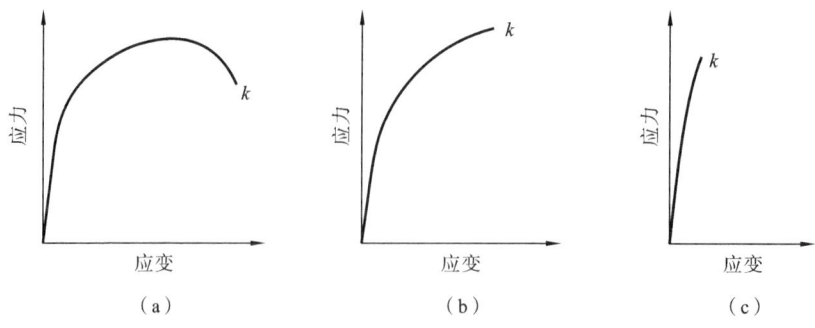

（a）　　　　　　　　（b）　　　　　　　　（c）

图 1.4　不同材料的拉伸曲线图

2. 弹性与刚度

在弹性变形阶段，材料在外力作用下会产生尺寸或形状的变化，去除外力后能够恢复到原始形状,此种变形称为弹性变形,这种不产生永久性变形的能力称为弹性。

R-e 曲线中直线部分的斜率 $E(E=R/e)$ 称为弹性模量,其单位为 MPa。此值仅与材料本身有关,即和原子的结合力有关,反映了材料抵抗弹性变形的能力,即刚度的大小。E 越大,则弹性越小,刚度越大。反之,E 越小,则弹性越大,刚度越小。材料刚度不足时,在使用过程中,变形量将增加。

同一类材料中弹性模量的差别不大,如钢和铸铁的弹性模量值分别为 204000 MPa 和 214200 MPa。弹性模量的大小主要取决于材料的本性,强化材料的手段(如热处理、冷热加工、合金化等)对弹性模量的影响很小。

在实际工程结构中,材料弹性模量的意义通常是以零件的刚度体现出来的。零件的刚度是指零件受力时抵抗变形的能力,其计算公式如下:

$$\frac{F}{e}=\frac{R_e \cdot S}{e}=E \cdot S \tag{1.1}$$

式中:S 为零件的承载面积;$E \cdot S$ 为刚度,表示零件产生单位弹性变形所需载荷的大小。需要注意的是,材料的刚度并不等于零件的刚度,因为零件的刚度除取决于材料的刚度外,还与结构因素有关。可见,要增加零件的刚度,除了选用弹性模量 E 高的材料外,还可以增大零件的横截面面积,或者改变截面形状。

3. 强度

在塑形变形阶段,当拉伸力增加到一定值后,拉伸曲线呈直线或锯齿状,即试样所承受的载荷几乎不变,但试样仍能不断变形,材料的这种现象称为屈服,此时若卸除载荷,试样的变形不能完全消失,仍保留有部分残余变形,这种不能恢复的残余变形称为塑性变形。试样在外力作用下开始屈服的最小应力称为屈服强度(或屈服极限),用 R_{eL} 表示,单位为 MPa,它反映了材料对塑性变形的抗力。

实际上,有很多材料并没有明显的屈服现象,对于无明显屈服现象的塑性金属材料,一般以试样去除拉伸力后,其标距长度产生 0.2% 残余伸长率时的应力值作为该材料的屈服强度,也称为条件屈服强度,用 $R_{p0.2}$ 表示。

在塑性变形阶段,试样发生显著的塑性变形,此时,应力随应变的增加而增加,在 m 点达到最大值,m 点对应的拉伸过程中的最大应力值 R_m 称为抗拉强度(单位 MPa),指材料在拉伸条件下,发生断裂前所能承受的最大拉应力。抗拉强度又称为强度极限,表征材料抵抗破坏的能力,是零件因断裂而失效的主要设计和选材依据。

屈服强度 R_{eL} 和抗拉强度 R_m 是金属材料的两个重要指标,也是设计零件的重要选择依据。在大多数情况下,如齿轮、连杆、轴等零件,不能在超过其 R_{eL} 的条件下工作,否则会引起机件的塑性变形,失去原有的精度甚至报废。零件更不能在超过 R_m 的条件下工作,否则会导致机件的破坏。

R_{eL}/R_m 称为屈强比,比值大,能发挥材料的潜力,并可减小结构的自重。屈强比小,工程构件的可靠性高,即使过载或某些意外因素使金属变形,也不至于立即断裂,但屈强比过小,就会导致材料强度的有效利用率太低。从安全角度出发,屈强比应有一定的范围。一般碳素结构钢的屈强比为 0.6~0.65,低合金结构钢的屈强比为 0.65~0.75,合金结构钢的屈强比为 0.84~0.86。

强度指标名称和符号新旧标准对照如表 1.1 所列。

表 1.1 强度指标名称和符号新旧标准对照

GB/T 228.1—2010		GB/T 228—1987	
性能名称	符号	性能名称	符号
屈服强度	—	屈服点	σ_s
上屈服强度	R_{eH}	上屈服点	σ_{sU}
下屈服强度	R_{eL}	下屈服点	σ_{sL}
规定塑性延伸强度 (GB/T 228—2002 中, 称为规定非比例延伸强度)	R_p 例如 $R_{p0.2}$	规定非比例伸长应力	σ_p 例如 $\sigma_{p0.2}$
抗拉强度	R_m	抗拉强度	σ_b

4. 塑性

材料在外力作用下产生塑性变形而不破坏的能力称为材料的塑性,工程上通常用拉伸试验中试样的断后伸长率和断面收缩率两个指标来表示。

1)断后伸长率

断后伸长率是指试样拉断后标距长度的伸长量与原始标距长度之比,用 δ 表示,并由下式计算:

$$A = \frac{l_1 - l_0}{l_0} \times 100\% \tag{1.2}$$

式中:A 为伸长率(%);l_1 为试样拉断后的标距长度;l_0 为试样拉伸前的标距长度。

需要指出的是,伸长率的数值与试样的尺寸有关,测定时试样标距长度不同,测得的伸长率也不同。通常,用长度为直径 5 倍的试样测得的断后伸长率以 A 表示;用长度为直径 10 倍的试样测得的断后伸长率以 $A_{11.3}$ 表示。同一种材料,$A = (1.2 \sim 1.5)A_{11.3}$。

2)断面收缩率

在缩颈阶段,试样发生局部塑性变形,即"缩颈",试样横截面面积变小。试样拉断后,断裂处横截面面积的收缩量与原始横截面积的比值称为断面收缩率,用符号 Z 表示,其计算公式如下:

$$Z = \frac{S_0 - S_1}{S_0} \times 100\% \tag{1.3}$$

式中:Z 为断面收缩率(%);S_0 为试样原始截面面积;S_1 为试样拉断处的最小截面面积。断面收缩率 Z 不受试棒标距长度的影响,更接近实际的、真实的应变,更能真实反映材料的塑性变形能力。

断后伸长率 A 和断面收缩率 Z 越大,材料的塑性越好,一般认为 $A < 5\%$ 的材料为脆性材料。A 达 5% 或 Z 达 10% 的材料即可满足大多数零件的使用要求。

材料的塑性指标在工程技术中具有重要的意义。许多零件在成形过程中要求材料有较好的塑性,如机床油盘、汽车外壳、柴油机油箱及发动机曲轴等零件,都是利用金属的塑性变形加工成形的。在塑性变形中,如果材料塑性低,将会发生开裂。此外,从零件工作的可靠性来看,在超载时,也能利用塑性变形使材料强度提高而避免突然断裂,因此在静载荷下使用的机械零件都要求有一定的塑性。

塑性指标名称和符号新旧标准对照如表 1.2 所列。

表 1.2　塑性指标名称和符号新旧标准对照

GB/T 228.1—2010		GB/T 228—1987	
性能名称	符号	性能名称	符号
断后伸长率	A $A_{11.3}$	断后伸长率	δ_5 δ_{10}
断面收缩率	Z	断面收缩率	Ψ

5. 硬度

硬度是在给定的载荷条件下,材料表面抵抗局部塑性变形、压痕或划痕的能力,是衡量材料软硬程度的指标,也是表征金属材料力学性能的一个综合参量。一般情况下,材料的硬度越高,耐磨性越好,但塑性越低。生产中常用硬度值来估测材料耐磨性的好坏。零件设计时,若有力学性能要求,在零件图纸上通常仅标出其硬度要求。生产中常用的硬度指标有布氏硬度、洛氏硬度、维氏硬度和显微硬度等。

硬度测试用得最多的是压入法,即用一定的载荷把规定的压头缓慢压入被测工件,使材料表面产生局部塑性变形而形成压痕,然后根据测出的压痕深度、压痕直径或压痕面积,计算出硬度值。测试过程中,压头不同、载荷不同、测定方法不同,所采用的硬度指标也不同,计算出的硬度值也不同。

1）布氏硬度

布氏硬度试验是对一直径为 D 的硬质合金球施加试验力 F,使压头压入试样表面,保持规定的时间后卸除试验力,在试样表面会留下球形压痕,再测量出表面压痕的平均直径 d。如图 1.5 所示为压痕深度 h 与压痕直径 d 的关系,计算出压痕深度 h,可由此计算出压痕表面积 S,然后求出压痕单位面积所承受的平均压力值(F/S),以此作为被测金属的布氏硬度值,计算公式为

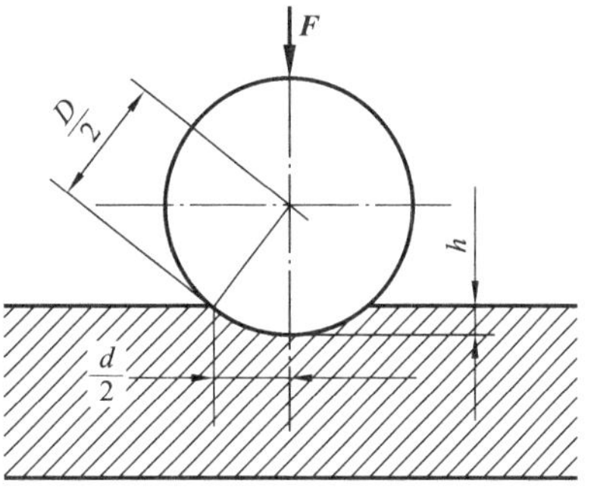

图 1.5　压痕深度 h 与压痕直径 d 的关系

$$HB = 0.102 \times \frac{F}{S} = 0.102 \times \frac{2F}{\pi D(D - \sqrt{D^2 - d^2})} \tag{1.4}$$

式中:HB 为布氏硬度(N/mm^2);F 为试验力(N);S 为压痕表面积(mm^2);D 为硬质合金球直径(mm);d 为表面压痕的平均直径(mm)。

在实际应用中,只需测得压痕直径 d,然后查表得出相应的布氏硬度值。

当压头为硬质合金钢球时,布氏硬度值用符号 HBW 表示,适用于硬度在 450 以上的材料;当压头为淬火钢球时,布氏硬度值用符号 HBS 表示,适用于测定硬度在 450 以下的材料,如结构钢、铸铁及非铁合金等。

通常情况下,布氏硬度值不标出单位,只写出硬度值。布氏硬度表示方法规定:符号

HBW 之前的数字表示硬度值,符号后面的数字分别表示球体直径、试验力和试验力保持时间。例如 600HBW1/30/20 表示:直径为 1 mm 的硬质合金球在试验力 30 kgf(30 kgf = 294.2 N)作用下保持 20 s 测得的布氏硬度值为 600 HBW。

采用布氏硬度测量精度高,数据稳定,重复性强,测量误差小。但是试验时需测量压痕平均直径,测量费时,压痕较大,不适用于成品及薄件的检测,一般适用于较软材料,如铸铁、退火钢材、非钢铁金属等。

2)洛氏硬度

洛氏硬度试验是将圆锥角为 120°的金刚石圆锥体或直径为 1.588 mm 的淬火钢球作为压头,施加一定试验力 F 将其压入待测材料表面,保持规定时间后卸除试验力,以测量的压痕深度来计算洛氏硬度值。

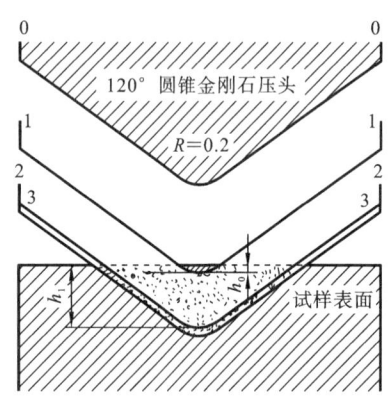

洛氏硬度试验原理如图 1.6 所示。试验时,先加初始试验力 F_0,压头位置 1-1,压入深度 h_0,目的是消除因零件表面不光滑而造成的误差;然后加试验力 $F_0 + F$,压头位置 2-2;卸除主试验力 F,由于试样弹性变形的恢复,压头回升一段距离,压头位置 3-3,残余压入深度 h_1,根据残余压痕深度增量 $h = h_1 - h_0$ 来计算洛氏硬度值。但如果直接以残余压痕深度增量来表示硬度,会出现硬的金属硬度值较小,而软的金属硬度值反而较大的现象,因此,用一常数 K 减去 h 的差值来衡量,同时规定每 0.002 mm 的残余压痕深度增量为一个洛氏硬度单位。洛氏硬度用下式计算:

图 1.6 洛氏硬度试验原理

$$HR = \frac{K - h}{0.002} \qquad (1.5)$$

式中:HR 为洛氏硬度值;K 为常数,用金刚石圆锥压头时,K 取 0.2 mm,用钢球压头时,K 取 0.26 mm;h 为残余压痕深度增量(mm)。

为了适应不同材料的硬度试验,可用不同压头和载荷组成几种不同的洛氏硬度标尺(A、B、C、D、E、F、G、H、K、N、T 加在洛氏硬度符号 HR 后面予以表示)。常用的洛氏硬度标尺有 HRA、HRB、HRC 三种,其试样条件和适用范围如表 1.3 所示。

表 1.3 常用洛氏硬度标尺的试验要求及应用范围

洛氏硬度标尺	压头类型	总试验力/kgf(N)	测量范围	应用范围
HRA	120°金刚石圆锥体	60(588.4)	60～85 HRA	硬质合金、表面淬火钢等
HRB	ϕ1.588 淬火钢球	100(980.7)	25～100 HRB	软钢、退火钢、铜合金等
HRC	120°金刚石圆锥体	150(1471.0)	20～67 HRC	一般淬火钢件、调质钢等

注:其中总试验力一列,括号内的数字代表以 N 为单位换算出来的试验力数值。

洛氏硬度的表示方法为硬度符号 HR 前面注明硬度数值,HR 后面的字母表示硬度标尺。例如:45HRC 表示用 C 标尺测定的洛氏硬度值为 45。

洛氏硬度以压痕深度值来计算硬度值,操作简便、迅速,硬度值可从表盘直接读出;压痕较小,适用于成品的检测,也可用于较薄零件的检测。但是,因压痕较小,硬度值重复性较差,当材料内部组织不均匀时,硬度值波动较大,因此通常需要在材料的不同部位测试数次取平均值来表示材料的硬度。另外,不同标尺之间硬度值不能相互比较。

3) 维氏硬度

维氏硬度的测试原理与布氏硬度基本相同,也是以单位压痕面积所承受试验力的大小来计算硬度值的,但其所采用的压头不同。如图 1.7 所示,压头采用顶角为 136° 的金刚石正四棱锥,在一定试验力 F 作用下压入待测材料表面,形成四方锥形压痕,通过维氏硬度机上的显微镜测得压痕两对角线的平均长度 d,计算压痕表面积 S,然后求得其维氏硬度值。计算公式如下:

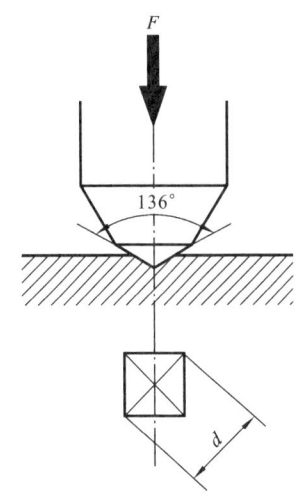

$$HV = \frac{0.102F}{S} = \frac{0.204F\sin(136°/2)}{d_2} = 0.1891\frac{F}{d_2}$$
(1.6)

式中:HV 为维氏硬度(N/mm²);F 为试验力(N);S 为压痕表面积(mm²);d 为压痕两对角线的平均长度(mm)。

图 1.7　维氏硬度试验原理图

在实际工作中,和布氏硬度一样,维氏硬度也可根据所测得的压痕两对角线平均长度从表中查得。

维氏硬度的表示方法与布氏硬度相同:维氏硬度符号 HV 之前的数字表示硬度值,HV 之后的数字表示试验力和试验力保持时间(保持时间为 10~15 s 时可省略不注)。例如:640HV30 表示用 30 kgf(294.2 N)大小的试验力,保持 10~15 s,测得的维氏硬度值为 640。

维氏硬度测量精确度高,由于所加试验力较小,压痕较浅,适用于测量较薄的材料或表面硬化层,特别是极薄零件和渗碳层、渗氮层,其测得的数值较准确。因为维氏硬度的压头为金刚石四棱锥体,载荷可调范围大,所以维氏硬度可测定从极软到极硬各种金属材料的硬度,测定范围广。另外,不同载荷下的维氏硬度值可以进行比较。但是,维氏硬度要求测量对角线压痕长度,测量过程烦琐,另外由于压痕浅,要求被测表面粗糙度低,测试面的准备工作较为麻烦,工作效率低。

4) 其他硬度测定方法

(1) 显微硬度。测量原理与维氏硬度一样,也是用压痕单位面积上所承受的载荷来表示的,只是用小的载荷把硬度测试的范围缩小到显微尺度以内。显微硬度是金相分析中的常用测试手段之一,测试试样经过抛光腐蚀制成金相显微试样,以便测量显微组织中各相的硬度。

(2) 肖氏硬度。它是一种动载硬度,用规定重量和形状的金刚石冲头,从一定高度自由下落到金属表面,根据冲头回弹的高度来衡量材料硬度的大小。肖氏硬度计重量轻,携带方便,特别适用于在现场对大型试件进行硬度测量。

(3) 莫氏硬度。它是一种划痕硬度,以材料抵抗划痕的能力作为衡量硬度的依据,主要应用于无机非金属材料(如陶瓷和矿物材料)。

1.1.2　动载下材料的力学性能

机械零件或构件在工作时不仅会受到静载荷的作用,有时还会受到动载荷的作用,如高速冲击载荷、大小和方向随时间做周期改变的交变载荷等。材料在动载荷下的力学性能,主要包括冲击韧度和疲劳强度。

1. 冲击韧度

不少零件在工作时常常会受到冲击载荷的作用,如冲床的冲头、飞机的起落架等。静载荷作用时,材料的塑性变形常均匀分布于各晶粒中,而冲击载荷作用下,材料的塑性变形往往集中于某一局部区域,所引起的应力和应变大得多,不能再用静载时的性能指标进行分析。此时,选用材料时需考虑材料抵抗冲击的能力。材料在冲击载荷下抵抗变形和断裂的能力称为冲击韧度,用 α_K 表示。

材料的冲击韧度用冲击韧度值来衡量,冲击韧度值高的称为韧性材料,低的称为脆性材料。冲击韧度值常用一次摆锤冲击试验法(也称夏比冲击试验)测定,试验原理如图 1.8 所示。为了使试验结果可以比较,一般采用标准冲击试样,试样上开有缺口,常用的标准冲击试样有 U 形缺口试样和 V 形缺口试样两种。试验时,将标准试样缺口背向摆锤冲击方向放在冲击试验机上(试样安放形式如图 1.9 所示),将摆锤抬起到高度 h,使其具有一定的势能,然后使摆锤自由落下,一次冲断试样后借剩余能量上升至高度 h'。冲击试样冲断前后摆锤的势能差就是摆锤冲断试样所消耗的功,称为冲击吸收功 A_K。冲击吸收功除以试样缺口处的横截面面积,即可得到材料的冲击韧度,计算公式如下:

$$\alpha_K = \frac{A_K}{A_0} \tag{1.7}$$

式中:α_K 为冲击韧度(J/cm^2);A_K 为冲击吸收功(J);A_0 为试样缺口处的横截面面积(cm^2)。

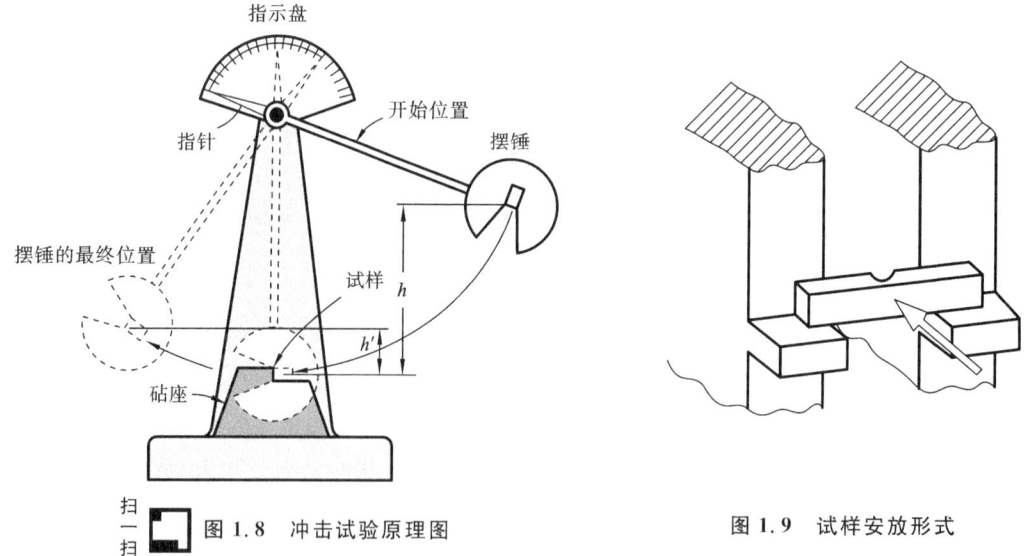

图 1.8　冲击试验原理图　　　　　　　图 1.9　试样安放形式

试验时,冲击吸收功可从试验机表盘直接读出,目前,有的国家直接以冲击吸收功表示材料的抗冲击性能。

需要特别指出,α_K 值并没有明确的物理意义。试样冲断时所消耗的能量并非沿试样截面均匀分布,且在很大程度上取决于参加塑性变形的体积而不仅仅取决于缺口处的横截面面积,所以用单位面积吸收的能量 α_K 来表示材料冲击条件下的韧性,其物理意义不够明确。

因此,冲击韧度不可直接用于零件的设计计算,但可以用系列冲击试验来评定钢的韧性与温度的关系,也可用于不同材质的材料之间的韧性比较。

2．疲劳强度

在生产实践中,人们发现,当承受交变应力时,在远低于材料的抗拉强度甚至低于材料的屈服强度的情况下,经过一定数量的循环之后,材料会突然发生断裂,这种破坏形式称为疲劳断裂。疲劳断裂是一个损伤累积的过程,在缺陷或应力集中的部位会先产生细微的裂纹,裂纹逐渐向深处扩展,直至材料在某一时刻承受不了所受应力突然断裂。由于断裂前没有明显的宏观塑性变形,无明显征兆,引起疲劳断裂的应力常常低于材料的屈服强度,疲劳断裂具有很强的危害性。工程上,疲劳断裂是机件破坏断裂中最常见的失效形式。

材料承受的交变应力与断裂时的应力循环次数之间的关系可以用疲劳曲线来表示,如图 1.10 所示。材料所受的交变应力越大,断裂前所承受的应力循环次数就越少,当应力低于某一确定值时,疲劳曲线趋于水平,这表示在应力值低于此值时,材料经无数次循环也不会发生断裂,此应力值即为材料的疲劳极限,也称为材料疲劳强度。疲劳强度指材料经过无数次应力循环仍不发生断裂的最大应力值,用 σ_{-1} 表示。

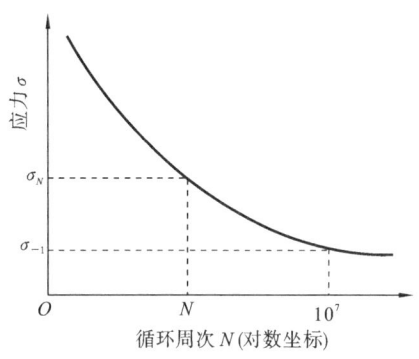

图 1.10　疲劳曲线示意图

由于试验时不可能做到无限次应力循环,而且有些材料的疲劳曲线上也没有水平部分,因此,工程上规定了一个应力循环基数 N_f,N_f 所对应的应力作为材料的疲劳强度,也称为条件疲劳强度。一般情况下,对于钢铁材料,N_f 取 10^7;对于非铁金属及某些超高强度钢,N_f 取 10^8;对于具体的零件,如汽车发动机曲轴 N_f 取 12×10^7,更多相关数据可查阅国家标准。

材料的疲劳强度受到很多因素影响,如零件的服役条件、表面状态、材料成分、组织及残余内应力等。由于疲劳断裂常起源于零件的表面,表面处理是提高疲劳强度的常用方法,如降低表面粗糙度,进行表面强化处理等。表面喷丸及滚压可使表面产生残余压应力,残余压应力可提高疲劳强度,并降低缺口敏感度。改善材料的结构形状,在设计中尽量避免缺口尖角,减小材料和零件的内部缺陷等,也可提高材料的疲劳抗力。

1.2　材料的物理和化学性能

材料的使用性能除力学性能外,还包括材料的物理化学性能,如密度、熔点、导电性、耐腐蚀性等,这些性能在零件设计时也要根据零件的用途不同进行考虑。例如:用作电气元件的材料,要考虑其电磁性能;用作耐热零件的材料,要考虑其熔点;用于在腐蚀介质环境下工作的材料,要考虑其耐腐蚀性;当对零件重量有要求时,要考虑材料的密度等。因此,在零部件设计选材时,除了要考虑材料的力学性能外,还要根据需要考虑零件的物理化学性能。

1．物理性能

材料的物理性能由材料的物理本质所决定,包括材料的密度、热性能、电性能、磁性能、光学性能等。

1）密度

密度是指某物质单位体积的质量。目前，汽车轻量化是一个热门研究方向，在保证汽车的强度和安全性能的前提下，尽可能地降低汽车的整车质量，从而提高汽车的动力性，减少燃料消耗，节能环保。

2）热性能

热性能包括熔点、热膨胀性和热传导性等。

熔点是物质由固态转变为液态的温度，反映固态下原子间的结合力，也是设计选材时需要考虑的重要因素之一。例如，铅的熔点较低，为 327 ℃，可用作保险丝材料；钨的熔点较高，为 3410 ℃，可用作电极材料。

热膨胀性指材料随温度变化而膨胀收缩的特性，用线膨胀系数和体积膨胀系数表示。在很多情况下，需考虑热膨胀性。例如，相互配合的柴油机活塞与缸套的配合间隙要求很高，既要使活塞在缸套内可以往复运动，又要求保证有足够的气密性，此时，就要求活塞与缸套材料的热膨胀系数相近，才能避免活塞在运动过程中被卡住或者漏气。

热传导性指材料传导热量的能力，可用热导率（也称热导系数，符号 λ）表示。材料的热导率指物体内温度梯度为 1 ℃/m 时，在单位时间、单位面积内传递的热量。热导率越高，材料的导热性越好。导热性好的材料可用作散热器、热交换器等的制造，导热性差的材料则可用作隔热材料。

3）电性能

电性能指材料在外加电压或电场作用下的行为及其所表现出来的各种物理现象，主要指材料的导电性。导电性是指物体传导电流的能力，常用电阻率 ρ 来表示，电阻率越高，材料传导电流的能力就越差。导电性好的材料，如铜铝等，可用作导电材料；导电性差的材料，如铁铬合金等，可用作电阻或电热材料。

随着温度的升高，材料的电阻率会发生变化，电阻温度系数指当温度改变 1 度时，电阻值的相对变化量。通常，金属的电阻率随温度的升高而增大，非金属材料则相反。

超导现象是材料在很低温度下，电阻突然从某个值降为零的特征，具有这种特性的材料被称为超导体。超导体的直流电阻率在一定的低温下突然消失，被称作零电阻效应。导体没有了电阻，电流流经超导体时就不发生热损耗，可以毫无阻力地在导线中形成强大的电流，超导材料的零电阻特性可以用来输电和制造大型磁体，是目前研究的热点之一。

4）磁性能

材料的磁性能主要指材料导磁的性能，用磁导率表示。金属的磁性对电动机、变压器和电气元件特别重要。材料按其导磁能力可分为铁磁性材料和无磁性材料，铁磁性材料，如钨钢、铬钢等，可用作变压器的铁芯；无磁性材料，如锰、铜等，可用作要求避免磁场干扰的零件。需要注意的是，材料的磁性不是固定不变的。

5）光学性能

材料的光学性能指材料对光的辐射、吸收、投射、反射和折射的能力。如光纤材料，对光的吸收率低，信号衰减损耗小，可用于光通信的传输介质。

2. 化学性能

材料的化学性能指材料抵抗各种介质化学作用的能力，主要包括耐腐蚀性、抗氧化性等。

1）耐腐蚀性

耐腐蚀性指材料抵抗周围介质（如大气、酸、碱、盐等）腐蚀破坏作用的能力，常用材料每年的腐蚀深度来表示。腐蚀不仅影响零件的表面质量和造成材料的损失，也会造成零件的早期损坏，应从设计阶段就考虑腐蚀控制措施。防止腐蚀常用的措施有：电化学保护法，适用于与水、土壤等接触的金属材料；材料的改性处理，金属材料在制备过程中，加入一些合金材料，可增强材料的抗腐蚀性能；材料的表面处理，对材料进行磷化处理，在表面形成一层致密难溶的化学转换膜，能长时间抵抗介质的腐蚀。

2）抗氧化性

抗氧化性指材料在高温时抵抗氧化作用的能力。热力设备中的高温部件，如锅炉的过热器、水冷壁管、汽轮机的气缸、叶片等，易产生氧化腐蚀，需要考虑材料的抗氧化性。例如，含有较多 Si、Cr 元素的钢铁材料，在氧化后能在表面形成一层连续而致密并与母体结合牢靠的膜，从而阻止材料进一步氧化。材料在进行锻造、热处理和焊接等加热作业时，也易发生氧化和脱碳，在对材料进行加热时，可在其周围添加还原性气体，以避免材料的氧化。

1.3　材料的工艺性能

工程和机械上常用的金属材料零件都是经过复杂的加工工艺得到的，其加工过程一般为：先进行冶炼、铸造、锻造等工艺得到毛坯件，然后经热处理及车削、铣削、磨削等机加工工艺，得到成品零件。

材料的工艺性能是指材料自身所具备的，在加工制造过程中适应加工的能力，主要包括铸造性能、锻造性能、切削加工性能、焊接性能及热处理工艺性能。材料的工艺性能反映了材料生产或零部件加工过程的可能性或难易程度，是材料力学、物理、化学性能的综合体现，工艺性能的好坏直接影响零件的质量，是设计和选择工艺方法时必须考虑的问题。

1. 铸造性能

将材料加热得到熔体，注入特定形状型腔内冷却凝固，获得零件的方法称为铸造。材料能用铸造方法获得合格铸件的能力称为铸造性能。铸造性能指标包括流动性、收缩性和偏析倾向等。

流动性是指液态金属的流动能力，流动性越好，越容易充满铸型，从而获得外形完整、尺寸精确的铸件。铸件在冷却和凝固过程中，其体积和尺寸减小的现象称为收缩性。收缩越少，铸件凝固时变形就越小，铸件的尺寸精度就越高，而且还会减少缩孔、开裂等缺陷。偏析是指材料凝固后，铸锭或铸件化学成分和组织不均匀的现象。偏析愈严重，铸件各部位的性能愈不均匀，铸件的可靠性愈低。偏析越严重，铸件各部分的组织和性能的差异越大，铸件质量降低。

2. 锻造性能

材料的锻造性能指材料进行压力加工（包括锻造、压延、拉拔、轧制等）的可能性或难易程度,是材料在压力加工时,能改变形状而不产生裂纹的性质。它和材料的塑性及塑性变形抗力有关,塑性越好,塑性变形抗力越小,则可锻性就越好。一般情况下,低碳钢的可锻性较好,高碳钢的可锻性较差,而铸铁则没有可锻性。

3. 焊接性能

焊接是一种以加热、高温或者高压的方式接合金属或其他热塑性材料的制造工艺及技术。材料的焊接性又称可焊性,是指材料在一定的焊接工艺条件下,获得优质焊接接头的能力。焊接性主要包括两个部分:一是焊接接头产生缺陷的倾向性,如焊接裂纹、气孔等;二是焊接接头使用的可靠性,如强度、韧性等。在钢材中,低碳钢具有良好的可焊性,高碳钢和铸铁的焊接性能较差。

4. 切削加工性能

机械工业中所用的大部分零件都需要经过切削加工,材料的切削加工性能指的是材料进行切削加工(如车、铣、刨、钻、镗等)时成为合格工件的难易程度,一般用切削速度、切削加工后工件的表面粗糙度、刀具的磨损程度来衡量。切削加工牵涉刀具及被切工件的摩擦、弹性变形、塑性变形和断裂等过程,因此切削的难易程度与很多因素有关,一般认为,材料具有适当硬度和一定脆性时较易切削,材料过硬或过软其切削加工性能都不好。灰铸铁具有良好的切削加工性,碳钢硬度适中时,具有良好的切削加工性,陶瓷材料硬度过高,难以进行切削加工。

5. 热处理工艺性能

热处理是指金属材料在固态下,通过加热、保温和冷却的手段,改变材料表面或内部的化学成分与组织,获得所需性能的一种加工工艺。金属的热处理工艺性能指材料进行热处理的难易程度(即材料经热处理后其组织和性能改变的程度)和产生热处理缺陷的倾向,其衡量的指标较多,如淬透性、淬硬性、耐回火性、回火脆性、氧化和脱碳倾向、热处理变形和开裂倾向等。例如,淬硬性指钢在淬火时的硬化能力,用淬成马氏体可能得到的最高硬度表示;淬透性指钢淬火时得到淬硬层深度大小的能力,用试样淬透层深度和硬度分布情况来表示。

思考题

1.1　名词解释

弹性,塑性,刚度,屈服强度,拉伸强度,伸长率,硬度,冲击韧度,疲劳。

1.2　判断题

(1) 一般来说,材料的硬度越高,耐磨性越好。(　　)

(2) 一般来说,金属材料的强度越高,其冲击韧度越低。(　　)

(3) 材料塑性、韧性愈差则材料脆性愈大。(　　)

(4) 材料综合性能好,是指各力学性能指标都是最大的。(　　)

1.3　α_K 的含义是什么?该指标有什么实用意义?

1.4　比较布氏硬度、洛氏硬度、维氏硬度的测量原理及应用范围。

1.5　说明材料的工艺性能对制造件的影响。

本章参考文献

[1] 周凤云. 工程材料及应用[M]. 武汉：华中科技大学出版社,2014.

[2] 刘瑞堂,刘锦云. 金属材料力学性能[M]. 哈尔滨:哈尔滨工业大学出版社,2014.

[3] 孙齐磊,邓化凌. 工程材料及其热处理[M]. 北京:机械工业出版社,2014.

[4] 江树勇. 工程材料[M]. 北京:高等教育出版社,2010.

第2章　材料的晶体结构与结晶

金属及陶瓷等材料在固态下多为晶体,从固体物质的原子聚集状态来看,晶体中的原子是以长程有序的规律排列的。但同为晶体的不同工程材料其性能不尽相同,一方面,不同结合键的晶体有着不同的性能,以金属键相结合的金属晶体一般都具有较好的塑性,以离子键或共价键相结合的陶瓷晶体却表现出很大的脆性;另一方面,工程材料的晶体结构亦对其性能产生影响,如晶态铁与晶态铝的塑性有很大差异。本章在介绍晶体结构的基础上,进一步探讨晶体缺陷特征及其对金属材料性能的影响、金属材料的显微组织结构和金属的结晶过程。

2.1　晶体结构的基本知识

2.1.1　晶体的基本概念

1. 晶体与非晶体

由于原子在固体内部排列方式的不同,通常将固态物质分为晶体和非晶体两类。

原子(原子团或离子)在三维空间中以一定几何规律周期性排列的有序结构称为晶体,其表现为长程有序。通常固态下的金属及其合金等都是晶体。图 2.1(a)所示为 NaCl 的晶体原子排列模型。

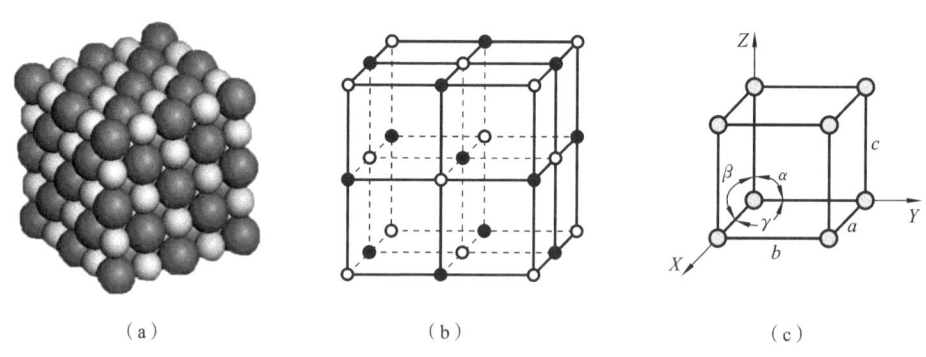

（a）　　　　　　　（b）　　　　　　　（c）

图 2.1　NaCl 的晶体原子排列模型

（a）原子排列;（b）晶格;（c）晶胞

原子在空间呈无序排列的固体称为非晶体,其表现为长程无序而短程有序,如常态下的普通玻璃、石蜡、松香等。当然,金属在特殊的冷凝条件下也可表现为非晶体,称为金属玻璃。晶体具有固定的熔点,原子排列有序,其各方向上原子密度不同,呈各向异性。非晶体无固定的熔点,原子排列无序,呈各向同性。

2. 晶格与晶胞

为了便于研究金属晶体内部原子排列的规律及几何形状,人为地将原子假想为一个几何节点,并用直线连接起来,形成规律性的空间格子,人们将之定义为晶格,如图 2.1(b)所示。

由于晶体中原子的排列规律有周期性变化的特点,为便于研究,常常从晶格中选取一个能完全反映晶格特征的、最小的几何单位来分析晶体中原子排列的规律,这个最小的几何单元称为晶胞,如图 2.1(c)所示。实际上,晶胞在三维空间中周期性地重复排列便可构成晶格。

晶胞各边的尺寸 a、b、c 称为晶格尺寸,又称为晶格常数。晶胞的大小和形状可通过晶格常数 a、b、c 和各棱边之间的夹角 α、β、γ 来描述。

3. 晶系

根据晶格常数的不同,可将晶体分为 7 个晶系,见表 2.1。

表 2.1　14 种布喇菲点阵与 7 个晶系

布喇菲点阵	晶系	棱边长度与夹角	举例
简单立方	立方	$a=b=c$, $\alpha=\beta=\gamma=90°$	Fe、Cr、Cu、Ag、Au
面心立方			
体心立方			
简单正方	正方	$a=b\neq c$, $\alpha=\beta=\gamma=90°$	β Sn、TiO_2
体心正方			
简单六方	六方	$a=b\neq c$,$\alpha=\beta=90°$,$\gamma=120°$	Zn、Cd、Mg、Ni、As
简单正交	正交	$a\neq b\neq c$, $\alpha=\beta=\gamma=90°$	α S、Ga、Fe_3C
体心正交			
底心正交			
面心正交			
简单棱方	棱方	$a=b=c$,$\alpha=\beta=\gamma\neq90°$	As、Sb、Bi
简单单斜	单斜	$a\neq b\neq c$, $\alpha=\gamma=90°\neq\beta$	β S、$CaSO_4 \cdot 2H_2O$
底心单斜			
简单三斜	三斜	$a\neq b\neq c$,$\alpha\neq\beta\neq\gamma\neq90°$	$K_2Cr_2O_7$

法国晶体学家布喇菲(Bravais)曾通过数学证明,在 7 个晶系中,存在 7 种简单晶胞和 7 种复杂晶胞,其晶胞形式如图 2.2 所示。各种晶体物质的晶格类型及晶格常数不同,主要与其原子构造及结合键性质有关。

2.1.2　纯金属的晶体结构

从元素周期表中可以很容易看到,纯金属常见的晶体结构主要为体心立方、面心立方及密排六方等三种晶格形式,其具有各自不同的特征。

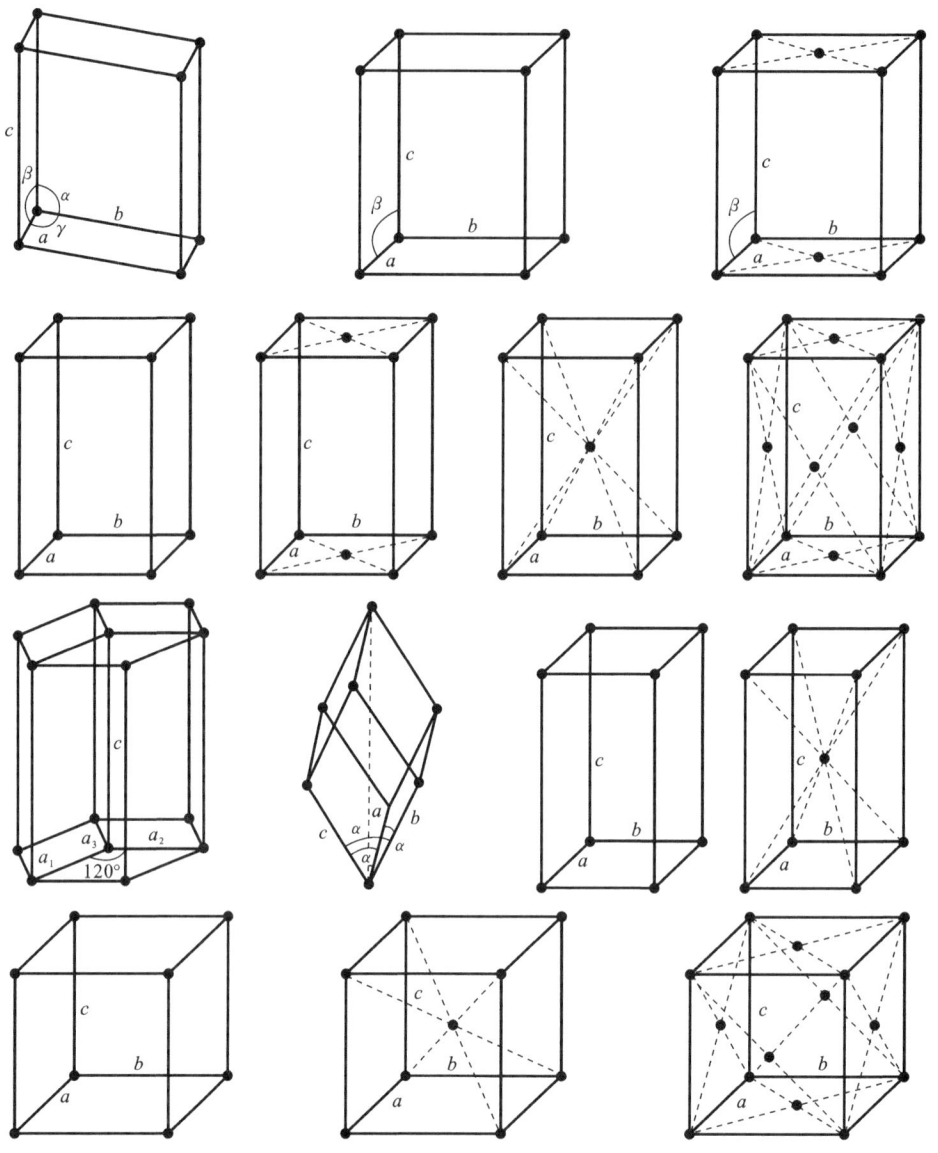

图 2.2 14 种晶胞形式

1. 晶胞

1) 体心立方晶格（body-centered cubic lattice，BCC）的晶胞

体心立方晶格的晶胞如图 2.3 所示，它是一个立方体。在立方体的八个顶点上各有一个与相邻晶胞共有的原子，并在立方体的中心有一个原子，晶格常数 $a=b=c,\alpha=\beta=\gamma=90°$，其晶格常数仅用一个 a 即可表示。属于体心立方晶格的金属有钠、钾、铬、钼、钨、钒、钽、铌、α Fe 等。

2) 面心立方晶格（face-centered cubic lattice，FCC）的晶胞

面心立方晶格的晶胞如图 2.4 所示，它也是一个立方体，与体心立方不同的是，在立方体的八个顶点及六个面的中心位置上各有一个与相邻晶胞共有的原子，晶格常数 $a=b=c$，

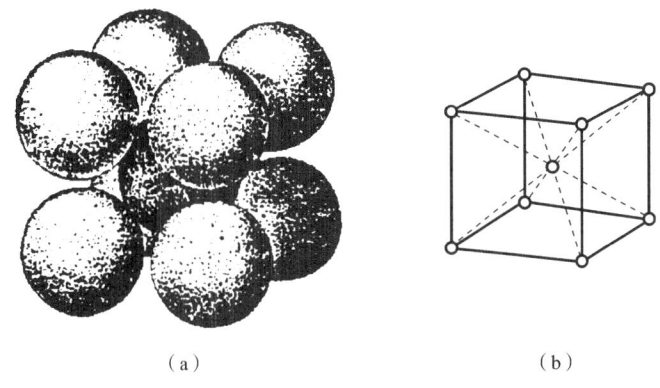

（a）　　　　　　　　　　　　　　（b）

图 2.3　体心立方晶格的晶胞

（a）刚性球模型；（b）晶胞

$\alpha=\beta=\gamma=90°$，其晶格常数也只用一个 a 即可表示。属于面心立方晶格的金属有金、银、镍、铝、铜、铅、γ-Fe 等。

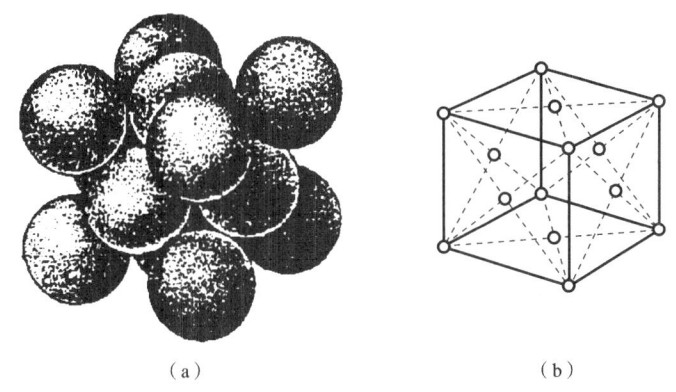

（a）　　　　　　　　　　　　　　（b）

图 2.4　面心立方晶格的晶胞

（a）刚性球模型；（b）晶胞

3）密排六方晶格（close-packed hexagonal lattice，CPH）的晶胞

密排六方晶格的晶胞如图 2.5 所示，它是一个正六棱柱体，在正六棱柱体上、下两个面的节点和中心位置上各有一个与相邻晶胞共有的原子，另外在晶胞体中间还有三个原子，晶格常数 $a=b\neq c$，$\alpha=\beta=90°$，$\gamma=120°$，因此其晶格常数用正六方形底面的边长 a 和晶胞的高度 c 表示。在理想密排情况下，各邻近原子之间紧密接触，此时 $c/a\approx1.633$，并且上、下底面原子间距与其上、下层原子间距相等。属于此类晶格的金属有镁、锌、镉、铍等。

从图 2.3 至图 2.5 可见，不同形式的晶格，其内部原子排列的密集程度是不一样的。

2. 晶胞中的原子数

晶胞中的原子数（N）是指一个晶胞所包含的原子数目。由于晶体具有严格的对称性，故晶体可看成由许多晶胞堆砌而成，故立方晶胞中节点处的原子为八个晶胞所共有，六方晶胞中节点处的原子为六个晶胞所共有，晶面上的原子属于两个晶胞共有，只有晶胞体内的原子才完全为一个晶胞所拥有，如图 2.6 所示。故三种典型金属晶体结构中每个晶胞所占有的原子数 N 为

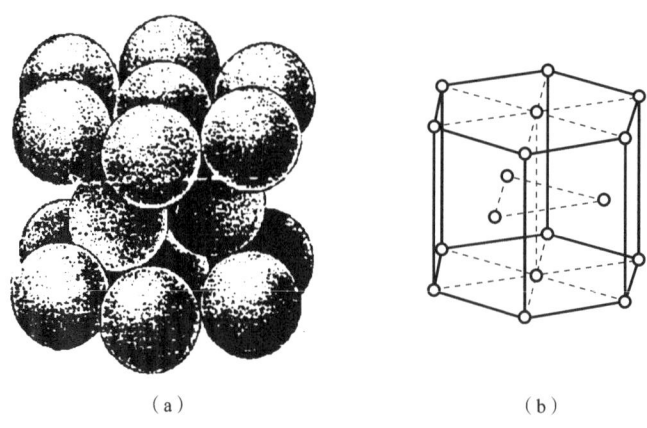

（a）　　　　　　　　　　　（b）

图 2.5　密排六方晶格的晶胞

（a）刚性球模型；（b）晶胞

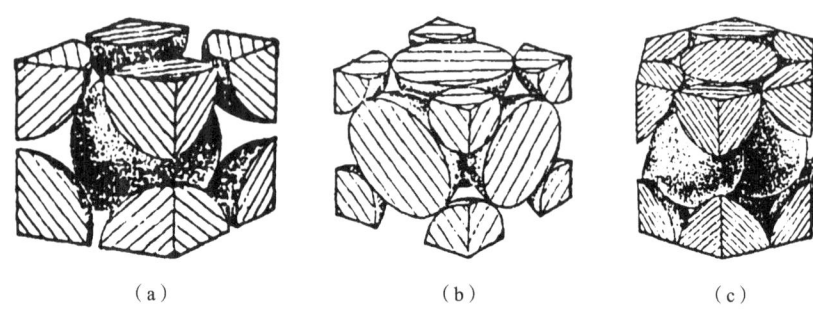

（a）　　　　　　　　　（b）　　　　　　　　　（c）

图 2.6　晶胞中的原子数

（a）体心立方晶胞；（b）面心立方晶胞；（c）密排六方晶胞

体心立方晶胞的原子个数：$N=8×1/8+1=2$

面心立方晶胞的原子个数：$N=8×1/8+6×1/2=4$

密排六方晶胞的原子个数：$N=12×1/6+2×1/2+3=6$

3. 原子半径

分析晶体结构时，常常要涉及原子的大小，然而，由于原子核外电子的分布是没有严格边界的，因此把原子当作等径的刚性球，认为当它们紧密排列时刚性球的表面彼此是相切的。这样，原子半径(r)就可视为晶胞中最近邻两原子中心距离的一半。由图 2.6 可以看出：对于体心立方晶格，其晶胞对角线方向上的原子是紧密相切的；对于面心立方晶格，其晶胞中每个面对角线上的原子是紧密相切的；对于密排六方晶格，当 $c/a=1.633$ 时，底面上两近邻原子是紧密相切的。因此，三种晶格原子的半径 r 可以表示为

体心立方晶胞：

$$r=\frac{\sqrt{3}}{4}a \tag{2.1}$$

面心立方晶胞：

$$r=\frac{\sqrt{2}}{4}a \tag{2.2}$$

密排六方晶胞：

$$r = \frac{1}{2}a \tag{2.3}$$

4. 致密度

致密度(K)表述的是晶格内部原子排列密集程度的参数之一。具体的，其用晶胞中原子所占总体积与晶胞的总体积之比来表示，即

$$K = \frac{n \times v}{V} \tag{2.4}$$

式中：n 为晶胞中的原子数；v 为单个原子的体积；V 为晶胞的体积。

三种晶格致密度的计算如下：

体心立方晶格：$K = \dfrac{2 \times \frac{4\pi}{3}r^3}{a^3} = \dfrac{2 \times \frac{4\pi}{3} \times \left(\frac{\sqrt{3}}{4}a\right)^3}{a^3} \approx 0.68 = 68\%$

面心立方晶格：$K = \dfrac{2 \times \frac{4\pi}{3}r^3}{a^3} = \dfrac{4 \times \frac{4\pi}{3} \times \left(\frac{\sqrt{2}}{4}a\right)^3}{a^3} \approx 0.74 = 74\%$

密排六方晶格：$K = \dfrac{6 \times \frac{4\pi}{3}r^3}{6 \times \frac{\sqrt{3}}{4}a \times a \times c} = \dfrac{6 \times \frac{4\pi}{3} \times \left(\frac{1}{2}a\right)^3}{6 \times \frac{\sqrt{3}}{4} \times 1.633a^3} \approx 0.74 = 74\%$

计算表明：体心立方晶胞中原子占据了体积的 68%，晶胞内其余 32% 的体积为空隙；面心立方晶胞和密排六方晶胞中原子占据了体积的 74%，晶胞内其余 26% 的体积为空隙。

5. 配位数

配位数是指晶体结构中与任一原子最近邻且等距离的原子数目，也是描述晶格内部原子排列密集程度的一种参数。配位数愈大，原子排列的致密度就愈高。三种典型金属晶体结构的配位数和致密度如表 2.2 所示。

表 2.2　三种典型金属晶体结构的配位数和致密度

晶体结构类型	配位数	致密度
体心立方晶格	8	68%
面心立方晶格	12	74%
密排六方晶格	12	74%

2.1.3　立方晶系中的晶向与晶面

在研究有关晶体的生长、变形、相变以及性能等问题时，常常要考虑晶体中原子、原子列以及原子平面的空间位置等问题。实践表明，晶体中一些特定的空间位置（晶向、晶面等）与晶体表现出的性能有密切关系，为此，必须确定一致的符号来标定不同的晶向、晶面等。当今国际上通用的是由英国科学家密勒（W. H. Miller）于 1937 年提出的密勒指数。下面介绍密勒指数的标定方法。

1. 晶向指数的标定

在晶体中,通过若干原子中心(节点)连成的许多表示不同空间方位的直线称为晶向。晶向指数的标定方法如下:

(1)以晶胞的某一节点为原点 O,过原点 O 的晶轴为坐标轴 x、y、z,以晶胞点阵矢量的长度为坐标轴的长度单位。

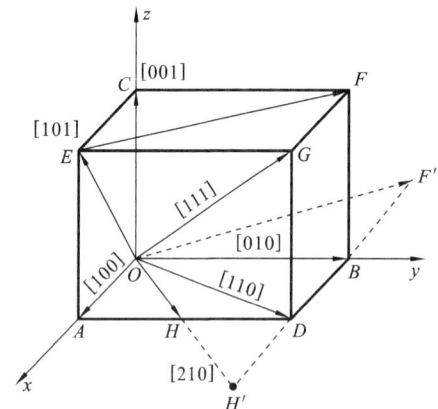

(2)过原点 O 作一直线 OP,使其平行于待定晶向。

(3)在直线 OP 上选取距原点 O 最近的一个阵点 P,确定 P 点的3个坐标值。

(4)将这3个坐标值化为最小整数 u、v、w,加以方括号,$[uvw]$ 即为待定晶向的晶向指数。若坐标中某一数值为负,则在相应的指数上加一负号,如 $[1\overline{1}0]$、$[\overline{1}00]$ 等。

图 2.7 列举了正交晶系的一些重要晶向的晶向指数。

显然,晶向指数可以表示所有相互平行、方向一致的晶向。若所指的方向相反,则晶向指数的

图 2.7 正交晶系一些重要晶向的晶向指数

数字相同,但符号相反。同样,晶体中因对称关系而等同的各组晶向可归并为一个晶向族,用 $<uvw>$ 表示。例如,对立方晶系的体对角线就可用符号 $<111>$ 表示,其包括
$$[111]、[\overline{1}11]、[1\overline{1}1]、[\overline{1}\overline{1}1] 和 [\overline{1}\overline{1}\overline{1}]$$

2. 晶面指数的标定

在晶体中,通过若干原子中心而构成的二维平面称为晶面或原子平面。晶面指数的标定方法如下:

(1)在点阵中设定参考坐标系,设置方法与确定晶向指数时相同,但不能将坐标原点选在待确定指数的晶面上,以免出现零截距。

(2)求得待定晶面在三个晶轴上的截距,若该晶面与某轴平行,则在此轴上截距为 ∞;若该晶面与某轴负方向相截,则在此轴上截距为一负值。

(3)取各截距的倒数。

(4)将三倒数化为互质的整数比,并加上圆括号,即表示该晶面的指数,记为 (hkl)。图 2.8 中待标定的晶面 $a_1b_1c_1$ 相应的截距为 $1/2$、$1/3$、$2/3$,其倒数为 2、3、$3/2$,化为简单整数为 4、6、3,故晶面 $a_1b_1c_1$ 的晶面指数为 (463)。如果所求晶面在晶轴上的截距为负数,则在相应的指数上方加一负号,如 $(\overline{1}10)$、$(11\overline{2})$ 等。图 2.9 所示为正交点阵中一些晶面的晶面指数。

同样,晶面指数所代表的不仅是某一晶面,也可以代表一组相互平行的晶面。另外,在晶体内只要晶面间距和晶面上原子的分布完全相同,而只有空间位向不同的晶面可以归并为同一晶面族,用 $\{hkl\}$ 表示,它代表由对称性相联系的若干组等效晶面的总和。例如,在立方晶系中:

$$\{110\} = (110) + (101) + (011) + (\overline{1}10) + (\overline{1}01) + (0\overline{1}1) + (\overline{1}\overline{1}0) + (\overline{1}0\overline{1})$$
$$+ (0\overline{1}\overline{1}) + (1\overline{1}0) + (10\overline{1}) + (01\overline{1})$$

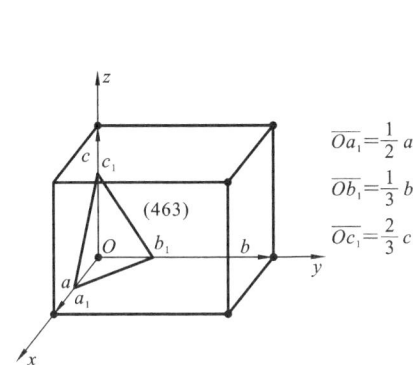

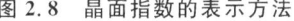

$$\overline{Oa_1} = \frac{1}{2} a$$

$$\overline{Ob_1} = \frac{1}{3} b$$

$$\overline{Oc_1} = \frac{2}{3} c$$

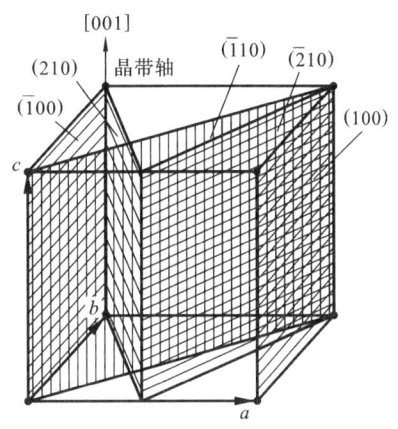

图 2.8　晶面指数的表示方法　　　　　图 2.9　正交点阵中一些晶面的晶面指数

这里前六个晶面与后六个晶面两两相互平行,共同构成一个十二面体。所以,晶面族 $\{110\}$ 又称为十二面体的面。

此外,在立方晶系中,具有相同指数的晶向和晶面必定是互相垂直的。例如 $[110]$ 垂直于 (110), $[111]$ 垂直于 (111),等等。

2.2　实际金属的晶体结构和缺陷

实际金属材料中的原子(确切地说是离子)在三维空间排列形成的晶体,不仅不是按所设想的规则排列的理想单晶体,而且还存在着局部微区域原子排列不完整的现象。

2.2.1　多晶体结构

晶格位向完全一致的晶体称为单晶体,单晶体具有各向异性的特征,即在晶体的各个晶向上具有不同的化学、光学和电学性能,在半导体、磁性材料和高温合金材料等方面都有广泛的应用。

但是,除非专门制备,工程上实际使用的金属材料均为多晶体结构,即由许多外形不规则的小晶体组成。这些小晶体内的晶格是一样的,但相互间的晶格方向皆不相同。这些小的单晶体又称为晶粒,而相邻晶粒间的界面称为晶界。由于晶界是相邻晶粒不同晶格方位的过渡区,所以在晶界上原子排列总是不规则的。这种用多晶粒组成的晶体结构称为多晶体。

金属材料的晶粒通常都很小,如钢铁材料的晶粒尺寸仅为 $10^{-2} \sim 10^{-1}$ mm,故只有通过显微镜才能观察到。图 2.10 所示为工业纯铁经过化学试剂深度浸蚀后在金相显微镜下所看到的晶粒。因为不同晶粒内原子排列位向不同,所以每个晶粒在不同方向上的性能差异相互抵消,多晶

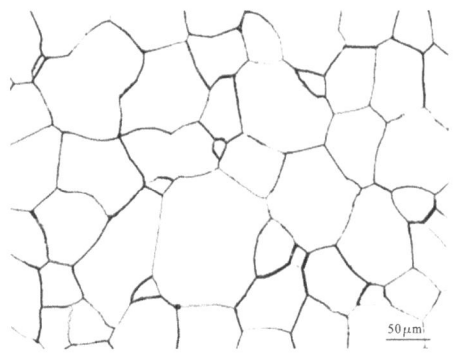

图 2.10　工业纯铁金相照片

体材料的性能呈现出各方向上大体相同的现象。如多晶体的工业纯铁在任何方向上都有相同的弹性模量。

2.2.2　晶体中的缺陷

如前所述,相邻晶粒在晶界上原子排列不规则,因此晶界属于晶体中的一种缺陷。实际上,由于多种外界因素的影响,实际金属不仅是多晶体,而且在晶粒的内部原子也不可能完全按某一晶格类型进行理想的排列,同时还存在一些不规则排列的缺陷。晶体中的缺陷可分为点缺陷、线缺陷、面缺陷三种。

1) 点缺陷

点缺陷是指在三维空间各方向的尺寸都很小(约为几个原子的直径)的缺陷。其具体形式有空位、间隙原子、置换原子,如图 2.11 所示。

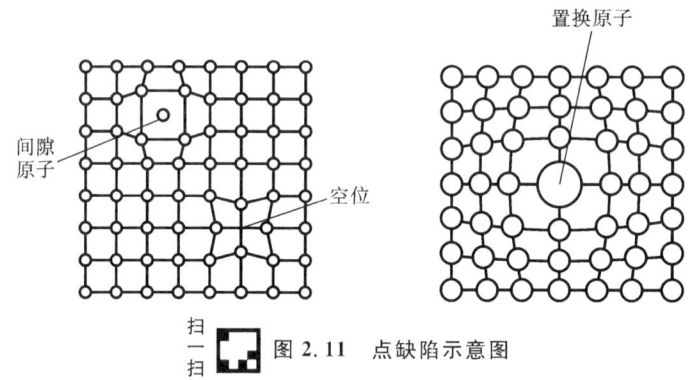

图 2.11　点缺陷示意图

(1) 空位。晶格上没有原子的节点称为空位,其产生的原因是晶体中的原子在节点上不停地进行热振动,在一定温度下原子热振动能量的平均值虽然是一定的,但各个原子的热振动能量并不完全相等,有的可能高于平均值,甚至个别原子的能量会大到足以克服周围原子对它的束缚作用,使其脱离原来的节点,从而造成该节点的空缺,形成一个"空穴"。

(2) 间隙原子。晶胞内在晶格节点以外存在的原子称为间隙原子,它一般是较小的异类原子。如前所述,纯金属的三种晶体结构中都有空隙,因此原子半径较小的异类原子(如 B、C、H、N 等)很容易进入晶格的间隙位置。

(3) 置换原子。晶格上占据节点的异类原子称为置换原子,一般来说,置换原子的半径与晶格上已有原子的半径相当或较大。

点缺陷的形成主要是因为原子在各自平衡位置上做不停的热运动,随着温度的升高,原子热运动加剧,点缺陷则增多。无论是哪一种点缺陷,都会使晶体中原子的平衡状态受到破坏,造成晶格的歪扭(称晶格畸变),从而使金属的性能发生变化。例如,随着点缺陷的增加,电子在传导时的散射增加,导致金属的电阻率增大;当点缺陷与位错发生交互作用时,材料强度会提高,塑性会变差。

2) 线缺陷

线缺陷又称为一维缺陷,这种缺陷在三维空间一个方向上的尺寸很大,另外两个方向上的尺寸很小,其具体形式就是晶体中的位错。它是晶体中某处一列或数列原子发生有规律的位置错动。位错有许多类型,图 2.12(a)所示为常见的刃型位错。它可以理解为:将一理想晶体部分地切开,再用一额外原子面嵌入切口,即在 EF 处的上方强行插入了一个像刀刃一样的原子平面。这使晶体沿 EF 线产生了上、下层原子位置的错动。EF 线称为位错线。晶体从上部多插入一个原子面称为正刃型位错,以符号"⊥"表示;晶体从下部多插入一个原子面称为负刃型位错,以符号"⊤"表示(见图 2.12(b))。

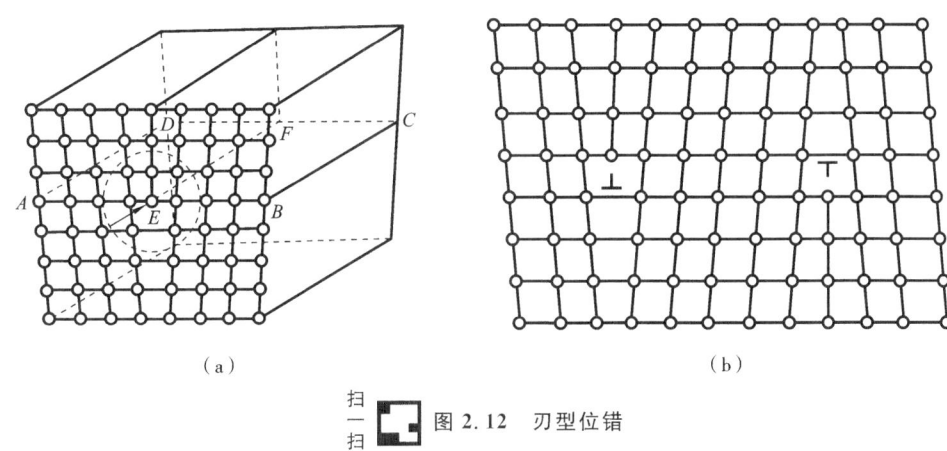

（a）　　　　　　　　　　　　（b）

扫
一
扫　　**图 2.12　刃型位错**

（a）刃型位错立体图;（b）正刃型位错和负刃型位错

　　由图 2.12(a)可见,位错线 EF 处原子排列的对称性受到破坏,离 EF 线越近,原子排列的错动越大,最大可达半个原子间距;离 EF 线越远,原子排列的错动越小,直至恢复到正常位置。所以,位错线 EF 周围的晶格畸变范围可描述为:它是以 EF 线为中心,直径为 3～4 个原子间距、长度为几百到几万个原子间距的细长"管道",这个管道是应力集中区。正刃型位错使得晶体上部受压应力,下部受拉应力;负刃型位错使得晶体上部受拉应力,下部受压应力。在外加切应力作用下,EF 线可以移动,其移动方向与晶体上、下两部分的相对滑动方向平行。

　　实际金属中存在着大量位错,位错在外力作用下会产生运动、堆积和缠结,位错的存在使附近区域产生晶格畸变,导致金属抵抗外力的能力增强。如经过冷塑性变形后,金属材料中的位错缺陷大量增加,金属的强度大幅度提高,这种方法称为形变强化。

　　3)面缺陷

　　面缺陷又称为二维缺陷,这种缺陷在三维空间两个方向上的尺寸较大,另一方向上的尺寸很小。面缺陷的具体形式是晶界、亚晶界及相界。下面主要分析晶界及亚晶界。

　　(1)晶界。实际金属是由许多晶粒组成的,晶粒之间则以晶界区分开来,晶粒间的位向差大多为 30°～40°。图 2.13 表示了两个晶粒相邻的概貌。由图 2.13 可见,在晶界处原子排列是不规则的,实际上就是不同位向晶粒之间的过渡层,有几个原子间距到几百个原子间距的宽度。一般说来,金属纯度越高则宽度越小,反之则越大。晶界处晶格畸变较大,与晶粒内部原子相

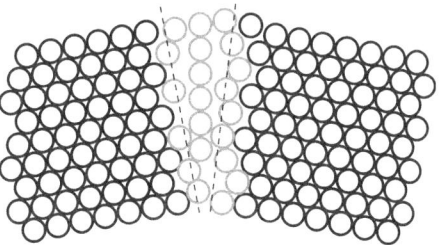

图 2.13　晶界处的原子排列模型

比,具有较高的平均能量。由于晶界能量较高,故有自发地向低能量状态转化的趋势。通常,加热会引起晶粒长大和晶界的平直化,因为这可减少晶界面积,降低晶界能量。

（2）亚晶界。在多晶体的每一个晶粒内,还存在着许多尺寸很小（$10^{-5} \sim 10^{-3}$ mm）、位向差也很小（一般不超过 3°）的小晶块,称为亚晶粒（或亚结构、嵌镶块）,如图 2.14 所示。亚晶粒内部的原子排列位向一致,而亚晶粒与亚晶粒之间的亚晶界则由一系列刃型位错组成,如图2.15 所示。亚晶界上的原子排列也是不规则的,只是不规则的程度没有晶界那么严重。

图 2.14　形变金属中的亚晶粒

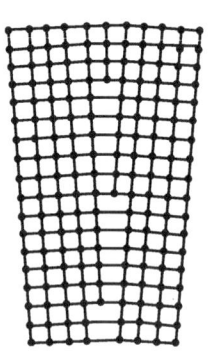

图 2.15　亚晶界结构

晶界和亚晶界都能提高金属的强度及改善塑性和韧性,称为细晶强化。

在实际金属晶体中,点、线、面缺陷的存在破坏了晶体原子排列的完整性,对金属的力学性能、物理性能、化学性能等都会带来很大的影响。研究表明,缺陷的产生与晶体的生成条件、原子的热运动以及晶体所接受的加工过程有关。

2.3　纯金属的结晶

金属由液态转变为固态的过程称为凝固。其中凝固形成晶体的过程称为结晶。结晶过程直接对晶体形成、晶体缺陷、多晶结构等特性产生影响。

2.3.1　结晶时的过冷现象

金属结晶是液态金属原子规则排列的过程,在一般情况下人们无法看到。当冷却时,液态金属的温度随时间的延长而降低,结果可用金属结晶时的冷却曲线表示,纯金属冷却曲线如图 2.16 所示。从冷却曲线可以看到,纯金属液体在理论结晶温度 T_0 时不会结晶。由于结晶时释放出结晶潜热,而补偿了向外界散失的热量,使温度回升到略低于 T_0,从而使冷却曲线出现了"平台"。结晶完成后,由于不再有潜热放出,温度继续下降。

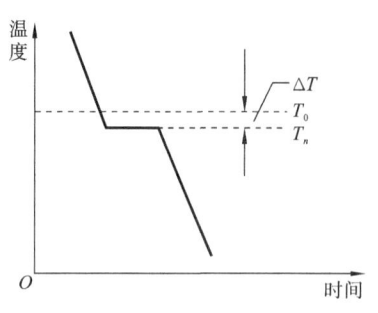

图 2.16　纯金属冷却曲线

液态金属必须冷却到理论结晶温度 T_0 以下才能进行结晶,这种现象称为过冷。理论结晶温度 T_0 与实际

结晶温度 T_n 之差称为过冷度,即 $\Delta T = T_0 - T_n$。过冷度 ΔT 与冷却速度有关,一般的规律是冷却速度越大,过冷度 ΔT 越大,结晶的驱动力也越大,液态金属结晶的倾向也就越大。

2.3.2　金属结晶的热力学条件

根据热力学最小自由能原理,在等温、等压的条件下,物质自动地由甲状态转变成乙状态,一定是由于在这种条件下甲状态的自由能高于乙状态的自由能所致,而促使这种转变发生的驱动力,就是两种状态的自由能之差。

自由能 G 是表示物质能量的一个状态函数,根据热力学定律,其表达式为

$$G = U - TS \tag{2.5}$$

式中:U 为系统内能,即系统中各种能量的总和;T 为热力学温度;S 为熵(系统中表征原子排列混乱程度的参数)。

对于固态金属

$$G_{固} = U_{固} - TS_{固} \tag{2.6}$$

对于液态金属

$$G_{液} = U_{液} - TS_{液} \tag{2.7}$$

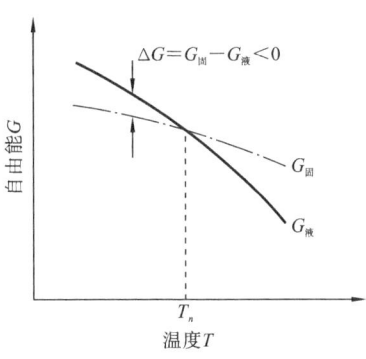

图 2.17　自由能随温度变化的示意图

由式(2.6)和式(2.7)可以计算金属固态与液态的自由能随温度的变化而变化的值,并绘制出二者的关系曲线,如图 2.17 所示。由图 2.17 可见,液态金属的自由能随温度上升而减少的速度比固态金属的更快,所以两条曲线必相交于一点 T_0。此点表示液态金属与固态金属的自由能相等,即二者处于平衡状态,也表明由液态转变为固态和由固态转变为液态的可能性相同,宏观上表现为既不结晶也不熔化。因此,T_0 是两态共存温度,也就是理论结晶温度或平衡结晶温度。

当 $T > T_0$ 时,$G_{液} < G_{固}$,固态金属将转变成液态金属;当 $T < T_0$ 时,$G_{液} > G_{固}$,液态金属将转变成固态金属,即结晶成晶体。由此可知,欲使液态金属结晶为固体,必须冷却到理论结晶温度 T_0 以下的某一温度 T_n。这就是金属结晶时出现过冷现象的根本原因。

从能量角度看,过冷是金属结晶的必要条件。只有过冷,才具备 $G_{固} < G_{液}$ 的能量条件,才能有液态金属自发结晶成为固态金属的驱动力。过冷度越大,$G_{液}$ 与 $G_{固}$ 的差值越大,即结晶驱动力越大,故结晶的倾向也越大。由于金属的晶体结构比较简单,并总含有杂质,所以实际结晶时的过冷能力并不大,过冷度一般只有几摄氏度或十几摄氏度,通常不超过 20 ℃。

2.3.3　金属结晶的结构条件

纯金属的结晶与其液态时的结构密切相关。前已述及,固态金属中的原子是按长程有序的规则排列的,如图 2.18(a)所示。研究表明,当固态金属熔化为液态金属后,原子按长程有序的规则排列的结构虽从整体上受到了破坏,但因原子间还存在着相当强的作用力,尤其在金属温度接近熔点时,其内部较小的范围(几十或几百个原子范围)内存在着时而形成、又时而消失的短程有序原子集团,如图 2.18(b)所示。由于金属结晶的实质就是使具有短

程有序排列的液态金属转变成具有长程有序排列的固态金属,所以,在一定条件下短程有序排列的原子集团有可能成为结晶的核心。为此,液态金属内部极小范围内瞬时呈现的短程有序原子集团,就是金属结晶所需的结构条件。

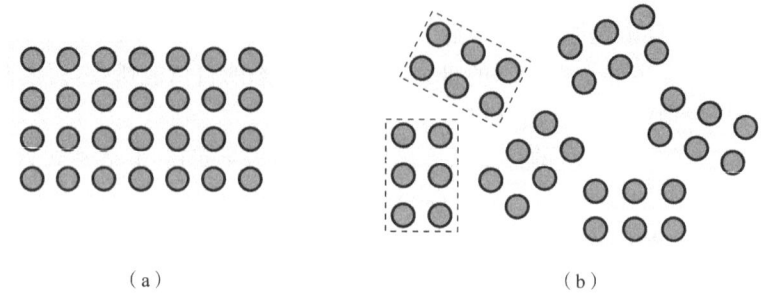

（a）   （b）

图 2.18　金属固态与液态原子排列

(a) 固态中的长程有序结构；(b) 液态中的短程有序结构

由上述分析可知,结晶的实质也可以广义地理解为是金属从一种原子排列状态过渡到另一种原子排列状态(晶态)的过程。这样,可以把金属从液态过渡为固体晶态的转变称为一次结晶,从一种固态过渡到另一种固体晶态的转变则称为二次结晶。

2.3.4　金属结晶的过程

纯金属的结晶过程可用图 2.19 来表示。液态金属结晶时,首先在液体中形成一些极微小的晶体,称为晶核,它不断吸收周围原子而长大,在这些晶核长大的同时,又出现新的晶核并逐渐长大,直至液体金属全部结晶完毕。

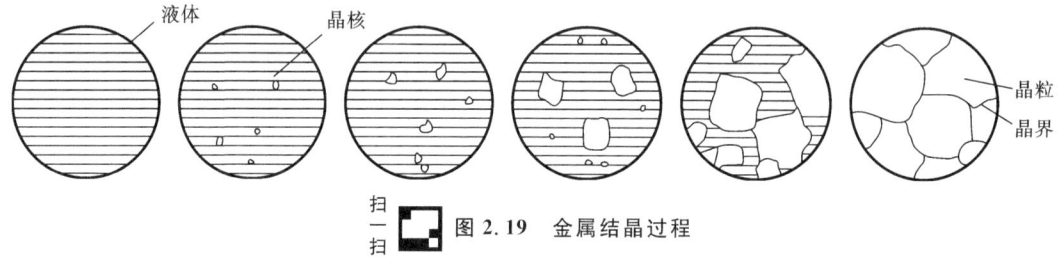

液体　　　　晶核　　　　　　　　　　　　　　　　　　　　　　　　　　　晶粒
　　　　　　　　　　　　　　　　　　　　　　　　　　　　　　　　　　　　晶界

扫一扫　图 2.19　金属结晶过程

1. 晶核的形成

实验证实,金属结晶的形核方式有两种:一种是液态金属非常纯净时,其内部的微小区域内也存在一些规则的、极不稳定的原子集团,在足够大的过冷度(纯铁的过冷度为 259 K)下,这些微小的原子集团直接变成结晶核心,称为自发形核或均匀形核;而实际的液体金属都或多或少地含有一些杂质,所以实际金属常常以另一种方式形核,是以液态金属中已有的型壁或外来杂质作为结晶的核心,称为非自发形核或不均匀形核。从热力学角度看,非自发形核要比自发形核容易很多。

2. 晶核的长大

晶核形成后结晶是靠晶核长大进行的,它是液态金属的原子向晶核的聚集过程,当然是在过冷条件下实现的。研究和实验证明,金属的结晶是按照树枝方式长大的(见图 2.20),即由于热量散失和晶体周围过冷等种种因素的影响,晶核中任何一个凸起部分的生长速度都会领先于晶体的其他部分,而在晶体中形成晶轴。最先形成的晶轴称为一次晶轴,在它侧面形成的是二次晶轴。同理,二次晶轴上又会长出三次晶轴等。晶体如此不断地生长,分支越来越多,就形成了树枝状晶体,简称枝晶。枝晶不断长大变粗,当碰到相邻枝晶且周围液态金属耗尽时,便停止生长,形成晶粒。结晶按枝晶生长,是由于晶核的棱角处有较好的散热条件,并且缺陷多,易于固定转移来的原子。如果在结晶过程中,有足够的液体金属填满各枝晶间的空隙,枝晶就不会显露出来。因此,往往是在金属的表面上能显示出枝晶的形貌。

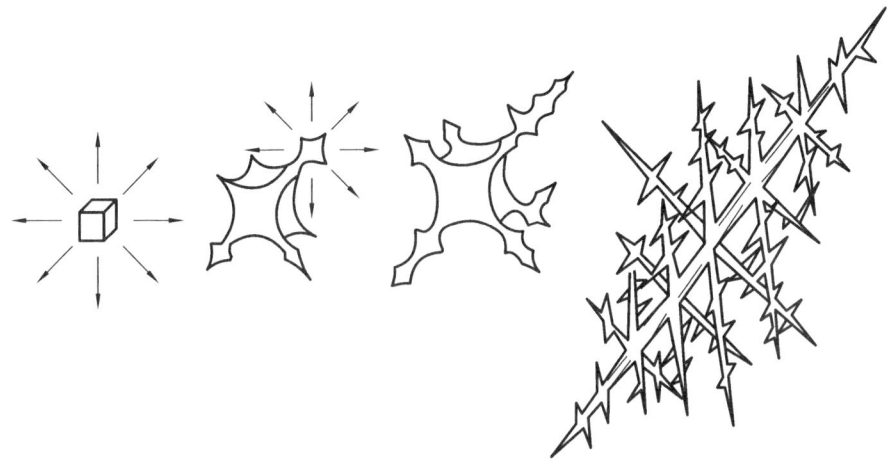

图 2.20　晶体长大过程

综上所述,纯金属的结晶总是在恒温下进行的,结晶时有结晶潜热放出,结晶过程遵循形核和晶核长大规律,在有过冷度的条件下才能结晶。

2.4　晶粒的长大及大小控制

结晶过程包含晶核的形成及晶粒的长大两个过程。为表征晶粒长大的程度,引入晶粒度的概念。晶粒度是晶粒长大的量度,常用单位体积中晶粒的数目 Z_V 或单位面积上晶粒的数目 Z_S 表示,也可以用晶粒的平均线长度(或直径)表示。影响晶粒度的主要因素是形核率 N 和长大速度 G。形核率越大,则结晶后相同体积内的晶粒就越多,越细小。如形核率不变,晶粒长大速度越小,则结晶所需的时间越长,生核越多,晶粒越细。

金属结晶后的晶粒越细小,金属的强度越高,同时塑性和韧性也越好。所以,细化晶粒通常是提高室温下金属材料力学性能的一个重要途径。

2.4.1　晶粒的长大

随着凝固的进行,晶核一旦形成,便开始长大。在长大的初期,小晶体保持有规则的几何外形,随着晶核的长大,晶体的棱角逐渐形成。由于棱角尖端处散热条件优于其他部分,因而在此处晶体得到优先生长。其生长方式与树枝的生长方式一样,先形成"树干",称为一次晶轴;然后再形成"分枝",称为二次晶轴。依此类推,还可形成三次晶轴甚至多次晶轴。

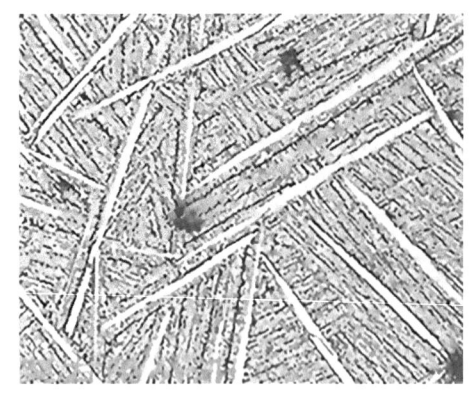

图 2.21　金属表面树枝晶体的显微形貌

各次晶轴彼此交错,空间形貌犹如茂密的树枝,故称之为树枝晶体,简称枝晶,如图 2.21 所示。在多次晶轴形成的同时,各次晶轴均在不断地伸长并长粗,直到各次晶轴互相接触,晶轴间的金属液消耗完毕为止,即结晶完成。

若金属纯度高,凝固时又能不断得到金属液的补充,则结晶后看不出任何树枝状晶体的痕迹,只能看到一颗颗外形不规则的晶粒,如图 2.10所示。

此外,晶体在长大过程中,可能由于某种原因(如金属液流动、枝晶轴相互碰撞等),晶轴发生相对转动、偏斜或折断,以及晶轴间的微小空间位向差,可能在一颗晶粒内形成亚晶粒、位错等缺陷。

2.4.2　晶粒大小的控制

晶粒大小对材料性能影响很大。一般而言,常温下的金属材料(尤其是纯金属),晶粒越小,则其强度越高,塑性、韧性越好。需要指出的是,对于在高温下工作的金属材料,晶粒粗大一些较宜,这是因为高温下原子沿晶界的扩散比晶内快,晶界对变形的阻力大为减弱,晶界过长对材料的性能不利。

1. 增大过冷度

晶粒的大小取决于形核率 N 及晶核的长大速率 G。N 定义为单位时间、单位体积内所产生的晶核数目;G 为单位时间内晶体长大的线长度,表示晶核生长中,液固界面在垂直于界面的方向上单位时间内迁移的距离。金属凝固后,单位体积中的晶粒数 Z 与形核率 N 成正比,与长大速率 G 成反比,即 $Z=0.9(N/G)^{3/4}$。图 2.22 所示为形核率 N 及长大速率 G 与过冷度 ΔT 的关系曲线。由图 2.22 可见,在一般过冷度下(见图 2.22 中的实线),形核率与长大速率都随着过冷度的增大而增大,但是 N 的增长大于 G 的增长。因此,当 ΔT 增大

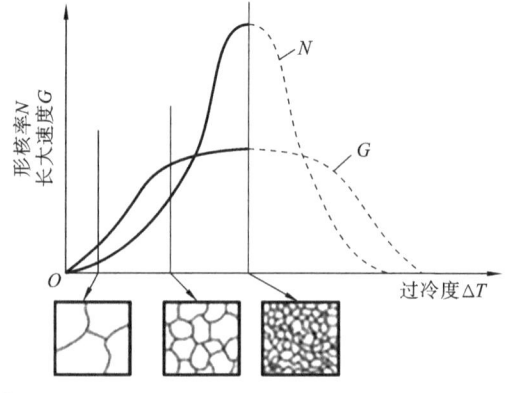

扫
一
扫　　图 2.22　过冷度与形核率、长大速度的关系

时，N/G 的值也会增大，这意味着单位体积中晶粒数目增多，晶粒变细；反之，当 ΔT 较小时，形成的晶粒就变得比较粗大了。

对金属来说，在过冷度很大的情况下，由于实际结晶的温度已经很低，液体中原子的热运动速度已显著降低，反而会使 N 和 G 下降（见图 2.22 中的虚线）。不过在工业生产中，金属液很难达到如此大的过冷度。一般在此过冷度之前，结晶早已完毕。

2. 变质处理

生产中，通常利用非自发形核的原理来获得细小的晶粒，提高金属强度。在金属液中加入某种物质，使之形成悬浮在液体中的固体微粒来增大形核率 N；或加入某种物质使之对正在成长的晶体起到束缚作用，减小晶体生长速率 G；二者皆能起到细化晶粒的作用。此方法即为变质处理，所加的物质称为变质剂（或孕育剂）。铸造生产中，利用此法可得到高强度变质铸铁（孕育铸铁）。

另外，利用机械振动、超声波振动等方法，都可使已形成的粗大晶轴断开，造成晶粒的细化，以达到提高金属强度的目的。

2.5　铸锭的宏观组织及其形成机理

金属和合金凝固后的晶粒较为粗大，通常是宏观可见的。图 2.23 是铸锭的典型宏观组织示意图，它包括三个晶区，即表层细晶区、柱状晶区、中心等轴晶区。

1. 表层细晶区

金属溶液注入铸型后，型壁温度低，和型壁接触的溶液迅速冷却，过冷度大，形成大量晶核，而且型壁促进非均匀形核，因而形核率高，这些晶核迅速长大至相互接触，形成细晶区。

2. 柱状晶区

在表层细晶区形成后，型壁温度升高使

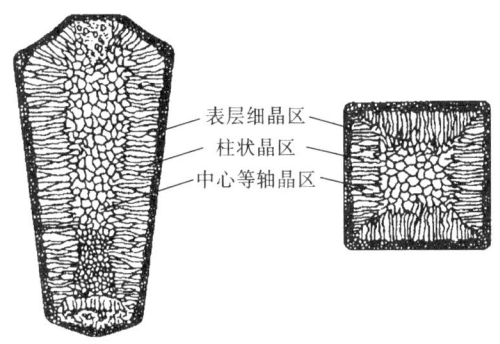
表层细晶区
柱状晶区
中心等轴晶区

图 2.23　铸锭的三个晶区示意图

剩余溶液的冷却速度变慢，过冷度减少，形核困难，只有细晶区中现有的晶体继续向液相中长大，由于垂直型壁方向向外散热速度最快，这些晶体优先沿型壁法线方向向铸型中心长大而形成柱状晶区。

3. 中心等轴晶区

柱状晶长大到一定程度，铸型中心剩余溶液远离型壁，靠已凝固的固相向外散热，冷却速度变得更慢，溶液中各处的温差变小，当整个溶液温度降至金属熔点以下时，溶液中出现许多晶核并沿各个方向长大，形成中心等轴晶区。

研究表明，中心等轴晶区晶核除来源于非均匀形核以外，还可能是型壁细晶区形成过程中受到流动熔液冲刷而被卷入铸型中部的部分小晶体。

应该指出，铸锭的宏观组织与浇注条件有关，变更浇注条件可以改变三个晶区和晶粒的相对大小。通常，快的冷却速度、高的浇注温度和定向散热等有利于形成柱状晶，如果金属纯度较高,铸锭截面较小,柱状晶可以一直发展到铸锭心部,形成穿晶组织。相反,慢的冷却速度、低的浇注温度、均匀散热、孕育处理、机械振动、电磁搅拌等有利于形成细小等轴晶。

思考题

2.1 名词解释

晶体结构,晶格与晶胞,晶格常数,致密度,配位数,晶面,晶向,单晶体,多晶体,晶粒,晶界,各向异性。

2.2 金属常见的晶格形式有哪几种?如何计算每种晶胞中的原子数?

2.3 在立方晶格中,如果晶面指数和晶向指数的数值相同,例如(111)与[111],(110)与[110]等,问:该晶面与晶向间存在着什么关系?

2.4 实际金属的晶体结构存在哪些缺陷?每种缺陷的具体形式如何?它们对金属的力学性能有何影响?

2.5 在立方晶系的晶胞中,画出晶面(111)、(112)、(011)、(123)和晶向[111]、[101]、[11$\bar{1}$]。

2.6 何谓过冷现象和过冷度?过冷度与冷却速度有何关系?

本章参考文献

[1] 胡庚祥,蔡珣. 材料科学基础[M]. 上海:上海交通大学出版社,2000.

[2] 石德柯,沈莲. 材料科学基础[M]. 西安:西安交通大学出版社,1995.

[3] 周凤云. 工程材料及应用[M]. 武汉:华中科技大学出版社,2014.

第3章 合金的结晶与二元相图

前面章节介绍了常见工程材料的晶体结构以及纯金属的结晶,因纯金属强度通常较低,工程上广泛使用的材料以合金为主。所谓合金是由两种或两种以上的金属元素或金属与非金属元素经熔炼、烧结或其他方法组合而成的具有金属特质的物质。合金的结晶过程和纯金属一样也是通过晶核形成以及晶核长大来完成的,由于合金中不止一种金属,故其结晶过程比纯金属复杂很多。本章主要分析讨论合金相结构、合金的结晶规律以及二元合金相图。

3.1 合金的相结构

由于合金中含有两种或两种以上的合金元素,所以结晶形成的晶粒中也含有两种或两种以上的元素,且其原子之间必然会发生相互的作用,结晶后的晶粒的化学成分和晶格类型可以一致,也可以不一致,它们组成了合金中的相与组织。先介绍几个基本概念。

(1) 组元。它是组成合金最基本的独立物质。通常组元是组成合金的合金元素,也可以是稳定的化合物。合金中有几种组元就称为几元合金。例如碳素钢是由 Fe 和 C 组成的,称其为二元合金;而铅黄铜是由 Cu、Pb 和 Zn 组成的,称其为三元合金。由于组元间会发生相互作用,便形成了具有一定晶体结构和一定成分的相。

(2) 相。它是指合金中化学成分、晶体结构皆相同,并以界面相互分开的各均匀组成部分。

(3) 组织。它是指用肉眼或显微镜所观察到的微观形貌,包含合金中的不同形状、不同数量和分布不一的各组成部分,又被称为"显微组织"。需要指出的是,合金的组织可以由一种相组成,也可以由多种相组成,而纯金属的组织一般只由一种相组成。相不同形成的纤维组织也不相同,显微组织不同的合金所表现出的性能也不同,如图 3.1 所示。

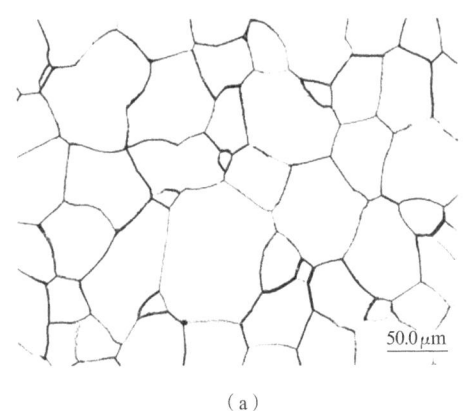

50.0 μm

(a)

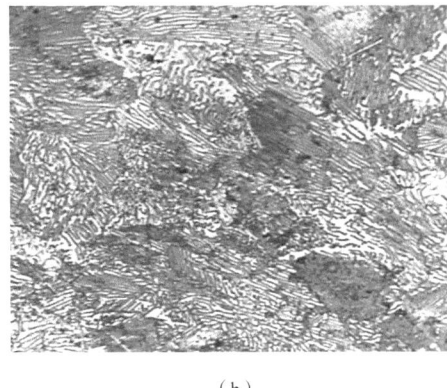

(b)

图 3.1 纯金属及合金的显微组织

(a) 工业纯铁的单相组织;(b) 共析钢的室温组织

工业纯铁中,铁的质量分数 $w_{Fe}>99.8\%$,其原子序数为 26,原子相对质量为 55.85,纯铁的熔点为 1538 ℃,汽化点为 2738 ℃,密度为 7.87 g/cm³。纯铁固态下可进行同素异构转变,912 ℃以下为体心立方晶体结构,912 ℃到 1394 ℃之间为面心立方结构,1394 ℃到熔点之间为体心立方结构。纯铁具有磁性,强度低,塑性很好,很少用于结构材料,主要利用铁磁性。共析钢的室温组织为珠光体,珠光体呈层片状,是铁素体和渗碳体的层片交替重叠的机械混合物,如图 3.1(b)中的白色片状为铁素体,黑色片状为渗碳体,珠光体的性能介于铁素体和渗碳体之间,强韧性较好。组成合金的基体相按晶体结构特点可以分为固溶体和金属间化合物这两大类。

3.1.1　固溶体

固溶体是指合金的组元之间以不同的比例通过相互溶解而形成的一种成分和性能均匀的固相,它的结构与组成该相合金的某一组元相同。与固溶体晶格相同的组元为溶剂,它在合金中含量一般较多;而进入溶剂的其他组元为溶质,含量较少。如 C 溶入 α-Fe 中,形成以 α-Fe 为基的固溶体,该固溶体的晶格与 α-Fe 相同,仍然是体心立方晶格。固溶体一般用符号 α、β、γ……表示。

1. 固溶体的分类

按溶质原子在溶剂晶格中所占据的位置,可将固溶体分为置换固溶体和间隙固溶体;按照固溶度可分为有限固溶体和无限固溶体;按溶质原子与溶剂原子的相对分布又可分为无序固溶体和有序固溶体。下面介绍置换固溶体和间隙固溶体。

(1)置换固溶体。溶质原子占据了溶剂原子晶格节点位置的固溶体。如图 3.2(a)所示。金属元素彼此之间一般都能形成置换固溶体,但溶解度视不同元素而异,有些能无限溶解,有的只能有限溶解。只有当溶质和溶剂的结构类型相同,原子尺寸相差不大,得失电子能力相当时才能形成无限固溶体,如图 3.3 所示。

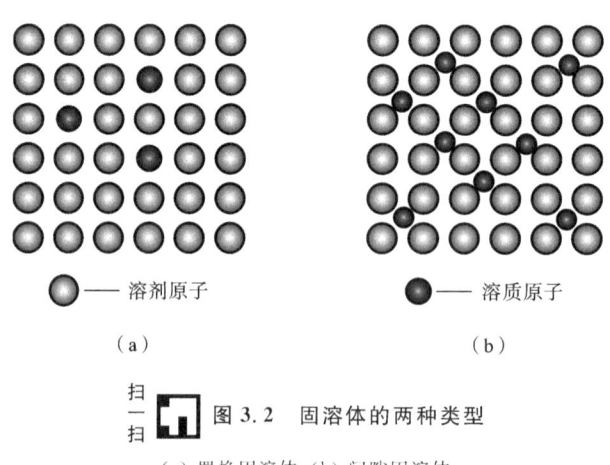

● —— 溶剂原子　　　　　　　● —— 溶质原子

（a）　　　　　　　　　　　　　　　（b）

扫一扫　图 3.2　固溶体的两种类型

（a）置换固溶体；（b）间隙固溶体

(2)间隙固溶体。形成固溶体时,若溶质原子分布于溶剂晶格间隙之中,这样的固溶体称为间隙固溶体,如图 3.2(b)所示。形成间隙固溶体的溶质原子通常是原子半径小于0.1 nm 的一些非金属元素。如 H、B、C、N、O 等(它们的原子半径分别为 0.046 nm,0.097

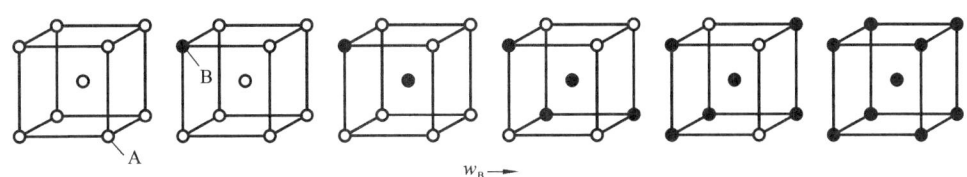

扫一扫 图 3.3 无限固溶体的原子置换

nm,0.077 nm,0.071 nm 和 0.060 nm)。在间隙固溶体中,由于溶质原子一般都比晶格间隙的尺寸大,所以当它们溶入后,都会引起溶剂点阵畸变,点阵常数变大,畸变能升高。因此,间隙固溶体都是有限固溶体,而且溶解度很小。

2. 固溶体的性质

和纯金属相比,由于溶质原子的溶入导致固溶体的点阵常数、力学性能、物理和化学性能产生了不同程度的变化。

(1) 点阵常数改变。形成固溶体时,虽然仍保持着溶剂的晶体结构,但由于溶质(B)与溶剂(A)的原子大小不同,总会引起点阵畸变并导致点阵常数发生变化。对置换固溶体而言,当原子半径 $r_B > r_A$ 时,溶质原子周围点阵膨胀,平均点阵常数增大;当 $r_B < r_A$ 时,溶质原子周围点阵收缩,平均点阵常数减小。对间隙固溶体而言,点阵常数随溶质原子的溶入总是增大的,这种影响往往比置换固溶体大得多。

(2) 产生固溶强化。和纯金属相比,固溶体的一个最明显的变化是由于溶质原子的溶入,使固溶体的强度和硬度升高,这种现象称为固溶强化,它是强化金属材料的重要途径之一。实践表明,通过控制固溶体中的溶质含量,可以在显著提高材料强度、硬度的同时,使其保持较好的塑性和韧性。

(3) 物理和化学性能的变化。固溶体合金随着固溶度的增加,点阵畸变增大,一般固溶体的电阻率 ρ 升高,同时电阻温度系数 α 降低;如 Si 溶入 α-Fe 中可以提高磁导率,含 Si 的质量分数为 2%～4% 的硅钢片是一种应用广泛的软磁材料;又如 Cr 固溶于 α-Fe 中,当 Cr 的原子数分数达到 12.5% 时,Fe 的电极电位由 -0.60 V 突然上升到 +0.2 V,从而能有效地抵抗空气、水汽、稀硝酸等的腐蚀,不锈钢中至少含有 13% 以上的 Cr 原子。因此,工业上广泛应用固溶体合金来作为精密电阻和电热材料等。

3.1.2 金属间化合物

两组元 A 和 B 组成合金时,除了可形成以 A 为基或以 B 为基的固溶体外,还可能形成一种晶格类型和性能完全不同于任一组元的化合物,这种化合物中,除了离子键和共价键外,金属键也参与作用,因而也具有一定的金属性质,所以称之为金属间化合物。由于它们在二元相图上的位置总是位于中间,故通常又把这些相称为中间相。如碳素钢中的 Fe_3C (渗碳体)、黄铜中的 CuZn 和铝合金中的 $CuAl_2$ 等。金属间化合物一般具有较高的熔点、高的硬度和脆性,通常作为合金的强化相,有些金属间化合物还具有特殊的物理性能,可以作为新一代功能材料或耐热材料。

和固溶体一样,电负性、电子浓度和原子尺寸对金属间化合物(中间相)的形成及晶体结构都有影响。据此,可将金属间化合物分为正常价化合物、电子化合物、与原子尺寸因素有关的化合物和超结构(有序固溶体)等几大类,下面分别进行讨论。

1. 正常价化合物

在元素周期表中,一些金属与电负性较强的 Ⅳ、Ⅴ、Ⅵ 族的一些元素按照化学上的原子价规律所形成的化合物称为正常价化合物。它们的成分可用分子式来表达,一般为 AB、A_2B(或 AB_2)、A_3B_2 型。例如,二价的 Mg 与四价的 Pb、Sn、Ge、Si 形成 Mg_2Pb、Mg_2Sn、Mg_2Zn、Mg_2Ge、Mg_2Si。正常价化合物的晶体结构通常对应于同类分子式的离子化合物结构,如 NaCl 型、ZnS 型、CaF_2 型等。正常价化合物的稳定性与组元间的电负性差有关。电负性差愈小,化合物愈不稳定,愈趋于金属键结合;电负性差愈大,化合物愈稳定,愈趋于离子键结合。如上例中由 Pb 到 Si 的电负性逐渐增大,故上述四种正常价化合物中 Mg_2Si 最稳定,熔点为 1102 ℃,是典型的离子化合物;而 Mg_2Pb 熔点仅 550 ℃,且显示出典型的金属性质,其电阻值随温度升高而增大。

2. 电子化合物

电子化合物是一类具有相同电子浓度的特殊的金属间化合物。该类相通常在具有相近原子尺寸和电负性的贵金属间形成,如 Cu、Zn、Au、Ag 等 B 族金属,电子浓度对该类金属间化合物的形成和稳定起到了最主要的作用。电子浓度是化合物的价电子总数与原子总数的比值。例如,CuZn 电子化合物,其原子数为 2,Cu 价电子数为 1,Zn 的价电子数为 2,故电子浓度为 3/2。电子化合物不但是研究电子对结构影响的理想对象,而且是材料中重要的强化相。

3. 间隙相和间隙化合物

间隙相和间隙化合物是由原子半径较大的过渡族金属(以 M 表示)与原子半径较小的非金属元素(以 X 表示)相互作用而形成的。

(1)间隙相。

当非金属元素 X 的原子半径与金属元素 M 的原子半径比小于 0.59 时,它们形成具有简单晶体结构的金属间化合物,称为间隙相。间隙相多为面心立方和密排六方结构,少数具有体心立方和简单六方结构。它们的化学成分可以用简单的分子式表达,如 VC、TiC、ZrC、TiN、VN 等。间隙相具有极高的熔点和硬度,但脆性很大,是合金钢和硬质合金钢中的重要强化相。

(2)间隙化合物。

当非金属原子半径与金属的原子半径比大于 0.59 时,它们形成具有复杂晶体结构的金属间化合物,其中非金属原子也位于晶格的间隙处,称之为间隙化合物。Cr、Mn、Fe 的碳化物均属于此类型,如 Fe_3C、Cr_7C_3、$Cr_{23}C_6$ 等都属于这类间隙化合物。间隙化合物也具有很高的熔点和硬度,但脆性也很大。

3.2 二元合金相图和合金的结晶

与纯金属结晶相比,合金的结晶有其自身的特点:一是合金的结晶过程大多是在一个温度范围内进行的;二是合金的结晶不仅会发生晶体结构的变化,也会发生化学变化。而合金的不同结晶组织反映出不同的力学性能,为了研究合金组织与性能之间的关系,就必须了解合金的结晶过程,了解合金中组织的形成以及变化规律,而合金相图就是研究这些规律的有效工具。

3.2.1　二元合金相图的建立

工业生产中研究元素对某种金属材料的影响,确定冶炼、铸造、锻造、热处理工艺参数,往往都是以相应的合金相图为依据。所谓合金相图是反映在平衡条件下,不同成分、温度下的合金相平衡关系的简图,又称状态图或平衡图。合金相图表示了在缓冷条件下不同成分合金的组织随温度变化的规律。根据组元数,分为二元相图、三元相图和多元相图,这里主要介绍二元合金相图的建立及其结晶规律。二元合金相图有匀晶相图、共晶相图、共析相图、包晶相图这四种类型。

1. 二元合金相图的测定

建立相图的方法有实验测定和理论计算两种,但目前所用的相图大部分都是通过实验得到的,所有实验的方法是利用合金相变时的物理化学性质变化来测定给定合金系中若干不同成分合金的各种相变温度,进而确定不同相存在的温度和成分范围,再绘制出合金相图。实验的方法有多种,如热分析法、膨胀法、电阻法、磁性法和 X 射线法,最常用的是热分析法。热分析法是通过合金相变时放出热量或者吸收热量,来确定发生相变的温度的方法。下面以 Cu-Ni 合金为例,说明用热分析法建立二元相图的具体步骤:

(1) 配制一系列不同成分的 Cu-Ni 合金若干组(见表 3.1),配置的合金组数越多,测得的相图也越精确。

表 3.1　不同成分的 Cu-Ni 合金

成分分组	1	2	3	4	5	· 6
w_{Cu}/(%)	100	80	60	40	20	0
w_{Ni}/(%)	0	20	40	60	80	100

(2) 测出各组合金的冷却曲线,根据各冷却曲线的转折点确定合金相变的临界点(停歇点或转折点)。

(3) 建立温度-成分坐标系,分别作出各组合金的成分垂线,将临界点标在温度-成分坐标中的成分垂线上。

(4) 将各成分垂线上具有相同意义的点相连,并标明各区域内所存在的相,即测得 Cu-Ni 二元合金相图,如图 3.4 所示。

图 3.4 所示相图中的两条曲线,即液相线 $Aa_1a_2a_3a_4B$ 与固相线 $Ac_1c_2c_3c_4B$,这两条线把整个相图分为了三个相区。在液相线之上为液相单区,用 L 表示;在固相线之下为固相单区,用 α 表示;在液相线和固相线之间,合金已开始结晶,但结晶过程尚未结束,为液固双相区,用 L+α 表示。其中,液相线代表各种成分的 Cu-Ni 合金在缓慢冷却时开始结晶的温度,或者是在缓慢加热的情况下熔化终止的温度;固相线代表各种成分的合金在缓慢冷却时终止结晶的温度,或者是在缓慢加热的情况下熔化开始的温度。

2. 二元合金相图的使用

(1) 由相图可以确定某一成分合金在某一温度时存在的相。由于相图坐标平面上表象

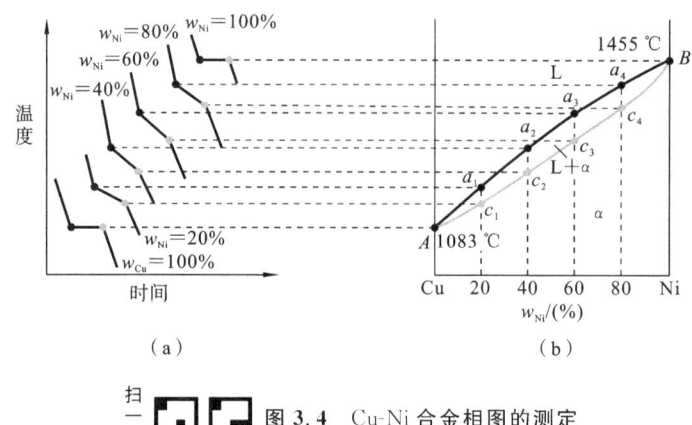

扫一扫 **图 3.4** Cu-Ni 合金相图的测定

(a) 冷却曲线;(b) 绘制的相图

点的坐标值表示一个给定合金的成分所处的温度,因此,由表象点所在的相区可以确定某合金成分在某一温度时的相组成。

（2）由相图可以确定给定合金的相变温度。当已知某合金的成分时,过横轴线上与该合金成分对应的点作垂线,垂线与各曲线交点对应的温度即为相应的相变温度。

（3）由相图确定某成分合金在某一温度下两平衡相的成分及其相对含量。在合金的结晶过程中,合金中各个相的成分和它们的相对含量都在不断发生变化。为了了解相的成分及其相对含量,可应用杠杆定律。在二元系合金中,杠杆定律只适用于两相区,因为单相区不需要,而三相区又无法确定。

3. 杠杆定律

下面仍以 Cu-Ni 合金为例,介绍用杠杆定律确定两平衡相的成分及其相对含量的方法,如图 3.5 所示。

在 Cu-Ni 二元合金相图中,要想确定 $w_{Ni}=x\%$ 的合金 I 在冷却到温度 t 时两个平衡相的成分,可通过 t 作一条水平线段 aob,分别于液固两相交于 a 和 b 两点,该两点对应的成分为 x_1 和 x_2,分别表示液固两相的成分。

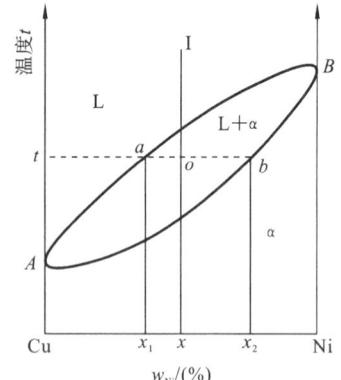

下面就计算液固两相在温度 t 时的相对含量。设合金的重量为 1,液相重量为 Q_L,固相重量为 Q_α,则有

$$Q_L + Q_\alpha = 1 \tag{3.1}$$

$$Q_L \cdot (x_2 - x) = Q_\alpha \cdot (x - x_1) \tag{3.2}$$

解得方程为

$$Q_L = \frac{x_2 - x}{x_2 - x_1} = \frac{ob}{ab} \tag{3.3}$$

$$Q_\alpha = \frac{x - x_1}{x_2 - x_1} = \frac{oa}{ab} \tag{3.4}$$

两相的重量比为

扫一扫 **图 3.5** 某一温度、合金成分下杠杆定律的图解

$$\frac{Q_L}{Q_\alpha} = \frac{x - x_2}{x_1 - x} = \frac{ob}{ao} \quad 或 \quad Q_L \cdot ao = Q_\alpha \cdot ob \tag{3.5}$$

如果将合金成分为 $w_{Ni} = x\%$ 对应的垂线与线段 aob 的交点 o 看作支点,将 Q_L 和 Q_a 看作作用于 a 和 b 两点的力(见图 3.6),则可以按照力学杠杆原理得出式(3.5),称其为杠杆定律。

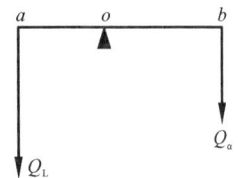

图 3.6　杠杆定律的力学比喻

由式(3.5)计算可得出以下结论:

(1)合金在某温度下两平衡相的重量比等于该温度下与各自相区距离较远的成分线段之比;

(2)在杠杆定律中,杠杆的支点是合金的成分,杠杆的端点是所求的两平衡相(或两组织组成物)的成分;

(3)杠杆的力臂是端点两平衡相(或两组织组成物)的成分与合金成分之差;

(4)两相(或组织组成物)的重量可看成是作用在端点上的力。

要注意的是:杠杆定律只适用于两相区的平衡转变。

3.2.2　匀晶相图及其合金的结晶

两组元在液态、固态均能无限互溶的二元合金系所形成的相图称为二元匀晶相图,匀晶相图的二元合金系主要有 Cu-Ni、Cu-Au、Au-Ag、Fe-Ni、W-Mo、Cr-Mo 等。这类合金在结晶时是从液相中析出单相固溶体,所以这类为匀晶转变。几乎所有二元相图都含有匀晶转变部分,掌握这类相图对学习二元相图尤为重要。下面仍然以 Cu-Ni 为例进行分析。

1. 匀晶相图的特征

从图 3.7(a)中可以看出匀晶相图有两条线(液相线和固相线)和三个相区。在液相线之上为液相单区,用 L 表示;在固相线之下为固相单区,用 α 表示;在液相线和固相线之间,为液固双相区,用 L+α 表示。其中,液相线代表各种成分的 Cu-Ni 合金在缓慢冷却时开始结晶的温度,或者是在缓慢加热的情况下熔化终止的温度;固相线代表各种成分的合金在缓慢冷却时终止结晶的温度,或者是在缓慢加热的情况下熔化开始的温度。

由图 3.7 不难理解,如果两组元能形成无限固溶体,那么由它们组成的二元合金皆具有匀晶相图的特点。

2. 合金的平衡结晶过程

平衡结晶是指合金在极其缓慢的冷却条件下进行结晶的过程,下面以图 3.7(a)中的合金 k-k 为例,分析合金的冷却曲线及结晶过程。当液态金属自高温冷却到 1 点温度时,开始结晶出成分为 α 的固溶体,随温度下降,固溶体含量增加,液相含量减少。同时,液相成分沿液相线变化,固相成分沿固相线变化。随着温度降低到 2 时,固溶体 α 与液相 L 共存,此时两相的相对含量可由杠杆定律求出。

当合金继续冷却至温度 3 时,最后一滴液体结晶成固溶体,结晶完成,得到了与合金成分相同的 α 固溶体。当合金继续冷却至室温的过程中,不再发生相和成分的变化,因此,合金在室温下的组织即为单相 α 固溶体。其他合金的结晶过程与此类似。可见,固溶体的结晶是在一个温度范围内进行的,并且在单相区内,相的成分就是合金的成分,相的质量就是合金的质量。

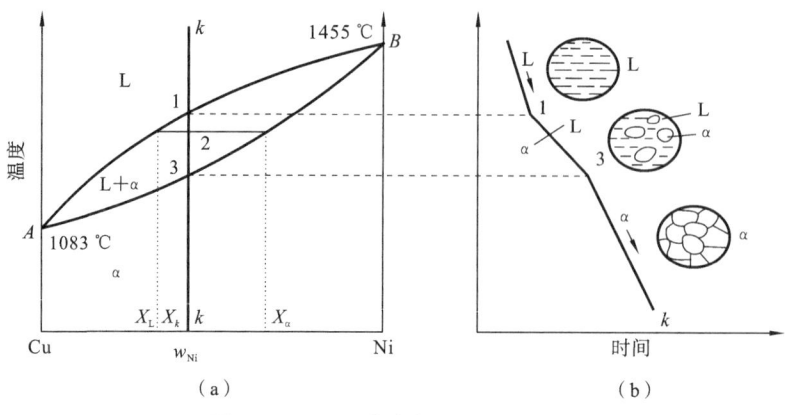

图 3.7　Cu-Ni 合金相图及结晶过程

（a）相图；（b）结晶过程

3.2.3　共晶相图及其合金的结晶

两组元在液态无限互溶、固态有限互溶或完全不互溶，且冷却过程中发生共晶反应的二元合金系所形成的相图称为二元共晶相图，具有这类相图的有 Pb-Sn、Pb-Sb、Pb-Bi、Cu-Ag、Al-Si 等。共晶反应是由一个液相同时结晶出两种成分不同的固相（共晶体）的过程，下面以 Pb-Sn 为例进行分析。

1. 共晶相图分析

图 3.8 是 Pb-Sn 二元共晶相图，其中 *AEB* 为液相线，*AMENB* 为固相线，其中水平线 *MEN* 又称共晶反应线，*MF* 为 Sn 在 Pb 中的溶解度曲线，*NG* 为 Pb 在 Sn 中的溶解度曲线。相图中有三个单相区，即液相 L、固溶体 α 相和固溶体 β 相。α 相是 Sn 溶于 Pb 中的固溶体，β 相是 Pb 溶于 Sn 中的固溶体。相图中有三个两相区，即 L+α、L+β、α+β。相图中还有一条 L+α+β 三相共存线（水平线 *MEN*）。*E* 点为共晶点，该点对应的温度为共晶温度，

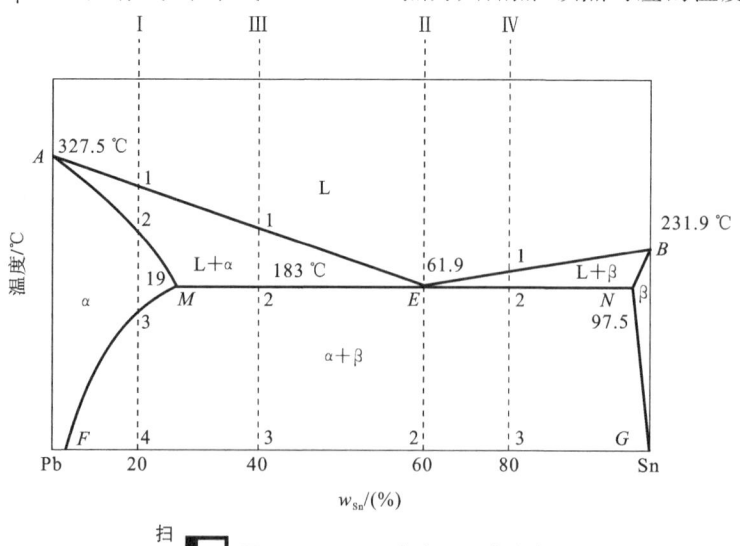

图 3.8　Pb-Sn 合金二元合金相图

成分对应于共晶点 E 的合金称为共晶合金；成分位于 E 点以左、M 点以右的合金为亚共晶合金，成分位于 E 点以右、N 点以左的合金为过共晶合金。在三相共存线 MEN 所对应的温度下，成分在 E 点的液相 L_E 同时结晶出与 M 点对应的 α_M 和 N 点对应的 β_N 两个相，形成两个固溶体 $\alpha+\beta$ 相混合物，这种转变为共析转变，其反应式为

$$L_E \Leftrightarrow \alpha_M + \beta_N \tag{3.6}$$

2. 合金的平衡结晶过程

1）Sn 含量 $w_{Sn} < 19\%$ 的合金（合金 I）

现以 Sn 含量 $w_{Sn} = 10\%$ 的合金为例进行分析，当液态合金 I 缓慢冷却到 1 点温度后，发生匀晶转变，从液相中析出 α 固溶体，随着温度的降低，α 固溶体的数量不断增多，液相含量随之减少，它们的成分分别沿 AM 和 AE 发生变化，当温度降低到 2 点后，液相完全结晶成 α 固溶体。随着温度的降低，在 2～3 点之间 α 相不发生变化，当温度降低到 3 点以下，Sn 在 α 固溶体中呈过饱和状态，其溶解度将沿着溶解度曲线 MF 发生变化，析出的 Sn 便以 β 固溶体形式存在，为了与从液相中直接析出的 β 相区分，记作 β_{II}。图 3.9 所示为图 3.8 中合金 I 的结晶过程，到达室温时，α 固溶体中的 Sn 的含量逐渐降到 F 点，合金中的组织为（$\alpha+\beta_{\mathrm{II}}$），相组成物为 α 和 β_{II} 两个单相。

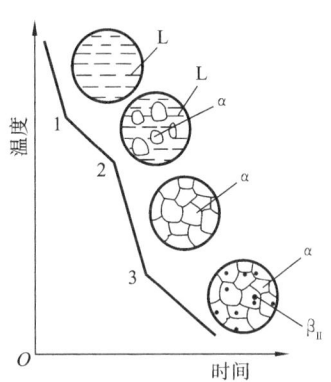

图 3.9　合金 I 的结晶过程

N 点以右成分的合金结晶，其平衡结晶过程与合金 I 相似，冷却至室温的组织为 $\beta+\alpha_{\mathrm{II}}$。

2）共晶合金（合金 II）

合金 II 为共晶合金，Sn 含量为 $w_{Sn} = 61.9\%$。该合金从液态缓冷至 183 ℃ 时，便发生共晶反应 $L_E \Leftrightarrow \alpha_M + \beta_N$，这时的共晶组为 $\alpha_M + \beta_N$，根据杠杆定律可以计算出 α_M 和 β_N 的相对含量，即

$$w_{\alpha M} = \frac{EN}{MN} \times 100\% = \frac{97.5 - 61.9}{97.5 - 19} \times 100\% \approx 45.4\% \tag{3.7}$$

$$w_{\beta N} = \frac{ME}{MN} \times 100\% = \frac{61.9 - 19}{97.5 - 19} \times 100\% \approx 54.6\% \tag{3.8}$$

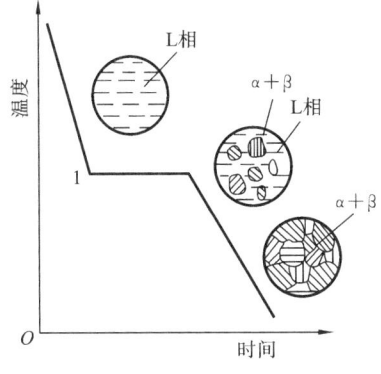

图 3.10　合金 II 的结晶过程

温度降到 183 ℃ 以下至室温的过程中，α 相沿着 MF 溶解度曲线发生变化，β 相沿着 NG 溶解度曲线发生变化，从 α 相中析出 β_{II}，从 β 相中析出 α_{II}，二次相 α_{II}、β_{II} 一般分布于晶界或固溶体之中，且量小不易分辨，故在共晶体中不予考虑。

由上可知，合金 II 的室温组织组成物只有一种，即 $\alpha+\beta$，而相组成物为 α 相和 β 相两种。如图 3.10 所示为合金 II 的结晶过程。

3）亚共晶合金（合金 III）

合金 III 是亚共晶合金，Sn 含量范围在 E 点和 M 点

之间($w_{Sn}=50\%$),当其从液态缓慢冷却到 1 点温度时,开始结晶析出 α 相,在 1 点到 2 点的冷却过程中,α 相的含量不断增多,液相的数量不断减少,α 相和液相的成分分别沿着 AM 和 AE 线变化。当冷却至 2 点温度时,α 相和剩余的液相成分分别在 M 点和 E 点,此时两相的相对含量分别为

$$w_\alpha = \frac{E2}{ME} \times 100\% = \frac{61.9-50}{61.9-19} \times 100\% = 27.8\% \tag{3.9}$$

$$w_L = \frac{M2}{ME} \times 100\% = \frac{50-19}{61.9-19} \times 100\% = 72.2\% \tag{3.10}$$

在共晶温度下,成分为 E 点的液相将发生共晶转变:$L_E \Leftrightarrow \alpha_M + \beta_N$,反应结束后,合金组织由初生 α 相和共晶组织 α+β 所组成。

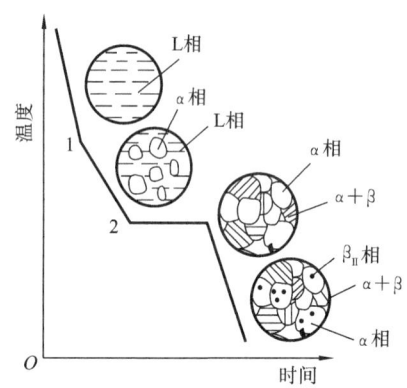

图 3.11 合金Ⅲ的结晶过程

当温度继续下降时,从 α 相(包括初生 α 相和共晶组织中的 α 相)中不断析出次生 β_{II},沿着溶解度曲线 MF 发生变化;同时共晶组织中的 β 相中不断析出次生的 α_{II},沿着溶解度曲线 NG 发生变化,所以合金Ⅲ的室温组织为 $\alpha+\beta_{II}+(\alpha+\beta)$,其组织组成物有三种 α、$\beta_{II}$、α+β,相组成物有两种,即 α 相与 β 相。图 3.11 所示为合金Ⅲ的结晶过程。

4)过共晶合金(合金Ⅳ)

成分位于 E、N 点之间(即 $w_{Sn}=61.9\% \sim 97.5\%$)的合金为过共晶合金,其平衡结晶过程与亚共晶合金类似,只是初生相是 β 固溶体而非 α 固溶体,室温时的组织是初生 β+(α+β)。

根据对上述不同成分合金的组织分析表明,尽管不同成分的合金含有不同的显微组织,但在室温下,F~G 范围内的合金组织均由 α 和 β 两个基本相组成。所以,两相合金的显微组织是通过组成相的不同形态,以及数量、大小和分布等形式体现出来的,由此可得到不同性能的合金。

3.2.4 包晶相图及其合金的结晶

两组元在液态相互无限互溶,在固态时有限互溶,并发生包晶转变时所构成的二元合金相图称为包晶相图。具有这类相图的二元合金系有:Pt-Ag、Ag-Sn、Cu-Sn、Cu-Zn 等,下面以 Pt-Ag 合金相图为例来进行分析。

1. 相图分析

图 3.12 是 Pt-Ag 二元合金相图。图中 ACB 和 APDB 分别为液相线和固相线,PE 是银溶于铂中的溶解度曲线,DF 是铂溶于银中的溶解度曲线。相图中有三个单相区:液相 L、以 Pt 为基溶有 Ag 的 α 固溶体和以 Ag 为基溶有 Pt 的 β 固溶体。单相区之间有三个两相区:L+α、L+β、α+β。两相区之间有一条三相 L+α+β 共存水平线 PDC。

在冷却过程中,所有成分在 P 点和 C 点之间范围内的合金在该线处所处的温度都将发生以下恒温转变:

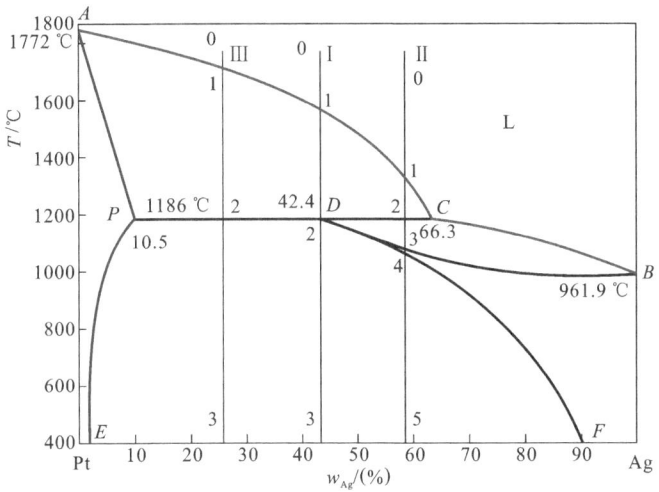

图 3.12　Pt-Ag 合金二元包晶相图

$$L_C + \alpha_P \Leftrightarrow \beta_D \tag{3.11}$$

这种由先析固相和剩余液相在恒温下发生相互作用生成一种新固相的反应,称为包晶反应或包晶转变。相图中的 PDC 线称为包晶反应线,D 点称为包晶点,D 点对应的温度为包晶反应温度。

2. 合金的平衡结晶过程及组织

1) 合金 I (标准成分:Ag 含量为 42.4% 的 Pt-Ag 合金)

根据相图,当合金 I 缓慢冷却到与液相线相交的 1 点时,开始发生匀晶转变,从液相中析出 α 相。继续冷却,α 相的数量不断增多,α 相和液相成分分别沿固相线 AP 和液相线 AC 发生变化。当温度降到与 PDC 线相交的 2 点温度时,合金中的 α 相和液相成分分别与 P 点和 C 点对应,此时两相的相对含量可分别由杠杆定律求出:

$$w_\alpha = \frac{DC}{PC} \times 100\% = \frac{66.3 - 42.4}{66.3 - 10.5} \times 100\% \approx 42.8\% \tag{3.12}$$

$$w_L = \frac{PD}{PC} \times 100\% = \frac{42.4 - 10.5}{66.3 - 10.5} \times 100\% \approx 57.2\% \tag{3.13}$$

在 D 点温度时,固液两相将发生包晶反应:$L_C + \alpha_P \Leftrightarrow \beta_D$。液相 L 和固相 α 通过包晶反应转变为 β 相。反应结束后,液相 L 和固相 α 全部转变成单相 β。

随着温度继续下降,β 相的溶解度沿着 DF 发生变化,将不断从 β 相中次生出 α_II,因此室温下的组织组成物为 $\beta + \alpha_\text{II}$。图 3.13 所示为图 3.12 中合金 I 的结晶过程。

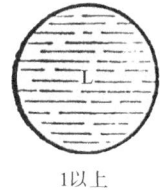

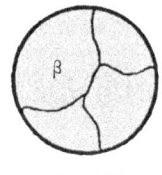
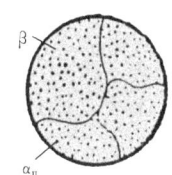

| 1以上 | 1~D | D~开始 | D~终了 | D以下 |

图 3.13　合金 I 的结晶过程

2) 合金Ⅱ（非标准成分：Ag 含量为 42.4%～66.3% 的 Pt-Ag 合金）

合金Ⅱ的平衡结晶过程如图 3.14 所示。由相图可知，当合金Ⅱ冷却到 1～2 点之间时发生匀晶转变，从液相中析出 α 相。当冷却到 2 点温度时，将发生包晶转变：$L_C + \alpha_P \Leftrightarrow \beta_D$，此时合金中液固两相的成分可由杠杆定律求出。由于合金Ⅱ中的液相相对含量相对合金Ⅰ中液相相对含量较大，所以包晶反应结束后，α 相全部消失，除生成 β 相外，还有剩余液相。

当合金的温度从 2 点继续下降时，在 2～3 点之间将发生匀晶转变，即从液相中结晶出 β 相，当温度降低到 3 点时，合金Ⅱ全部转变成 β 相。

当温度降低到 3～4 点之间时，合金Ⅱ为单一的 β 相，当温度降到 4 点以下时，将从 β 相中不断析出 α_{II}。因此，合金的室温组织为 $\beta + \alpha_{II}$。

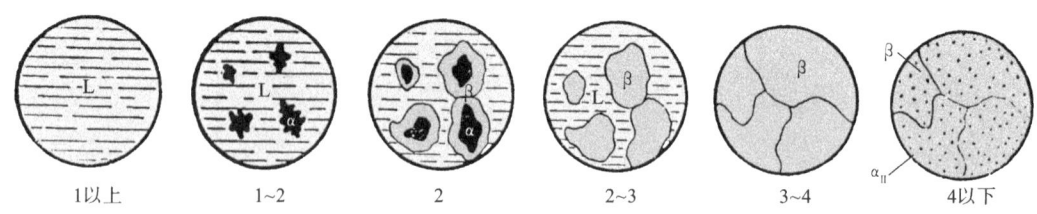

图 3.14 合金Ⅱ的平衡结晶过程

3) 合金Ⅲ（非标准成分：Ag 含量为 10.5%～42.4% 的 Pt-Ag 合金）

合金Ⅲ的平衡结晶过程如图 3.15 所示。

图 3.15 合金Ⅲ的平衡结晶过程

3.3 铁碳合金相图

铁碳合金是现代工业中应用最广泛的金属材料，比如碳钢和铸铁都是铁碳合金。了解和掌握铁碳合金相图，对于研究钢铁材料的组织和性能有十分重要的意义，对热加工工艺的制定具有重要应用价值。不同成分的铁碳合金从液态某一温度下冷却至室温，会结晶出不同的平衡组织，且组织不同性能也不同。铁和碳会形成一系列的化合物，如 Fe_3C、Fe_2C、FeC 等，由于工业用铁碳合金中的碳通常情况下是以渗碳体的形式存在，即铁碳合金按 Fe-Fe_3C 系转变，实践表明，$w_C > 6.69\%$ 的铁碳合金没有使用价值。所以本章只研究 Fe-Fe_3C 部分。

3.3.1 铁碳合金的组元及基体相

1. 组元

1) 纯铁

Fe 是过渡族元素，在常压下的熔点是 1538 ℃。工业生产中很难获得百分百的纯铁，工业纯铁会含有一定量的杂质。铁有一个很重要的特性是在其结晶的过程中既具有同素异构的转变,又具有多晶型特性,如图 3.16 所示。纯铁在 1538 ℃时结晶为 δ-Fe,它具有体心立方晶格;当温度降到 1394 ℃时,δ-Fe 转变为面心立方晶格的 γ-Fe;当温度降到 912 ℃时,面心立方的 γ-Fe 又转变为具有体心立方晶格的 α-Fe。在 912 ℃以下,铁的结构不再发生变化,这样铁就有 δ-Fe、γ-Fe 和 α-Fe 三种同素异构结构,结晶的过程中具有两次同素异构转变,其变化过程如下

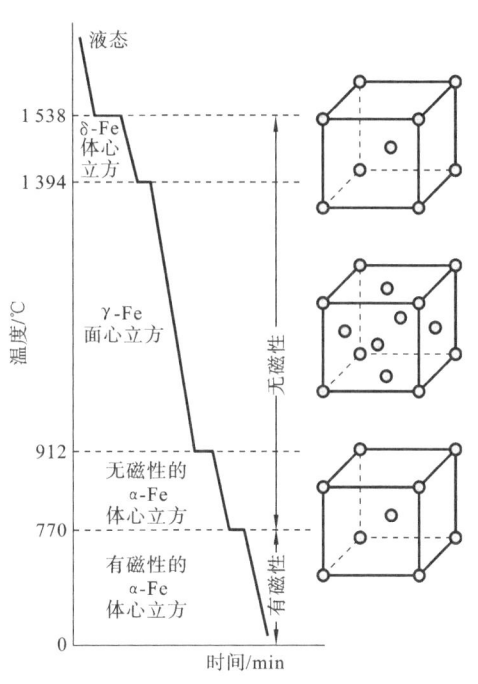

图 3.16　纯铁的冷却曲线及晶体结构变化

$$\delta\text{-Fe} \rightleftharpoons \gamma\text{-Fe} \rightleftharpoons \alpha\text{-Fe} \qquad (3.14)$$

由图 3.16 可以看出,α-Fe 在 770 ℃还将发生磁性转变,即由高温的顺磁状态转变为低温的铁磁性状态,该转变温度称为铁的居里温度点,但由于发生磁性转变时晶格不变,所以磁性转变不属于相变。

工业纯铁 $w_{Fe} \geq 99.8\%$,通常含有 $0.1\% \sim 0.2\%$ 的杂质,其中杂质主要是碳。根据杂质含量和晶粒大小的不同,工业纯铁的力学性能大致范围如表 3.2 所示。

表 3.2　工业纯铁的力学性能

抗拉强度 R_m/MPa	屈服强度 $R_{p0.2}$/MPa	冲击韧度 α_K/(J/cm^2)	伸长率 A/(%)	断面收缩率 Z/(%)	硬度 HBW
$180 \sim 280$	$100 \sim 170$	$160 \sim 200$	$30 \sim 50$	$70 \sim 80$	$50 \sim 80$

2) 碳

碳是元素周期表中的非金属元素。自然界存在的游离态的碳有石墨、金刚石和 C_{60},它们是碳的同素异构体。

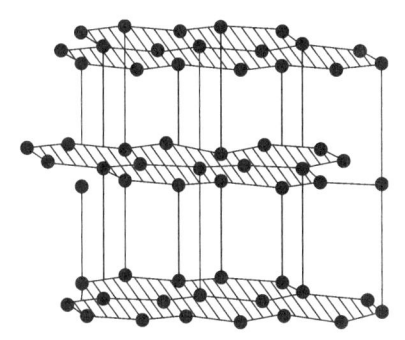

图 3.17　石墨的晶体结构

图 3.17 所示为石墨的晶体结构,游离态的石墨具有六方晶系层状晶格结构。在同一层晶面上碳原子以共价键结合,且间距小,为 0.142 nm,结合力较强;而两层之间的 C 原子间距较大,为 0.34 nm,结合力较弱。由于石墨具有这样的结构特点,故石墨在长大的过程中,沿着层面的生产速度较快,即层面的扩大较快而层的加厚较慢,其结晶形态通常发展成片状,石墨耐高温,可导电,有一定的润滑性,但其强度、硬度极低,塑性、韧性极差。

图 3.18 所示为金刚石的结构,每个碳原子均有四

个等距离最近邻碳原子,全部按共价键结合,这使得金刚石成为自然界中最坚硬的固体。

C_{60}是 20 世纪 80 年代发现的碳的新形态,它是由 60 个碳原子形成的 C_{60} 空心球原子簇结构(巴基球,Buckyball),如图 3.19 所示。簇的结构中包含 12 个五边形和 20 个六边形,五边形只与六边形相连,而五边形之间互不相连,从而构成一个具有 60 个顶点、外形似球的 32 面体,且球体的每一个顶点都有一个碳原子。C_{60} 的直径不到 1 nm,故又被称为球状纳米碳原子簇、C_{60}分子。C_{60} 作为一种新型超导材料、新型磁性材料、新型非线性光学材料等,具有重要的研究价值。

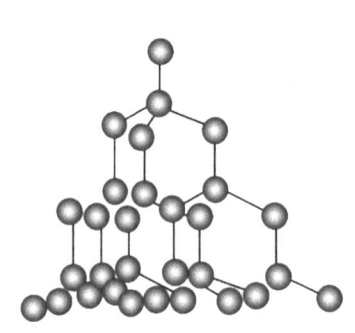

图 3.18　金刚石的晶体结构

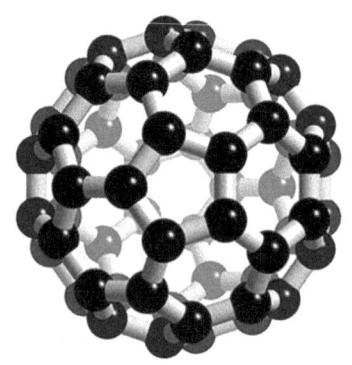

图 3.19　C_{60} 巴基球模型

碳在铁碳合金中的存在形式有三种:一是 C 溶入 Fe 的不同晶格中形成固溶体;二是 C 与 Fe 形成金属化合物,即渗碳体 Fe_3C;三是 C 以游离态石墨存在于合金中。研究表明,渗碳体在铁碳合金中只是一种亚稳定相,因为它在长时间较高保温的条件下,会按照以下反应发生分解,即 $Fe_3C \rightarrow 3Fe + C$,并形成石墨。可见,游离态的石墨是一种稳定的相。

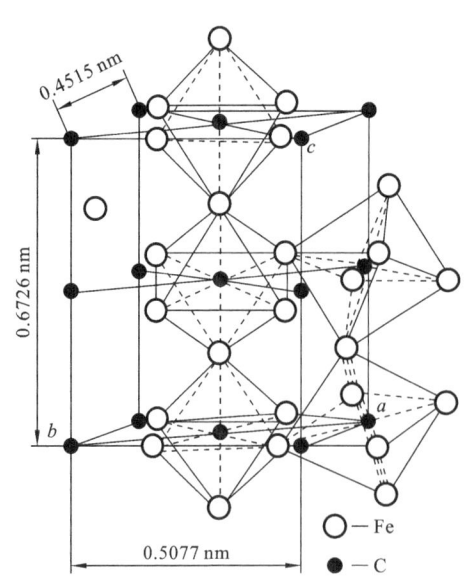

图 3.20　Fe_3C 的晶体结构

3)渗碳体(Fe_3C)

渗碳体是铁碳合金中碳以化合物 Fe_3C 形式出现的间隙化合物,它具有复杂的晶格结构,属于正交晶系,其晶体结构如图 3.20 所示。Fe_3C 是由 C 原子构成的一个斜方晶格,原子周围有 6 个 Fe 原子,构成一个八面体,而每个 Fe 原子为两个八面体共有,且 Fe∶C = 3∶1。Fe_3C 熔点为 1227℃,Fe_3C 是一种亚稳化合物,在一定条件下,渗碳体可以分解而形成石墨状的自由碳。这一过程对于铸铁和石墨钢具有重要意义。所以 Fe-Fe_3C 相图又叫亚稳定系相图,Fe-C 相图又叫稳定系相图。

2. 基体相

1)铁素体

铁素体是碳溶于 α-Fe 中形成的间隙固溶体,具有体心立方晶格,常用 α 或 F 表示。铁素体在

727 ℃时的最大碳溶量仅为 0.0218%,室温时仅为 0.0008%。由于铁素体中碳的溶解度很小,故其性能与纯铁基本相同,强度和硬度很低,但塑性和韧性好,它的居里温度点也是 770 ℃。

2）奥氏体

奥氏体是碳溶于 γ-Fe 中的间隙固溶体,具有面心立方晶格,常用符号 γ 或 A 表示。它在 1148 ℃时的溶解量为 2.11%,奥氏体的强度较低,塑性较好,但它具有顺磁性。

3）高温铁素体

高温铁素体是碳溶于 δ-Fe 中的间隙固溶体,又称 δ 铁素体,常用符号 δ 表示,它在 1495 ℃时的最大碳溶解量为 0.09%。

3.3.2 铁碳合金相图

1. 相图中的点、线、区及其意义

图 3.21 是铁碳合金相图,图中各特性点的温度、碳含量及意义列于表 3.3 中。特性点的符号是国际通用的,不能随意更换。

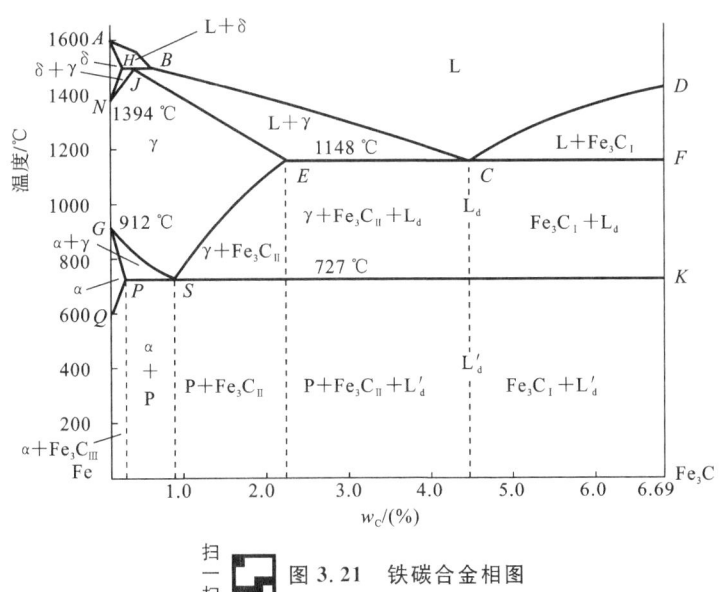

图 3.21 铁碳合金相图

铁碳合金相图中,$ABCD$ 线是液相线;$AHJECF$ 是固相线;GS 线（又称 A_3 线）是在冷却过程中,由奥氏体析出铁素体的开始线,或者说是在加热过程中,铁素体溶入奥氏体的终了线;ES 线是碳在奥氏体中的溶解度曲线,当温度低于此温度时,将从奥氏体中结晶出次生渗碳体,通常称之为二次渗碳体,常用 Fe_3C_{II} 表示,故该曲线又称为二次渗碳体的析出开始线,ES 线又称为 A_{cm} 线;PQ 是碳在铁素体中的溶解度曲线,当温度低于此曲线时,要从铁素体中析出渗碳体,称之为三次渗碳体,常用 Fe_3C_{III} 表示。相图中还有三条水平线:HJB 是包晶转变线,ECF 线是共晶转变线,PSK 线是共析转变线。

相图中有 5 个单相区:$ABCD$ 线以上是液相区（L）;$AHNA$ 是 δ 铁素体区（δ）;$NJES-GN$ 是奥氏体区（γ）;$GPQG$ 是 α 铁素体区（α）;DFK 是渗碳体区（Fe_3C）。相图中还有 7 个两相区,它们分别存在于相邻的单相区之间,这些两相区分别是 L+δ 区、L+γ 区、L+Fe₃C 区、δ+γ 区、α+γ 区、γ+Fe₃C 区和 α+Fe₃C 区。

表 3.3　铁碳合金相图中的特征点

符号	温度/℃	$w_C/(\%)$	说明	符号	温度/℃	$w_C/(\%)$	说明
A	1538	0	纯铁的熔点	H	1495	0.09	碳在高温铁素体中的最大溶解度
B	1495	0.53	包晶转变时液态合金的成分	J	1495	0.17	包晶点,包晶转变
C	1148	4.3	共晶点,共晶转变	K	727	6.69	渗碳体的成分
D	1227	6.69	渗碳体的熔点	N	1394	0	奥氏体-高温铁素体的同素异构转变
E	1148	2.11	碳在奥氏体中的最大溶解度	P	727	0.0218	碳在铁素体中的最大溶解度
F	1148	6.69	渗碳体的成分	S	727	0.77	共析点,共析转变
G	912	0	铁素体-奥氏体的同素异构转变温度	Q	600	0.0008	600 ℃(或室温)时碳在铁素体中的溶解度

2. 包晶转变(水平线 HJB)

在 1495 ℃的恒温下,碳含量 $w_C=0.53\%$ 的液相与 $w_C=0.09\%$ 的 δ 铁素体发生包晶反应,生成碳含量 $w_C=0.17\%$ 的奥氏体,其反应式为

$$L_B+\delta_H \Leftrightarrow \gamma_J \tag{3.15}$$

进行包晶反应时,奥氏体沿 δ 相与液相的界面形核,包围住 δ 相,并向 δ 相和液相两个方向长大。对于碳含量 $w_C=0.17\%$ 的合金,包晶反应结束时,δ 相和液相同时耗尽,合金全部变为单相奥氏体;对于 $w_C=0.09\%\sim0.17\%$ 的合金,由于 δ 铁素体的含量相对较多,当包晶反应结束后只有液相耗尽,仍残留有部分 δ 铁素体,这部分的 δ 相将在随后的冷却过程中通过同素异构转变为奥氏体;对于碳含量 $w_C=0.17\%\sim0.53\%$ 的合金,由于反应前的液相含量相对较多,在包晶反应结束后仍残留有部分的液相,这部分的液相在随后的冷却过程中直接结晶成奥氏体。

对于含合金元素较少的铁碳合金来说。由于转变温度高,碳原子的扩散速度快,包晶偏析并不严重。

3. 共晶转变(水平线 ECF)

在 1148 ℃的恒温下,碳含量 $w_C=4.3\%$ 的液相将发生共晶转变,生成碳含量 $w_C=2.11\%$ 的奥氏体和碳含量 $w_C=6.69\%$ 的渗碳体的机械混合物,其反应式为

$$L_C \Leftrightarrow \gamma_E+Fe_3C \tag{3.16}$$

4. 共析转变(水平线 PSK)

在 727 ℃的恒温下,碳含量 $w_C=0.77\%$ 的奥氏体将发生共析转变,从奥氏体中同时析出 $w_C=0.0218\%$ 的铁素体和渗碳体,其反应式为

$$\gamma_S \Leftrightarrow \alpha_P+Fe_3C \tag{3.17}$$

这个转变与共晶转变的形式相同,只是反应相为固相,而不是液相。这种从一个固相中

同时析出两个新的固相的转变称为共析转变。S 点是共析点。共析转变的产物为铁素体与渗碳体的机械混合物,称为珠光体,用符号 P 表示。凡是碳含量 $w_C > 0.0218\%$ 的铁碳合金都将发生共析转变。珠光体的碳含量 $w_C = 0.77\%$,其中铁素体 α_P 和渗碳体 Fe_3C 的相对含量可以用杠杆定律计算求解

$$w_\alpha = \frac{SK}{PK} \times 100\% = \frac{6.69 - 0.77}{6.69 - 0.0218} \times 100\% = 88.7\% \qquad (3.18)$$

$$w_{Fe_3C} = 1 - w_\alpha = 11.3\% \qquad (3.19)$$

经共析转变形成的珠光体是层片状的渗碳体与铁素体的机械混合物,由上面的计算结果可以知道,铁素体的含量是渗碳体的近 8 倍,如果忽略两者比容上的微小差别,则铁素体的体积也大约是渗碳体的 8 倍,因此,在金相显微镜下,珠光体中较厚的片是铁素体,而较薄的片是渗碳体。在显微镜下观察珠光体时,如果放大倍数很高,每个珠光体团是大致平行的宽条铁素体和细条渗碳体,两者都呈现白色,而其边界是黑色;如果放大倍数低一些,被腐蚀的 Fe_3C 层片两侧相界不能分辨,Fe_3C 看起来成了黑线,这时所看到的珠光体是渗碳体呈一条条细黑线分布在铁素体上;如果放大倍数更低,两相层片很难分辨出来,珠光体组织区域呈现大块的灰黑色(见图 3.22)。

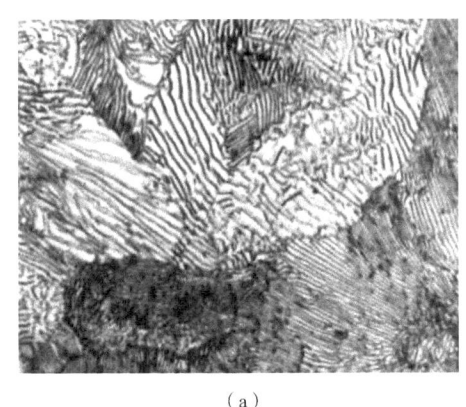 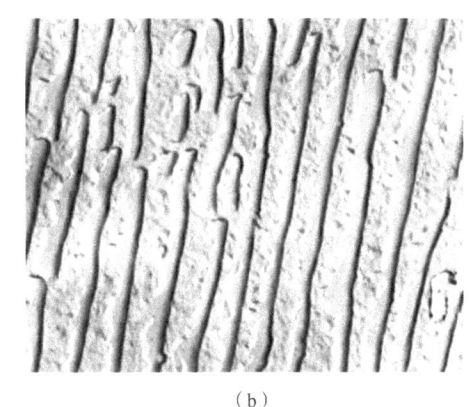

(a)　　　　　　　　　　　　　　　　(b)

图 3.22　不同放大倍数下的珠光体

(a) 1000 倍;(b) 6000 倍

3.3.3　铁碳合金的平衡结晶过程及组织

铁碳合金按是否有共晶转变分为钢和铸铁,同时结合碳含量的多少及组织特征,可将其分为三大类共七种:

(1) 工业纯铁的碳含量 $w_C < 0.0218\%$。

(2) 钢的碳含量 $w_C = 0.0218\% \sim 2.11\%$。

而钢根据碳含量的多少以 P 点、S 点和 E 点为分界又分为三种:

① 亚共析钢,碳含量 $w_C = 0.0218\% \sim 0.77\%$,位于铁碳合金相图上的 P 点和 S 点之间;

② 共析钢,碳含量 $w_C = 0.77\%$,位于铁碳合金相图上的 S 点;

③ 过共析钢,碳含量 $w_C = 0.77\% \sim 2.11\%$,位于铁碳合金相图上的 S 点和 E 点之间。

(3) 铸铁(白口铸铁)的碳含量 $w_C = 2.11\% \sim 6.69\%$。

铸铁的特点是液态合金结晶时都发生共晶反应,液态时有良好的流动性,因而铸铁都具有良好的铸造性能。按照 Fe-Fe$_3$C 相图结晶的铸铁,共晶产物是以 Fe$_3$C 为基的莱氏体组织的形式存在,因此很脆,不能锻造。其断裂后的断口呈亮白色,称为白口铸铁。根据白口铸铁室温组织不同,它又可分为三种:

① 亚共晶白口铸铁,碳含量 $w_C = 2.11\% \sim 4.3\%$,位于铁碳合金相图上的 E 点和 C 点之间;

② 共晶白口铸铁,碳含量 $w_C = 4.3\%$,位于铁碳合金相图上的 E 点;

③ 过共晶白口铸铁,碳含量 $w_C = 4.3\% \sim 6.69\%$,位于铁碳合金相图上的 C 点和 F 点之间。

为了更加清楚地认识钢和铸铁组织的结晶过程,下面从每种铁碳合金中各选择一种典型的合金,分析其平衡结晶过程及组织变化,如图 3.23 所示。

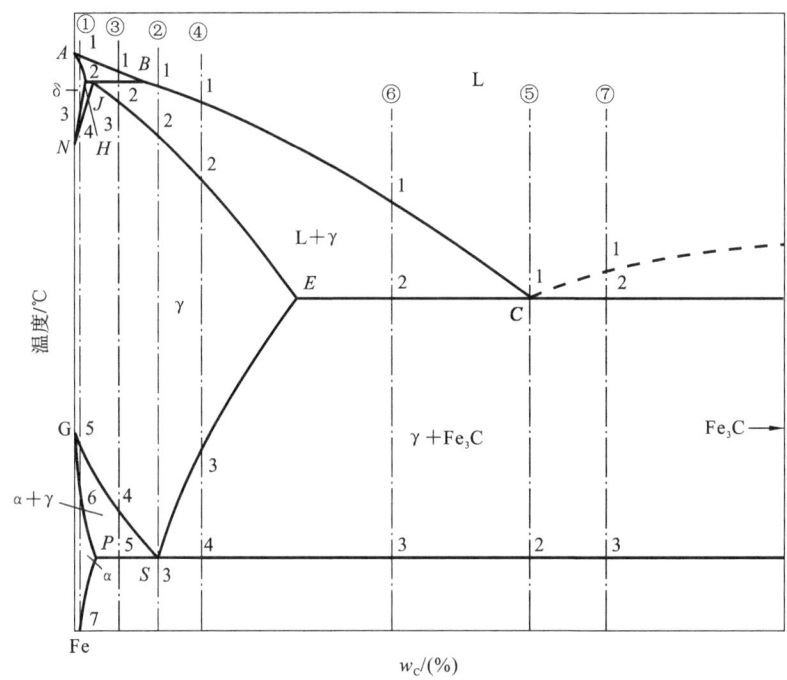

图 3.23 典型铁碳合金冷却时的组织转变过程分析

1. 工业纯铁($w_C < 0.0218\%$,合金)

图 3.23 中,合金①为碳含量 $w_C = 0.01\%$ 的工业纯铁,其结晶过程如图 3.24 所示。液态合金①在 1~2 点温度区间内按照匀晶转变结晶出 δ 固溶体,δ 固溶体冷却至 3 点温度后在 3~4 点温度区间内通过同素异构转变形成 γ 固溶体,奥氏体优先在 δ 相界面上形核并长大,合金在 4~5 点温度区间内呈单相奥氏体状态。奥氏体冷却到 5 点后又通过同素异构转变形成 α 铁素体,铁素体也是优先在奥氏体晶界上形核并长大。当合金冷却到 6 点温度时,奥氏体全部转变为铁素体。当温度降到 7 点以下时,将有渗碳体从铁素体中析出。因此,工业纯铁的室温平衡组织为铁素体加少量渗碳体,如图 3.25 所示。合金①中析出的三次渗碳体可用杠杆定律求出:

$$w_a = \frac{0.01}{6.69} \times 100\% = 0.15\% \tag{3.20}$$

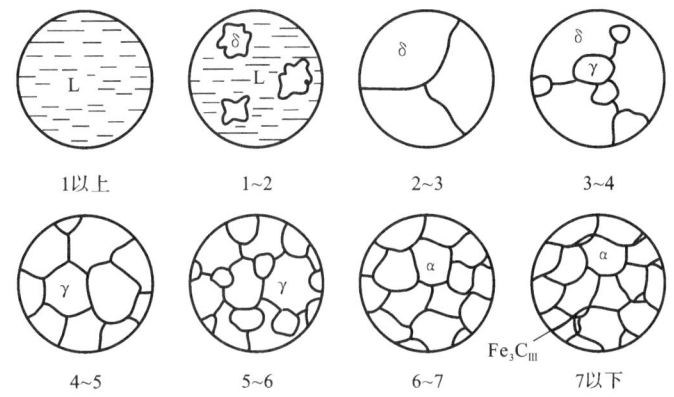

图 3.24　工业纯铁结晶过程示意图

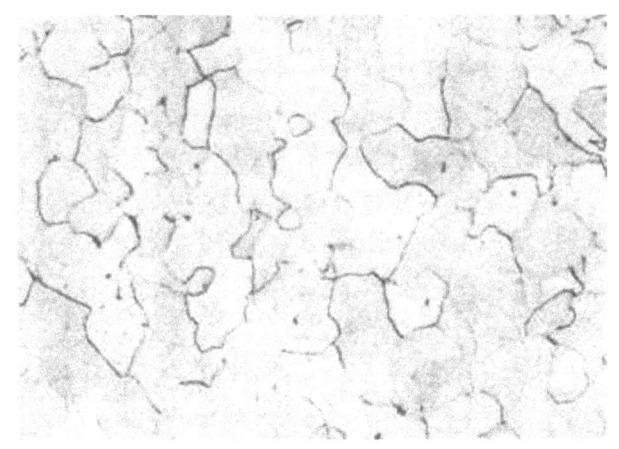

图 3.25　碳含量 $w_C = 0.01\%$ 的工业纯铁的显微组织

2. 共析钢（$w_C = 0.77\%$，合金②）

由图 3.23 可知，合金②即为共析钢，其结晶过程如图 3.26 所示。当合金缓冷到 1 点温度时，其成分垂线与液相线相交，此时从液体中开始结晶出奥氏体，在 1 点和 2 点之间时，随着温度的下降，奥氏体的含量不断增加，其成分沿着 JE 发生变化，液相线的含量不断减少，其成分沿着 BC 线发生变化，当温度降至 2 点时合金的成分垂线与固相线相交，此时合金全部凝固为奥氏体。在 2 点至 3 点温度间是奥氏体的简单冷却过程，合金的成分、组织均不发生变化，当降至 3 点温度 727 ℃时，将发生共析反应，即

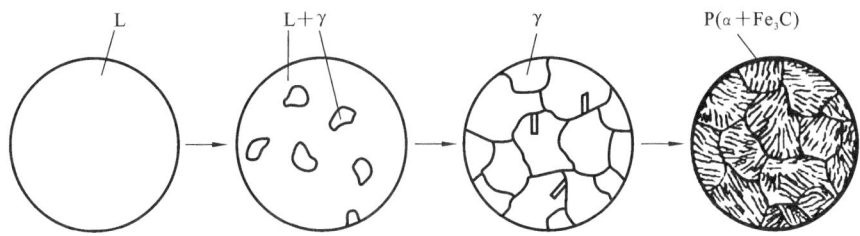

图 3.26　共析钢的结晶过程示意图

$$\gamma_s \Leftrightarrow \alpha_P + Fe_3C \tag{3.21}$$

生成的产物为铁素体和渗碳体的机械混合物,该组织较细密,被称为珠光体组织,用符号 P 表示。随着温度的继续下降,铁素体的成分沿着溶解度曲线 PQ 发生变化,并析出三次渗碳体。三次渗碳体的量极少,常与共析反应中的渗碳体连在一起,不易分辨,可忽略不计。因此,共析钢的室温平衡组织全部为珠光体,其室温的组织组成物仅有一种,即 100% 的珠光体,但其相组成物有两个,即铁素体和渗碳体。它们的质量分数依照杠杆定律计算如下:

$$w_F = \frac{6.69 - 0.77}{6.69 - 0.0008} \times 100\% = 88.5\% \tag{3.22}$$

$$w_{Fe_3C} = 1 - 88.5\% = 11.5\% \tag{3.23}$$

珠光体具有层片状的显微组织特征,在低倍显微镜下观察,只能见到在白色的 F 基体上分布着黑色条纹状的 Fe_3C,呈黑白相间的层状形貌或者难易分清。

3. 亚共析钢（$w_C = 0.4\%$,合金③）

现以 $w_C = 0.40\%$ 的碳钢为例进行分析,其在相图中的位置为图 3.23 中的合金③,结晶过程如图 3.27 所示。当液态合金冷却到 1~2 点温度区间时,按照匀晶转变析出 δ 铁素体,当合金冷却到 2 点（1495 ℃）时,剩余液相和 δ 铁素体将发生包晶转变,形成奥氏体。由于合金中的碳含量 $w_C = 0.40\%$,大于 0.17%,所以包晶反应后,仍有部分的液相存在,这些剩余的液相在温度下降到 2~3 点之间时将继续结晶成奥氏体,此时的液相成分沿 BC 线变化,奥氏体成分沿 JE 线变化。当降到 3 点时,合金将全部转变为单相奥氏体。

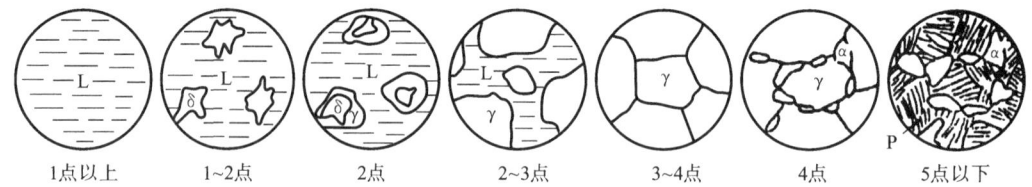

图 3.27 共析钢的结晶过程示意图

单相奥氏体继续冷却至 4 点时,在其晶界上开始析出 α 铁素体（也称先共析铁素体）,之后随着温度下降,α 铁素体数量不断增加,奥氏体和 α 铁素体的成分分别沿 GS、GP 线变化。当温度下降到 5 点（727 ℃）时,铁素体的碳含量 $w_C = 0.0218\%$,奥氏体的碳含量 $w_C = 0.77\%$,奥氏体将通过共析转变形成珠光体 P,铁素体不发生变化。当温度下降到 5 点以下时,先共析铁素体和珠光体中的共析铁素体将会析出三次渗碳体 Fe_3C_{III},但因其数量少,一般忽略不计;因此,以 $w_C = 0.4\%$ 为代表的所有亚共析钢室温下的平衡组织均为铁素体和珠光体,组织组成为铁素体和珠光体,二者的质量分数可以通过杠杆定律求解得到:

$$w_F = \frac{0.77 - 0.4}{0.77 - 0.0008} \times 100\% = 48\% \tag{3.24}$$

$$w_P = 1 - 48\% = 52\% \tag{3.25}$$

而亚共析钢的相组成物是铁素体 F 和渗碳体 Fe_3C,它们的质量分数为

$$w_F = \frac{6.69 - 0.4}{6.69 - 0.0008} \times 100\% = 94\% \tag{3.26}$$

$$w_P = 1 - 94\% = 6\% \tag{3.27}$$

亚共析钢的室温组织均由先共析铁素体和珠光体组成,碳含量越高,珠光体的数量越多。图 3.28 所示分别为 $w_C=0.2\%$、$w_C=0.4\%$ 和 $w_C=0.65\%$ 亚共析钢的显微组织。随着碳含量的增高,先共析铁素体沿奥氏体析出的特征也越来越明显,其中白色块状为 F,亦称为先共析铁素体;黑色的层片状为珠光体组织。随着钢中含碳量的增加,白色块状的铁素体将会减少,当 $w_C>0.6\%$ 时,块状的铁素体会逐渐变成白色的网状铁素体,且分布在层片状珠光体的周围。

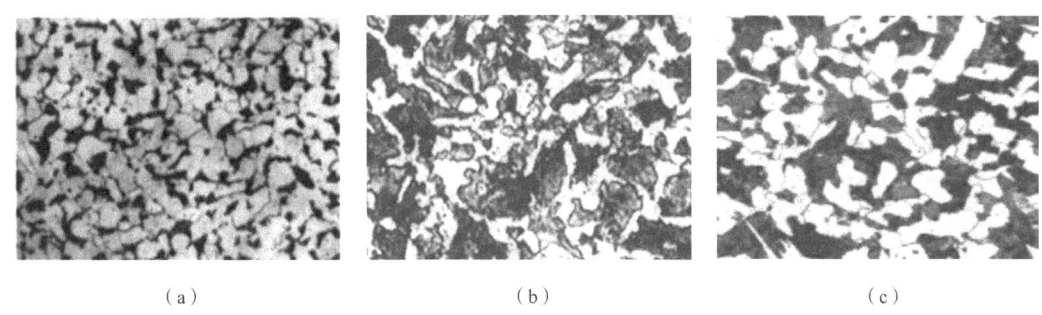

(a)　　　　　　　　　　(b)　　　　　　　　　　(c)

图 3.28　亚共析钢的室温组织

(a) $w_C=0.2\%$;(b) $w_C=0.4\%$;(c) $w_C=0.65\%$

4. 过共析钢($w_C=1.2\%$,合金④)

现以 $w_C=1.2\%$ 的碳钢为例进行分析,其在相图中的位置为图 3.23 中的合金①,图 3.29 所示为该碳钢的平衡结晶过程。

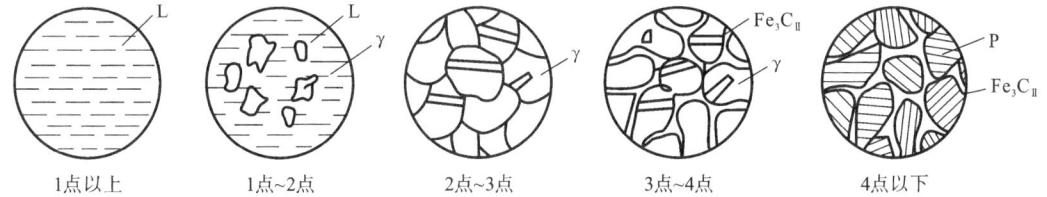

1点以上　　　　1点~2点　　　　2点~3点　　　　3点~4点　　　　4点以下

图 3.29　过共析钢的平衡结晶过程

由图 3.23 可见,过共析钢在 1 点至 3 点温度间的结晶过程也与共析钢相似。当缓慢冷却至 3 点温度时,合金成分垂线与 ES 线相交,此时便沿着奥氏体的晶界析出二次渗碳体(Fe_3C_{II} 呈网状分布)。随着温度的下降,奥氏体的成分沿溶解度曲线 ES 变化,且奥氏体的量不断减少,二次渗碳体 Fe_3C_{II} 的含量不断增多。当温度降至 4 点温度(727 ℃)时,奥氏体中 $w_C=0.77\%$,此时的奥氏体便发生共析反应转变成珠光体,而渗碳体 Fe_3C 不发生变化。从 4 点温度继续下降至室温,可以认为合金的组织不再发生变化。因此,以 $w_C=1.2\%$ 为代表的所有过共析钢室温下的平衡组织均为二次渗碳体 Fe_3C_{II} 和珠光体 P,二者的质量分数可以通过杠杆定律求解得到:

$$w_{Fe_3C_{II}}=\frac{1.2-0.77}{6.69-0.77}\times100\%=7\%\tag{3.28}$$

$$w_P=1-7\%=93\%\tag{3.29}$$

该过共析钢的相组成物为铁素体 α 和渗碳体 Fe_3C,两者的相对质量分数仍可以通过杠杆定律求解得到：

$$w_F = \frac{6.69-1.2}{6.69-0.0008} \times 100\% = 82.1\% \qquad (3.30)$$

$$w_{Fe_3C_{\mathrm{II}}} = 1-82.1\% = 17.9\% \qquad (3.31)$$

图 3.30 所示为 $w_C = 1.2\%$ 过共析钢的显微组织，其中 Fe_3C_{II} 呈网状分布在层片状珠光体的周围，碳含量越高，渗碳体网越多，也越完整。二次渗碳体网与亚共析钢中先共析铁素体网很容易区别，若经硝酸酒精溶液浸蚀后，两者虽均为亮色，但二次渗碳体网要细得多，若用碱性苦味酸钠溶液热浸蚀后，则渗碳体变成暗色，而铁素体仍为亮色。图 3.30(a) 所示为硝酸酒精浸蚀后的组织，其中白色网状相为二次渗碳体，暗黑色为珠光体；图 3.30(b) 所示为苦味酸钠溶液热浸蚀后的组织，其中黑色为二次渗碳体，浅白色为珠光体。

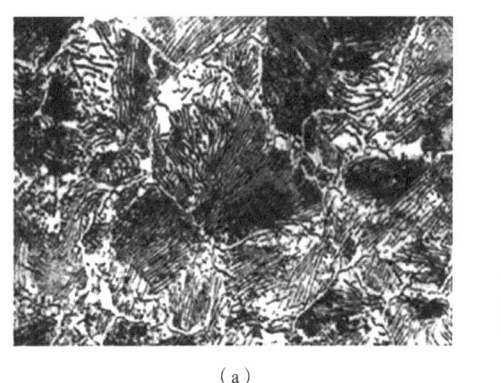 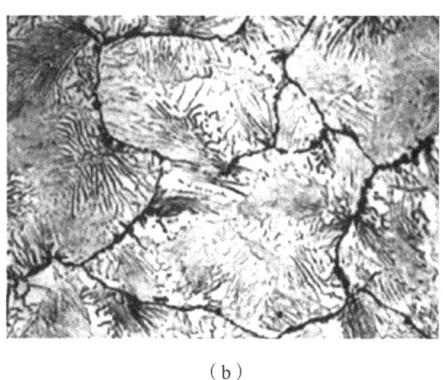

（a） （b）

图 3.30 $w_C = 1.2\%$ 的过共析钢的显微组织

(a) 硝酸酒精浸蚀；(b) 苦味酸钠浸蚀

5. 共晶白口铸铁（$w_C = 4.3\%$，合金⑤）

图 3.23 中的合金⑤即为共晶白口铸铁，其碳含量 $w_C = 4.3\%$，平衡结晶过程如图 3.31 所示。

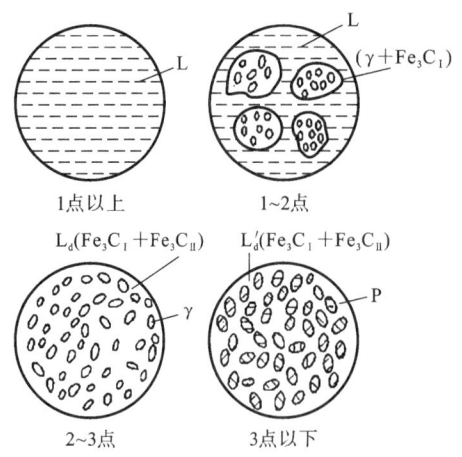

图 3.31 共晶白口铸铁平衡结晶过程

液态合金冷却到 1 点（1148 ℃）时，在恒温下发生共晶转变，产物是莱氏体 L_d，反应过程如下

$$L_{w_C=4.3\%} \xrightarrow{1148\ ℃} (\gamma_{w_C=2.11\%} + Fe_3C_{w_C=6.69\%})$$

$$(3.32)$$

当合金冷却到 1～2 点温度之间时，莱氏体中的奥氏体成分将沿着溶解度曲线 ES 变化，并将从共晶奥氏体中不断地析出二次渗碳体 Fe_3C_{II}，由于它依附在共晶渗碳体上析出并长大，当温度降至 2 点（727 ℃）时，奥氏体的碳含量 $w_C = 0.77\%$，此时的奥氏体发生共析反应转变为珠光体，于是高温莱氏体 L_d 也相应转变为变态莱氏体 L_d'，不难理解，变态莱氏体中含有珠光体、二次渗碳体和共晶渗碳体。从 2 点温度继续

冷却至室温,可以认为合金组织不再发生变化。所以
共晶白口铸铁的室温平衡组织为较大的变态莱氏体。
其组织组成物只有一种,即全部为 L_d',而相组成仍是两
种,即铁素体 α 和渗碳体 Fe_3C。共晶白口铸铁的显微
组织如图 3.32 所示,珠光体呈黑色的斑点状或条块状,
Fe_3C 基体呈白色。

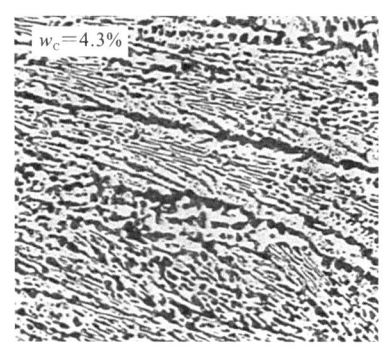

图 3.32　共晶白口铸铁的显微组织
(200×)

6. 亚共晶白口铸铁($w_c=3.0\%$,合金⑥)

图 3.33 所示为碳含量 $w_c=3.0\%$ 的亚共晶白口铸
铁的平衡结晶过程,其在相图中的位置为图 3.23 中的
合金⑥。当合金缓冷至 1 点温度时,其成分垂线与液相
线相交,按照匀晶转变从液体中便开始结晶出奥氏体
(初生奥氏体)。在 1 点至 2 点温度间,随着温度的下降,奥氏体的量不断增加,液体的含量
不断减少,当降至 2 点温度(1148 ℃)时,奥氏体的 $w_c=2.11\%$,剩余液体的 $w_c=4.3\%$。
此时,剩余液体发生共晶反应转变成高温莱氏体,而初生的奥氏体不发生变化。在 2 点至 3
点温度间,随着温度的下降,又从奥氏体(包括初生奥氏体以及莱氏体中的奥氏体)中析出二
次渗碳体。当降至 3 点温度(727 ℃)时,奥氏体发生共析反应转变成珠光体,高温莱氏体变
成变态莱氏体。从 3 点温度继续冷却至室温,可以认为合金组织不再发生变化。所以以 w_c
$=3.0\%$ 为代表的所有亚共晶白口铸铁的室温平衡组织均为珠光体、二次渗碳体和变态莱氏
体即 $P+Fe_3C_{II}+L_d'$,其组织组成物有三种,即 P、Fe_3C_{II}、L_d',而相组成仍是两种,即铁素
体 α 和渗碳体 Fe_3C。各组织组成物含量可用杠杆定律求得:

$$w_{L_d'}=\frac{3.0-2.11}{4.3-2.11}\times100\%=40.6\% \tag{3.33}$$

$$w_P=\frac{4.3-3.0}{4.3-2.11}\times\frac{6.69-2.11}{6.69-0.77}\times100\%=46\% \tag{3.34}$$

$$w_{Fe_3C_{II}}=\frac{4.3-3.0}{4.3-2.11}\times\frac{2.11-0.77}{6.69-0.77}\times100\%=13.4\% \tag{3.35}$$

图 3.34 所示为亚共晶白口铸铁的显微组织,图中黑色带树枝状特征的是 P,分布在周

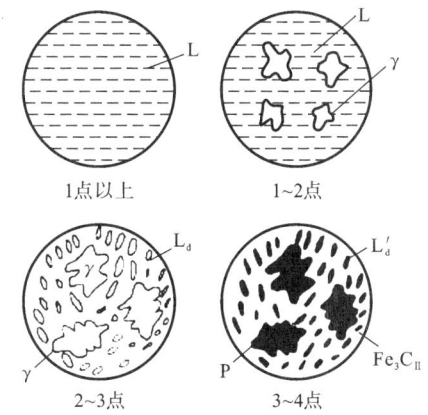

图 3.33　亚共晶白口铸铁的平衡结晶过程

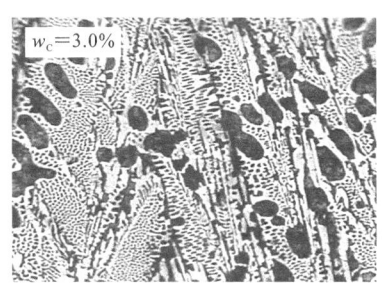

图 3.34　亚共晶白口铸铁组织图(200×)

围的白色网状是Fe_3C_{II},具有黑白斑点特征的是L_d'。

7. 过共晶白口铸铁($w_c = 5.0\%$,合金⑦)

以$w_c = 5.0\%$的铸铁为例进行分析,其在相图中的位置为图3.23中的合金⑦,结晶过程如图3.35所示。

当合金缓冷至1点温度时,其成分垂线与液相线相交,从液体中开始结晶出一次渗碳体。在1点至2点温度间,随着温度的下降,一次渗碳体的量不断增加,液体的量不断减少,当降至2点温度(1148 ℃)时,剩余液体的成分变为$w_c = 4.3\%$,此时剩余液体发生共晶反应转变为高温莱氏体,而一次渗碳体不发生变化。在2点至3点温度间,随着温度的下降,莱氏体中的奥氏体不断析出二次渗碳体,当降至3点温度(727 ℃)时,奥氏体发生共析反应转变为珠光体。此时,高温莱氏体则转变成莱氏体,从3点温度继续冷却至室温,可以认为合金组织不再发生变化。所以以$w_c = 5.0\%$为代表的所有过共晶白口铸铁组织均为一次渗碳体与变态莱氏体($Fe_3C_I + L_d'$),其组织组成物有两种,即Fe_3C_I和L_d',而相组成物仍是两种,即α和Fe_3C。

图3.36所示为过共晶白口铸铁的显微组织,图中白色带条状特征的是Fe_3C_I,具有黑白点条状特征的是L_d'。

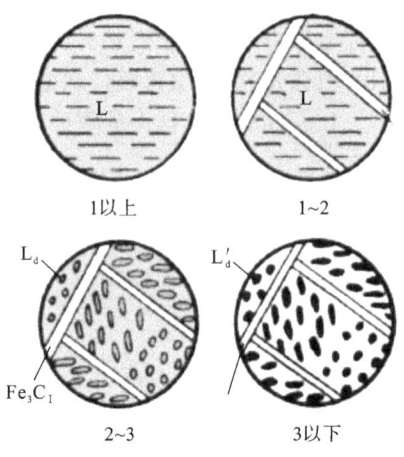

图3.35 过共晶白口铸铁的结晶过程

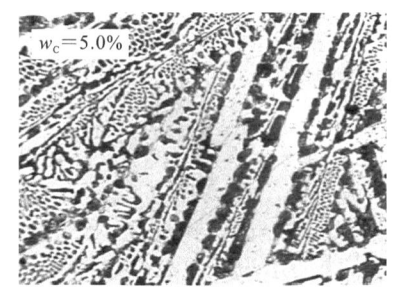

图3.36 过共晶白口铸铁组织图(200×)

同样地,白口铸铁的组织组成物及相组成物的质量分数都可依照杠杆定律求得。

3.4 含碳量对铁碳合金平衡组织和性能的影响

1. 对平衡组织的影响

图3.37所示为不同成分的铁碳合金平衡结晶后的相组成物和组织组成物之间的定量关系示意图。图3.38所示为铁碳合金的成分与组织和相的定量关系。

可以看出,铁碳合金的室温组织都由铁素体α和渗碳体Fe_3C两相组成。当碳含量为0时,合金全部由铁素体α组成,随着碳含量的升高,铁素体α含量呈直线下降,而渗碳体Fe_3C的含量则呈直线上升。碳含量的变化,不仅引起组成相的相对量的变化,而且还产生

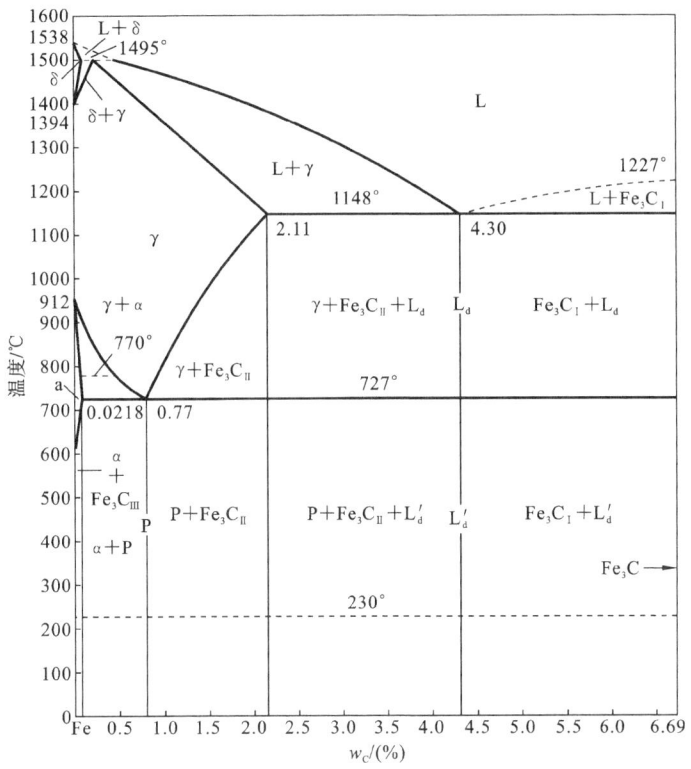

图 3.37　按组织分区的 Fe-Fe_3C 铁碳合金相图

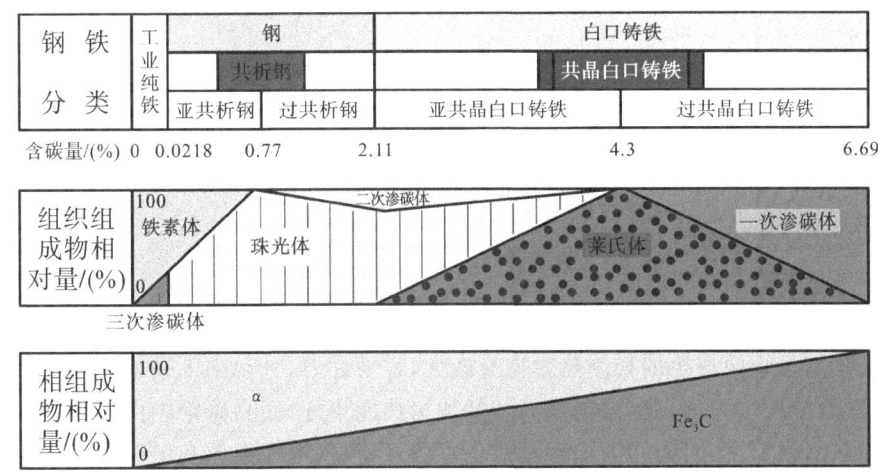

图 3.38　铁碳合金的成分与组织和相的关系

不同的结晶过程,从而导致组织的变化。

结合图 3.37 和图 3.38 可以看出,随着碳含量的增加,铁碳合金的室温组织变化如下:

$$\alpha + Fe_3C_{III} \rightarrow \alpha + P \rightarrow P \rightarrow P + Fe_3C_{II} \rightarrow P + Fe_3C_{II} + L'_d \rightarrow L'_d \rightarrow L'_d + Fe_3C_{I}$$

组成相的相对含量和组织形态的变化,无疑会对铁碳合金性能产生很大的影响。

2. 对力学性能的影响

珠光体是铁素体与渗碳体层片交叠形成的两相组织,其中铁素体是软韧相,渗碳体是硬相,渗碳体细片分布在铁素体基体上起到了强化作用。因此,珠光体具有良好的强度和硬度,但是塑性较差,珠光体的层片越细,强度越高。在平衡结晶条件下,共析转变形成的珠光体的力学性能大致为抗拉强度 $R_m = 1000$ MPa,屈服强度 $R_{p0.2} = 600$ MPa,伸长率 $A = 10\%$,断面收缩率 $Z = 12\% \sim 15\%$,硬度 240 HBS。

图 3.39 所示为碳含量对退火钢力学性能的影响。亚共析钢随着碳含量的增加,珠光体增加,因而强度、硬度上升,而塑性、韧性下降。过共析钢碳含量高于 0.9% 后,由于晶界析出的二次渗碳体数量多且呈连续网状分布,钢的脆性大幅增加,塑性降低,韧性急剧下降,在拉伸时还会在脆性的二次渗碳体处出现早期的裂纹,因而抗拉强度也会下降。

因此,为了保证制造工件使用的铁碳合金具有适当的塑性和韧性,必须控制合金中渗碳体的含量。

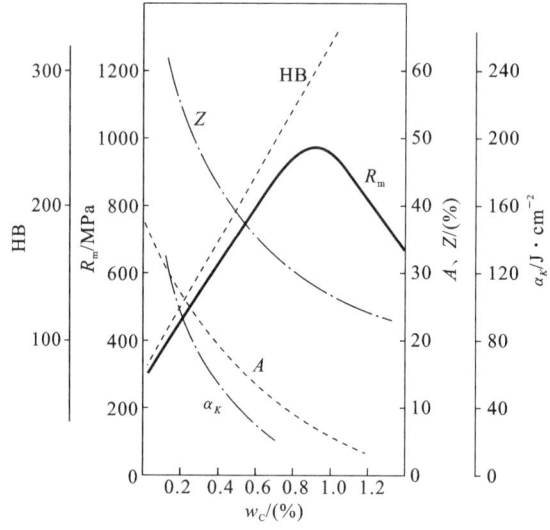

图 3.39　碳含量对平衡状态下碳钢力学性能的影响

3. 对加工性能的影响

1) 对切削加工性能的影响

钢的碳含量对切削加工性能有一定的影响,低碳钢中由于铁素体较多,塑性和韧性较好,在切削加工过程中产生的切削热效应会较大,容易黏刀,且切削下来的铁屑不易折断,使工件的表面粗糙度增大,因此,低碳钢的切削加工性能不好;而高碳钢中由于渗碳体多,硬度高,会使刀具磨损严重,因而切削加工性能也不好;中碳钢的铁素体和渗碳体的比例适当,其硬度和塑性适中,故切削加工性能较好。一般认为,切削加工性能较好的合适硬度大致为 250HB。

2) 对锻造性能的影响

钢的碳含量对其可锻性有很大的影响。低碳钢的可锻性较好,随着碳含量的增加,可锻性逐渐变差,白口铸铁的可锻性非常差。奥氏体具有良好的塑性,易于塑性变形,具有良好的可锻性。因此钢材的始锻和始轧温度一般选在固相线以上 $100 \sim 200\text{℃}$ 的单相奥氏体区内进行。终锻温度不能过低,以免温度过低而使塑性变差,导致在锻造变形过程中产生裂纹。

3）对铸造性能的影响

金属的铸造性能包括流动性、收缩性和枝晶偏析倾向性。

（1）对流动性的影响。碳对钢的流动性影响很大，随着碳含量的增加会使液相线温度降低，当浇注温度相同时，较高的碳含量使钢的过热度增大，对钢液的流动性有利。因此，钢液的流动性随着碳含量的增加而变好。白口铸铁因其液相线温度比钢的低，其流动性总是比钢的好。其中，亚共晶铸铁随着碳含量的增加，结晶温度间隔缩小，流动性随之提高；过共晶白口铸铁随着碳含量的增加，结晶温度间隔增大，流动性变差；而共晶白口铸铁的结晶温度最低，同时又是在恒温下结晶，故流动性最好。

（2）对收缩性的影响。金属从浇注温度冷却至室温的过程中，其体积和线尺寸减小的现象称为收缩性。当浇注温度一定时，随着碳含量的增加，钢液温度与液相线的温差增大，使液态收缩增加，而且随着碳含量的增加，其凝固温度范围变宽，又使凝固收缩率增大。因此，随着碳含量的增加，钢的体积收缩率增大。但铸铁的收缩率则相反，随着碳含量的增加，其体积收缩率是减少的，因此铸铁的收缩性比钢的好，不易产生缩孔和疏松等缺陷。

（3）对枝晶偏析倾向性的影响。固相线和液相线的水平和垂直距离越大，枝晶偏析越严重，铸铁的成分越靠近共晶点，枝晶偏析越小，反之，枝晶偏析越严重。

4）对焊接性能的影响

钢中的碳含量对焊接性有重要的影响，一般随着碳含量的增加，钢的焊接性能变差。

3.5　钢中杂质元素对钢性能的影响

实际使用的碳钢中除了碳以外，还含有少量的 Si、Mn、S、P 以及微量的气体元素氧、氮、氢等。

1. Si、Mn 的影响

碳钢中含硅量一般小于 0.5%，主要以固溶体的形式存在。但是硅与氧的亲和力很强，易形成 SiO_2，其在钢中以夹杂物的形式存在，影响钢的质量。Mn 在碳钢中的含量一般小于 0.8%，主要以固溶体的形式存在。此外，由于 Mn 与 S 的结合力强，故形成 MnS 夹杂物。溶于铁素体中的 Si 和 Mn 可提高铁素体的强度，因而也可提高钢的强度。当它们的含量不超过 1% 时，不会降低钢的塑性和韧性。一般认为 Si 和 Mn 是钢中的有益元素。

2. S、P 的影响

由于 S 元素在奥氏体中的溶解度很小，几乎不能溶解，硫含量达到一定程度时，FeS 可与 γ-Fe 形成熔点仅为 989 ℃ 的（Fe＋FeS）共晶体，会引起钢的热脆性质，如果钢液脱氧不良，含有较多的 FeO，还会形成熔点更低（940 ℃）的（Fe＋FeO＋FeS）三相共晶体，即当钢在 1100～1200 ℃ 进行热加工时，分布于晶界的低熔点的共晶体熔化而导致开裂，这就是通常所说的 S 的"热脆"现象，热脆又被称为红脆。FeS 可以提高钢的切削加工性能。

在铁基合金中，P 对铁素体较之其他元素具有更强的固溶强化能力，但是在含磷量较高时它将剧烈地降低钢的塑性和韧性。钢在低温下都会变脆，这种现象叫"冷脆"。P 元素可增加钢的抗大气腐蚀能力，提高磁性，改善钢材的切削性能。

3. N、H、O 的影响

由于 N 在 α-Fe 中的最大溶解度与室温下的溶解度差别较大,因此将含氮较高的钢从高温快速冷却到室温时,铁素体中的氮含量将达到过饱和。如果将此钢材在室温长时间放置或稍作加热时,氮逐渐以氮化铁的形式从铁素体中弥散析出。这会使钢的强度、硬度上升,而塑性、韧性下降,这种现象叫做时效硬化,N 元素会使低碳钢变脆。

如果低碳钢中存在钒、铌、钛等元素时也会形成氮化物,这类氮化物具有细化晶粒和沉淀强化的作用。

H 溶解于固态钢中时,对钢的屈服点和抗拉强度没有明显的影响,但会剧烈降低钢的塑性;同时当氢从钢中析出时,会聚合为氢分子,造成应力集中,超过钢的强度极限,在钢的内部形成细小的裂纹,这就是"氢脆"现象,"氢脆"现象又叫"白点"。

O 元素使钢的塑性、韧性降低,脆性转化温度升高,疲劳强度下降。

综上所述,基于杂质元素不可能在钢中除尽,为了改善钢的性能,除了在炼钢时保证钢的含碳量外,还必须将杂质元素的含量控制在一定的范围内。

3.6 铁碳合金相图的应用

Fe-Fe$_3$C 铁碳合金相图在生产应用中具有重要意义,主要体现在钢铁材料的选用和加工工艺的制定两个方面。

1. 在选材方面的应用

Fe-Fe$_3$C 铁碳合金相图所表明的成分-组织-性能的规律为钢铁材料的选用提供了根据。建筑结构和各种型钢需用塑性、韧性好的材料,因此选用碳含量较低的钢材;工具要用硬度高和耐磨性好的材料,则应选碳含量高的钢钟;纯铁的强度低,不宜用作结构材料,但由于其导磁率高,矫顽力低,可作软磁材料使用,例如做电磁铁的铁芯等;白口铸铁硬度高、脆性大,不宜切削加工,也不能锻造,但其耐磨性好,铸造性能优良,适用于制作要求耐磨、不受冲击、形状复杂的铸件,例如拔丝模、冷轧辊、犁铧、球磨机的磨球等。

2. 在加工工艺制定方面的应用

1) 在铸造工艺方面的应用

根据 Fe-Fe$_3$C 铁碳合金相图确定合金的浇注温度。浇注温度一般在液相线以上 $50 \sim 100 \, ℃$。纯铁和共晶白口铸铁的铸造性能最好,它们的凝固温度区间最小,因而流动性小,分散缩孔少,可以获得分散致密的铸件,所以选在共晶成分附近。在铸钢生产中,碳含量规定在 $0.15\% \sim 0.6\%$ 之间,因为在这个范围内钢的结晶温度区间小,铸造性能较好。

2) 热轧热锻工艺方面的应用

钢处于奥氏体状态时,强度较低,塑性较好,因此锻造和轧制选在单相奥氏体区。一般始轧始锻温度控制在固相线以下 $100 \sim 200 \, ℃$ 范围内。一般始锻温度在 $1150 \sim 1250 \, ℃$,终锻温度在 $750 \sim 850 \, ℃$。

3) 在热处理工艺方面的应用

一些热处理工艺如退火、正火、淬火的加热温度都是根据 Fe-Fe$_3$C 铁碳合金相图确定的。

但在使用 Fe-Fe$_3$C 铁碳合金相图时,应根据实际情况进行分析,体现在:

(1) Fe-Fe$_3$C 铁碳合金相图只反映二元合金中相的平衡状态,如含有其他元素,相图将发生变化。

(2) Fe-Fe$_3$C 铁碳合金相图反映的是平衡条件下铁碳合金中相的状态,若冷却或加热速度较快时,其组织转变则不能用相图进行分析。

思考题

3.1 什么是合金? 什么是相? 相和组织有什么区别与联系?

3.2 什么是共晶反应? 什么是共析反应? 它们各有何特点? 试写出相应的反应通式。

3.3 计算珠光体中铁素体和渗碳体的相对含量。

3.4 默绘 Fe-Fe$_3$C 相图,并填写出各区组织,标明重要的点、线、成分及温度。

3.5 名词解释

结晶,组元,相,组织,固溶体,铁素体,奥氏体,渗碳体,珠光体,莱氏体。

3.6 说明含碳量对钢和白口铸铁力学性能的影响。

本章参考文献

[1] 周风云.工程材料及应用[M].武汉:华中科技大学出版社,2014.

[2] 江树勇.工程材料[M].北京:高等教育出版社,2010.

第4章 金属的塑性变形与强化

金属材料的性能取决于其内部成分,但通过一些方法也可以改变它的性能。塑性变形就是改变金属性能的一种方法,它是通过压力加工,如锻造、轧制、拉拔、挤压、冲压等方法使金属在外力作用下产生不能恢复原状的变形,以改变其组织和性能。了解金属在塑性变形过程中组织的变化及变化规律,对于改善材料性能、改进材料加工工艺、合理使用金属材料和提高产品质量都具有重要指导意义。

4.1 金属的塑性变形

塑性变形不仅可以改变金属的外形与尺寸,而且会使其内部组织与性能发生变化。由于工程上所用的金属材料一般都是由多晶体组成的,所以当它们发生塑性变形时,其中每个晶粒都会不同程度地参与变形。这表明,分析多晶体的塑性变形规律应从单晶体开始。

4.1.1 单晶体金属的塑性变形

虽然从宏观上看,固体材料的塑性变形方式很多,如伸长、压缩、弯曲、扭转等,但从微观上看金属材料在外力作用下的塑性变形是通过其内部晶格原子的相对运动实现的,一般认为在常温及低温下单晶体塑性变形的方式主要有两种,即滑移与孪生,其中又以滑移为主。

1. 滑移变形

滑移是指当应力超过材料的弹性极限后,晶体的一部分沿一定的晶面和晶向相对于另一部分发生滑动位移的现象。这种位移在应力去除后是不能恢复的,所以金属晶体经过滑移变形后,其表面会留下变形的痕迹,这种痕迹在显微镜下,甚至用肉眼都可观察到。图4.1所示为表面抛光的金属锌单晶试样在拉伸变形后出现的滑移痕迹。从图4.1中可以看出,晶粒的内部都有一些近似平行的线条,称之为滑移带。如果在分辨率很高的电子显微镜下观察每一条滑移带,就可发现它们都是由许多更细并相互平行的滑移线所组成的,如图4.2所示。滑移线间距一般为20~30 nm,而沿每一滑移线的滑移量一般为200~300 nm,两相邻滑移带间有一定的间距,且带的厚度也不相等,这表明晶体的滑移变形是不均匀的,它只是集中发生在某些晶面上,而滑移带或滑移线间的另一些晶面并没有滑移。在材料学中,把这些能够进行滑移的晶面称为滑移面,而滑移面上能够发生滑动的方向称为滑移方向。

一般来说,滑移并非沿任意晶面和晶向发生,而总是沿着该晶体中原子排列最紧密的晶面和晶向发生。因为密排面的面间距较大,面与面之间的结合力最弱,晶体沿密排方向滑动时的阻力最小,所需的外力最小。对于具有多组滑移面的立方结构金属,理论计算和实验证明,位向趋于45°方向的滑移面将首先发生滑移。滑移的同时必然伴随着晶体的转动,这是

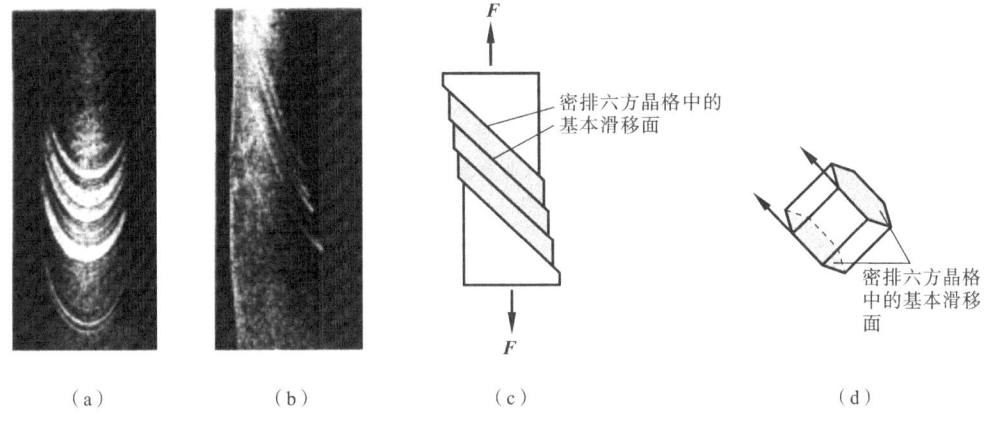

（a）　　　　　（b）　　　　　（c）　　　　　　（d）

图 4.1   锌单晶的滑移示意图

（a）滑移带正面；（b）滑移带侧面；（c）密排六方晶格中的基本滑移面；（d）基本滑移面的表示

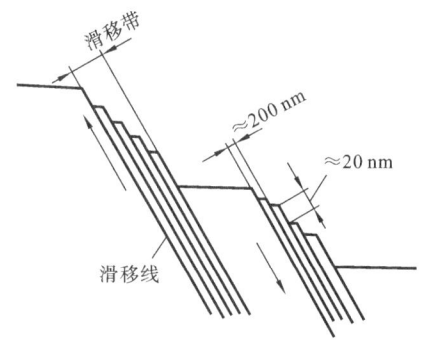

图 4.2   滑移带及滑移线示意图

正应力组成一力偶所作用的结果。晶体的转动如图 4.3 所示，拉伸使滑移面和滑移方向逐渐趋于与拉伸轴线平行，压缩则使滑移面逐渐转到与应力轴垂直的方向。

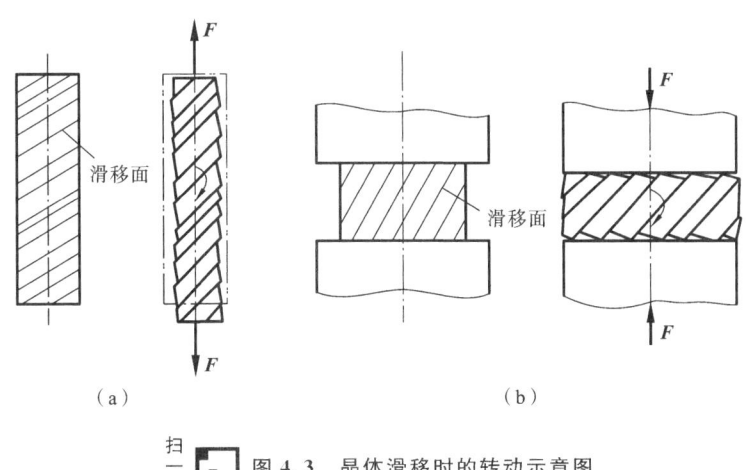

（a）　　　　　　　　　　　　　　　（b）

扫一扫   图 4.3   晶体滑移时的转动示意图

（a）拉伸；（b）压缩

通常每一种晶格都可能有几个滑移面，每个滑移面上又可能同时存在几个滑移方向。一个滑移面和该面上的一个滑移方向构成一个滑移系，它表示晶体中一个滑移的空间位向。在通常情况下，晶体的滑移系越多，可供滑移的空间位向也越多，金属的塑性变形能力也越大。滑移系的多少，取决于金属的晶体结构。三种典型金属晶格的主要滑移系如表 4.1 所示。

表 4.1　三种典型晶格的滑移系

晶格	体心立方	面心立方	密排六方
滑移面	包含两相交体对角线的晶面（6 个）	包含三邻面对角线相交的晶面（4 个）	六方底面（1 个）
滑移方向	体对角线方向（2 个）	面对角线方向（3 个）	底面对角线（3 个）
简图			
滑移系	6×2=12	4×3=12	1×3=3

金属晶体中的滑移系越多，则滑移时可能采取的空间位向越多，金属的塑性变形能力就越好。滑移方向对塑性变形的影响大于滑移面的影响，在滑移系相同时，滑移方向越多的金属，其塑性就越好。因此，面心立方晶格金属的塑性最好，体心立方晶格的次之，密排六方晶格的最差。对钢进行压力加工时，要加热到一定的温度，其目的之一是使体心立方晶格转变为面心立方晶格，提高钢的塑性。

实际上滑移并非是晶体的一部分相对于另一部分的刚性滑移，也不是一层原子相对于另一层原子的错动。比如：Ni 按刚性滑移模型计算的临界切应力 $\tau_K = 11000$ MPa，而实测值为 5.8 MPa；Cu 的理论计算值 $\tau_K = 6400$ MPa，而实测值为 1.0 MPa，理论值与实测值相差竟达数千倍之多。所以，滑移并非晶体的整体刚性移动。大量实验证明，正应力只能使晶体的晶格发生弹性伸长，当正应力大于原子间的结合力时，晶体会断裂，如图 4.4 所示。切应力可使晶体产生弹性歪扭，当切应力达到一定值后，沿滑移面会产生相对滑移，滑移后的原子会到达新的平衡位置，在外力去掉后，晶体也不再恢复原状，即产生了塑性变形。

滑移实质上是在切应力作用下位错运动的结果。如图 4.5 所示，在切应力作用下晶体中的一个多余半原子面（一条位错）从晶体一侧移动到另一侧，即一条刃型位错从左到右移动，晶体产生滑移。由于每条位错移出晶体造成一个原子间距的变形量，因此，此晶体的总变形量是这个方向上原子间距的整数倍。这样晶体滑移时并不需要整个晶体上半部的原子相对于其下半部一起位移，而只需位错中心附近的极少量原子做微量的位移即可，所以位错运动只需加一个很小的切应力就可实现，这就是实际晶体比理想晶体容易滑移的原因。

2. 孪生变形

在切应力作用下，晶体的一部分沿一定的晶面和晶向相对于另一部分产生一定角度的切变，称之为孪生，孪生的结果使孪生面两侧的晶体呈镜面对称，如图 4.6 所示。孪生是金

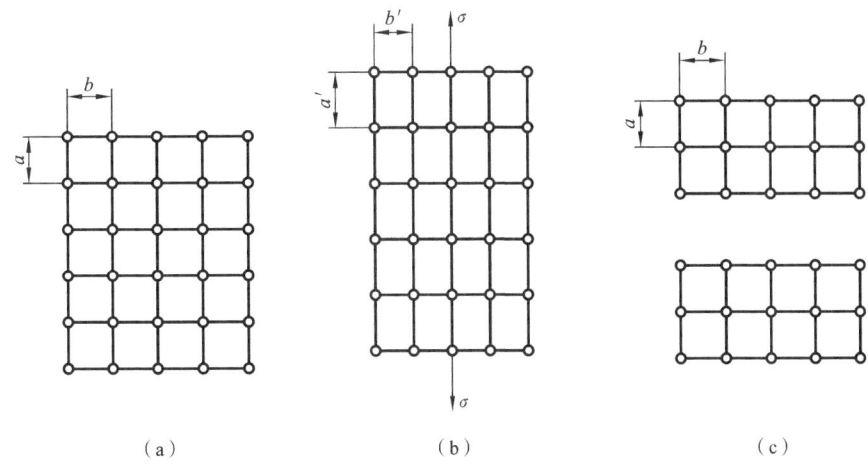

图 4.4　晶体在正应力作用下的弹性变形及断裂

（a）正常晶体；（b）晶体受正应力作用；（c）晶体断裂

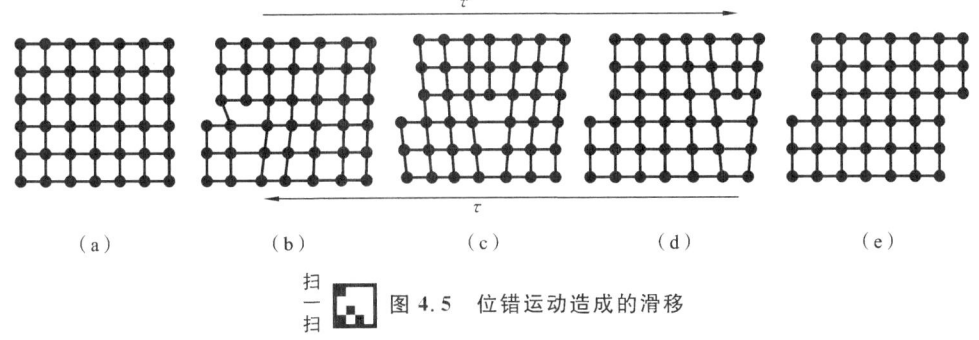

扫一扫　**图 4.5　位错运动造成的滑移**

（a）理想晶体；（b）位错晶体受切应力作用；（c）位错移动；（d）位错移动到晶体表面；（e）产生滑移

属进行塑性变形的另一种方式，它通常出现在滑移系较少的金属中，或是滑移受到限制、很难进行的情况下。如密排六方晶格的镁、锌等金属容易发生孪生变形；体心立方晶格的金属因滑移系较多，只有在低温或受到冲击时（承受高应变速率的变形）才发生孪生变形；而面心立方结构的金属一般不容易发生孪生变形。

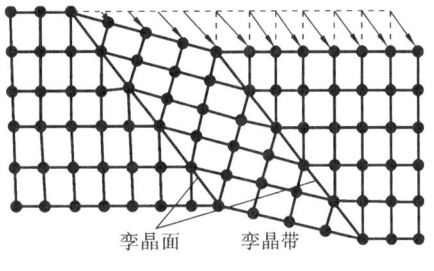

孪晶面　　孪晶带

扫一扫　**图 4.6　金属的孪生变形示意图**

　　孪生与滑移不同，它只在一个方向上产生切变，是一个突变过程。孪生所产生的形变量很小，一般为原子间距的分数倍，不一定是原子间距的整数倍。孪生萌发于局部应力集中的地方，且孪生变形较滑移变形一次移动的原子较多，故其临界切应力远高于滑移所需的切应力。例如，Mg 的孪生临界切应力为 $5\sim35$ MPa，而滑移临界切应力仅为 0.5 MPa。因此，只有在滑移变形难以进行时，才产生孪生变形。一些具有密排六方晶格结构的金属，由于滑移系少，特别是在不利于滑移取向时，塑性变形常以孪生的方式进行。而具有面心立方与体心立方晶格的金属则很少发生孪生变形，只有在低温或冲击载荷下才发生。

4.1.2　多晶体金属的塑性变形

多晶体金属的塑性变形是由许多位向不同的小晶粒共同参与变形完成的。由于每个小晶粒都可视为一个单晶体,因此它们的主要塑性变形方式仍为滑移与孪生,而且滑移也是通过位错在滑移面上的运动来实现的。虽然多晶体的塑性变形与单晶体的塑性变形有相似之处,但由于各晶粒的位向不同,加之晶粒之间还有晶界,因此它的塑性变形又表现出许多不同于单晶体的特点。

1. 不均匀的塑性变形过程

多晶体的塑性变形是许多单晶体变形的综合。如前所述,凡滑移面和滑移方向接近于45°方向的晶粒必将首先发生滑移变形,通常把这种优先发生滑移变形的位向称为"软取向",而难以发生滑移变形的位向称为"硬取向"。金属的塑性变形将会在不同的晶粒中逐步

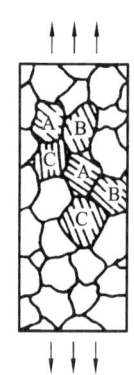

图 4.7　多晶体金属中晶粒所处位向

发生,当首批处于软取向的晶粒发生滑移时,由于晶界及其周围硬取向晶粒的影响,只有当应力集中达到一定程度后形变才会越过晶界,传递到另一批晶粒中。另外,首批晶粒发生滑移变形时,必然伴随着晶粒的转动,使这些晶粒从软取向转到硬取向,并且不能再继续滑移,而另一批晶粒则可能开始滑移变形。此过程不断继续下去,塑性变形就进一步发展。多晶体的塑性变形,就是这样一批一批晶粒逐步发生,从少量晶粒开始逐步扩大到大量的晶粒,从不均匀逐步发展到较为均匀的变形。图 4.7 中所示的 A、B、C 表示不同位向晶粒的滑移次序。

2. 晶粒间位向差阻碍滑移

各相邻晶粒之间存在位向差,当一个晶粒发生塑性变形时,周围的晶粒如果不发生塑性变形,就不能保持晶粒间的连续性,甚至造成材料出现孔隙或破裂。存在于晶粒间的这种相互约束,必须有足够大的外力才能予以克服,即在足够大的外力下,能使某晶粒发生滑移并能带动或引起其他相邻晶粒也发生滑移。这就意味着增大了晶粒变形的阻力,提高了抵抗塑性变形的能力。

3. 晶界阻碍位错运动

晶界是相邻晶粒的过渡区,原子排列不规则,当位错运动到晶界附近时,受到晶界的阻碍而堆积起来,即位错的塞积,如图 4.8 所示。对只有 2～3 个晶粒的试样进行拉伸试验表明,多晶体塑性变形后,在晶界处呈竹节状,其特点是在远离晶界处试样被拉长变细,而晶界附近变形则较少,如图 4.9 所示。这说明晶界的变形抗力大于晶内的变形抗力。若使变形继续进行,则必须增大外力,可见晶界使金属的塑性变形抗力增大。

综上所述,金属的晶粒越细,晶界总面积越大,需要协调的具有不同位向的晶粒越多,其塑性变形的抗力便越大,表现出的强度也越大。另外,金属晶粒越细,在外力作用下,有利于滑移和能参与滑移的晶粒数目就越多。一定的变形量会由更多的晶粒分散承担,不致造成局部的应力集中,从而推迟了裂纹的产生,即使发生的塑性变形量很大也不致断裂,表现出塑性的增强。在强度提高、同时塑性也增强的情况下,金属在断裂前要消耗较大的能量,因而其韧性也比较好,这进一步解释了实际生产中一般希望获得细晶粒金属材料的原因。

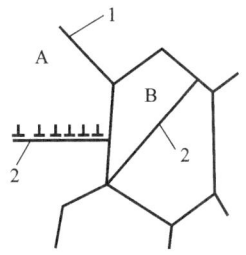

图 4.8　位错在晶界处的堆积示意图
1—晶界；2—滑移面

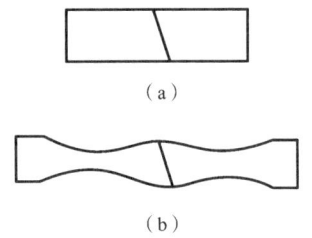

图 4.9　晶界对拉伸变形的影响
(a) 变形前；(b) 变形后

4.1.3　塑性变形对组织和性能的影响

1. 对组织结构的影响

（1）显微组织呈现纤维状。随着塑性变形量的增大，原本等轴状的晶粒相应地被拉长或压扁，晶粒内的滑移带增多，如图 4.10(a)所示。当变形量很大时，各晶粒被进一步拉长或压扁成为细条状或纤维状，称之为纤维组织，如图 4.10(b)所示。这种组织导致沿纤维方向的力学性能与垂直纤维方向的力学性能不一致，即各向异性。

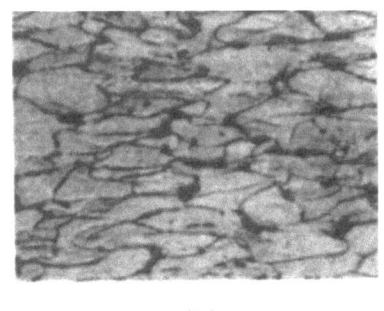

(a)　　　　　　　　　　(b)

图 4.10　塑性变形引起的组织变化
(a) 晶粒内的滑移带；(b) 晶粒被拉长

（2）组织内的亚晶粒增多。金属无塑性变形或塑性变形量很小时，位错分布是均匀的。但在大变形之后，由于位错运动及位错间的交互作用，位错分布变得不均匀，并使晶粒碎化成许多位向略有差异的亚晶块（或亚晶粒），在亚晶块边界上聚集着大量位错，而其内部位错很少，如图 4.11 所示。

（3）产生形变织构。当变形量达到很大程度（变形量超过 70%）时，由于塑性变形过程中晶粒的转动，大部分晶粒的位向与外力方向趋于一致，这种现象称为形变织构或择优取向。大变形量拉拔时，各晶粒的一定晶向平行于拉拔方向，称为丝织构；大变形量轧制时，各晶粒的一定晶面和晶向平行于轧制方向，称为板织构，如图 4.12 所示。

2. 对力学性能的影响

（1）出现加工硬化现象。随着塑性变形量的增大，金属的强度、硬度升高，塑性、韧性下降，这种现象称为加工硬化（也称为冷变形强化）。位错密度及其他晶体缺陷的增加是导致加工硬化的原因。随着变形量的增大,位错密度急剧增大,金属晶体中各原子间失去了正常的相邻关系,晶格发生畸变,形成许多亚晶界位错畸变区,这使位错与位错间的相互缠结及大量位错在亚晶界的塞积加重,以致位错的运动越来越困难,金属继续塑性变形的抗力增大,塑性下降,强度、硬度升高。

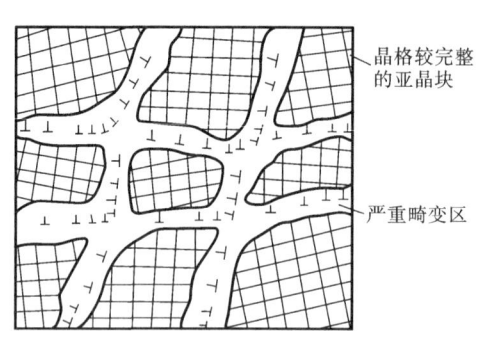

图 4.11 金属塑性变形后的亚结构

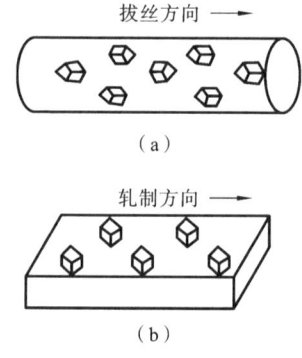

图 4.12 形变织构示意图

（a）丝织构;（b）板织构

加工硬化给金属的进一步加工带来困难,例如在冷轧钢板的过程中会愈轧愈硬,以致在某些冷轧加工过程中需要安排中间退火工序,通过加热消除加工硬化现象,恢复其进一步变形的能力。

加工硬化现象虽然会给金属的进一步加工造成困难,但它是工业上用以提高金属强度、硬度和耐磨性的重要手段之一,特别是对那些不能以热处理方法强化的纯金属和某些合金尤为重要,如冷拉高强度钢丝和冷卷弹簧等主要就是利用冷加工变形来提高它们的强度和弹性极限。塑性好但强度低的锡、铜及某些不锈钢,在生产上往往制成冷拔棒材或冷轧板材供应给用户。加工硬化现象也是某些工件或半成品能够加工成形的重要因素,如冷拉、冷冲等。

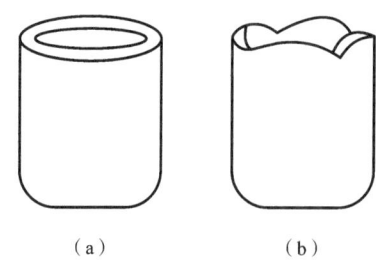

图 4.13 冲压件的"制耳"现象

（a）无织构冲压情况;（b）有织构冲压情况

（2）性能各向异性。变形织构使金属的力学性能呈现各向异性,它的存在对金属材料的加工成形性和使用性能都有很大的影响。例如,当用有织构的板材冲压杯状工件对,将会因板材各方向变形性能的不均匀性,而使冲出来的工件产生波浪形的耳子,通常叫做"制耳"（见图 4.13）。但是,在另一些场合下,织构的存在却是有利的。如制作变压器铁芯的硅钢片,其晶格为体心立方,沿[110]晶向最易磁化,如果能够采用具有[110]织构的硅钢片制作,并在制作中使[110]晶向平行于磁场,便可使变压器铁芯的磁导率显著增大,磁滞损耗大为减小,大大提高变压器的效率。

（3）金属内部形成残余内应力。所谓残余内应力,是指金属在没有外部因素作用时,在金属内部保持平衡而存在的应力。它是由金属在外力作用下内部变形不均匀而引起的。使金属变形的外力所做的功,90%以上消耗于滑移和孪生之中,并以热量的形式耗散掉,只有不到 10% 的功转变为内应力残存于金属中。

残余内应力可分为三类:第一类内应力平衡于金属表面与心部之间,它是因金属表面与心部变形不均匀造成的,又称宏观内应力;第二类内应力平衡于晶粒之间或晶粒内不同区域之间,它是因相邻晶粒之间变形不均匀或晶粒内不同部位变形不均所造成的,又称为微观内应力;第三类内应力是由晶格畸变、位错密度增加所引起的,又称为晶格畸变内应力,它是变形金属中的主要内应力(占 90% 以上),是使金属强化的主要因素。

残余内应力的存在通常是不利的,它会使金属零件发生宏观变形,耐蚀性下降,在切削加工及热处理过程中容易变形和开裂。当零件的表面存在残余拉应力时,将降低承受载荷的能力,尤其会降低疲劳强度。

4.2　冷塑性变形金属加热时组织和性能的变化

金属材料经冷塑性变形后,由于储存能的存在,自由能升高,在热力学上处于亚稳定状态,它具有向形变前的稳定状态转化的趋势。但在常温下,原子的活动能力很小,使形变金属的亚稳状态可维持相当长的时间而不发生明显的变化。如果温度升高,原子有了足够的活动能力,形变金属就会由亚稳状态向稳定状态转变,从而引起一系列组织和性能的变化。研究表明这一转变的过程随加热温度的升高表现为回复、再结晶和晶粒长大三个阶段,如图 4.14 所示。

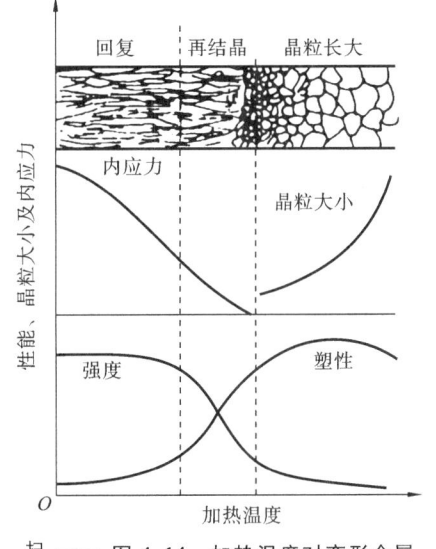

图 4.14　加热温度对变形金属组织与性能的影响

4.2.1　回复

当加热温度不高时,原子的动能不大,故显微组织无明显变化,冷变形金属的晶粒外形(拉长、压扁或纤维状)仍存在,力学性能(强度、硬度)变化不大,电阻率显著减小,微观内应力显著降低。冷变形金属的这种变化过程称回复。

回复转变可分为两个阶段:第一个阶段是在温度不高时,只有空位和间隙原子等点缺陷的运动,它们可以转移至晶界或位错处消失,或相互作用而消失,点缺陷运动的结果,使其密度大大减少,由于电阻率对点缺陷比较敏感,所以它的数值显著下降,而力学性能对点缺陷的变化不敏感。

第二个阶段是当温度继续升高,不仅原子有很大的活动能力,而且位错也开始运动。当温度较高时,位错不但可以滑移,而且可以攀移,产生多边形化。冷变形后,晶体中的同号刃型位错在滑移面上塞积而导致晶格弯曲(见图 4.15),在退火过程中,位错的滑移和攀移(见图 4.16)会使同号刃型位错沿垂直于滑移面的方向排列成小角度的亚晶界,这一过程叫多边形化。其实质是位错从高能量的混乱排列变为低能量的规则排列。晶体多边形化后,弹性畸变大为减小,内应力大大下降。由于位错密度下降不多,故强度变化不大,而塑性略有升高。

回复退火在工程上称为去应力退火,使冷加工的金属件在基本上保持加工硬化状态的条件下降低内应力,降低电阻,改善塑性和韧性。例如,用冷拉钢丝卷制作弹簧,在卷成之后,要在 $250 \sim 300$ ℃进行回复退火,以降低应力并使之定形,而硬度和强度则基本保持不变。对于精密零件,如机床丝杠,在每次车削加工之后,都要进行消除内应力的退火处理,防止变形和翘曲,保证加工精度。

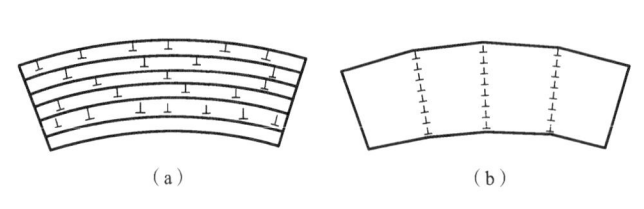

图 4.15　多边形化前后刃型位错排列情况

(a) 多边形化前;(b) 多边形化后

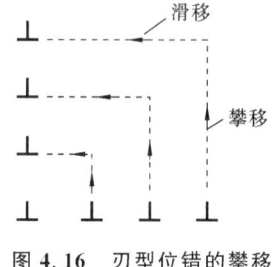

图 4.16　刃型位错的攀移
和滑移示意图

4.2.2　再结晶

1. 再结晶过程

冷变形金属加热到一定温度后,由于原子获得了更大动能,显微组织发生明显变化,在原来的变形组织中重新产生了新的等轴晶粒,加工硬化现象消除,力学性能和物理性能恢复到变形前的水平,这个过程称为再结晶。再结晶的驱动力与回复一样,也是冷变形所产生的储存能。新的无畸变的等轴晶粒的形成及长大,在热力学上更为稳定。需要指出的是,再结晶过程并不是一个相变过程,因为再结晶前后新旧晶粒的晶格类型和成分完全相同,不同的仅仅是新晶粒中的晶体缺陷减少了,内应力消失了。

再结晶后,冷变形金属的强度、硬度降低,塑性明显上升,加工硬化现象消除。因此,再结晶在生产上主要用于冷塑性变形加工过程的中间处理,以消除加工硬化,便于后续工序的进行。例如,在多道拉拔加工之间安排的中间退火,要求强度低、塑性好的冷成形件的退火,都采用再结晶退火。

2. 再结晶温度

再结晶不是一个恒温过程,而是在一个温度范围内完成的。冷变形金属的再结晶能否实现,与其加热温度有直接关系。温度过低,不能发生再结晶;温度过高又会发生晶粒长大。金属再结晶开始温度随变形量、金属纯度和加热规范的变化而改变。

(1) 随变形量的变化而改变。金属预先变形量越大,则再结晶温度越低。变形量越大,则位错密度越高,晶格畸变越严重,即所处的能量状态越高,向稳定的低能量状态转变的倾向就越强烈。所以再结晶形核可在较低的温度下进行,但变形量达到某一值以后,再结晶温度达到一恒定值就不再降低,即存在一个最低的再结晶温度。材料学中把能够进行再结晶的最低温度称为金属的再结晶温度。对于纯金属,再结晶温度 $T_{再}$ 和熔点 $T_{熔}$(单位均为 K,实际生产中已习惯将热力学温度换算为摄氏温度来表达再结晶温度)之间大致存在 $T_{再} = 0.4T_{熔}$ 的关系。可见,高熔点金属的再结晶温度也较高。

(2) 随金属纯度的变化而改变。金属中杂质或合金元素的存在使其原子扩散困难,因此,金属纯度越低,再结晶温度越高。例如,纯铁的 $T_{再} = 450$ ℃,碳钢的 $T_{再} = 500$ ℃ ~ 600 ℃,

含有大量高熔点金属 W、Mn、V 的高温合金的 $T_{再}>700\ ℃$。在一般生产中,实际使用的再结晶退火温度常比 $T_{再}$ 高 150～250 ℃。

（3）随加热时间的变化而改变。再结晶温度还是时间的函数,加热速度越快,则再结晶温度越高。因为原子来不及扩散,再结晶形核被推迟至更高温度下进行。保温时间越长,再结晶温度越低,因为保温时间长,可使动能不大的原子充分进行迁移、扩散,以利于形核和长大。

4.2.3　晶粒长大

再结晶阶段结束后,金属获得均匀细小的等轴晶粒。这些细小的晶粒潜伏着长大的趋势,因为小晶粒长大后可以减小晶界的总面积,降低总的晶界能量,只要满足条件,晶粒长大就会自动进行。晶粒粗大会使金属的力学性能显著下降,即强度和塑性变坏,冲击韧度大大下降,生产上应特别注意控制再结晶后的晶粒度。再结晶后晶粒的长大受以下因素的影响。

（1）加热温度和时间。加热温度越高,时间越长,晶粒就越大。

（2）变形度。如图 4.17 所示为再结晶晶粒大小与变形程度的关系,由图 4.17 可见,当变形量很小时,畸变能很小,不足以引起再结晶,因此其晶粒保持原来的状态。当达到某一变形度(如纯铁达到 2%～10%)时,再结晶后的晶粒特别粗大,这个变形量称为临界变形度。金属在临界变形度下,只有部分晶粒破碎,而另一部分晶粒不变形,此时晶粒不均匀长大,最适合大晶粒吞并小晶粒,所以晶粒粗化的倾向最大。当变形量超过临界变形度后,随着变形量的增加,晶粒破碎的均匀程度愈来愈

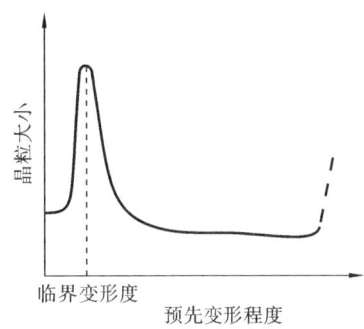

图 4.17　再结晶晶粒大小与变形程度的关系

大,再结晶后的晶粒愈来愈细。当变形达到一定程度后,再结晶晶粒度基本不变。某些金属,当继续加大变形量并达到某一纯度后,再结晶后的晶粒度又出现重新粗化的现象,这与变形织构有关。压力加工时,应避免在临界变形度范围内进行加工,避免再结晶后产生粗晶。

（3）原始晶粒尺寸和均匀度。当形变度一定时,材料的原始晶粒度越细越均匀,则再结晶后的晶粒也越细,主要原因是晶界往往是再结晶形核的有利位置。

（4）合金元素及杂质。合金元素及杂质一方面增加变形金属的储存能,另一方面阻碍晶界的运动,一般起细化晶粒的作用。

以上讨论的是金属在再结晶温度以下进行塑性变形(如实际生产中的冷拔、冷拉、冷冲压等加工)后加热时的变化,可将回复、再结晶、晶粒长大阶段的变化特点及应用归纳于表 4.2。

表 4.2　回复、再结晶、晶粒长大阶段的变化特点及应用

	回复	再结晶	晶粒长大
发生温度	较低温度	较高温度	更高温度
转变机制	原子活动能量小,空位移动使晶格扭曲恢复;位错短程移动,适当集中形成规则排列	原子扩散能力大,新晶粒在严重畸变组织中形核和生长直至畸变晶粒完全消失,但无晶格类型转变	新生晶粒中,大晶粒吞并小晶粒,晶界位移

	回复	再结晶	晶粒长大
组织变化	金相显微镜下观察,组织无变化	形成新的等轴晶粒,有时还产生再结晶织构,位错密度大大下降	晶粒明显长大
性能变化	强度、硬度略有下降,塑性略有升高,电阻率明显下降	强度、硬度明显下降,加工硬化基本消除,塑性上升	性能恶化,特别是塑性明显下降
应用说明	去应力退火,可消除内应力,稳定组织	再结晶退火,可消除加工硬化效果,消除组织各向异性	应防止在工艺处理过程中产生

4.3 金属的热加工

4.3.1 金属的热加工和冷加工

在工业生产中,热加工通常是指将金属材料加热至再结晶以上温度进行的锻造、热轧等压力加工。从金属学的角度来看,通常把再结晶温度以下进行的塑性变形称为冷加工,把再结晶温度以上进行的塑性变形称为热加工。例如铅的再结晶温度低于室温,因此在室温下对铅进行加工属于热加工,而钨的再结晶温度约为 1200 ℃,即使在 1000 ℃ 拉制钨丝也属于冷加工。

如前所述,冷加工变形时,在组织上伴随有晶粒的变形,同时由于晶粒内和晶界上位错数目的增加,会导致加工硬化现象,而只要有加工硬化,在退火时就会发生回复和再结晶。由于热加工是在高于再结晶温度以上的塑性变形过程,所以因塑性变形引起的硬化过程和回复再结晶引起的软化过程几乎同时存在。由此可见,在热加工过程中,同时存在着加工硬化与回复再结晶软化两个相反的过程。不过,这时的回复再结晶是在加工中发生的,因此称为动态回复和动态再结晶,而把变形中断或终止后的保温过程中,或者是在随后的冷却过程中所发生的回复与再结晶,称为静态回复与静态再结晶。它们与前面讨论的回复与再结晶(也属静态回复和静态再结晶)一致,唯一不同的是它们利用热加工的余热进行,而不需要重新加热。图 4.18 所示为冷轧和热轧后金属的组织。

金属材料热加工后的组织与性能受热加工时的硬化过程和软化过程的影响,而这个过程又受变形温度、应变速率、变形程度以及金属本身性质的影响。当变形程度大而变形温度低时,由变形引起的硬化过程占优势,随着加工过程的进行,金属的强度和硬度上升而塑性下降,变形阻力越来越大,甚至会使金属断裂。反之,当金属变形程度较小而变形温度较高时,由于再结晶和晶粒长大占优势,金属的晶粒会越来越粗大,使金属性能恶化。

4.3.2 热加工对金属组织与性能的影响

(1)消除铸态金属中的缺陷。由液态金属凝固后的铸态组织不仅晶粒粗大,而且存在缩松、气孔和微小裂纹等缺陷。采用锻、轧等热加工方法可使粗大柱状晶破碎,缩松、气孔焊合,从而使金属更加致密,明显改善材料的塑性和韧性。在生产实际中,凡受力复杂、性能要

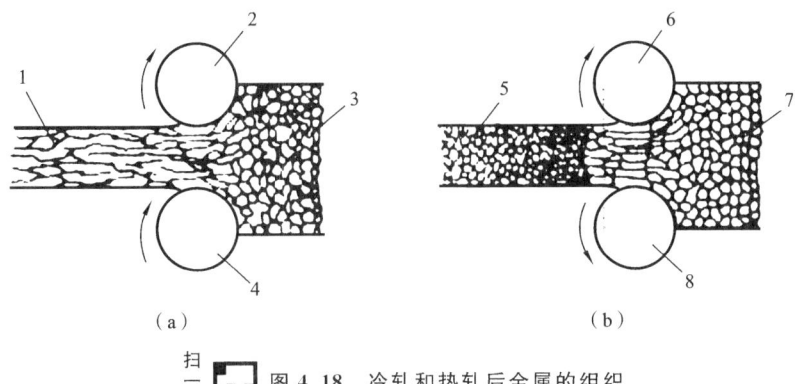

图 4.18　冷轧和热轧后金属的组织

（a）冷轧变形拉长晶粒；（b）热轧再结晶成等轴晶粒

1—冷轧后的拉长晶粒；2,4,6,8—轧辊；3,7—钢锭原始晶粒；5—热轧后的等轴晶粒

求高的重要零件通常先锻造为成形毛坯，然后进行切削加工。

（2）形成热加工流线。在热加工过程中，金属中各种可变形的夹杂物会沿变形方向拉长呈流线分布，一些脆性杂质如氧化物、碳化物、氮化物等破碎成链状，塑性的夹杂物如 MnS 等则变成条状、线状或片层状，形成彼此平行的宏观条纹组织，称热加工纤维组织（流线），如图 4.19 所示。纤维组织的出现使材料的力学性能具有明显的方向性，通常沿流线方向的力学性能好，特别是塑性、韧性较好；垂直于流线方向的性能则较差。因此，在零件的设计与制造中必须考虑流线的合理分布，应尽量使流线与零件工作时承受的最大拉应力方向一致；当外加切应力或冲击力垂直于零件流线时，最好能使之沿零件外形轮廓连续分布，以提高零件的使用寿命。如图 4.20 所示，曲轴若采用锻造成形，其流线分布是合理的；若采用经轧制的原材料直接切削加工成形，其流线分布则是不合理的，易造成薄弱处的断裂破坏。

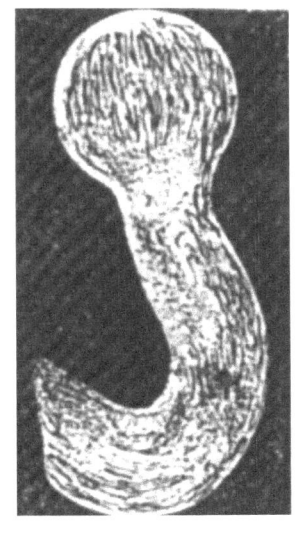

图 4.19　锻造起重吊钩的流线分布

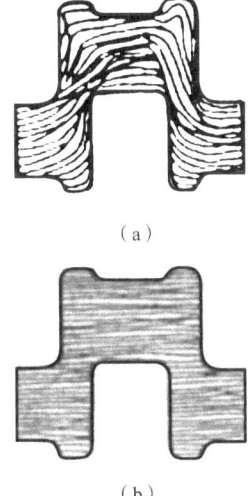

（a）

（b）

图 4.20　曲轴流线分布

（a）锻造成形；（b）切削加工成形

（3）形成带状组织。复相合金中的各个相，在热加工时沿着变形方向交替地呈带状分

布,这种组织称为带状组织。在经压延的金属材料中经常出现这种组织。不同材料产生带状组织的原因不完全相同。一种是压延时为单相,但在铸锭中存在着偏析和夹杂物,压延时偏析区和夹杂物沿变形区伸长成条带状分布,冷却时即成带状组织。例如,在含磷偏高的亚共析钢内,铸态时树枝晶间富磷贫碳,它们沿着变形方向被延伸拉长,当奥氏体冷却到析出先共析铁素体的温度,先共析铁素体就在这种富磷贫碳地带形核并长大,形成铁素体带,而铁素体两侧的富碳地带则随后转变成珠光体带。若夹杂物被加工拉成带状,先共析铁素体通常依附于它们之上而析出,也会形成带状组织,图 4.21 所示为热轧低碳钢板的带状组织。

形成带状组织的另一种原因,是材料在压延时呈两相组织,例如 1Cr13 钢,在热加工时由奥氏体和碳化物组成,压延后奥氏体和碳化物都延长成带,奥氏体经共析转变后形成珠光体,最后形成珠光体+碳化物的带状组织。又如 Cr12 钢,在热加工时由奥氏体和碳化物组成,压延后碳化物即呈带状分布(见图 4.22)。

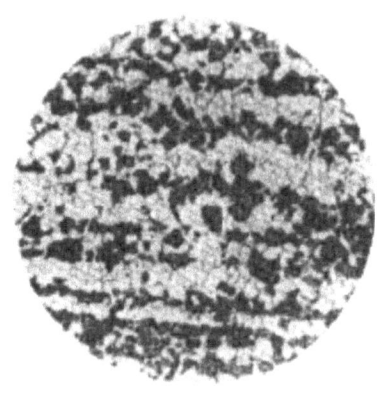 

图 4.21　热轧低碳钢板带状组织　　　　图 4.22　Cr12 钢中带状组织

带状组织会使金属材料的力学性能产生方向性,特别是横向塑性和韧性明显降低,并使材料的切削性能恶化。对于在高温下能获得单相组织的材料,带状组织有时可用正火处理来消除,需用高温均匀化退火及随后的正火处理来改善。

4.4　金属材料的强韧化

塑性对金属压力加工有非常重要的意义,金属的塑性使其能够通过锻造、轧制、挤压等变形工序生产出所需要的产品,然而过量的塑性变形又会使正在工作中的零件或构件失去应有的尺寸、强度和刚度而影响正常工作,甚至出现断裂现象。

4.4.1　强度与塑性、韧性的匹配

强度是材料在外力作用下抵抗塑性变形和破坏的能力,塑性是指材料断裂前产生永久变形的能力,韧性是指材料断裂前吸收塑性变形能量、抵抗裂纹形成和扩展的能力。需要注意的是,材料的强度与塑性、韧性往往是矛盾的。在不改变材料成分和成形工艺的情况下,提高强度会引起塑性、韧性的下降;反之,增强塑性、韧性又会牺牲强度。在航空航天零件或构件的制造中,为了避免零件或构件的脆性断裂,既需要材料有好的塑性和韧性,又需要材

料有很高的强度甚至超高强度($R_m > 1800$ MPa)。材料的强度与塑性、韧性如何设计才是合理的呢？断裂力学研究给出的答案是使强度与塑性、韧性相匹配，即首先针对具体工作条件找出强度与塑性、韧性之间的对应关系，在确保强度设计合理性的前提下，把零件或构件看作裂纹体，用断裂力学的方法计算出所希望的塑性、韧性值，保证使用中不出现脆性断裂，达到安全可靠的目的。

4.4.2　钢的强度提高(强化)

在实际工程材料中，一切阻碍位错运动的因素都会使金属的强度提高，造成强化。能阻碍位错运动的障碍可以有四种：第一种是溶质原子，引起固溶强化；第二种是晶界，引起细晶强化；第三种是第二相粒子，引起沉淀强化；第四种是位错本身，引起位错强化。

(1) 固溶强化。合金大多会形成固溶体，由于其中的溶质原子与溶剂金属原子大小不同，溶剂晶格发生畸变，并在周围造成一个弹性应力场，此应力场与运动位错的应力场发生交互作用，增大了位错运动的阻力，使金属的滑移变形变得困难，从而提高合金的强度和硬度，这便是固溶强化。一般地，间隙式溶质原子(如钢中的碳、氮等)比置换式溶质原子(如钢中的铬、镍、锰、硅等)所造成的强化大 $10 \sim 100$ 倍，但同时对塑性、韧性的伤害也较大。

(2) 细晶强化。晶界是一种面缺陷，能有效地阻碍位错运动，使金属强化。晶粒越细，晶界越多，强化作用越显著。强化量与晶粒直径的平方成反比。钢中常用来细化晶粒的元素有铌、钒、铝、钛等，细化晶粒在提高钢强度的同时，也改善韧性，这是其他强化方式所不具备的。

(3) 沉淀强化(弥散强化)。材料通过基体中分布的细小弥散的第二相质点而产生的强化，称为弥散强化。对于一般工业合金，位错需绕过第二相质点而消耗额外的能量，使合金发生强化，其强化量与第二相质点间距成反比。第二相质点弥散度越高，强化效果也越明显。例如钢中的碳化物所引起的强化作用就属于弥散强化。碳化物越细，间距越小，强化作用越大。

(4) 位错强化。运动位错之间发生交互作用而使其运动受阻，所造成的强化量与金属中位错密度的平方根成正比。一般而言，面心立方金属中的位错强化效应比体心立方金属的大，像铜、铝等金属利用位错强化就很有利。例如，高锰钢 ZGMn13 经"水韧处理"后处于面心立方的奥氏体状态，可制作挖掘机的铲斗、各类破碎机的颚板，在恶劣的工作环境下，显示出优异的耐磨性。

前已述及，金属的冷塑性变形将产生大量位错，强化效果显著。合金中的相变，特别是低温下伴随有容积变化的相变，如马氏体相变等，也会产生大量的位错而使合金显著强化。实际金属中，很少只有一种强化效果起作用，而是几种强化效果同时起作用，综合强化。

4.4.3　钢的韧性提升

外力作用下钢中裂纹形成和扩展的难易程度反映了钢的韧性的好坏，提升钢的韧性的技术途径主要有以下几种。

(1) 细化钢的晶粒和组织。控制钢的轧制温度和轧后冷却速度，以细化奥氏体再结晶晶粒和冷却后的铁素体晶粒。晶粒愈细，位错塞积的数目就愈少，就愈不易产生应力集中，愈不易形成裂纹,从而钢的韧性也就愈容易得到保证。

(2)改善基体相和强化相的形态。由于低碳马氏体(板条马氏体)是平行生长的,不易引起显微裂纹,对钢的韧性有利,比中、高碳马氏体形成裂纹的倾向小,因此在需要和可能的条件下,应尽量采用低碳马氏体作为钢的基体相。另外,在淬火碳钢回火时,由于 Fe_3C 既可形成晶界薄膜,又可形成大质点,而这两种形态对裂纹的形成都很敏感,所以在给定的热处理条件下,加入合金元素 Mn、Ni 等形成合金碳化物来代替 Fe_3C,可减小碳化物质点的尺寸,也可消除形成晶界薄膜的倾向,使钢不易出现裂纹,达到提升钢的韧性的目的。

(3)减少杂质和改善非金属夹杂物的形态。减少钢中 P、S、N、H、O 及其他有害元素的含量,可减少它们在晶界上的偏聚,以抑制回火脆性倾向,防止预先存在的显微裂纹。另外,钢中的非金属夹杂物常常是断裂的发源地,裂纹容易从该处发生,需要予以控制。采用真空熔炼等现代技术,并通过在钢中加入微量稀土元素,能有效地控制非金属夹杂物的形态。

(4)降低钢的韧脆转变温度。工程上有一类在严寒气候和极低温度下工作的钢制件,如 -45 ℃温度下的铁轨,盛装液氢、液氮的容器等,当使用温度低于某一值时,这类钢制件的韧性常常会变得很差而出现脆性断裂,为防止这类情况的出现,可向其中加入合金元素 Ni。Ni 可明显降低钢的韧脆转变温度,使钢的低温韧性得到提升,国内外的低温用钢中都含有合金元素 Ni。

综上可知,钢的强度和韧性都受其内部组织结构、相的形态及分布的影响。因此,控制钢的组织形态,控制有害杂质的含量和分布,对提高钢的强度、提升钢的韧性都是有利的。基于此,可以研究开发既提高强度又提升韧性,且使二者最匹配的安全可靠的新型合金钢。

4.5 金属塑性变形的应用

金属经塑性变形后,不仅改变了外形和尺寸,内部组织和结构也发生了变化,进而其性能也发生了变化,塑性变形是改善金属材料性能的一种重要手段。

1. 大塑性变形技术在工业领域的应用

大塑性变形最早是由 Bridgeman 在二十世纪五六十年代提出的,到了 20 世纪 80 年代末至 90 年代初,Valiev 及其同事通过大塑性变形法成功地将大块金属试样细化到超微晶粒组织,开始了大塑性变形制备超细晶材料的研究,并引起了广大学者的极大兴趣。大塑性变形具有强烈的晶粒细化能力,能够直接将材料的内部组织细化到亚微米乃至纳米级,已被国际材料学界公认为是制备块体纳米/超细晶材料最有前途的方法。

(1)在生物医疗领域的应用。商业纯钛与人体具有最高的生物相容性,已经被成功地在牙齿矫形中用作锚定设备,然而商业纯钛的机械强度很低,这限制了其在实际医疗中的应用。Ti-6Al-4V 合金具有高强度特性,已经取代了商业纯钛作为人体微型植入物,然而 Ti-6Al-4V 合金生物相容性和耐腐蚀性很差,且含有对人体有潜在毒性的元素 V 和过敏性添加剂,这些缺点也严重限制了其在生物医学领域的广泛使用。大塑性变形可以将商业纯钛细化到纳米级,其机械强度约为商业纯钛的 2 倍,此外还具有更好的生物相容性。

(2)在储氢方面的应用。传统的固态储氢材料中,镁由于高的储氢量且质量轻、成本低等优点一直受到各国研究人员的关注。然而镁的吸放氢温度高,速度慢等缺点严重阻碍了其在工业上的实际应用。大塑性变形可以将镁基储氢材料的晶粒细化到亚微米级乃至纳米级,使材料缺陷密度增加,氢原子和金属原子的扩散速度加快,从而使氢的吸附动力大幅度增加,并能够降低解吸温度。

（3）在电力交通领域内的应用。随着科技和社会需求的不断发展,对导电材料的强度和导电率等综合性能提出了越来越高的要求,如高速重载电气化列车接触线、低功耗高速电机磁性材料、微机电系统等。目前获得高电导率、高机械强度材料的方法都是在一定程度上以牺牲电导率来提高其力学性能,不能真正意义上获得高电导率、高机械强度。通过大塑性变形工艺对金属导电材料进行加工能够显著细化其内部晶粒,增加缺陷密度,提高材料的机械强度,而材料的导电性能基本不变。如通过大塑性变形工艺结合冷拔工艺过程生产出了Cu-0.4%Mg 接触线,极限抗拉强度可达 522 MPa,电导率为 68.6%IACS。这种具有良好的综合性能的铜镁合金接触线,已经被成功地应用到郑州至西安的高铁上。

2. 利用异常晶粒长大法制单晶

所谓异常晶粒长大,即冷变形后的多晶材料发生初次再结晶之后,在一定温度下进一步退火会再次发生晶粒长大。异常晶粒长大又称为非连续性生长,主要特征是个别区域内的极少数晶粒不连续地爆发性长大,形成的异常长大的晶粒尺寸较大,且形状不规则。已有研究表明,经过一定冷变形的工业纯钼丝在 2000℃保温一定时间退火后,会发生异常晶粒长大现象,生成粗大异常长大的单晶粒。其他的纯金属及薄膜,如 Ni、Ag、Cu 中通过控制冷变形量和退火温度也能明显观察到异常晶粒长大的现象,从而获得所需尺寸的单晶体。

思考题

4.1　金属塑性变形的主要方式是什么? 解释其含义。

4.2　何谓滑移面和滑移方向? 它们在晶体中具有什么特点?

4.3　为什么原子密度较大的晶面比原子密度较小的晶面更容易滑移?

4.4　为什么室温下钢的晶粒越细,强度、硬度越高,塑性、韧性也越好?

4.5　塑性变形使金属的组织与性能发生了哪些变化?

4.6　什么是加工硬化? 指出其产生的原因及消除的措施。

4.7　说明冷加工后的金属在回复与再结晶两个阶段中组织及性能变化的特点。

4.8　三个低碳钢试样,其变形程度分别为 5%、15%、30%,如果将它们加热至 800 ℃,指出哪个试样会出现粗晶,为什么?

本章参考文献

[1] 徐自立. 工程材料[M]. 武汉:华中科技大学出版社,2012.

[2] 高红霞. 工程材料[M]. 北京:中国轻工业出版社,2009.

[3] 齐民,于永泗. 机械工程材料[M].10 版. 大连:大连理工大学出版社,2017.

[4] 王延和. 机械工程材料[M]. 大连:大连理工大学出版社,2011.

[5] 徐凤云. 工程材料及应用[M]. 武汉:华中科技大学出版社,2014.

[6] 梁耀能. 机械工程材料[M]. 2 版. 广州:华南理工大学出版社,2011.

[7] 任伟杰,林金保. 大塑性变形技术在工业领域的应用研究进展[J]. 材料导报 A,2015, 29(4):89-94.

[8] 陈名莉,尹付成,何煦,等. 异常晶粒长大法制单晶铜或大晶粒多晶铜[J]. 热加工工艺, 2012,41(18):49-52.

第5章 钢的热处理

钢件在冷、热加工过程中,一般都需要进行热处理。钢的热处理是指将钢在固态下以适当的方式加热、保温和冷却,以获得所需组织结构及性能的一种工艺方法。热处理不仅可以改善和提高钢件的使用性能,而且还能改善钢件的工艺性能。本章讨论钢的热处理原理及常用的热处理工艺方法。

5.1 概述

钢的热处理包括加热、保温和冷却三个工序,如图 5.1 所示。加热是第一道工序,目的是获得奥氏体组织。奥氏体的晶粒大小、成分的均匀化,对钢冷却后的组织和性能有直接的影响;保温工序是要确保工件透热、防止脱碳和氧化等,保温时间和介质的选择与材质和工件尺寸直接相关。通常,合金元素含量越多、工件越大,则导热性越差,保温时间就越长;冷却是最终工序,也是关键的工序,钢在不同冷却速度下可以转变为不同的组织。

根据加热和冷却及应用特点的不同,常用热处理方法大致可分为整体热处理、表面热处理和化学热处理三大类,如图 5.2 所示。此外,还有离子轰击热处理、可控气氛热处理、真空热处理、形变热处理等。

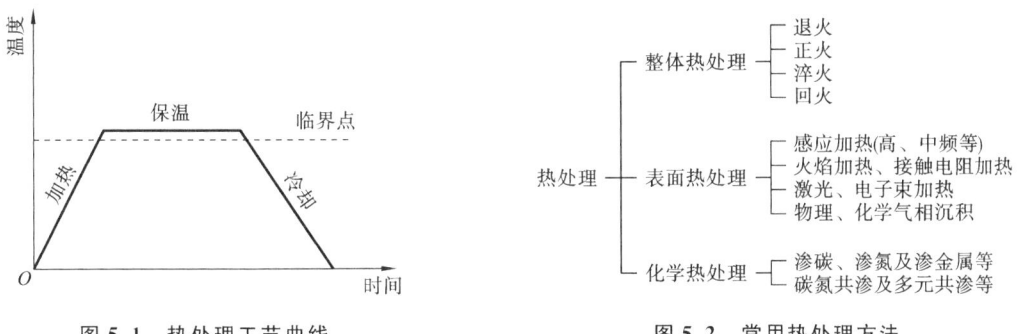

图 5.1 热处理工艺曲线　　　　　　　图 5.2 常用热处理方法

热处理中,退火或正火可以作为预先热处理,以改善零件的切削加工性能,而淬火、回火及相关化学热处理等将作为最终热处理,使零件性能分别达到最终一道或多道工序中规定的技术指标要求。如采用工具钢制造钻头,先要"退火"来降低钢的硬度,改善工艺性能以利于切削加工;加工成钻头之后,又必须通过"淬火"和"低温回火"来提高硬度、耐磨性并降低脆性,以保证钻头的力学性能。

制造业中,机床零件的 60%~70%,汽车、拖拉机零件的 70%~80% 都需要进行热处理,像刃具、量具、模具等则 100% 地要进行热处理。如果考虑原材料的预先热处理要求,几乎所有机械零部件都需要热处理。因此,在中国制造向中国智造和中国创造的发展中,热处理在制造业中必将发挥更大的作用。

5.2 钢在加热时的组织转变

在加热和冷却过程中,钢的内部组织将发生一定的变化。在加热和冷却中,钢的组织转变的基本规律就是制定热处理工艺的依据。根据钢的组织转变规律确定的温度、时间及冷却速度等参数就是热处理工艺。因此,学习和理解钢的组织变化的基本规律很有必要。

首先了解钢在加热过程中的组织转变,而这一转变过程必须依据 Fe-Fe$_3$C 相图来分析。

热处理的第一道工序,通常是将钢加热到临界点以上,其目的是为了获得奥氏体组织。

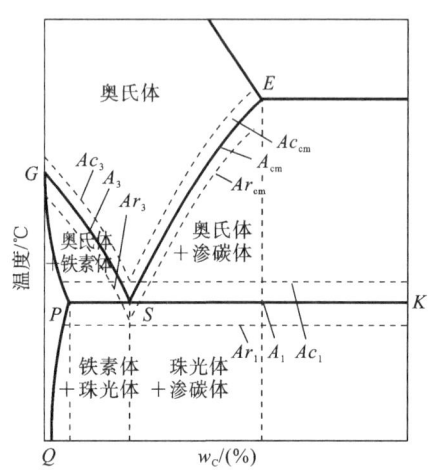

由 Fe-Fe$_3$C 相图可知,在平衡(极其缓慢加热或冷却)条件下,当共析钢加热超过 PSK 线(也称 A$_1$ 线)时,珠光体将完全转变为奥氏体;而亚共析钢、过共析钢则分别要加热到 GS 线(亦称 A$_3$ 线)和 ES 线(也称 A$_{cm}$ 线)以上才能全部转变为奥氏体。实际热处理时,加热和冷却速度都将偏离平衡条件,即钢的相变是在非平衡条件下进行的。因此实际相变温度与平衡相变温度之间有一定差异,即加热时相变温度偏高,而冷却时相变温度偏低,加热或冷却的速度越大,其偏差也越大。

因此,将碳钢实际加热时的相变温度标记为 Ac_1、Ac_3 和 Ac_{cm},冷却时的相变温度标记为 Ar_1、Ar_3 和 Ar_{cm},如图 5.3 所示。这些相变温度值受钢的化学成分、加热(冷却)速度等因素的影响,并

扫一扫 **图 5.3 加热及冷却时 Fe-Fe$_3$C 相图中各临界点的位置变化**

非固定不变。

5.2.1 奥氏体形成的基本过程

钢加热时奥氏体的形成过程(即奥氏体化)是一种扩散型转变,是通过形核和长大过程来实现的。以共析碳钢为例,将其加热到稍高于 Ac_1 的温度,将发生珠光体(P)向奥氏体(A,或用 γ 表示)的转变,其反应式为

$$P(F_{0.02} + Fe_3C_{6.69}) \longrightarrow A_{0.77}$$

可见奥氏体的形成必须进行晶格改组和铁、碳原子的扩散,其基本过程是通过图 5.4 所示的四个阶段来完成的。

1. 奥氏体晶核的形成

当钢加热到 Ac_1 以上的温度时,珠光体处于不稳定状态,而且本身铁素体(F,或用 α 表示)和渗碳体界面处碳的浓度处于中间值,界面处的原子排列是两种点阵的过渡区,这里的位错、空位密度较高,在浓度、结构和能量上为奥氏体晶核的形成提供了有利条件,即奥氏体晶核优先在铁素体和渗碳体相界面上形成。

2. 奥氏体晶核的长大

奥氏体晶核形成后逐渐长大,由于它一面与渗碳体相接,另一面与铁素体相接,因此,奥

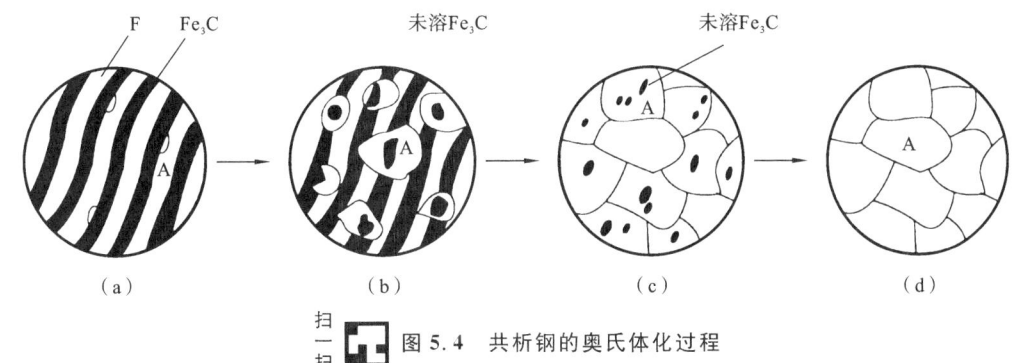

扫一扫　**图 5.4　共析钢的奥氏体化过程**

(a) A 晶核形成；(b) A 晶核长大；(c) 残余 Fe₃C 溶解；(d) A 成分均匀化

氏体晶核的长大是新相奥氏体的相界面同时向渗碳体与铁素体方向的推移过程，它是依靠铁、碳原子的扩散，使与奥氏体晶核邻近的渗碳体不断溶解和邻近的铁素体改组为面心立方晶格来完成的。

3. 残余渗碳体的溶解

由于渗碳体的晶体结构和含碳量都与奥氏体相差很大，所以渗碳体向奥氏体的溶解速度比铁素体向奥氏体的转变速度要慢，即在铁素体全部转变完毕后，仍有部分渗碳体还未溶解。但随着保温时间的增加，残余的渗碳体将会不断地溶入奥氏体中，直至完全消失。

4. 奥氏体的均匀化

残余渗碳体完全溶解后，奥氏体中的碳浓度仍是不均匀的，在原来的渗碳体处碳浓度较高，而原来的铁素体处的碳浓度较低。所以，必须继续保温，使原子充分扩散，才能使奥氏体组织中的各部分成分均匀化。

亚共析钢和过共析钢的奥氏体形成过程与共析钢基本相同，不同之处在于：若将它们加热至 AC_1 以上时，并未完全奥氏体化，若要得到单一的奥氏体，还必须提高温度，使亚共析钢中的过剩相铁素体以及过共析钢中的过剩相渗碳体进一步溶入奥氏体中。它们的反应式分别为

亚共析钢　$F + P \rightarrow F + A$（两相区）$\rightarrow A$（完全奥氏体化）

过共析钢　$P + Fe_3C_{\mathrm{II}} \rightarrow A + Fe_3C_{\mathrm{II}} \rightarrow A$

从图 5.3 可以看出，假如亚共析钢和过共析钢的加热温度处在上临界点（Ac_3、Ac_{cm}）与下临界点（Ac_1）之间，其组织将由奥氏体与一部分尚未转变的过剩相（亚共析钢时为铁素体相，过共析钢时为渗碳体相）所组成，这种加热方法称为"不完全奥氏体化"加热。

5.2.2　影响奥氏体形成与晶粒长大的因素

1. 影响奥氏体形成的因素

（1）加热温度。加热温度越高，原子的扩散能力越大，使奥氏体形成所进行的晶格改组和铁、碳原子的扩散越快，加速了奥氏体的形成。

（2）加热速度。随着加热速度的增加，过热度增大，奥氏体形成温度升高，形成温度范围扩大，形成奥氏体所需的时间缩短。

（3）原始组织。钢中的原始组织越细，则相界面越多，奥氏体的形成速度就越快。如钢的成分相同时，组织中珠光体越细，奥氏体形成速度越快。层片状珠光体的相界面比粒状珠光体多，加热时奥氏体更容易形成。

（4）合金元素。钢中加入合金元素不改变奥氏体形成的基本过程，但影响奥氏体的形成速度。除 Co、Ni 等元素可增大碳在奥氏体中的扩散速度，加快奥氏体化过程之外，大多数合金元素如 Cr、Mo 和 V 等，易形成难溶碳化物，阻碍碳在奥氏体中的扩散，都将不同程度减缓奥氏体化过程。所以，在一般情况下，合金钢在热处理时的加热温度应比含碳量相同的碳钢高一些，保温时间应长一些。

2. 影响奥氏体晶粒长大的因素

钢中奥氏体晶粒大小直接影响冷却后的组织与性能。加热时若奥氏体晶粒细小，则冷却产物的强度、塑性及韧性也较好；反之，则其性能较差。为了获得合适的晶粒大小，有必要了解奥氏体晶粒度的概念及其影响因素。

1）奥氏体晶粒度

晶粒度是衡量晶粒大小的一种尺度。生产中按照标准的晶粒度等级图，用比较的方法确定所测钢种晶粒大小的级别。一般，结构钢的奥氏体晶粒度分为 8 级，1～4 级为粗晶粒，5～8 级为细晶粒，超过 8 级则为超细晶粒。

根据奥氏体形成过程和长大情况，奥氏体有三种不同概念的晶粒度。

（1）起始晶粒度。它是指珠光体刚刚转变成奥氏体时的晶粒度，此时晶粒非常细小。

（2）实际晶粒度。它是指具体热处理或热加工条件下获得的奥氏体晶粒。实际晶粒度一般总比起始晶粒度大，它直接影响钢热处理后的力学性能。

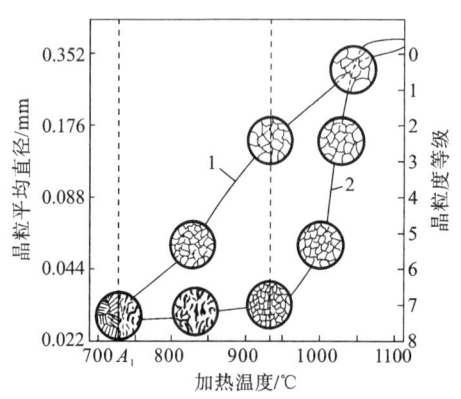

图 5.5　加热温度对钢的本质晶粒度的影响
1—本质粗晶粒钢；2—本质细晶粒钢

（3）本质晶粒度。它是指某钢种在加热时奥氏体晶粒长大的倾向，如图 5.5 所示。有些钢在加热到临界点后，随着温度的升高，奥氏体晶粒就迅速长大、粗化，这类钢称为"本质粗晶粒钢"。也有一些钢约在 930 ℃以下加热时，奥氏体晶粒长大很缓慢，一直保持细小晶粒，只有当加热到更高温度时，奥氏体晶粒才急剧长大，这类钢称为"本质细晶粒钢"。

因此，本质晶粒度并不是晶粒大小的实际度量，而是表示在规定的加热条件下，奥氏体晶粒长大倾向性的高低。具体比较方法是：把钢加热到（930±10）℃，保温 3～8 h，冷却后在 100 倍显微镜下将测定的晶粒度与标准的晶粒等级图进行比较评级。凡晶粒是 1～4 级的，定为本质粗晶粒钢，5～8 级者定为本质细晶粒钢，超过 8 级以上者为超细晶粒钢。

在工业生产中，经锰、硅脱氧的钢一般都是本质粗晶粒钢，而经铝脱氧的钢以及镇静钢则多为本质细晶粒钢。所以，凡需要热处理的钢件，通常都采用本质细晶粒钢制造。需要指出，当加热温度超过 1000 ℃后，本质细晶粒钢的奥氏体晶粒具有更大的长大倾向。为了抑制奥氏体晶粒的长大，在一些钢中是通过添加合金元素来实现的。

2）奥氏体晶粒大小与钢的力学性能

实际生产中,奥氏体实际晶粒越均匀而细小,则热处理后钢的力学性能越高,尤其是冲击韧性越高。所以热处理加热时,希望获得细小而均匀的奥氏体组织。如果钢在加热时温度过高或加热时间过长,会引起奥氏体晶粒显著粗化,这种现象称为"过热"。过热组织不仅使钢的力学性能下降,且粗大的奥氏体晶粒在淬火时也容易引起工件产生较大的变形甚至开裂。通常,对重要的工件进行热处理时,都要对奥氏体晶粒度进行金相评级,奥氏体晶粒大小是评定热处理加热质量的指标之一。

5.3　钢在冷却时的组织转变

在热处理中,通常有等温冷却及连续冷却两种冷却方式,如图 5.6 所示。为应用于生产,人们把钢在奥氏体冷却时组织转变的规律总结成了过冷奥氏体等温冷却转变曲线和连续冷却转变曲线。借助于这些曲线图,我们可以了解奥氏体在冷却时的冷却条件与相变组织之间的关系,从而为钢件正确制定与合理选择热处理工艺提供理论依据。

5.3.1　过冷奥氏体的等温冷却转变

当加热后形成的奥氏体冷却至临界点 A_1 点以下时,奥氏体就处于不稳定状态,必然要发生相变。但是过冷到 A_1 以下的奥氏体并不是立即发生转变,而

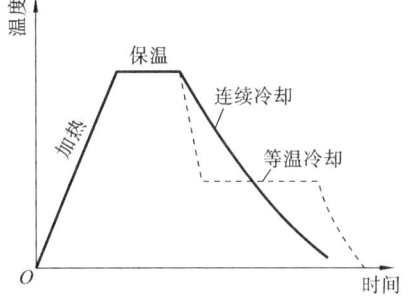

图 5.6　钢加热奥氏体化的两种冷却方式

是要经过一个孕育期后才开始转变,这种在孕育期暂时存在的、处于不稳定状态的奥氏体称为"过冷奥氏体"。

过冷奥氏体总是要转变为稳定的新相,过冷奥氏体等温冷却转变曲线反映了过冷奥氏体在等温冷却时组织转变的规律。这里以共析碳钢为例,介绍用金相法测定过冷奥氏体等温转变曲线的过程。

1. 共析钢过冷奥氏体等温冷却转变曲线的建立

具体步骤如下:

（1）将共析碳钢制成若干 ϕ10 mm×1.5 mm 的小圆片试样,分成几组（每一组用于测定某温度下的转变开始和终了时刻）,并使其完全奥氏体化。

（2）把各组试样分别投入 A_1 点以下不同温度（如 650 ℃、600 ℃、550 ℃、350 ℃等）的等温浴槽中进行等温冷却转变。

（3）每隔一定时间取出一个试样溶入水中,凡等温时尚未转变的奥氏体,在水冷后会转变为在金相显微镜下能观察到的白亮色的马氏体和残余奥氏体,而等温转变的产物则原样不动地保留下来,在金相组织中呈暗黑色,这样便能较方便地分析出在同一等温温度下不同等温时间转变产物的情况。

（4）以转变产物的转变量为 1% 的时刻作为转变开始点,以转变量为 99% 的时刻为转变终了点,将各个温度下的转变开始点和终了点都绘在"温度时间"坐标中,然后分别把转变

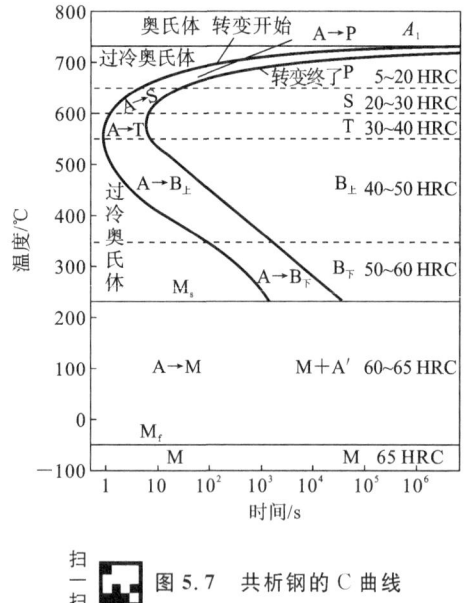

扫一扫 **图 5.7 共析钢的 C 曲线**

开始点和转变终了点用光滑的曲线连接起来，形成转变开始线和转变终了线，如图 5.7 所示。这样便得到了过冷奥氏体等温冷却转变曲线（简称等温转变图或 TTT 曲线），由于曲线的形状与字母"C"很相似，故也称为"C 曲线"（见图 5.7）。

在 C 曲线的下方还有两条水平线——M_s 线和 M_f 线，分别表示过冷奥氏体转变为马氏体的开始线和终了线。

2. 过冷奥氏体等温转变曲线分析

由图 5.7 的 C 曲线可见：

（1）A_1 以上是奥氏体稳定区域；A_1 以下、转变开始线以左的区域是过冷奥氏体区；A_1 以下、转变终了线以右和 M_s 线以上的区域为转变产物区；转变开始线和转变终了线之间为过冷奥氏体和转变产物共存区。

（2）过冷奥氏体在转变之前存在一段孕育期（以纵坐标与转变开始线之间的距离来表示）。不同等温温度下，孕育期的长短不同。对于共析钢，在 550 ℃ 时，孕育期最短，这说明此时过冷奥氏体最不稳定，最易发生分解，转变速度也最快。在高于或低于 550 ℃ 时，孕育期均由短变长，这表示过冷奥氏体的稳定性提高了。

C 曲线上孕育期最短的地方，被称为 C 曲线的"鼻尖"，它所对应的温度称为"鼻温"。C 曲线鼻温处孕育期的长短十分重要，它是决定一种钢材是否容易淬火的重要依据之一，并据此来选择热处理时不同的冷却介质。

（3）C 曲线上明确地表示出了过冷奥氏体有三个转变区。

① A_1 至 C 曲线鼻尖区为高温转变，转变产物为珠光体，即珠光体转变区；

② C 曲线鼻尖至 M_s 线区间为中温转变，转变产物是贝氏体，即贝氏体转变区；

③ M_s 线以下为低温转变，转变产物是马氏体，即马氏体转变区。

5.3.2 过冷奥氏体等温转变产物的组织与性能

与加热相比，冷却是钢热处理时更为重要的工序，因为钢的常温性能与其冷却后的组织密切相关。钢在不同的过冷度下可转变为不同的组织，包括平衡组织和非平衡组织。处于临界点 A_1 以下的奥氏体称为过冷奥氏体。过冷奥氏体是非稳定组织，迟早要发生转变。随着过冷度的不同，过冷奥氏体将发生三种类型的转变，即珠光体转变、贝氏体转变和马氏体转变。现以共析钢为例进行分析。

1. 珠光体转变

在 $A_1 \sim 550$ ℃ 温度之间，共析钢的过冷奥氏体将转变为珠光体组织。奥氏体晶粒上通过形核和长大，得到铁素体（$w_C < 0.02\%$，体心立方晶格）与渗碳体（$w_C = 6.69\%$，复杂晶格）的片层相间的机械混合物。根据显微组织中片层厚度的大小，又可进一步分为珠光体、索氏

体和屈氏体。

1) 珠光体(用字母 P 表示)

形成温度 A_1～650℃,铁素体与渗碳体片层较厚(片间距 0.6～0.7 μm),在 500 倍光学显微镜下可分辨,如图 5.8 所示。

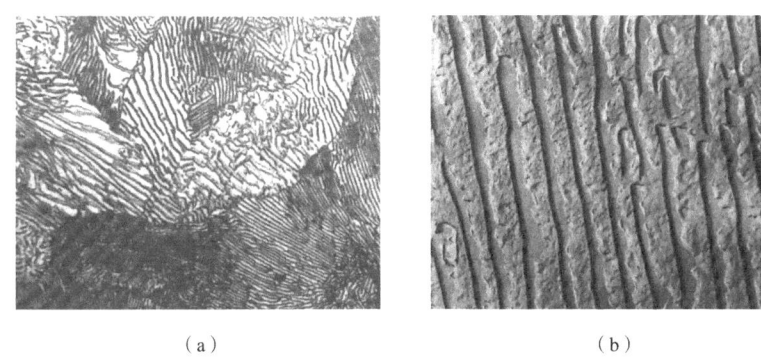

(a)　　　　　　　　　　　　　　　　(b)

图 5.8　珠光体组织

(a) 光镜形貌；(b) 电镜形貌

2) 索氏体(细片状珠光体,用字母 S 表示)

形成温度 650～600 ℃,铁素体与渗碳体片层较薄(片间距 0.2～0.4 μm),在 800～1000 倍光学显微镜下可分辨,如图 5.9 所示。

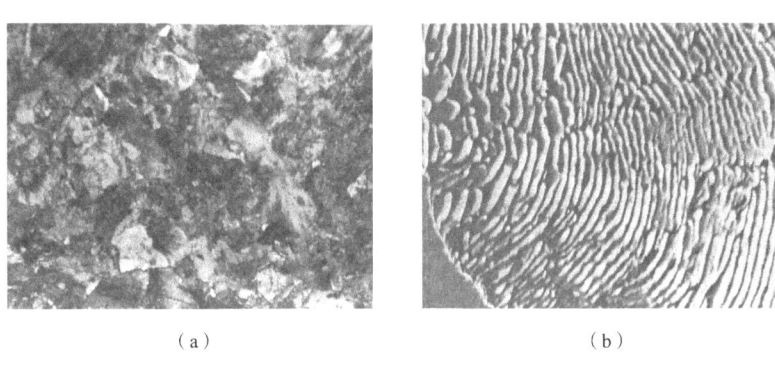

(a)　　　　　　　　　　　　　　　　(b)

图 5.9　索氏体组织

(a) 光镜形貌；(b) 电镜形貌

3) 屈氏体(极细片状珠光体,用字母 T 表示)

形成温度 600～550 ℃,铁素体与渗碳体片层极薄(片间距<0.2 μm),在电子显微镜下可分辨,如图 5.10 所示。

珠光体转变过程如图 5.11 所示。首先,在奥氏体晶界上形成渗碳体晶核,通过碳原子扩散使渗碳体片不断产生分枝长大,由于渗碳体是高碳相,其长大会不断地吸收与其相邻奥氏体中的碳原子,使这部分奥氏体中的含碳量不断降低,从而促进渗碳体片两侧的奥氏体转变为铁素体片。通过这种方式,渗碳体片与铁素体片交替形核、长大,最终形成了铁素体与渗碳体片层相间的呈团状的珠光体组织。

这种由一个渗碳体晶核发展起来具有同一位向的片层状组织,称为一个珠光体晶团或

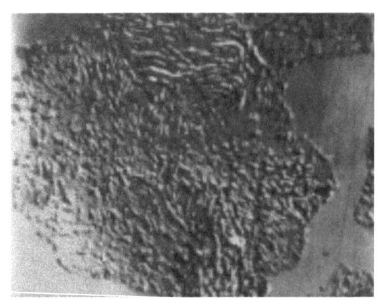

图 5.10 屈氏体组织

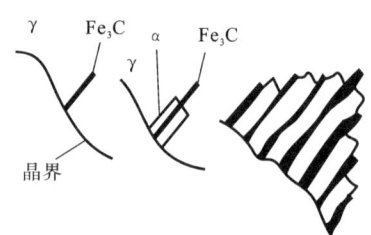

图 5.11 珠光体转变过程示意图

珠光体领域。由于在一个奥氏体晶粒的边界上的其他部位也可能发生这一过程,故同一奥氏体晶粒中就可能产生几个方位彼此不同的珠光体晶团,当各个珠光体晶团不断长大直至相遇时,奥氏体就全部转变为珠光体了。

在珠光体转变中,随着等温温度降低,即过冷度增大,珠光体中铁素体和渗碳体的片间距越来越小。珠光体组织的片间距越小,相界面越多,强度、硬度越高,且塑性和韧性也有所改善。表 5.1 为共析钢珠光体转变产物的形成温度和性能。

表 5.1 共析钢珠光体转变产物的形成温度和性能

名称	组织符号	形成温度/℃	硬度	片层可分辨放大倍数
珠光体	P	$A_1 \sim 650\ ℃$	170~200HB	<500×
索氏体	S	650~600 ℃	25~35HRC	<1000×
屈氏体	T	600~550 ℃	35~40HRC	<3000×

2. 贝氏体转变

过冷奥氏体在 550 ℃~M_s(共析钢的 M_s 温度约为 230 ℃)将转变为贝氏体组织(用字母 B 表示)。贝氏体是由含过饱和碳铁素体与渗碳体(或碳化物)组成的两相混合物,故奥氏体向贝氏体转变时也必须进行碳原子的扩散与晶格改组,其转变过程也是经固态下形核和长大来完成的。由于转变温度较低,贝氏体转变属于半扩散型转变,即只有碳原子扩散而铁原子不能扩散,晶格类型的改变是通过切变来实现的,其转变机理、组织形态和性能等都不同于珠光体。贝氏体组织有多种形态,主要有上贝氏体(简记为 $B_上$)和下贝氏体(简记为 $B_下$)。

1) 上贝氏体($B_上$)

上贝氏体形成温度为 550~350 ℃,在光学显微镜下呈羽毛状,电子显微镜下为不连续棒状的渗碳体,分布于自奥氏体晶界向晶内平行生长的铁素体条之间,如图 5.12 所示。

2) 下贝氏体($B_下$)

下贝氏体形成温度为 350℃~M_s,在光学显微镜下呈竹叶状,在电子显微镜下为细片状碳化物分布于铁素体针上,并与铁素体针的长轴方向成 55°~60°角,如图 5.13 所示。

上贝氏体($B_上$)强度与塑性都较低,无实用价值。而下贝氏体($B_下$)不仅强度、硬度较高,塑性、韧性也较好,具有良好的综合力学性能,是生产上常用的强化组织之一。

贝氏体转变也是一个形核和长大的过程。发生转变时,首先在奥氏体中的贫碳区形成

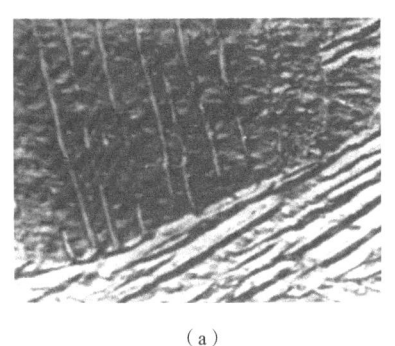 

（a）　　　　　　　　　　　　（b）

图 5.12　上贝氏体组织

（a）光镜形貌；（b）电镜形貌

 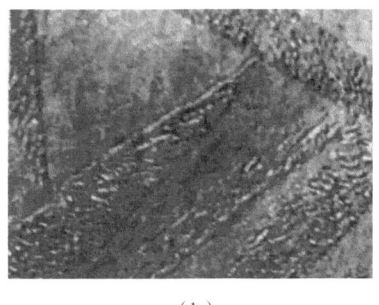

（a）　　　　　　　　　　　　（b）

图 5.13　下贝氏体组织

（a）光镜形貌；（b）电镜形貌

铁素体晶核,其含碳量介于奥氏体与平衡铁素体之间(过饱和铁素体)。当转变温度较高(550~350 ℃)时,条片状铁素体从奥氏体晶界向晶内平行生长,随着铁素体条伸长和变宽,其碳原子向条间奥氏体富集,最后在铁素体条间析出 Fe₃C 短棒,奥氏体消失,形成上贝氏体(B$_\text{上}$),如图 5.14 所示。当转变温度较低(350~230 ℃)时,铁素体在晶界或晶内某些晶面上长成针状,由于碳原子扩散能力低,其迁移不能逾越铁素体片的范围,碳在铁素体的一定晶面上以断续碳化物小片的形式析出,形成下贝氏体(B$_\text{下}$),如图 5.15 所示。

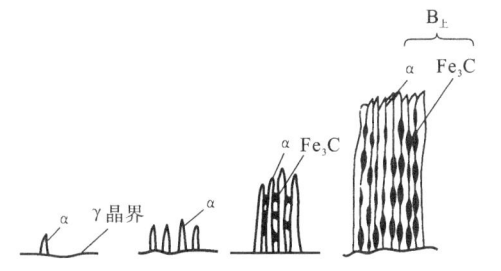 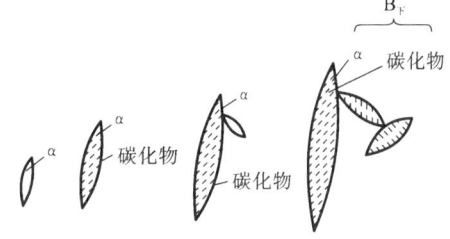

图 5.14　上贝氏体形成示意图　　　　图 5.15　下贝氏体形成示意图

3. 马氏体转变

当过冷奥氏体降温至 M$_\text{s}$ 以下时,将转变为马氏体组织。马氏体转变是强化钢的重要途径之一。

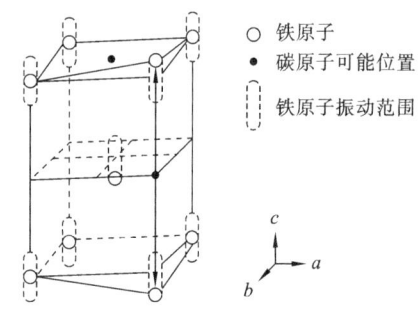

○ 铁原子
● 碳原子可能位置
⬚ 铁原子振动范围

图 5.16　马氏体晶胞示意图

1) 马氏体的晶体结构

马氏体是碳在 α-Fe 中的过饱和固溶体,用符号 M 表示。马氏体转变时,奥氏体中的碳全部保留到马氏体中。马氏体具有体心正方晶格($a=b\neq c$),如图 5.16 所示,轴比 c/a 称为马氏体的正方度。马氏体含碳量越高,其正方度越大,正方畸变也越严重。当含碳量小于 0.25% 时,$c/a=1$,此时马氏体为体心立方晶格。

2) 马氏体的组织形态

钢中马氏体的组织形态可分为板条状和针状两大类,如图 5.17 和图 5.18 所示。

（a）

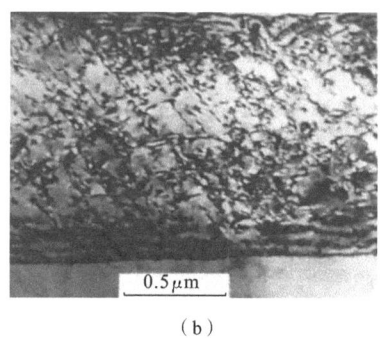

0.5μm

（b）

图 5.17　板条状马氏体的形貌
（a）光镜下形貌（400×）；（b）透射电镜下马氏体板条内的位错

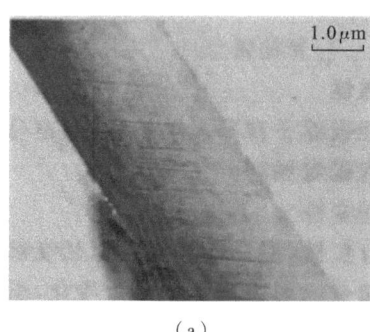

1.0μm

（a）

（b）

图 5.18　针状马氏体的形貌
（a）光镜下形貌（400×）；（b）透射电镜下马氏体针内的孪晶

（1）板条状马氏体。

板条状马氏体的立体形态为细长的扁棒状,在光镜下为一束束的细条状组织,每束条与条之间的尺寸大致相同并平行排列。一个奥氏体晶粒内可形成几个取向不同的马氏体束。透射电镜观察表明,板条内的亚结构主要是高密度的位错($\rho=10^{12}/cm^2$),因而板条状马氏体又称为位错马氏体。

（2）针状马氏体。

针状马氏体的立体形态为双凸透镜形的片状,显微组织为针状。透射电镜下观察,其亚结构主要是孪晶,故称为孪晶马氏体。在一个奥氏体晶粒内,先形成的马氏体片横贯整个晶粒,止于晶界和孪晶界,后形成马氏体片的尺寸受到先形成马氏体片的限制。因此,越是后形成的马氏体片,越细小。当原始奥氏体晶粒细小,转变后的马氏体片也细小,当最大的马氏体片细到在光学显微镜下无法辨认时,称为隐晶马氏体。

马氏体的形态主要取决于其含碳量,如图 5.19 所示。当含碳量小于 0.2% 时,转变后的组织几乎全部是板条状马氏体;当含碳量大于 1.0% 时,转变后的组织几乎全部是针状马氏体;含碳量为 0.2%～1.0% 之间时,转变后为板条状马氏体与针状马氏体的混合组织。

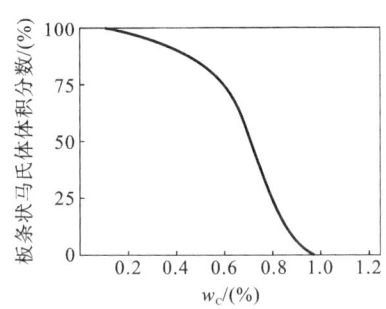

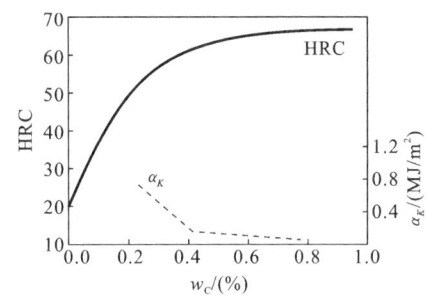

图 5.19　马氏体形态与含碳量的关系　　　图 5.20　马氏体的硬度、韧度与含碳量的关系

3）马氏体的性能

马氏体组织的硬度高,其硬度大小主要取决于马氏体的含碳量。含碳量增加,硬度随之提高,当含碳量大于 0.4% 时,硬度趋于平缓(见图 5.20)。马氏体的塑性和韧性主要取决于其亚结构的形式。针状马氏体的脆性大,板条状马氏体的脆性较小。马氏体强化的主要原因是过饱和碳引起的固溶强化,合金元素对马氏体的硬度影响不大。此外,马氏体转变产生的组织细化也有强化作用。马氏体强化是钢的主要强化手段之一,已广泛用于工业生产中。

4）马氏体转变的特点

（1）无扩散性。铁原子和碳原子均无扩散,马氏体与奥氏体的含碳量完全相同。

（2）共格切变性。由于无扩散,A 向 M 的晶格转变是以切变机制进行的。切变还使切变部分的形状和体积发生变化,引起相邻奥氏体随之变形,在预先抛光的表面上产生浮凸,如图 5.21 所示。

（3）降温形成。马氏体转变的开始温度称为上马氏体温度,用 M_s 表示。只要过冷奥氏体冷却至 M_s 以下,即发生马氏体转变。在 M_s 以下,随温度下降,转变量增加,如冷却中断,转变停止。马氏体转变的终了温度称为下

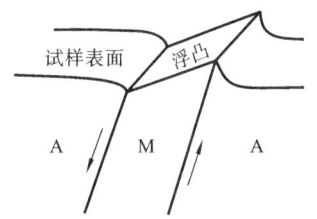

图 5.21　马氏体切变转变示意图

马氏体温度,用 M_f 表示。M_s、M_f 与冷却速度无关,主要取决于奥氏体中的含碳量(见图 5.22)及合金元素含量。

（4）高速长大。马氏体形成速度极快,瞬间形核并长大。当一片马氏体形成时,可能因撞击作用使已形成的马氏体产生微裂纹。

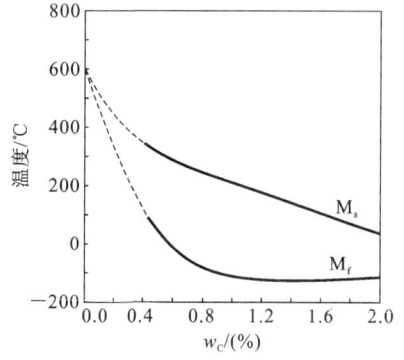 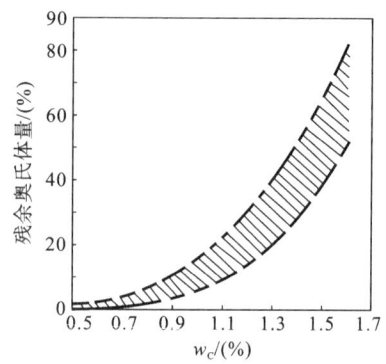

图 5.22　含碳量对马氏体转变温度的影响　　图 5.23　含碳量对残余奥氏体量的影响

（5）转变不完全。即使冷却到 M_f 以下,也不可能获得 100% 的马氏体,总有部分奥氏体未能转变而残留下来,称为残余奥氏体,用 A_R 或 γ_R 表示。马氏体转变后的 A_R 量随含碳量的增加而增加,当含碳量达到 0.5% 后,组织中的 A_R 量显著增加,如图 5.23 所示。

4. 亚共析钢、过共析钢的过冷奥氏体等温冷却转变曲线

如图 5.24 所示为亚共析、共析和过共析碳钢的 C 曲线比较。

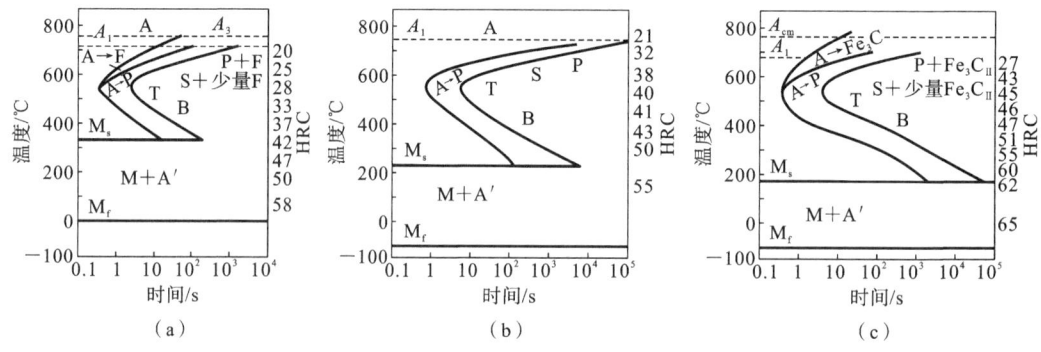

图 5.24　碳钢的 C 曲线比较
（a）亚共析钢；（b）共析钢；（c）过共析钢

可以看出,三种 C 曲线都具有过冷奥氏体转变开始线与转变终了线。但亚共析钢的 C曲线上,多出了一条铁素体析出线,而过共析碳钢的 C 曲线上,则多出了一条渗碳体析出线。这表明,在过冷奥氏体向珠光体共析转变之前,将从奥氏体中析出先共析的铁素体相或渗碳体相,这一析出过程称为"先共析转变"。

5. 影响过冷奥氏体等温冷却转变曲线的因素

影响 C 曲线的因素主要有:奥氏体的化学成分、奥氏体转化温度、奥氏体的晶粒度等,它们将使 C 曲线的位置或形状发生变化。

（1）奥氏体含碳量的影响。随着奥氏体中含碳量的增加,其稳定性增大,过冷奥氏体越不易分解,孕育期延长,C 曲线的位置向右边移动。

正常加热时,亚共析碳钢中过冷奥氏体的稳定性随着其含碳量的增加而增大,使 C 曲线向右移。过共析碳钢通常只加热到 Ac_1 线以上某一温度,随着钢中含碳量增加,此时并未增加奥氏体中的含碳量,但是却增加了组织中未溶渗碳体的数量;在随后的等温冷却过程中,这些未溶渗碳体相将起到非自发形核的作用,促进过冷奥氏体分解,使 C 曲线向左移。由此可见,共析碳钢的过冷奥氏体最稳定,C 曲线最靠右。

（2）合金元素的影响。除 Co、Al($>2.5\%$)外,凡溶入奥氏体的合金元素,都增大过冷奥氏体的稳定性,使 C 曲线右移并降低 M_s 温度。碳化物形成元素如 Cr、Mo、W、V 和 Ti 等,若溶入奥氏体中,还会使 C 曲线形状发生变化。

（3）奥氏体化条件的影响。加热温度越高,保温时间越长,奥氏体成分越均匀,作为非自发形核的核心数目越少,且奥氏体晶粒长大,晶界面积减少,这些都不利于过冷奥氏体分解,提高了过冷奥氏体的稳定性,使 C 曲线向右移。因此,同一种钢的加热温度和保温时间不同,其 C 曲线差别较大。因此,材料手册和热处理手册中对热处理钢种的 C 曲线都标明有奥氏体化温度和晶粒度。

5.3.3　过冷奥氏体的连续冷却转变

生产中许多热处理工艺都是在连续冷却过程中完成的,如退火、正火、淬火等。因此,研究过冷奥氏体在连续冷却时组织转变的规律具有很重要的理论意义与应用价值。

1. 过冷奥氏体连续冷却转变曲线

过冷奥氏体连续冷却转变曲线（CCT 曲线）也是通过实验测定出来的。图 5.25 为共析碳钢的过冷奥氏体连续冷却转变曲线,图中 P_s 线、P_f 线分别为过冷奥氏体转变成珠光体的开始线和终了线。K 线为珠光体型转变的中途停止线,当冷却曲线碰到 K 线时,过冷奥氏体将停止向珠光体转变,而一直保持到 M_s 线以下,直接转变为马氏体。

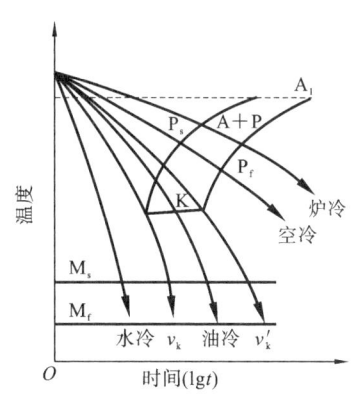

图 5.25　共析钢的连续
冷却转变曲线

由图 5.25 还可发现,当冷却速度大于 v_k 时（相当于水冷）,过冷奥氏体只发生马氏体转变。所以 v_k 是保证过冷奥氏体在连续冷却过程中不发生分解而全部转变为马氏体的最小冷却速度,称为临界淬火冷却速度（或叫上临界冷却速度）。显然,v_k 越小,钢淬火越容易得到马氏体,或者说钢接受淬火的能力越强。v'_k 是保证过冷奥氏体在连续冷却过程中全部转变为珠光体的最大冷却速度,称为下临界冷却速度。若冷却速度小于 v'_k,将获得全部珠光体组织（相当于炉冷、空冷）。当冷却速度介于 $v_k \sim v'_k$ 之间（如油冷）时,部分过冷奥氏体在 K 线之前转变成珠光体组织,直到 K 线转变中止,剩余的过冷奥氏体冷却到 M_s 线以下发生马氏体转变,最终得到"$T+M+A_R$"的混合组织。

2. 连续冷却转变曲线与等温冷却转变曲线的比较

图 5.26 是共析钢的两种曲线（CCT 曲线、C 曲线）叠加在一张图上的情况,由图可知:

（1）连续冷却转变曲线位于等温冷却转变曲线的右下方,说明连续冷却时,过冷奥氏体完成珠光体转变的温度要低一些,时间要长一些。

（2）连续冷却转变时,共析钢的转变曲线没有过冷奥氏体转变成贝氏体的线段,即无贝氏体形成。共析钢如要获得贝氏体组织,必须在等温冷却的条件下进行。

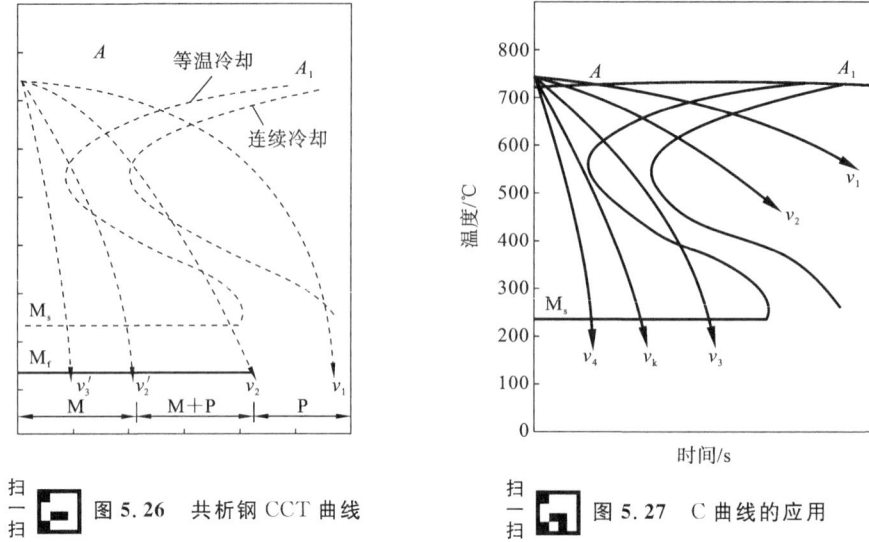

<table>
<tr><td>扫
一
扫</td><td>图 5.26　共析钢 CCT 曲线</td><td>扫
一
扫</td><td>图 5.27　C 曲线的应用</td></tr>
</table>

3. C 曲线的应用

由于过冷奥氏体连续冷却转变曲线的测定比较困难,而且有些使用较广泛的钢种的连续冷却转变曲线至今尚未被测出,所以目前还常用过冷奥氏体等温转变曲线来定性说明连续冷却中的转变。其方法是将不同冷却速度曲线绘制在等温冷却转变曲线图上,根据交点的位置判断分析出组织转变的情况。

(1) 对等温退火、等温淬火、分级淬火以及形变热处理工艺的制定具有指导作用,由此可定出等温温度、保温时间等工艺参数。

(2) 可近似估计临界淬火冷却速度 v_k 的大小,合理选择冷却介质。

(3) 可定性、近似地分析过冷奥氏体在连续冷却时的组织转变情况。

图 5.27 是在共析钢的等温冷却转变曲线上估计连续冷却转变的产物。冷却速度 v_1 相当于随炉冷却的速度,根据它与等温转变曲线相交的位置,可以判断是发生珠光体转变,最终组织为珠光体。v_2 冷却速度相当于空气中冷却的速度,根据它和等温冷却转变曲线相交的位置,可判断其转变产物是索氏体。v_3 相当于在油中淬火的冷却速度,一部分奥氏体先转变成屈氏体,剩余的奥氏体冷却到 M_s 线以下变成马氏体(还有少量的残余奥氏体),最终获得"$T+M+A_R$"的混合组织。v_4 冷却速度相当于水中淬火,它不与等温冷却转变曲线相交,冷却至 M_s 线以下,转变为"$M+A_R$"。

5.4　钢的普通热处理

在零部件和工模具制造中,通常要经过若干的冷、热加工工艺,其中还包含着不同热处理工序。例如,某零件的加工工艺路线为:铸造或锻造→预先热处理→粗加工→最终热处理→精加工。预先热处理是为消除前道工序的某些缺陷,或为后续切削加工及最终热处理做好组织准备的热处理,如退火或正火;而最终热处理是使工件达到使用性能要求的热处理,如淬火+回火等。

5.4.1　钢的退火

退火是将组织偏离平衡状态的钢加热到适当温度且保持一定时间,然后缓冷(通常随炉冷却),以获得接近平衡状态组织的热处理工艺。

退火的主要目的:

(1) 调整硬度,以利于后续切削加工;

(2) 细化晶粒、改善组织,提高钢件的力学性能;

(3) 消除残余应力,稳定工件尺寸,减少变形或开裂;

(4) 为最终热处理做好组织准备。

根据钢的成分和退火目的要求的不同,退火可分为完全退火、等温退火、球化退火、扩散退火和去应力退火等。钢的主要退火加热温度范围和工艺曲线如图 5.28 所示。

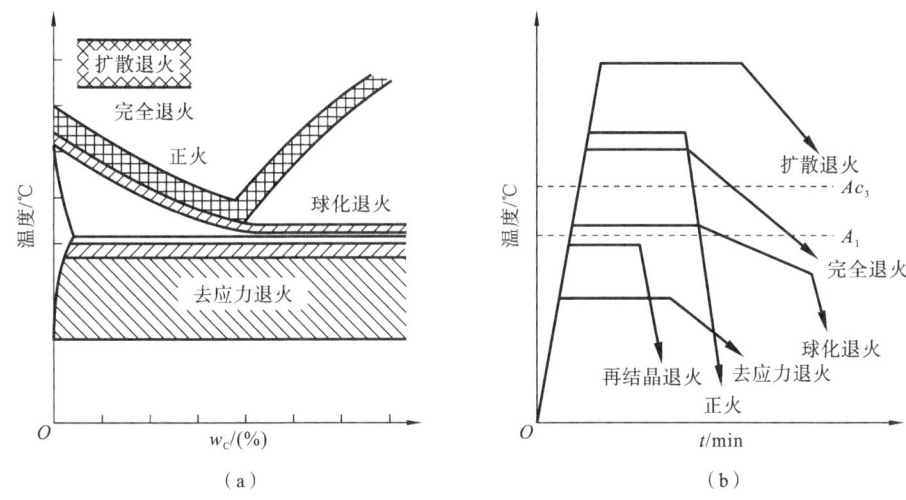

图 5.28　钢的主要退火加热温度和工艺曲线

(a) 加热温度范围;(b) 工艺曲线

1. 完全退火

完全退火(重结晶退火)简称退火,是将钢加热至 Ac_3 以上 20~50 ℃,保温一段时间,随炉缓冷至 600 ℃ 以下,出炉空冷。在组织转变上,完全退火是指退火时钢达到完全奥氏体状态。通过该工艺,可将铸、锻、焊造成的粗大、不均匀组织均匀细化,消除过热影响,降低硬度,便于切削加工。主要用于亚共析钢及合金钢的锻件、焊件及热轧型材,不适于过共析钢。因为过共析钢如果加热到 Ac_{cm} 以上完全奥氏体化,随后缓冷时,Fe_3C 相会沿奥氏体晶界析出,多呈网状结构,大大降低了钢的韧性。

完全退火工艺周期长,尤其对于某些过冷奥氏体稳定性较大的合金钢,退火周期往往需要数十小时甚至数天,为了缩短退火工艺周期,可采用等温退火代替完全退火。

2. 等温退火

等温退火主要用于要求较高的合金钢件。由图 5.29 可见,高速钢采用等温退火,能使退火周期从普通退火的 15~20 h 缩短为数小时,可见等温退火工艺具有更高的热处理生产效率。

3. 球化退火

该工艺主要用于共析或过共析成分的碳钢及合金钢。目的是使网状二次渗碳体及珠光体中的片状渗碳体球化，降低硬度，改善切削加工性能，为后续淬火做好组织准备。球化退火得到的组织：铁素体基体＋球状渗碳体（称为球状珠光体），如图 5.30 所示。

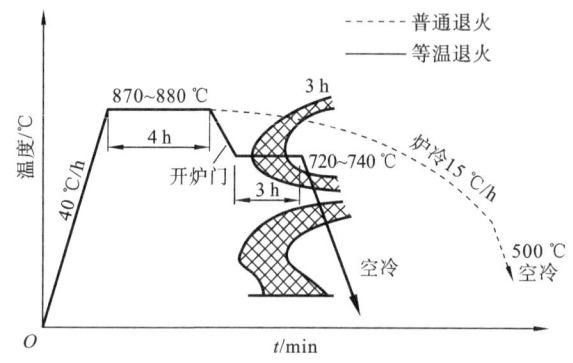

图 5.29　高速钢的普通退火与等温退火工艺比较

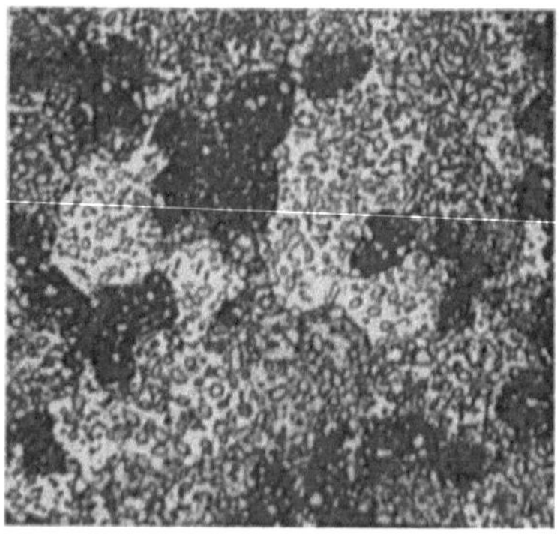

图 5.30　T12 钢的球状珠光体组织

常用球化退火工艺如下：

（1）普通球化退火。将钢加热到 Ac_1 以上 20～40 ℃，保温一定时间，然后缓冷至 600 ℃以下，出炉空冷。

（2）等温球化退火。将钢同样加热到 Ac_1 以上 20～40 ℃，保温一定时间后，快冷至 Ar_1 以下 20 ℃左右，进行较长时间等温，然后随炉冷至 600 ℃以下，出炉空冷。

球化退火的原理是，将钢加热到 Ac_1 至 Ac_{cm} 之间两相区保温（未完全奥氏体化），渗碳体开始溶解，但尚未完全溶解，只是把片状渗碳体或网状渗碳体溶断为许多细小链状或点状渗碳体，弥散地分布在奥氏体基体上；同时由于短时加热，奥氏体成分极不均匀，在随后的缓冷或低于 Ar_1 的等温过程中，或以上述点状渗碳体为核心，或从奥氏体中的富碳处产生新的渗碳体晶核，形成均匀的颗粒状渗碳体。其中也存在着渗碳体颗粒的尖角溶解、平面析出，从而形成近似球状的渗碳体颗粒。

为保证钢件良好的球化退火效果，对原始组织中网状渗碳体严重的过共析钢，应在球化退火之前进行正火，以消除网状渗碳体。

4. 扩散退火

扩散退火（又称均匀化退火）是为了消除铸造结晶中产生的枝晶偏析、使材料成分均匀化，改善铸件性能所进行的退火。主要用于合金铸锭及铸件。

扩散退火加热温度一般选在 Ac_3 以上 150～300 ℃，保温时间 10～15 h，以保证原子充分扩散，然后炉冷。因为扩散退火加热温度高，保温时间长，晶粒会异常粗化，所以扩散退火后一般应再进行完全退火或正火处理，以细化晶粒。

5. 去应力退火

在铸、锻、焊、冷冲压以及机加工中钢件通常会产生一定的残余应力。为稳定钢件尺寸，减少使用中的变形或开裂倾向而进行的退火称为去应力退火。去应力退火加热温度不超过 Ac_1（通常在 500～650 ℃之间），保温后需炉冷至 200 ℃以下，出炉空冷。去应力退火不改变工件的内部组织,可消除 50%~80% 的残余应力。

5.4.2 钢的正火

正火是将钢先加热到 Ac_3 (亚共析钢) 或 Ac_{cm} (共析及过共析钢) 以上 30~50 ℃,使其完全奥氏体化,再出炉空冷的一种热处理工艺。

本质上讲,正火属于退火的范畴。主要不同在于:与退火时的炉冷相比,正火时的空冷速度较快,过冷度较大,因而会发生所谓的伪共析转变,使组织中珠光体量增多、片间距变小。如含碳量为 0.6%~1.4% 的钢经正火后,组织中一般不出现先共析相,只有伪共析的珠光体组织;而含碳量小于 0.6% 的钢中,正火后会存在一定量的铁素体。由于正火与退火后钢的组织存在一定差别,所以在性能上也有不同。表 5.2 所示为 45 钢退火、正火的力学性能的比较。

表 5.2 45 钢退火、正火状态的力学性能

工艺	R_m/MPa	A/(%)	α_K/(J/cm²)	HB	组织特点
退火	650~700	15~20	40~60	~180	晶粒细化组织均匀
正火	700~800	15~20	50~80	~220	比退火更细小更均匀

由表 5.2 可以看出,钢正火后的性能优于退火,且正火操作简单,生产周期短,能耗少。所以生产上在满足技术要求下应优先考虑正火处理。正火的主要应用范围是:

(1)用于预先热处理。调整低、中碳钢的硬度,改善切削加工性;消除过共析钢中的网状二次渗碳体,为球化退火做好组织准备。

(2)用于最终热处理。对力学性能要求不太高的普通零部件,常以正火作为最终热处理;同时正火也经常代替调质处理,为后续的高频感应加热表面淬火做好组织准备。

5.4.3 钢的淬火

淬火是将钢加热到临界温度以上,保温后以大于 v_k 的速度冷却,使钢中奥氏体转变为马氏体的热处理工艺。淬火的目的是获得马氏体,提高钢的力学性能。淬火是钢的最重要的强化方法,在热处理工艺中应用最广泛。

1. 淬火温度的选择

淬火温度即钢的奥氏体化温度。碳钢的淬火温度可利用铁碳合金相图来确定,如图 5.31 所示。

对于亚共析钢,淬火温度一般为 $Ac_3+(30~50)$ ℃。含碳量≤0.5% 时,淬火组织为马氏体,如图 5.32 所示。当含碳量>0.5% 时,淬火组织为马氏体+少量残余奥氏体。

对于共析钢和过共析钢,淬火温度为 $Ac_1+(30~50)$ ℃。共析钢淬火的组织为马氏体+少量残余奥氏体。过共析钢由于淬火前经过球化退火,因此淬火组织为细马氏体+颗粒状渗碳体+少量残余奥氏体,如图 5.33 所示。分散分布的颗粒状渗碳体对提高钢的硬度和耐磨性有利。如果将过共析钢加热到 Ac_{cm} 以上,则由于奥氏体晶粒粗大、奥氏体含碳量增加,使淬火马氏体晶粒粗大、残余奥氏体量增多,这不仅降低钢的硬度、耐磨性,而且脆性和变形开裂倾向增加。

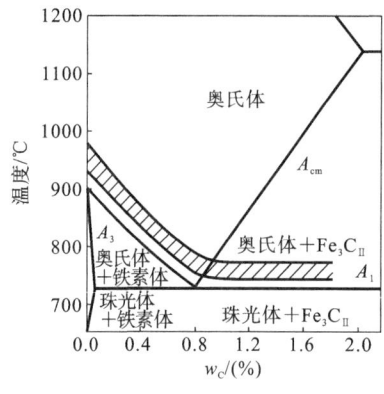

图 5.31　钢的淬火温度

图 5.32　45 钢正常淬火组织（400×）

对于合金钢，由于多数合金元素（Mn、P 除外）有阻碍奥氏体晶粒长大的作用，因此淬火温度比碳钢高，一般温度为临界点以上 50～100 ℃。

2. 淬火加热时间

指工件淬火加热所需升温时间与保温时间的总和。工件的淬火加热时间与钢的成分、原始组织、工件形状、加热介质、装炉方式、炉温等许多因素有关。通常生产中是根据工件的有效厚度来计算加热时间并结合工艺试验确定（可参考有关热处理手册）。

3. 淬火冷却介质

从淬火工件的性能质量来说，理想淬火介质的冷却曲线（见图 5.34）应只在 C 曲线"鼻尖"处快冷，而在 M_s 线附近尽量慢冷，以达到既获得马氏体组织，又减小内应力的目的。不过，目前尚未找到这种理想的淬火介质。

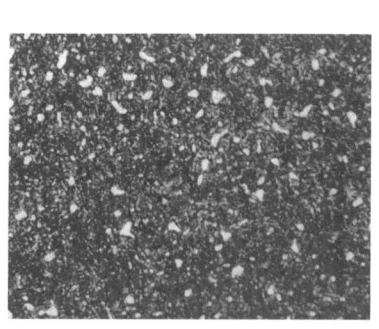

图 5.33　T12 钢正常淬火组织（400×）

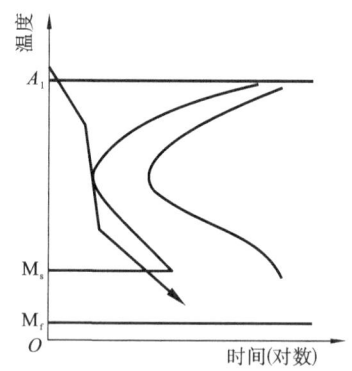

图 5.34　理想淬火介质的冷却曲线

常用淬火介质包括水及水溶液、油和热浴（盐浴和碱浴），如表 5.3 所示。水是经济且冷却能力较强的淬火介质，但在 550～650 ℃（高温区）的冷却能力不够强，而在 200～300 ℃（低温区）的冷却能力又太大。因此，生产中水的冷却主要用于形状简单、截面较大的碳钢件的淬火。

油在低温区冷却能力较理想，但在高温区冷却能力太低，因此主要用于合金钢和小尺寸碳钢件的淬火。大尺寸碳钢件油冷时，由于冷却不足，会分解形成珠光体组织。

表 5.3　常用淬火介质的冷却能力

淬火介质	冷却能力/(℃/s^{-1})		淬火介质	冷却能力/(℃/s^{-1})	
	200～300 ℃	550～650 ℃		200～300 ℃	550～650 ℃
水(18 ℃)	270	600	10% Na$_2$CO$_3$ 水溶液(18℃)	270	800
10% NaCl 水溶液(18 ℃)	300	1100	矿物机油	30	150
10% NaOH 水溶液(18 ℃)	1200	300	菜籽油	35	200

　　熔融的碱或盐也常用作淬火介质,称为碱浴或盐浴。它们的冷却能力介于水和油之间,使用温度多为 150～500 ℃。这类介质只适用于形状复杂及变形要求严格的小型零部件的分级淬火和等温淬火。

　　在工业生产中,其他淬火介质如聚乙烯醇、硝酸盐水溶液等也比较常用。

4. 淬火方法

　　采用适当的淬火方法可以弥补冷却介质的不足。不同介质的淬火方法如图 5.35 所示。

　　(1) 单液淬火法。单液淬火法是指将加热的工件在一种介质中连续冷却到室温的淬火方法,如图 5.35 (a)所示。如水淬和油淬都属于这种方法。该方法操作简单,易实现机械化,应用较广。

　　(2) 双液淬火法。双液淬火法是指将加热的工件先在一种冷却能力强的介质中冷却,躲过 C 曲线"鼻尖"后,再转入另一种冷却能力较弱的介质中冷却,发生马氏体转变的淬火方法。例如水淬油冷、油淬空冷等,如图 5.35(b)所示。其优点是冷却比较理想,工件产生的内应力小,减小了变形和开裂的倾向。不足的是在第一种介质中的停留时间不易掌握,需要有较娴熟的操作经验。该方法主要用于形状复杂的碳钢件及大型合金钢件。

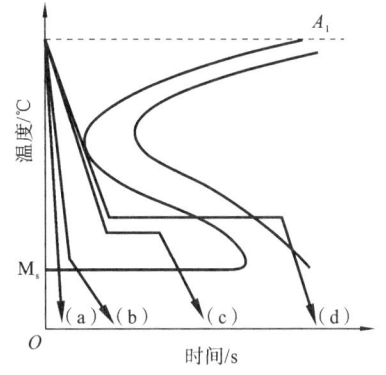

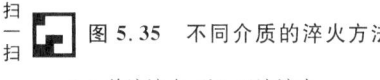　**图 5.35　不同介质的淬火方法**
(a) 单液淬火;(b) 双液淬火;
(c) 分级淬火;(d) 等温淬火

　　(3) 分级淬火法。分级淬火法是指将加热的工件在 M$_s$ 点附近的盐浴或碱浴中淬火,待工件内外温度均匀后再取出缓冷的淬火方法。分级淬火法可显著降低工件的内应力,减少工件变形或开裂的倾向。

　　(4) 等温淬火法。等温淬火法是指将加热的工件在稍高于 M$_s$ 线的盐浴或碱浴中保温足够长时间,从而获得下贝氏体组织的淬火方法。经等温淬火的零件具有良好的综合力学性能,淬火应力小,适合于形状复杂或精度要求较高的小型工件。

5. 淬透性与淬硬性

1) 淬透性及其应用

　　淬透性是钢淬火时获得马氏体的能力,是钢的主要热处理性能指标,它对合理选材和正确制定热处理工艺具有重要意义。

（1）钢的淬透性及其测定方法。

钢在淬火时获得淬硬层深度的能力称为钢的淬透性。淬透性的高低用规定条件下钢试样的淬硬层深度来表示。淬硬层深度是指由试样表面到半马氏体区（即 50% 马氏体＋50% 非马氏体组织区）的深度。

同一材料的淬硬层深度与工件的尺寸、冷却介质有关。工件尺寸小、介质冷却能力强，淬硬层深。但淬透性与工件尺寸，冷却介质无关，具体来讲，它是在尺寸、冷却介质相同时，不同材料的淬硬层深度之间的比较。淬透性常用末端淬火实验方法（简称"端淬法"或"Jominy 试验"）测定，详见《钢淬透性的末端淬火试验方法（Jominy 试验）》（GB/T 225—2006）。如图 5.36(a) 所示，将圆柱形试样加热到规定的淬火温度，保温一定时间后，向其端面喷水淬火。在试样表面上沿轴线方向磨制出两个相互平行的平面，然后测量距淬火端面不同距离处的硬度值，即可得到试样沿轴向的硬度变化曲线，通常称为淬透性曲线，如图 5.36(b) 所示。图 5.36(c) 为钢的半马氏体区硬度与其含碳量的关系。利用图 5.36(b) 和图 5.36(c) 可以找出相应钢的半马氏体区至水冷端的距离，该距离越大，钢的淬透性越高。

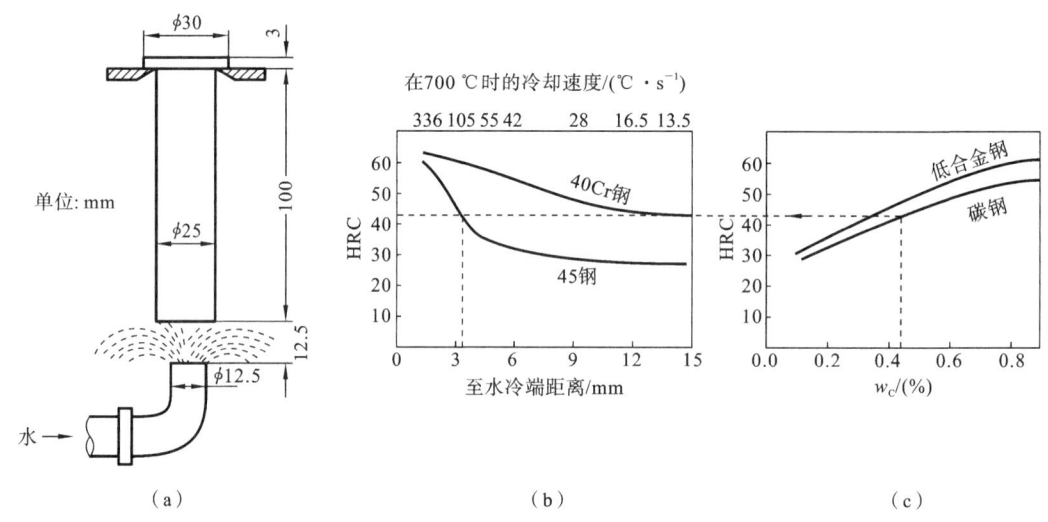

图 5.36 末端淬火试验方法

(a) 淬火装置示意图；(b) 淬透性曲线；(c) 钢的半马氏体区硬度与其含碳量的关系

根据 GB/T 225—2006 规定，在不同距离处测得的硬度可用"淬透性指数"J××-d 表示。其中，J 是 Jominy 的大写字头，×× 表示硬度（HRC 或 HV30）、d 表示从测量点至淬火端面的距离（mm）。例如，J35-15 表示距淬火端面 15 mm 处的硬度为 35HRC。

生产中常用临界直径来表示淬透性。所谓临界直径是指加热的圆形钢棒在介质中冷却时，中心被淬成半马氏体的最大直径，用 dc 表示。显然，在相同冷却条件下 dc 值越大，则钢的淬透性越好。

（2）影响淬透性的因素。

钢的淬透性取决于其临界冷却速度。临界冷却速度越小，奥氏体越稳定，钢的淬透性越高。临界冷却速度取决于 C 曲线的位置，C 曲线越靠右，临界冷却速度越小。因此，凡是影响 C 曲线的因素都是影响淬透性的因素。碳钢中,共析钢的临界冷却速度最小,因而其淬透性最高。除 Co 外,凡溶入奥氏体的合金元素都使 C 曲线右移,临界冷却速度减小,钢的淬透性提高。提高奥氏体化温度、延长保温时间,可使奥氏体晶粒长大、成分均匀,从而提高奥氏体的稳定性,使钢的淬透性提高;而钢中未溶的第二相则促进冷却转变时的形核,降低奥氏体的稳定性,使钢的淬透性下降。

（3）淬透性的应用。

力学性能是机械设计中选材的主要依据,而钢的淬透性又直接影响其热处理后的力学性能。选材时必须对钢的淬透性有充分了解。图 5.37 为淬透性不同的钢制成的相同尺寸的轴,经调质处理(淬火＋高温回火)后力学性能的比较。

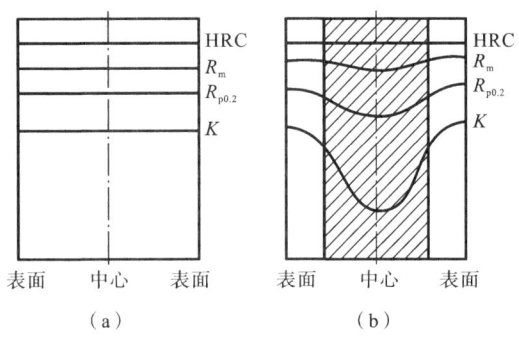

图 5.37　淬透性不同的钢调质后力学性能的比较

（a）高淬透性钢;（b）低淬透性钢

高淬透性钢的整个截面均为回火索氏体(渗碳体为颗粒状)组织,力学性能均匀,强度高,韧性好。低淬透性钢的中心组织为片状索氏体＋铁素体,韧性差。此外,淬火组织中马氏体量增加还会提高钢的屈强比 R_{eL}/R_m 和疲劳极限 σ_1。

对截面较大、形状复杂的重要零件以及承载较大、要求截面力学性能均匀的零件(如螺栓、连杆、锻模、锤杆等),应选用高淬透性的钢制造,要求全部淬透。而承受弯曲和扭转的零件(如轴类、齿轮等),由于其外层受力较大,中心受力较小,可选用淬透性较低的钢种,不必全部淬透。由于淬硬层深度受工件尺寸影响,在零部件设计制造时应注意尺寸效应。

2）淬硬性及其应用

（1）淬硬性。

淬硬性是指钢在理想条件下淬火所能达到的最高硬度,即淬火后得到的马氏体的硬度(硬化能力)。淬硬性主要取决于钢的含碳量,合金元素对钢淬火后的硬度影响不显著。通常,含碳量越高,淬火加热时固溶于奥氏体中的含碳量越高,所得马氏体的含碳量越高,钢的淬硬性越高。

（2）淬硬性与淬透性的区别。

① 钢的淬硬性、淬透性是两个不同的概念。淬硬性高的钢,不一定淬透性就高;淬硬性低的钢,不一定淬透性就低。如低碳合金钢的淬透性相当好,但它的淬硬性却不高;再如高碳工具钢的淬透性较差,但它的淬硬性很高。

② 零件的淬硬层深度与淬透性也是不同的概念,淬透性是钢本身的特性,与其成分有

关;而淬硬层深度是不确定的,它除了取决于钢的淬透性外,还与零件形状及尺寸、冷却介质等外界因素有关。如同一钢种在相同的奥氏体化条件下,水淬要比油淬的淬硬层深,小件要比大件的淬硬层深。

(3) 淬硬性的应用。

淬硬性对选材及制定热处理工艺具有指导作用。对要求高硬度、高耐磨性的工模具,可选用淬硬性高的高碳钢、高碳合金钢;对要求高综合力学性能的轴类、齿轮类零件,选用淬硬性中等的中碳钢;对要求高塑性的焊接件等,选用淬硬性低的低碳钢、低碳合金钢。

5.4.4 钢的回火

钢淬火后的组织主要由马氏体(M)+ 少量残余奥氏体(A_R)组成。回火则是将淬火钢重新加热至 Ac_1 以下的一定温度,经过适当时间保温后,冷却到室温的一种热处理工艺。

淬火钢为什么要回火呢? 主要原因有以下几点:第一,淬火组织并不稳定,在室温下长期放置或工件受热时将会向稳定状态发生转变,并引起工件尺寸和性能的变化;其次,硬而脆的片状 M 组织的淬火钢无法直接使用;第三,钢淬火后处于高应力状态,若不及时消除应力,将会引起工件变形或开裂。所以,钢淬火后必须进行回火,才能正常使用。

1. 淬火钢在回火时的组织变化

由 $Fe\text{-}Fe_3C$ 相图可知,钢在 A_1 点以下,以铁素体(F)和粗粒状渗碳体(Fe_3C 或碳化物)的两相混合物组织最稳定。当淬火钢在重新加热接近 A_1 点时,无论是 M 还是 A_R,都有向 F 和粗粒状 Fe_3C 转化的趋势,这一过程可表达为:

$$M \rightarrow F(\alpha) + Fe_3C(粗粒状)$$
$$A_R \rightarrow F(\alpha) + Fe_3C(粗粒状)$$

这种回火得到的最稳定组织称为回火珠光体(粗粒状珠光体,可记为 $P_回$)。

淬火碳钢回火时的组织转变大致分为四个阶段:

(1) 马氏体的分解。在 200 ℃以下温度回火时,马氏体发生分解。即从过饱和碳的 α 固溶体中析出 ε 碳化物($Fe_{2.4}C$),ε 碳化物是亚稳定相,具有密排六方晶格,它是向 Fe_3C 转变前的过渡相。ε 碳化物与过饱和的 α 固溶体晶格联系在一起,保持一定的共格关系。

因为 ε 碳化物的析出,引起 M 的碳浓度降低,使其正方度(c/a)值也随之减小,此时 M 中仍固溶有过饱和的碳。这种由过饱和碳的 α 固溶体和高度弥散的 ε 碳化物组成的两相混合物,称为回火马氏体,记为 $M_回$。

随着回火温度的升高,马氏体继续分解,正方度(c/a)逐渐趋近于 1。碳钢的马氏体分解一直延续到 350 ℃左右,才基本结束。

(2) 残余奥氏体的转变。由于马氏体的不断分解,体积缩小,降低了对残余奥氏体的压应力,在 200~300 ℃的温度范围内,残余奥氏体转变为下贝氏体。这一转变与过冷奥氏体等温冷却转变的本质是相同的,转变的温区也是相同的。

(3) 回火屈氏体的形成。当回火温度升高至 250~500 ℃时,ε 碳化物将重新溶入 α 固溶体,再析出稳定的细小片状 Fe_3C,随着温度的升高,Fe_3C 不断长大;同时过饱和的 α 固溶体含碳量逐渐降低,进而转变为铁素体(保留原来的马氏体形态)。这种由铁素体(保留马氏体形态)和弥散分布的细小 Fe_3C 颗粒所组成的混合组织,称为回火屈氏体($T_回$)。

（4）回火索氏体的形成。随着回火温度升高到 $500\sim600$ ℃以上时，α 相逐渐发生再结晶，形成稳定平衡的铁素体等轴晶粒。与此同时，当回火温度超过 400 ℃时，Fe_3C 发生明显的聚集长大成为球粒状，这是一种自发的能量降低的过程。最终得到等轴晶的铁素体基体上分布有球粒状渗碳体的混合组织，称为回火索氏体（$S_回$）。

随着回火温度的继续提高（$<Ac_1$），球粒状 Fe_3C 进一步粗化，最终得到等轴晶的铁素体基体上分布有粗粒状渗碳体的混合组织（粗粒状珠光体），称为回火珠光体（$P_回$）。

综上所述，淬火钢回火时的组织转变是在不同温度范围内产生的，又是交叉重叠进行的，在同一回火温度会存在几种不同的变化，淬火钢的回火是由一系列转变组成的复杂过程，如图 5.38 所示为碳钢回火中的组织变化的解读。

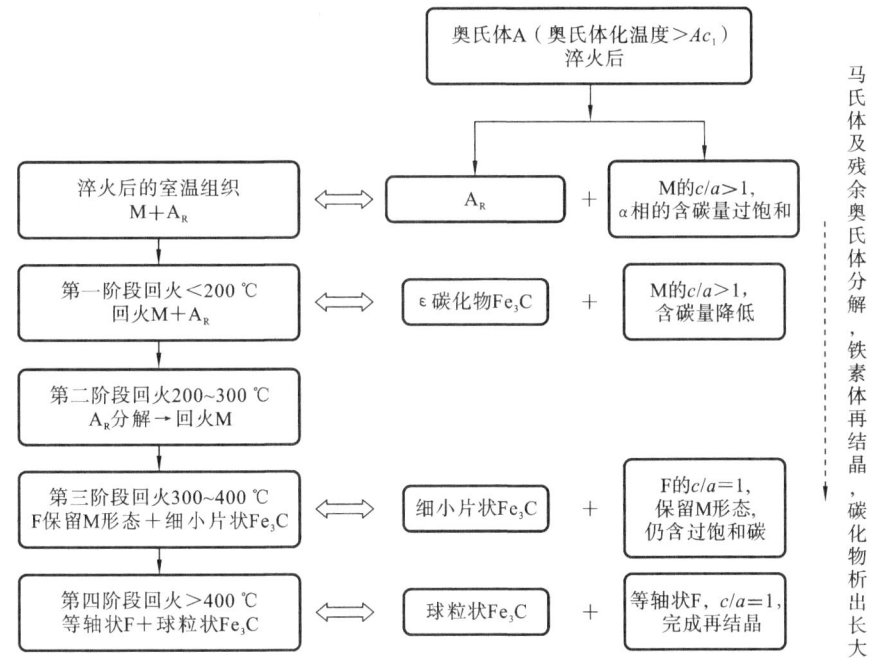

图 5.38　碳钢回火中的组织变化概括

淬火钢回火时性能变化的基本规律是：随着回火温度的升高，强度、硬度降低，塑性、韧性提高。图 5.39 是 40 钢淬火回火后的力学性能与回火温度的关系曲线，由图可以看出：随着回火温度提高，钢的硬度和强度下降，而塑性和韧性提高；在 600 ℃左右回火时，在保持较高强度的同时，塑性和韧性达到较高数值，具有良好的综合力学性能。

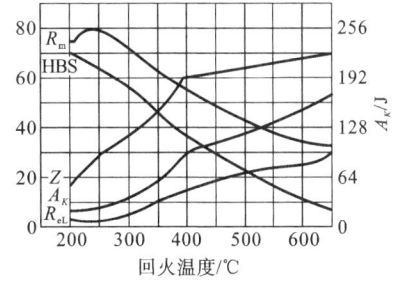

图 5.39　40 钢回火后的力学性能与回火温度的关系

2. 回火的种类及应用

回火是淬火后必备的热处理工序。除某些情况外，淬火后的钢必须进行回火。回火决定了钢在使用状态下的组织和性能，因此，回火是很关键的工序。根据工件热处理的性能要求不同，可将回火分为低温回火、中温回火和高温回火三类。

1) 低温回火

低温回火温度为 $150\sim250$ ℃。回火后得到的组织为回火马氏体($M_{回}$),光镜下 $M_{回}$ 呈黑色,A_R 呈白色,析出的碳化物以细片状分布在 M 基体上,其微观组织如图 5.40(a)、(b)所示。

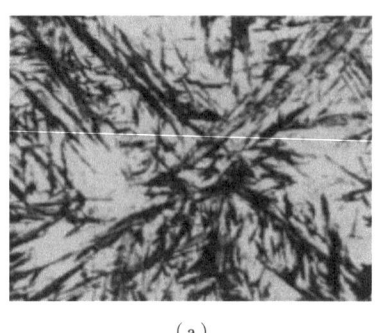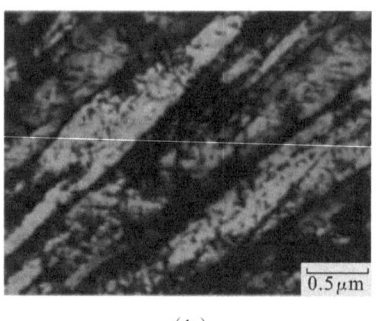

（a）　　　　　　　　　　　　　　　　（b）

图 5.40　回火马氏体微观组织

（a）光镜形貌（400×）；（b）透射电镜形貌

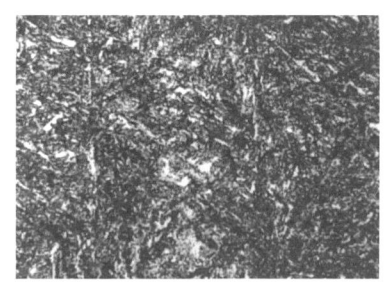

图 5.41　回火屈氏体显微组织（400×）

回火马氏体硬度为 $58\sim64HRC$,硬度、强度高,疲劳抗力大。低温回火可在保留淬火后高硬度、高耐磨性的同时,降低内应力,提高韧性。低温回火主要用于各种高碳工模具、滚动轴承和经渗碳淬火或表面淬火后的零件等。

2) 中温回火

中温回火温度为 $350\sim500$ ℃。回火后的组织为回火屈氏体($T_{回}$),显微组织如图 5.41 所示。硬度为 $35\sim45HRC$,$T_{回}$ 具有较高的弹性强度和屈服强度,并具有一定的韧性,其屈强比高、弹性好。这种回火主要用于各种大、中型弹簧及某些承受冲击的零部件。

3) 高温回火

高温回火温度为 $500\sim650$ ℃。回火后得到回火索氏体($S_{回}$),显微组织如图 5.42 所示。硬度为 $25\sim35HRC$,具有强度、塑性及韧性配合较好的综合力学性能。通常把淬火 + 高温回火的热处理称为调质处理。调质处理广泛用于各类重要的结构零件,尤其是那些在交变载荷下工作的连杆、螺栓以及轴类零件等,也可以作为某些性能要求较高的精密零件、量具等的预备热处理工序。

此外,生产某些精密工件(精密量具、精密轴承等),为了保持淬火后的高硬度及尺寸稳定性,常采用 $100\sim150$ ℃加热温度,保温 $10\sim50$ h。这种低温长时间的热处理工艺称为时效处理(或称人工时效)。

在回火工艺参数中,回火温度是决定工件回火后硬度高低的主要因素,但随着回火时间的延长,工件硬度也将下降。确定回火时间的基本原则是保证工件透热和组织转变充分进行。组织转变所需时间一般不大于 0.5 h,透热时间则随加热温度、工件有效厚度、装炉量

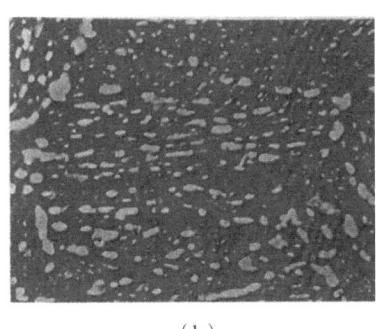

（a）　　　　　　　　　　　　　　　（b）

图 5.42　回火索氏体微观组织（400×）

（a）光镜形貌（400×）；（b）透射电镜形貌（9000×）

及加热方式等的不同而有所不同，一般为 1～3 h。关于回火的冷却方式，由于大多数钢件在回火冷却时不发生相变，该回火冷却速度对钢的性能影响不大。回火加热后可空冷，也可水冷或油冷。但对于重要的或形状复杂的结构件，为避免高温回火快冷时产生新的热应力，通常采用空冷的冷却方式。对于具有高温回火脆性的合金钢工件，高温回火后应进行水冷或油冷，以防止钢件产生回火脆性。

3. 回火脆性

回火时的组织变化必然引起力学性能的变化，总趋势是随回火温度升高，钢的强度、硬度下降，塑性、韧性提高。淬火钢硬度随回火温度的变化如图 5.43 所示。可见在 200 ℃ 以下回火时，由于马氏体中碳化物弥散析出，钢的硬度仍未下降，高碳钢的硬度还略有提升，在 200～300 ℃ 回火时，由于残余奥氏体转变为回火马氏体，硬度再次升高。300 ℃ 以上回火时，由于渗碳体粗化，马氏体转变为铁素体，硬度直线下降。研究发现，淬火钢的韧性并不总是随温度升高而提高，如图 5.44 所示。在某些温度范围内回火时，会出现冲击韧度下降的现象，称为回火脆性。根据回火脆性温度出现的范围，分为不可逆回火脆性及可逆回火脆性两类。

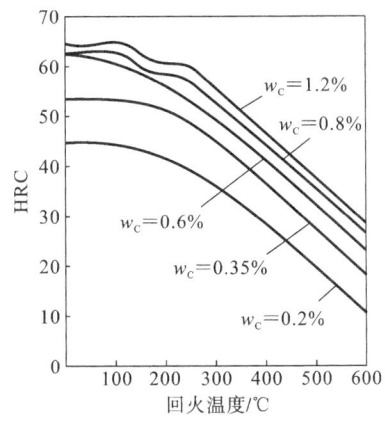

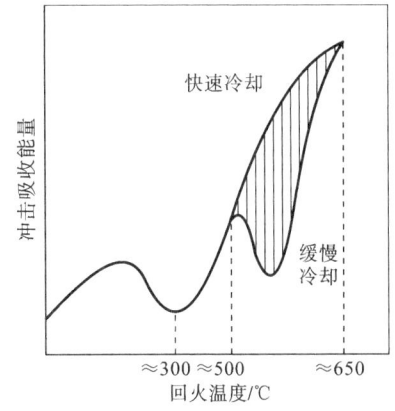

图 5.43　淬火钢硬度随回火温度的变化　　　　**图 5.44　钢的冲击性能随回火温度的变化**

1）不可逆回火脆性

不可逆回火脆性是指淬火钢在 250～350 ℃ 回火时出现的脆性，又称第一类回火脆性。

这类回火脆性是不可逆的,只要在此温度范围内回火,就会出现脆性,目前尚无有效的消除办法。因而回火时应避开这一温度范围。

2）可逆回火脆性

可逆回火脆性是指淬火钢在 $500\sim650$ ℃回火后缓冷时出现的脆性,又称第二类回火脆性。这类回火脆性主要发生在含 Cr、Ni、Si 和 Mn 等合金元素的结构钢中。一般认为,这类回火脆性与上述元素促进 Sb、Sn 和 P 等杂质在原奥氏体晶界上的偏聚有关。如果回火后快速冷却则不会出现这类脆性。此外,在钢中加入合金元素 W（约 1%）、Mo（约 0.5%）,也可有效抑制这类回火脆性的产生,这种方法更适用于大截面的零部件。

5.4.5 钢的热处理缺陷及防治办法

钢在热处理过程中出现的缺陷包括:加热缺陷（氧化、脱碳、晶粒长大等）与冷却缺陷（变形、开裂等）两类。各种缺陷的危害及防治办法如表 5.4 所示。

表 5.4 热处理缺陷及防治办法

缺陷名称		原因	危害	防治办法
加热缺陷	欠热	加热温度偏低	淬火后硬度不足	适当提高加热温度,可通过退火或正火矫正
	过热	加热温度偏高	淬火后得到粗大马氏体,脆性大	适当降低加热温度,可通过退火或正火矫正
	过烧	加热温度过高	晶界氧化或熔化造成报废	
	氧化	钢表面形成氧化铁	工件尺寸减小,表面粗糙	采用盐浴、保护气氛或真空等方法加热
	脱碳	钢表面碳氧化,含碳量降低	淬火后表面硬度不足	
冷却缺陷	淬火变形	淬火时热应力、相变应力大	影响工件尺寸精度甚至报废	可选用淬透性好的钢种,以降低冷却速度
	淬火裂纹	淬火时热应力、相变应力大	造成报废	双液淬火、分级淬火、等温淬火等,改进零件结构设计

1. 加热缺陷的防治

热处理加热过程中,主要缺陷是氧化、脱碳和晶粒粗大等,其原因主要是加热温度过高、时间过长或防护措施不当,使空气中的氧气进入炉内与钢表面的铁或碳发生了反应。控制措施主要是严格保证加热温度和保温时间。此外,为防止晶粒粗大,可采用高温快速短时间的加热工艺;为防止氧化、脱碳,可采用盐浴加热炉、保护气氛加热炉、真空加热炉等。

2. 冷却缺陷的防治

热处理冷却过程中,危害较大的缺陷是变形和开裂,主要是由于工件各处加热特别是冷却温度不均匀、内应力过大造成的。另外,冷却相变时的组织应力也有一定影响。对一些精密零件如精密齿轮、刀具、模具、量具等,必须控制其热处理变形及开裂。防治措施主要有:

（1）合理选材。对精密复杂工件应选择强度高、韧性好的钢（如合金钢）。

（2）零件结构设计要合理。厚薄差异应较小，形状宜对称。对于变形较大的工件要掌握变形规律，预留加工余量；对于大型、精密复杂工件宜采用组合结构。

（3）精密复杂工件要进行预先热处理。淬火前进行退火或正火热处理，消除工件的内应力并细化组织。

（4）合理选择加热温度，控制加热速度。对于精密复杂工件，可采用缓慢加热、预热和其他均衡加热的方法来减少热处理变形，尽量采用真空加热淬火。

（5）采用合理的冷却方式。在保证工件硬度的前提下，尽量采用预冷、分级冷却淬火或等温淬火工艺。

（6）淬火后处理。对精密复杂工件，淬火后采用深冷处理，降低残余奥氏体含量，并及时回火。保证工件尺寸的稳定性。

另外，正确的热处理工艺操作（如堵孔、绑扎、机械固定）、合适的冷却方式（及在冷却介质中的运动方向等）和合理的回火处理工艺也是减少精密复杂零件变形和开裂的有效办法。

5.4.6　金属焊接接头的组织及性能

金属焊接是材料热加工的主要工艺（铸造、锻造、焊接、热处理）之一。在机械、汽车、船舶、航空、电器、石化、海工工程、桥梁、建筑、高铁等的制造中，往往都需要焊接。焊接是被焊工件的材质（同种或异种）通过加热或加压或两者并用，用或不用填充材料，使工件的材质达到原子间的结合而形成永久性连接的工艺过程。

1. 金属的焊接及接头的组织

金属焊接接头是指两个或两个以上金属零件用焊接方法连接的接头。熔焊的焊接接头是由高温热源进行局部加热而形成的不均匀体。焊接接头由焊缝区、熔合区、热影响区和母材金属所组成，如图 5.45 所示。在焊接发生熔化凝固的区域称为焊缝，它由熔化的母材和填充金属组成；熔合区是焊接接头中焊缝金属与热影响区的交界处，熔合区一般很窄，宽度为 0.1～0.4 mm；而焊接时基体金属受热的影响（但未熔化）而发生金相组织和力学性能变化的区域称为热影响区。焊接过程中，焊缝组织最终决定整个构件的性能。

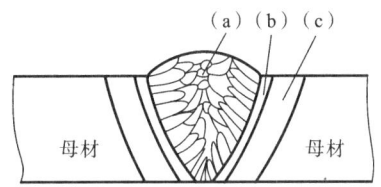

图 5.45　焊接接头及其组成区域示意图
(a) 焊缝区；(b) 熔合区；(c) 热影响区

1) 焊缝区

焊缝区是接头金属及填充金属熔化后，又以较快的速度冷却凝固后形成的。焊缝组织是由液体金属结晶而成的铸态组织，晶粒粗大，成分偏析，组织不致密。但是，由于焊接熔池小，冷却快，化学成分控制严格，碳、硫、磷都较低，还通过渗合金调整焊缝化学成分，使其含有一定的合金元素，因此，焊缝金属的性能问题不大，可以满足性能要求，特别是强度容易达到。焊接过程中，焊缝组织最终决定整个构件的性能。

2) 熔合区

熔合区是熔化区和非熔化区（热影响区）之间的过渡部分，熔合区一般很窄，宽度为 0.1～0.4 mm。熔合区化学成分不均匀，组织粗大，往往是粗大的过热组织或粗大的淬硬组织，其性能常常是焊接接头中最差的。

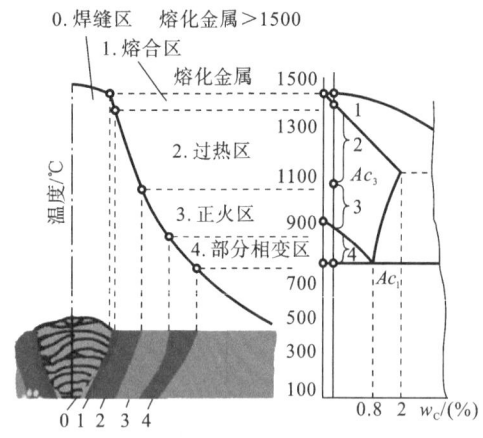

图 5.46　焊缝附近区域组织示意图

0—焊缝区；1—熔合区；

2、3、4—过热区、正火区、部分相变区

3）热影响区

热影响区是被焊缝区的高温加热所造成组织和性能改变的区域。低碳钢的热影响区可进一步分为过热区、正火区和部分相变区，如图 5.46 所示。

（1）过热区。最高加热温度 1100 ℃ 以上的区域，晶粒粗大，甚至产生过热组织，故称为过热区。过热区的塑性和韧性明显下降，是热影响区中力学性能最差的部位，会严重影响焊接接头的质量。

（2）正火区。最高加热温度从 Ac_3 至 1100 ℃ 的区域，焊后空冷得到晶粒较细小的正火组织，称为正火区。正火区的力学性能较好。

（3）部分相变区。最高加热温度从 Ac_1 至 Ac_3 的区域，只有部分组织发生相变，故称为部分相变区。此区晶粒不均匀，性能也较差。

熔合区和热影响区中的过热区（或部分相变区）是焊接接头中力学性能最差的薄弱部位，会严重影响焊接接头的质量。

另外，如果焊接材料有固态相变时情况就更复杂。焊缝区以及焊接热影响区还会产生相变内应力。焊接的能量来源种类有许多，包括气体焰、电弧、激光、电子束、摩擦和超声波等。无论哪种焊接，都会产生熔合区和焊接热影响区。

2. 影响焊接接头性能的因素

焊接接头的力学性能取决于它的化学成分和组织。因此，影响焊缝化学成分和焊接接头组织的因素，都影响焊接接头的性能。

1）焊接材料

手工电弧焊的焊条、埋弧自动焊和气体保护焊等用的焊丝，熔化后成为焊缝金属的组成部分，直接影响焊缝金属化学成分，焊剂也会影响焊缝的化学成分。

2）焊接方法

不同焊接方法热源的温度高低和热量集中程度不同，其热影响区的大小和焊接接头组织粗细都不相同，接头的性能也就不同。此外，不同焊接方法对焊缝的保护效果也不同，其焊缝金属纯净程度，即有害杂质含量不同，焊缝的性能也不相同。

3）焊接工艺

焊接时，选择合适的焊接工艺参数（例如焊接电流、电弧电压、焊接速度、线能量等），对确保焊接接头获得正常的显微组织与力学性能起着至关重要的作用。

5.5　钢的表面热处理

许多机器零件工作时要求表面与心部具有显著不同的性能，例如在交变载荷及摩擦条件下工作的齿轮、凸轮轴、曲轴及机床导轨等，它们的表面或轴颈部分应具有高的硬度和耐磨性,而心部则应具有高的强度和韧性。在这种情况下,如果单从钢材的选择上考虑满足上述要求是十分困难的。若采用高碳钢制造,则心部韧性不够;若采用低碳钢制造,则表面硬度和耐磨性低。又如,某些零件表面要求具备不锈、耐蚀等特殊性能,但耐热就很难满足了,这时应采用表面热处理的方法来解决。表面热处理的种类较多,但大致可分为表面淬火及化学热处理两大类。

5.5.1 表面淬火

表面淬火是利用快速的加热方法将钢的表层奥氏体化,然后淬火而心部组织保持不变的一种热处理工艺。根据加热介质不同,表面淬火分为感应加热表面淬火、火焰加热表面淬火、盐浴加热表面淬火、电解液加热表面淬火等。下面主要介绍应用较为普遍的感应加热表面淬火和火焰加热表面淬火。

1. 感应加热表面淬火

1) 感应加热的基本原理

高频感应加热装置如图 5.47 所示。把工件放在铜制的感应器中,当高频电流通过感应器时,感应器周围便产生高频交变磁场,在高频交变磁场的作用下,工件(导体)中感生出高频感生电流且自成回路,称为涡流。由物理学可知,这种涡流主要分布在工件表面上,而且频率越高,涡流集中表面层越薄,工件中心几乎没有电流通过,这种现象称为"表面效应"或"集肤效应"。由于集肤效应使工件表面薄层在几秒钟内被迅速加热到淬火温度(800~1000 ℃),随后喷水或浸入水中冷却进行表面淬火。

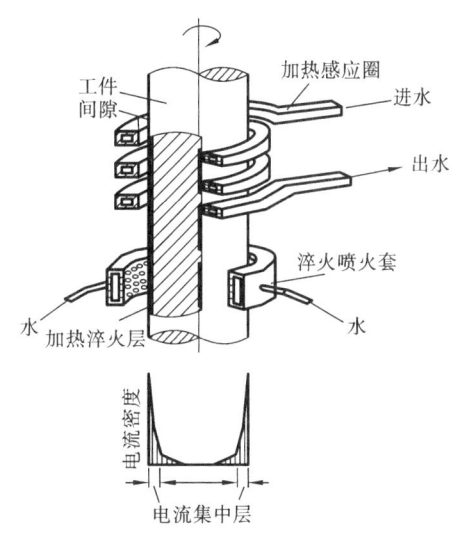

图 5.47 感应加热表面淬火

高频淬火层的深度取决于高频电流透入工件表面的深度(δ),而电流透入深度 δ 又取决于高频电流的频率(f)。δ 与 f 的关系可用下式表示:

$$\delta = \frac{500}{\sqrt{f}} \text{ mm}$$

式中:δ 为高频感应电流透入深度(mm);f 为电流频率(Hz)。

由此可见,频率 f 愈高,δ 愈浅。热处理生产中所用的感应电流,按频率的高低可分为高频(70~1000 kHz)、中频(0.5~10 kHz)和工频(50 Hz),高频感应加热表面淬火应用最广。

零件要求淬硬层的深度取决于其工作情况和零件尺寸。淬硬层太薄会减弱零件的强度,淬硬层太厚则增加零件脆断的危险性。对于要求耐磨的零件,当直径大于 20 mm 时,淬硬层深度推荐采用 1.7~4.0 m。当要求提高机械零件强度时,淬硬层深度一般按零件直径的 10%~20% 选取;零件直径大于 40 mm 时,建议按零件直径的 10% 选取。不同零部件感应加热的淬硬层、材料及其工作条件见表 5.5。

表 5.5　不同零部件感应加热的淬硬层、材料及其工作条件

工作条件与零件种类	不同淬硬层深度/mm	采用材料
工作在摩擦条件下的零件,如较小齿轮、轴类	1.5～2	45、40Cr、42CrMnVB
承受扭转、压力负荷的零件, 如曲轴、大齿轮、磨床主轴等	3～5	45、40Cr、65Mn、9Mn2V、球墨铸铁
承受扭转、压力负荷的大型零件,如冷轧辊等	>10～15	9Cr2W、9Cr2Mo

感应加热表面淬火常用于中碳钢和中碳合金结构钢零件,也可用于高碳工具钢和低合金工具钢零件及铸铁件。感应加热表面淬火在汽车、拖拉机、机床中应用广泛。

高频淬火时对原始组织有一定要求,一般应进行正火或调质处理。对于铸铁件,高频淬火前的原始组织应当是珠光体基体＋均匀细小的石墨为宜。高频淬火后的回火均采用低温回火,通常为 180～200 ℃,以降低应力,保持其硬度和耐磨性,也可利用工件淬火的余热进行回火。

2) 感应加热表面淬火的特点

(1) 生产率高。一般只需几秒钟到几分钟就可完成一次表面淬火,操作容易实现机械化和自动化,几乎不造成环境污染。

(2) 工件质量好。表面淬火层比普通淬火的硬度高 2～3HRC,疲劳强度、韧性有所提高(一般可提高 20%～30%)。

(3) 工件淬火变形小,不易氧化脱碳,淬火层容易控制。

存在的不足是感应加热表面淬火设备稍贵,处理形状复杂的零件比较困难。

2. 火焰加热表面淬火

1) 火焰加热表面淬火的方法

火焰加热表面淬火是利用乙炔-氧或煤气-氧的混合气体燃烧的火焰,喷射在零件表面上,使它快速被加热,当达到淬火温度时,立即喷水淬火冷却,从而获得预期的硬度和淬硬层深度的一种表面淬火方法,如图 5.48 所示。

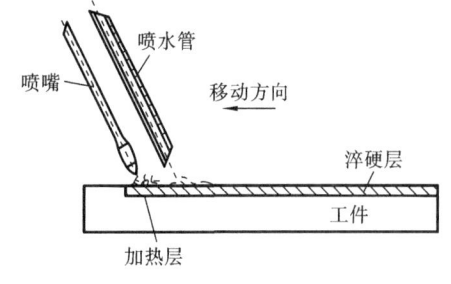

图 5.48　火焰加热表面淬火

火焰加热表面淬火零件的常用材料为中碳钢(35 钢、45 钢等)以及中碳合金结构钢(40Cr、65Mn 等)。如材料的含碳量太低,则淬火后硬度较低;若碳和合金元素含量过高则易淬裂。火焰加热表面淬火还可用于铸铁件(如灰铸铁、合金铸铁等)的表面淬火。

2) 火焰加热表面淬火的特点

(1) 具有设备简单、成本低等优点,但生产率低。

(2) 零件表面存在不同程度的过热,质量控制较为困难。

(3) 主要适于单件、小批量生产及大型零件(如大型齿轮、轴、轧辊等)的表面淬火。

5.5.2　化学热处理

化学热处理是将钢件置于一定温度的活性介质中保温,使一种或几种元素渗入工件表

面,以改变其化学成分和组织,从而改善表面性能、达到使用性能要求的热处理工艺过程。

　　钢件表面渗入的元素不同,钢件表面所获得的性能也不相同。如渗碳、碳氮共渗可提高钢的硬度、耐磨性以及疲劳强度;氮化、渗硼、渗铬可使材料的表面硬度大为提高,显著提高耐磨性和耐蚀性;渗硅可以提高材料的耐酸性,渗铝可提高材料的耐热、抗氧化性等。

1. 化学热处理的基本过程

化学热处理通常由分解、吸收和扩散三个基本过程组成。

1) 分解过程

在化学热处理过程中,只有活性原子才能被钢的表面所吸收。化学介质在一定的温度下,由分解反应生成活性原子。例如

渗碳时由 CO 或 CH_4 分解出活性碳原子[C]:

$$2CO \rightarrow CO_2 + [C]$$

$$CH_4 \rightarrow 2H_2 + [C]$$

渗氮时由 NH_3 分解出活性氮原子[N]:

$$2NH_3 \rightarrow 3H_2 + 2[N]$$

化学介质分解反应越快,介质中的活性原子浓度越大,介质的活性就越大。为了增加化学介质的活性,有时加入催渗剂加速介质的分解速度。例如,固体渗碳时,在渗碳剂中加入一定数量的碳酸盐等物质。

2) 吸收过程

吸收的必要条件是渗入元素(如[C]、[N]等)在钢基中有较大的可溶性,否则吸收过程很快就会中止,钢的表面就不可能形成扩散层。C、N 和 B 等原子半径较小,是以间隙原子方式进入钢基的;而 Al、Si 和 Cr 等原子半径较大,是以置换原子的方式进入钢基的。

3) 扩散过程

扩散过程是渗入元素原子由钢表面向内部扩散迁移的过程。通常吸收过程快于扩散过程,故使表面浓度逐渐升高,与内部形成浓度梯度,而渗入元素的原子沿着浓度梯度下降的方向向内部扩散,形成一定深度的扩散层。

2. 钢的渗碳

向钢的表面渗入碳原子的过程称为渗碳。

1) 渗碳的目的及用钢

一些重要零件如齿轮、凸轮、活塞等,工作时受到较严重的磨损、冲击以及弯曲、扭转等复合应力作用,因此要求这类零件表面具有高的硬度、耐磨性及疲劳强度,而心部具有较高的强度和韧性。显然,选用高碳钢或低碳钢经过普通热处理都难以满足上述要求,但若用低碳钢进行渗碳,随后进行淬火回火处理,工件的技术性能要求就可以得到很好满足。低碳钢经渗碳后,零件表层将获得高的含碳量,经淬火后会得到高的硬度,而心部仍为低碳成分,保留较高的强度和韧性,这样将高碳钢与低碳钢的不同性能结合在同一个零件上,从而满足零件的使用性能要求。

　　因此,渗碳的目的是使零件表层获得高的含碳量,经淬火回火后使零件表面具有高硬度、耐磨性及疲劳强度,且保持心部的较高强度和韧性,以适应零件工作时承受的复合应力作用。

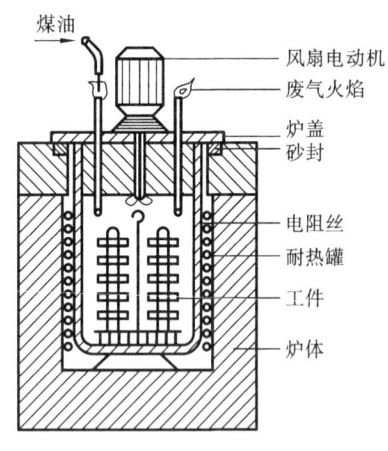

煤油
风扇电动机
废气火焰
炉盖
砂封
电阻丝
耐热罐
工件
炉体

图 5.49　井式渗碳炉气体渗碳

渗碳用钢通常采用低碳钢和低碳合金钢(如 15、20 和 20CrMnTi 等)。

2)渗碳方法

按照使用渗碳剂的不同,可分为气体渗碳、液体渗碳和固体渗碳三种。通常气体渗碳、固体渗碳应用较多,生产中以气体渗碳应用最为普遍。

(1)气体渗碳法。气体渗碳法通常在井式渗碳炉中进行,如图 5.49 所示。目前主要采用两类气体渗碳气氛:一类是有机液体(如煤油、甲苯、甲醇、乙醇及丙酮等),采用滴入法,使有机液体在高温下分解出含碳气氛进行渗碳;另一类是渗碳气体(如城市煤气、丙烷(C_3H_8)、石油液化气以及天然气等),这些介质可直接通入炉内进行渗碳。

渗碳工艺主要包括加热温度和保温时间。加热温度通常选择 $900 \sim 930\ ℃$,即超过 Ac_3 以上 $50 \sim 80\ ℃$ 的高温奥氏体区;渗碳时间与渗碳方法、渗碳温度及渗碳层深度有关。在气体渗碳中,当渗碳层深度为 $0.5 \sim 2.0$ mm,渗碳时间对应 $3 \sim 9$ h。表 5.6 给出了气体渗碳时不同渗碳层厚度与渗碳时间的关系。

表 5.6　气体渗碳时渗层厚度与渗碳时间的关系

保温时间/h	渗层厚度/mm				保温时间/h	渗层厚度/mm			
	渗碳温度/℃					渗碳温度/℃			
	850	900	950	1000		850	900	950	1000
1	0.40	0.53	0.74	1.00	9	1.12	1.60	2.23	3.00
2	0.53	0.76	1.04	1.42	10	1.17	1.70	2.36	3.20
3	0.63	0.94	1.30	1.75	11	1.22	1.78	2.46	3.35
4	0.77	1.07	1.50	2.00	12	1.30	1.85	2.50	3.55
5	0.84	1.24	1.68	2.26	13	1.35	1.93	2.61	2.68
6	0.91	1.32	1.83	2.46	14	1.40	2.00	2.77	3.81
7	1.00	1.42	1.98	2.55	15	1.46	2.10	2.81	3.92
8	1.04	1.52	2.11	2.88	16	1.50	3.10	2.87	4.06

气体渗碳法是比较完善和经济的方法。不仅生产效率高,劳动条件好,而且渗碳质量高,容易控制,同时也容易实现机械化与自动化,因此在现代热处理生产中得到广泛应用。

(2)固体渗碳法。固体渗碳是将工件放入四周填有固体渗碳剂的密封箱(见图 5.50)中,送入炉中加热至渗碳温度($900 \sim 950\ ℃$),保温一定时间,使零件表面渗碳的方法。

固体渗碳剂一般是由木炭与碳酸盐(Na_2CO_3 或 $BaCO_3$ 等)混合组成,其中木炭是基本的渗碳物质,加入碳酸盐可加速渗碳过程。固体渗碳法设备费用低廉,操作简单,适用于大小不同的零件。缺点是劳动条件差,质量不易控制,渗碳后不易直接淬火等。

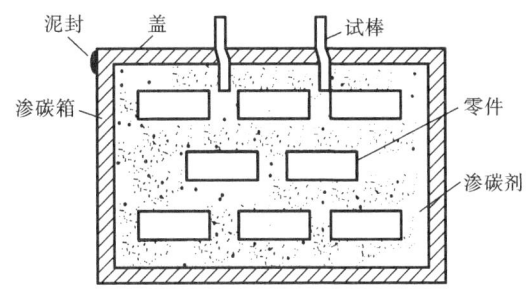

图 5.50　固体渗碳密封箱

3）渗碳后的金相组织

渗碳层厚度一般为 0.5~2.0 mm，渗碳层碳浓度一般控制在 0.8%~1.05%。零件渗碳后，表面碳浓度最高，由表面向中心碳浓度逐渐降低，中心为原始碳浓度。因此，零件从渗碳温度缓慢冷却后，其金相组织表层为珠光体与网状二次渗碳体混合的过共析组织；心部为珠光体与铁素体混合的亚共析原始组织；中间为过渡区，越靠近表层铁素体越少。一般规定，从表面到过渡区一半处的深度为渗碳层的深度。

4）渗碳后的热处理

零件渗碳后必须进行淬火和低温回火处理，这样才能有效地发挥渗碳层的作用。渗碳件的淬火方法有三种，如图 5.51 所示。

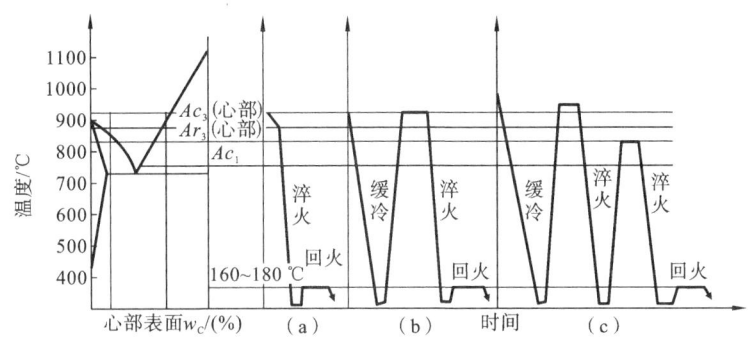

图 5.51　渗碳件常用的热处理方法

(a) 直接淬火法；(b) 一次淬火法；(c) 两次淬火法

（1）直接淬火法。工件渗碳后，经过预冷直接淬火，如图 5.51(a) 所示。此法比较简单，不必重新加热淬火，因而减少了热处理变形，节约了时间和费用。适用于本质细晶粒钢或耐磨性要求低和承受低载荷的零件。

预冷可以减少变形和开裂，并能使表层析出一些碳化物，降低奥氏体碳浓度，淬火后减少残余奥氏体量，可提高表层硬度。

（2）一次淬火法。工件渗碳后，出炉在空气中冷却，然后重新加热淬火，如图 5.51(b) 所示。对于心部组织要求较高的合金渗碳钢，一次淬火加热温度可略高于心部材料的 Ac_3，以达到细化心部晶粒，并获得低碳马氏体组织；对于受载不大但表面性能要求高的零件，淬火温度应选在 Ac_3 以上 30~50 ℃，以保证表层晶粒细化，但心部组织得不到细化，性能稍差。

（3）两次淬火法。对于性能要求很高的渗碳件或本质粗晶粒钢,若采用一次淬火很难使表面和心部都得到满意的强化效果,可进行两次淬火,如图 5.51(c)所示。第一次淬火加热到心部的 Ac_3 以上进行完全淬火,以细化心部组织,同时消除表面的网状碳化物;第二次淬火加热到表层的 Ac_1 以上进行不完全淬火,目的是使表层得到细针状马氏体和细粒状碳化物的组织,第二次淬火对心部影响不大。两次淬火工艺复杂,成本高,故应用不多。

渗碳件淬火后,必须进行低温回火,回火温度一般为 150～220 ℃。

工件经渗碳、淬火回火后的最终组织:表层为针状回火马氏体＋碳化物＋少量残余奥氏体,硬度为 58～62 HRC,心部组织随钢的淬透性而定。对于低碳钢,如 15 钢、20 钢,心部为铁素体＋珠光体,硬度为 10～15 HRC;而对于某些低碳合金钢如 20CrMnTi,心部由低碳马氏体和铁素体组成,硬度为 35～45 HRC,并具有较高的强度和韧性。

3. 钢的氮化

氮化是向钢件表层渗入氮原子的过程,氮化的目的是提高钢件表面的硬度和耐磨性,提高疲劳强度和抗蚀性。

1）氮化工艺

目前工业中应用最广泛、比较成熟的是气体氮化法,它是利用氨气在加热时分解出活性氮原子[N],被钢吸收后在其表面形成氮化层,同时氮原子向心部扩散,氨的分解反应如下:

$$2NH_3 \rightarrow 2[N] + 3H_2$$

气体氮化工艺的特点:

（1）氮化温度低。一般为 500～600 ℃,氨在 200 ℃以上即开始分解,铁素体对[N]有一定的溶解能力,因此不必加热到高温。此外,零件在氮化前应进行调质处理,氮化温度不得高于调质温度,以免损害心部的组织与性能。

（2）氮化时间长。若要得到 0.3～0.5 mm 厚的氮化层需 20～50 h,而得到相同厚度的渗碳层,只需 3 h 左右。

氮化前零件进行的调质处理,目的是改善零件的机加工性能和获得均匀的回火索氏体组织,保证钢件有较高的强度和韧性。对形状复杂或精度要求高的零件,在氮化精加工后还要进行消除内应力的退火,以减少氮化时的变形。钢件氮化后不需要回火。

2）氮化后的组织和性能

钢件氮化层具有很高的硬度(1000～1100 HV),且在 600～650 ℃还能保持硬度值不下降。因此钢件氮化后有很高的耐磨性和热硬性,其原因是氮可溶入铁素体中并与铁形成 γ 相(Fe_4N)和 ε 相(Fe_2N),使钢件表面形成一层高硬度的氮化物弥散层。钢氮化后,渗层体积增大,形成表面压应力,可提高钢件疲劳强度 15%～35%。由于氮化温度较低,钢件氮化后的变形小。

氮化层具有较高的抗蚀性能(在水中、过热的蒸气中或碱性溶液中耐蚀),这是因为氮化层是由氮化物弥散层或致密氮化物的薄层组成的,能有效地防止某些介质的腐蚀作用。

3）氮化用钢

碳钢氮化时形成的氮化物不太稳定,当加热至较高温度容易分解并聚集粗化,使渗层硬度很快降低。为克服其缺点,氮化用钢中常含有 Al、Cr、Mo、W 和 V 等合金元素,因为它们的氮化物 AlN、CrN、MoN 等都很稳定,并且在钢中均匀弥散分布,使钢的硬度提高,在 $600\sim650\ ℃$ 也不降低。常用氮化钢有 35CrMo、38CrMoAlA 等。

由于氮化工艺较复杂、时间长、成本较高,所以主要用于对耐磨性和精度要求都较高的零件或要求耐热、耐蚀的耐磨件,如发动机油缸、排气阀、精密机床丝杠、镗床主轴、汽轮机的阀门和阀杆等零件。生产中除了广泛采用气体氮化外,离子氮化也应用较多,此外还有洁净氮化、液体氮化等。

4. 钢的碳氮共渗

碳氮共渗是向零件表面同时渗入碳、氮原子的化学热处理工艺,也称为氰化。按照使用渗剂介质的不同,碳氮共渗有气体碳氮共渗、液体碳氮共渗和固体碳氮共渗三种,以气体碳氮共渗应用最广。按照处理温度的不同,气体碳氮共渗又可分为高温气体碳氮共渗、中温气体碳氮共渗和低温碳氮共渗,目前后两种较为常用。

1) 中温气体碳氮共渗

工艺温度为 $840\sim860\ ℃$,将工件放入密封炉内,向炉中滴入煤油,通入氨气,在共渗温度下分解出活性炭、氮原子,渗入工件表面形成一定深度的共渗层。

零件经中温气体碳氮共渗后,需淬火、低温回火。因为比渗碳温度低,碳氮共渗不会发生晶粒长大,故可采用直接淬火。碳氮共渗加淬火、低温回火后,得到的含氮马氏体硬度较高,耐磨性比渗碳更好。碳氮共渗层相比渗碳层具有较高的压应力,故疲劳强度更高。

中温气体碳氮共渗主要用于低碳钢及中碳结构钢零件,如汽车、拖拉机的变速箱齿轮,高速大马力柴油机传动齿轮等零件。

2) 低温气体碳氮共渗

因为共渗温度($520\sim570\ ℃$)低,主要以渗氮为主,所以也叫气体氮碳共渗,或软氮化。与一般气体氮化相比,气体氮碳共渗的渗层硬度较低,脆性较小。共渗介质多用尿素、甲酰胺、三乙醇胺等有机液。在共渗温度下分解出活性炭、氮原子,同时渗入钢的表面形成共渗层。

气体氮碳共渗能有效提高零件的耐磨性、疲劳强度、抗咬合性等;具有生产周期短($1\sim3\ h$)、零件变形小的特点;钢材应用范围广(如碳钢、合金钢以及铸铁等);适用于模具、量具以及耐磨零件的处理,效果良好。

5.5.3　表面淬火和化学热处理工艺的选择

工业生产中,应按照零件的工作条件、几何形状与尺寸等因素来合理选用表面淬火及化学热处理工艺,选用原则如下。

(1) 高频表面淬火。主要用于耐磨性及硬度要求一般、形状简单及变形要求较小的工件,如曲轴、机床齿轮等。

(2) 渗碳。主要用于耐磨性要求高、受重载和较大冲击载荷的工件,如汽车齿轮、活塞销等。

(3) 氮化。主要用于耐磨性、耐蚀性和精度要求高的零件,如精密机床主轴、丝杠等。

(4) 碳氮共渗。主要用于耐磨性要求较高、形状复杂、变形要求较小的中小型零件。如传动齿轮、模具及量具、耐磨零件等。

表 5.7 所列为表面淬火、渗碳、气体氮化、气体碳氮共渗四种表面热处理工艺的特点和性能比较,可供选用时参考。

表 5.7　表面淬火、化学热处理的工艺、性能比较

处理方法	表面淬火	渗碳	气体氮化	气体碳氮共渗
工艺	表面淬火+低回	渗碳+淬火、低回	(正火,调质)+渗氮	碳氮共渗,淬火+低回
生产周期	很短,数秒～数分钟	长,8～9 h	很长,30～50 h	短,1～2 h
表层深度/mm	0.5～7	0.5～2	0.3～0.5	0.2～0.5
硬度 HRC	58～63	58～63	65～70(1000～1100 HV)	58～63
耐磨性	较高	良好	最好	良好
疲劳强度	良好	较好	最好	良好
耐蚀性	一般	一般	最好	较好
热处理变形	较小	较大	最小	较小

5.6　实用表面工程技术

工程装备及零部件在服役中通常对构件材料表面和内部的性能有不同要求。材料的表面性能非常重要,有时其至决定了整个零件的寿命。在工程领域,除表面淬火、表面化学热处理之外,还需要在保证构件或零部件材料基体力学性能的同时,对材料表面进行适当改性,以改善和提高其使用性能。

材料表面工程技术是采用物理的、化学的或机械的方法,改变基材或工件表面的形态、化学成分、组织结构或应力状态,使其具有某种特殊性能,以满足特定的使用要求的一类技术方法。它包括化学热处理(渗氮、渗碳、渗金属等);表面涂层(低压等离子喷涂、低压电弧喷涂、激光重熔复合等薄膜镀层、物理气相沉积、化学气相沉积等)和非金属涂层技术等。

这些用以强化零件或材料表面的技术,可赋予零件耐高温、耐腐蚀、耐磨损、抗疲劳、防辐射、导电、导磁等各种新的特性。提高了原来在高速、高温、高压、重载、腐蚀介质环境下工作零件的可靠性和使用寿命,并可用于修复重要的精密零部件,对工程装备的循环利用和绿色再制造等具有很大的经济意义和应用价值,有利于环境保护和促进经济、社会的可持续发展。本节主要介绍表面形变强化、热喷涂、表面氧化、电刷镀、气相沉积等表面改性技术。

5.6.1　表面形变强化

将冷变形强化用于提高金属材料的表面性能,成为提高工件疲劳强度、延长使用寿命的重要工艺措施。目前常用的有喷丸、滚压和内孔挤压等表面形变强化工艺。

下面以图 5.52 所示的喷丸强化为例进行说明。喷丸强化是将高速运动的弹丸流(0.2～1.2 mm 的铸铁丸、钢丸或玻璃丸)连续向零件表面喷射,使表面层产生强烈的塑性变形与加工硬化,强化层内组织结构细密,又具有表面残余压应力,使零件具有高的疲劳强度,并可清除工件表面的氧化皮。

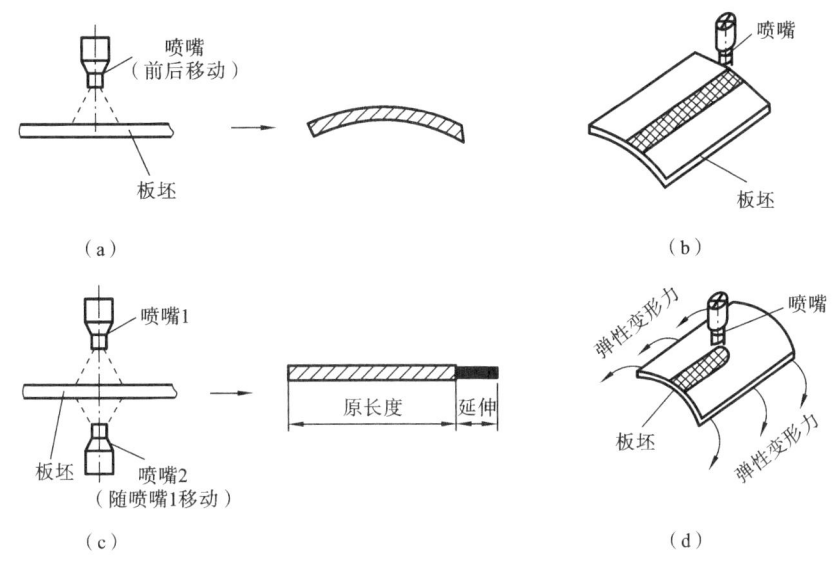

图 5.52 喷丸工艺示意图

(a) 单面喷丸成形示意图;(b) 自由喷丸成形示意图;(c) 双面喷丸成形示意图;(d) 预应力喷丸成形示意图

表面形变强化工艺已广泛用于弹簧、齿轮、链条、叶片、火车车轴、飞机零件等,特别适用于有缺口的零件和零件的截面变化处、圆角、沟槽及焊缝区等部位的表面强化。

5.6.2 热喷涂

当材料本身无法满足工作环境要求(如耐蚀、耐高温、绝缘等)时,则可以在材料表面涂覆其他材料。热喷涂就是将涂覆材料加热至熔化或半熔化状态,用高压气流使其雾化并喷射于工件表面形成涂层的工艺。热喷涂涂层能改善材料的耐磨性、耐蚀性、耐热性及绝缘性等,可用于大型轴类或轧辊磨损后的修复。该技术已广泛应用于航空航天、核能装备、电子电器等高技术领域。

1. 热喷涂方法

常用热喷涂方法有火焰喷涂、电弧喷涂和等离子喷涂等。

1) 火焰喷涂

利用各种可燃性气体燃烧释放的热量进行的热喷涂称为火焰喷涂。火焰喷涂装置由两部分组成:燃烧系统和粉末供给系统。燃烧系统多用氧-乙炔火焰作为热源,其中乙炔为可燃气体,氧既作为助燃气体,又作为输送粉末的载体。氧-乙炔火焰的温度可达 3100 ℃,能在 2500 ℃ 以下熔化的材料都可以作为涂层材料用火焰喷涂方式形成涂层。火焰喷涂具有设备简单、操作方便、成本低的优点。缺点是涂层质量不太理想。

2) 电弧喷涂

电弧喷涂是利用两电极之间的气体介质放电所产生的电弧为热源,用高速气流将熔化金属的液滴从金属丝端部吹离、雾化并喷射到工件表面而形成涂层。图 5.53 为电弧喷涂原理示意图。

一般将喷涂材料做成丝状,以两根丝状喷涂材料 2 作为自耗电极,加上电压,两根丝由

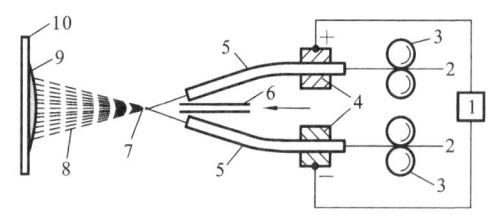

图 5.53　电弧喷涂原理示意图

1—直流电源；2—丝状喷涂材料；3—送丝轮；

4—导电块；5—导电管；6—喷气嘴；7—电弧焦点；

8—喷涂射流；9—涂层；10—基体

送丝轮 3 分别通过装在导电块 4 上的导电管 5 中送进，当两根丝端部接近时，产生电弧焦点 7，使丝材熔化，由喷气嘴 6 将熔化的液滴吹成喷涂射流 8 喷向工件表面，形成涂层 9。与火焰喷涂相比，电弧喷涂法涂层结合强度高、能量利用率高、孔隙率低、易于实现自动化；且电弧喷涂仅使用电和压缩空气，不用氧和乙炔等易燃气体，安全性高。

电弧喷涂要求被喷涂材料导电，且可成形为丝材，主要用于金属涂层。

3）等离子喷涂

等离子喷涂是利用阴极和阳极之间产生的直流电弧，将气体电离后形成的等离子焰作为热源，将待喷涂粉末加热熔化，借助工作气体将熔化的粉末喷射到工件表面形成涂层。图 5.54 是等离子喷涂原理示意图。与电弧喷涂不同的是，等离子喷涂阳极和阴极都是设备固定部分，称为等离子体发生器。工作气体一般为氩气、氮气等惰性气体。等离子体弧能量高度集中，焰心温度可达 30000 K，喷嘴出口温度也可达 20000 K，喷粉速度快于电弧喷涂速度，因此涂层与基体结合强度可以达到 40～70 MPa，结合性能更好。可用于在金属表面喷涂高熔点的材料，而且不要求喷涂材料导电，可喷涂金属化合物、陶瓷等。具有涂层质量优良、适应材料广泛等优点。当使用惰性气体作为载体气体时，能防止喷涂材料在喷涂过程中的氧化；但等离子喷涂设备投入成本较高。

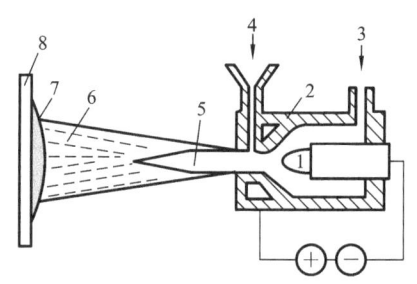

图 5.54　等离子喷涂原理示意图

1—阴极；2—阳极；3—工作气体；

4—喷涂粉末；5—等离子体弧区；

6—喷涂束流；7—涂层；8—基体

2. 热喷涂工艺

热喷涂工艺的过程一般为

表面预处理→预热—喷涂→喷后处理

表面预处理主要是在去油、除锈后，对表面进行喷砂粗化；预热主要用于火焰喷涂；喷后处理主要包括封孔、重熔等。

金属涂层形成过程包括三个阶段：① 金属熔化；② 熔化金属雾化并在气流作用下撞击到工件表面；③ 金属沉积到工件表面上，冷却后形成涂层。

3. 涂层的结构

热喷涂层是由无数变形粒子相互交错呈波浪式堆叠在一起的层状结构，粒子之间不可避免地存在着孔隙和氧化物夹杂缺陷。孔隙率因喷涂方法不同，一般为 4%～20%，氧化物夹杂是喷涂材料在空气中发生氧化形成的。孔隙和夹杂缺陷的存在使涂层的质量降低，可通过提高喷涂温度、喷速，采用保护气氛喷涂及喷后重熔处理等方法来减少或消除这些孔隙和夹杂缺陷。涂层与基体之间以及涂层中颗粒之间主要通过镶嵌、咬合、填塞等机械形式连接,其次是通过微区冶金结合及化学键结合。

4. 喷涂的特点及应用

1) 热喷涂的特点

(1) 工艺灵活。热喷涂对象小到直径为 10 mm 的内孔,大到铁塔、桥梁、大型焚烧炉等。可整体喷涂,也可局部喷涂。

(2) 基体及喷涂材料广泛。基体可以是金属和非金属,喷涂材料可以是金属、合金、塑料及陶瓷等。

(3) 工件变形小。热喷涂的基体材料温度不超过 250 ℃。

(4) 热喷涂层可控。涂层厚度可从几十微米到几毫米。

(5) 生产效率高。

2) 热喷涂的应用

喷涂材料种类多,获得的涂层性能差异很大。热喷涂可应用于各种材料的表面保护、强化及修复,并可满足某些特殊功能的需要。如垃圾焚烧炉内衬喷涂耐热合金,可以大大延长焚烧炉的寿命;飞机发动机叶片表面喷涂一层隔热功能好的氧化锆陶瓷涂层,可以提高叶片承受的温度,进而提高发动机的工作效率。

5.6.3　表面氧化

金属及合金在使用过程中常常发生腐蚀和氧化,腐蚀和氧化都是化学反应过程,腐蚀是在电解质溶液中,金属原子不断转化为离子并溶入液体中的失重过程;氧化是金属与环境中的氧结合形成氧化物的增重过程。这两个过程的共同点是通过表面电子的交换,作为结构有效支撑的金属(合金)不断减少,最终导致结构失稳而破坏。假如在金属表面预先形成一层具有保护作用的惰性层,就能够阻止腐蚀和氧化反应的发生。表面氧化就是通过化学手段,在金属表面预先形成一层稳定而致密的氧化物层,以阻止化学或电化学反应进一步发生的工艺。

1. 钢铁的化学氧化

将钢铁在含有氧化剂的溶液中进行化学处理,可在其表面生成一层微米级、坚固而又致密的以 Fe_3O_4 为主的氧化物,这层致密的氧化物可以防止氧与内部基体进一步接触,而且耐磨。常用的工艺是将钢铁零件放在添加了氧化剂的强碱溶液中,加热到 150 ℃ 左右处理一段时间。依据钢铁的成分、表面状态和氧化操作条件的不同,形成的 Fe_3O_4 氧化膜可以从蓝到黑变化,生产中又称为发蓝或发黑处理。

钢铁表面经化学氧化处理得到的氧化膜很薄,一般为几微米,因此不影响零件的尺寸。但这种氧化膜的耐蚀性较差,因此需定期涂油保养。

钢铁化学氧化溶液的主要成分是氢氧化钠和亚硝酸钠的碱性水溶液。为加快氧化过程,一般要把溶液加热到 130~150 ℃,使溶液处于沸腾状态。温度越高,氧化速度越快,但是膜层致密度越低。化学氧化主要适合含碳量大于 0.4% 的碳素钢,合金钢的效果较差。

2. 非铁金属的阳极氧化

铝和钛都是比较活泼的金属,容易钝化。可以利用其易钝化的特点预先在表面形成致密氧化物层,还可以进一步形成外层多孔、内层致密的复合氧化物层,以满足更复杂的表面保护要求。图 5.55 所示为阳极氧化过程中的氧化膜生长示意图。

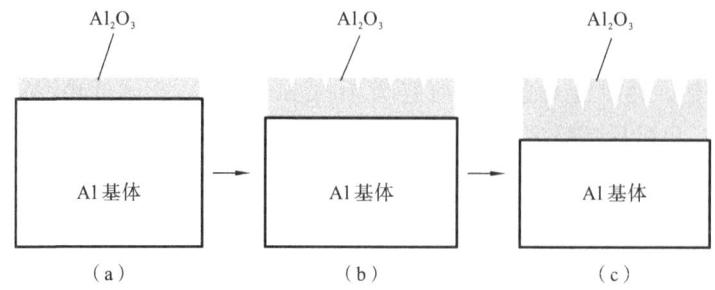

图 5.55　阳极氧化中氧化膜生长示意图

氧化膜生长分为三个阶段:第一阶段,将铝或钛零件作为阳极放置于电解液中,在外加电流作用下,表面会迅速形成一层致密的氧化膜(见图 5.55(a));第二阶段,介质或工艺条件不同,致密氧化膜会有差异。当电流较小时,致密氧化膜较薄;当电流较大时,致密氧化膜变厚。由于氧化膜不导电,在阳极金属和外加阴极之间形成了一层类似电介质层,此时电流会减小,如果不增大电压,膜层会在电解液中发生局部溶解,形成空隙,电解液得以与新的金属表面接触,电化学反应继续,致密氧化膜会继续生长,而远离金属基体的氧化膜会形成多孔状(见图 5.55(b));第三阶段,当致密氧化膜生长速度与溶解速度达到平衡时,致密层厚度保持恒定,但是表面多孔层的孔却不断加深(见图 5.55(c))。

阳极氧化生成的氧化膜包括致密层和孔隙层。致密层厚度很小,孔隙层则存在大量空隙,借此可以进行着色处理,获得装饰性外观。

当电解液选择适当时,甚至可以形成数十微米长度、整齐排列的纳米孔甚至纳米管。其中在钛表面通过阳极氧化制备的 TiO_2 纳米管具有很好的光催化功能,在新能源、环保等领域具有很大的应用潜力。

3. 微弧氧化

如果在致密氧化膜初期(第一阶段)形成后加大电压,直至将这层电介质击穿,并形成等离子体弧,在氧化膜击穿处形成高温,最后会形成类似火山口状的表面形貌。在第三阶段,以微弧不断击穿致密氧化膜而获得多孔氧化膜持续生长的表面氧化工艺,又称为微弧氧化。微弧氧化电压一般为几百伏,而阳极氧化电压一般仅为几十伏。

微弧氧化或等离子体电解氧化表面陶瓷化技术,是指在普通阳极氧化的基础上,利用弧光放电增强并激活在阳极上发生的反应,从而在以铝、钛、镁等金属及其合金为材料的工件表面形成优质的强化陶瓷膜的方法,通过用专用的微弧氧化电源在工件上施加电压,使工件表面的金属与电解质溶液相互作用,在工件表面形成微弧放电,在高温、电场等因素的作用下,使得金属表面形成陶瓷膜,达到工件表面强化的目的。

微弧氧化技术的突出特点是:

(1) 大幅度地提高了材料的表面硬度,显微硬度 1000～ 2000 HV,最高可达 3000 HV,可与硬质合金相媲美,大大超过热处理后的高碳钢、高合金钢和高速工具钢的硬度。

(2) 良好的耐磨损性能。

(3) 良好的耐热性及抗腐蚀性。这从根本上克服了铝、镁、钛合金材料在应用中的缺点,因此该技术有广阔的应用前景。

（4）有良好的绝缘性能,绝缘电阻可达 100 MΩ。

（5）溶液为环保型,符合环保排放要求。

（6）工艺稳定可靠,设备简单。

（7）反应在常温下进行,操作方便,易于掌握。

（8）基体原位生长陶瓷膜,结合牢固,陶瓷膜致密均匀。

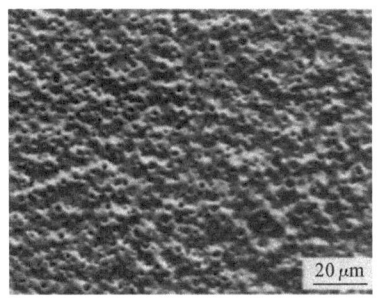

图 5.56　纯钛微弧氧化的表面形态

图 5.56 是纯钛经微弧氧化后典型的表面形态。由于是在基体材料原位形成的氧化物涂层,故这种涂层结合力强。多孔表面可以含油以提高耐磨减摩效果,而且可以控制表面孔的大小、深度及形状。通过改变电解液的成分,还可以改变微弧氧化的形态。

5.6.4　电刷镀

电刷镀是应用电化学沉积的原理,在导电零件需要制备镀层的表面上,快速沉积金属镀层的表面技术,它是表面工程技术重要的组成部分。

电刷镀是电镀技术的一种特殊形式,又被称为"涂镀""无槽电镀""选择性电镀""擦镀"等。电刷镀时被刷镀工件不需进入镀槽,包裹好的阳极必须与工件刷镀表面接触以便形成局部的"镀槽"。阳极的面积通常都小于刷镀表面,为此阳极和工件刷镀表面必须做相对运动才能在欲刷镀的整个表面上沉积镀层。电刷镀通常采用不溶性阳极,避免产生阳极钝化现象,同时电刷镀专用镀液里的金属离子含量高,所以电刷镀时的电流密度很大。

电刷镀时,直流电源的负极通过电缆线与工件连接;正极通过电缆线与镀具(导电柄和阳极的组合体)连接。镀具前端经包裹的与刷镀表面仿形的阳极和工件表面轻轻接触,含有欲镀金属离子的电刷镀专用镀液不断地供送到阳极和工件刷镀表面之间,在电场作用下,镀液中的金属离子定向迁移到工件表面,在工件表面获得电子还原成金属原子,还原的金属原子在工件表面上形成镀层。

阳极(通过包套)与工件刷镀表面接触、相对运动、很大的电流密度(一般为槽镀的 5~10 倍)是电刷镀技术必须具备的三个基本条件。这三个基本条件决定了电刷镀电源、电刷镀溶液、电刷镀工艺和电刷镀应用的一系列特点。

1. 电刷镀的原理与特点

1）电刷镀原理

电刷镀也是一种电化学沉积过程,其原理和电镀基本相同,如图 5.57 所示。

电刷镀采用专用的直流电源设备,将表面处理好的工件与电源的负极相连,作为刷镀的阴极;镀笔与电源的正极连接,作为刷镀的阳极。镀笔通常采用高纯细石墨块作为阳极材料,石墨块外面包裹上棉花和耐磨的涤棉套。刷镀时使浸满镀液的镀笔以一定的相对运动速度在工件表面上移动,并保持适当的压力。在镀笔与工件接触的部位,镀液中的金属离子在电场力的作用下扩散到工件表面,并在工件表面获得电子被还原成金属原子,这些金属原子在工件表面沉积结晶形成镀层。随着刷镀时间的增长,镀层逐渐增厚,直至达到需要的厚度。

电刷镀区别于槽镀的最显著特点是阳极笔与阴极工件必须始终保持相对运动,因此镀

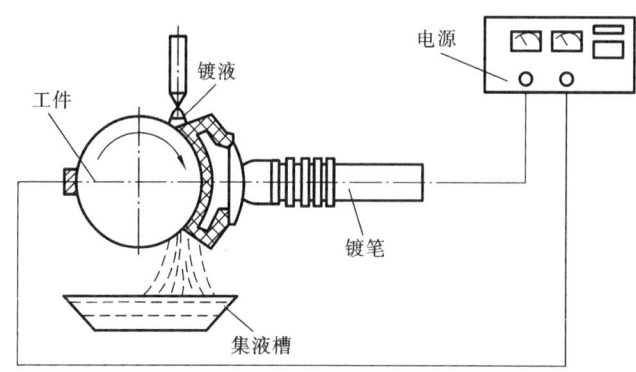

图 5.57 电刷镀基本原理

层的形成是一个断续结晶过程,镀液中的金属离子只是在镀笔与工件接触部位放电还原结晶。镀笔的移动限制了晶粒的长大和排列,因此镀层中存在大量的超细晶粒和高密度的位错,这是镀层强化的重要原因。

2) 电刷镀的特点

与槽镀相比,电刷镀具有以下优点。

(1) 电刷镀不需要镀槽、挂具,设备体积小,重量轻。凡镀笔能触及到的地方均可电镀,特别适用于不解体机件的现场维修和野外检修。

(2) 由于镀笔与工件有相对运动,散热条件好,在使用大电流密度刷镀时,工件不易产生过热现象。刷镀的电流密度比槽镀大数十倍,比沉积速度快 5～50 倍。

(3) 电刷镀溶液大多数是金属有机络合物水溶液,络合物在水中有很大的溶解度,镀液性能稳定。镀液中金属离子的浓度通常比电镀高几倍到几十倍。在使用过程中不必调整金属离子浓度。

(4) 采用电刷镀可制备多种金属和合金镀层,镀层与基体材料的结合力强,镀层晶粒细小,分布均匀,具有更高的硬度和耐磨性。

但电刷镀劳动强度大,刷镀过程中途不能停顿;停顿时间过长时,必须重新返工;镀液和阳极包裹材料消耗较大。

2. 电刷镀设备

电刷镀设备通常包括专用直流电源、镀笔及供液、集液装置。

(1) 专用直流电源。电刷镀专用直流电源不同于其他电镀所使用的电源,由整流电路、正负极性转换装置、过载保护电路及安培计(或镀层厚度计)等几部分组成。

(2) 镀笔。镀笔是电刷镀的重要工具,由阳极、绝缘手柄和散热装置组成,如图 5.58 所示。根据需要刷镀零件的大小与尺度不同,可以选用不同类型的镀笔。

刷镀阳极材料要求具有良好的导电性,能持续通过高的电流密度,不污染镀液,易于加工等。通常使用高纯石墨、铂-铱合金或不锈钢等不溶性阳极。

根据被镀零件的表面形状,阳极可以加工成不同形状,如圆柱、月牙、长方、半圆和扁条等,其表面积通常为被镀面的 1/3。阳极表面需用棉花和针织套进行包裹,其作用是贮存电镀溶液,防止阳极与被镀件直接接触短路,过滤阳极溶解下来的石墨粒子。

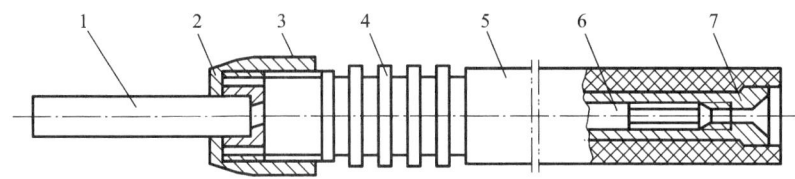

图 5.58　镀笔结构示意图

1—阳极；2—O 形密封圈；3—锁紧螺帽；4—散热器；5—绝缘手柄；6—导电杆；7—电缆线插座

（3）供液、集液装置。刷镀时，根据被镀零件的大小，可以采用不同的方式给镀笔供液，如蘸取式、浇淋式和泵液式。关键是要连续供液，以保证金属离子的电沉积能正常进行。流淌下来的溶液一般用塑料桶、塑料盘等容器收集，以供电刷镀循环使用。

3. 电刷镀溶液

电刷镀溶液质量的好坏，直接影响到镀层的性能。随着刷镀技术的广泛应用，对镀液种类的要求也越来越多。电刷镀溶液分为：表面预处理溶液、单金属镀液与合金镍液、钝化液和退镀液五大类。目前，国内研制成功的镀液共 18 个系列、100 多个品种，如表 5.8 所示。

表 5.8　电刷镀溶液的分类

类别	系列	品种
表面预处理溶液	电净液	0 号，1 号
	活化液	1～8 号，钴活化液、银汞活化液
单金属镀液	镍系列	特殊镍、快速镍、半光亮镍、致密镍、酸性镍、中性镍、碱性镍、低应力镍、高温镍、高堆积镍、高平整半光亮镍、轴镍、黑镍
	铬系列	中性铬、酸性铬
	铜系列	高速铜、酸性铜、碱铜、合金铜、高堆积碱铜、半光亮铜、轴承铜
	铁系列	半光亮中性铁、半光亮碱性铁、酸性铁
	钴系列	碱性钴、半光亮中性钴、酸性钴
	锡系列	碱性锡、中性锡、酸性锡
	铅系列	碱性铅、酸性铅、合金铅
	锌系列	碱性锌、酸性锌
	银系列	低氢银、中性银、厚银
	镉系列	低氢脆镉、碱性镉、酸性镉、弱酸镉
	金系列	中性金、金 518、金 529
	其他	碱性钢、砷、锑、镓、铑、钯
合金镍液	二元合金	镍钴、镍钨、镍铁、镍磷、钴钨、钴钼、锡锌、锡铟、锡锑、铅锡、金锑、金钴、金镍
	三元合金	镍铁钴、镍铁钨、镍钴磷、镍铅锑
钝化液		锌钝化液、镉钝化液
退镀液		镍、铜、锌、镉、铜镍铬、钴铁、铅锡

1) 表面预处理溶液

表面预处理溶液包括电净液和活化液。

(1) 电净液。作用是用电化学方法去除被镀零件表面的油污。电净液是一种无色透明的水溶液,呈碱性,pH 值为 11～13,具有较强的去油能力。

电净时,多采用阴极除油,即把工件接电源负极,镀笔接电源正极,这种接法称为正接。利用工件表面析出的大量氢气把油膜撕裂,同时由于电净溶液对油的乳化和皂化作用,以及镀笔对工件表面的擦拭作用,可达到良好的除油效果。这种方法除油速度快、效果好,但对氢气敏感的材料不宜采用。

对于高强钢等材料,为了避免氢脆现象的出现,可采用阳极除油,即把工件接电源正极,镀笔接电源负极,这种接法称为反接。利用工件表面析出的氧气撕裂油膜。由于阳极除油时氧气的析出量比阴极除油时氢气的析出量少 1 倍,所以阳极除油速度相对较慢。同时,由于阳极除油对工件表面金属有刻蚀作用,所以阳极除油不适宜非铁金属。

(2) 活化液。作用是用化学腐蚀和电解腐蚀的方法,去除被镀零件表面的氧化膜和锈斑,使其露出金属本身组织。活化时多采用阳极活化,即工件接电源正极,镀笔接电源负极。

活化液一般由各种酸类组成。在直流电场作用下,活化处理后留下的酸性液膜,可防止金属表面再氧化,使基体表面显露出新鲜的金属,在其上沉积金属层,将确保镀层与基材金属有良好的结合力。活化液分为强活化液和弱活化液,强活化液又有硫酸型活化液和盐酸型活化液。其中,1 号硫酸型活化液可用于各种金属,尤其是镍、铬、不锈钢、耐热合金,作用比较温和,正、反接都可使用;2 号盐酸型活化液比硫酸型活化液作用强烈,也适用于各种金属,主要针对铸铁、碳钢、铅及其合金,只能反接;3 号柠檬酸型活化液作用温和,一般采用反接。3 号活化液一般不单独使用,通常是在铸铁和碳钢经过 1 号或 2 号活化液处理后,再采用 3 号活化液去除金属表面残留的石墨和碳化物。但一些非铁金属(如紫铜)为了防止过腐蚀,只能用 3 号活化液活化,之后再进行刷镀。

2) 常用电刷镀镀液

电刷镀溶液中金属离子浓度高,多采用有机络合物的水溶液,以适应大电流密度的电刷镀要求。电刷镀溶液应具有不燃、不爆、无毒性、腐蚀性好、导电性好、稳定性高等特点。电刷镀镀液种类繁多,几乎包括所有能电镀的金属及合金,以下是几种常用单金属和合金镀液(电刷镀镀液具体配方可查阅材料表面工程手册)。

(1) 特殊镍镀液。特殊镍镀液呈酸性,pH 值为 0.3～1.0。特殊镍镀液主要由主盐、辅助盐和添加剂组成。主盐主要是硫酸镍,辅助盐主要是一些碱性金属或碱土金属的盐类,其作用是提高镀液的导电性能,改善溶液的分散能力,提高阴极极化作用。添加剂主要有络合剂、润湿剂、缓冲剂、增光剂和整平剂等,用以改善镀层的性能和形貌特征。

特殊镍镀液所得镀层与大多数金属具有极好的结合力,但沉积速度慢,厚度一般为 2～5 μm,所以特殊镍通常作为钢铁金属和非铁金属的打底层或中间层。若应用于抛光的金属基体上,可获得光亮如镜的镀层。

(2) 快速镍镀液。快速镍镀液是电刷镀技术中应用最广泛的镀液之一,为中性略偏碱性,pH 值为 7.2～8,呈蓝绿色,有氨水气味。快速镍镀层具有多孔倾向和良好的耐磨性,在钢铁、铝、铜和不锈钢等金属表面都有较好的结合力。电刷镀沉积速度快,正常速度为 12.7 $\mu m/min$,主要用于恢复尺寸和作为耐磨层,是一种质优价廉的镀液。

（3）铜镀液。铜镀液是仅次于镍镀液的常用液之一。铜镀层呈粉红色,具有延展性好、机械加工性能好、易抛光等特点,有良好的导电性。电刷镀铜镀液沉积速度较快,镀层致密,结合力好,因此常用作快速恢复尺寸镀层,也常作为过渡镀层、钎焊层、导电层和防渗层、防渗氮层,也是很好的装饰镀层。铜镀液分为酸性和碱性两大类。

（4）Ni-W 合金镀液。Ni-W 合金镀液为酸性溶液,pH 值为 1.4～2.4,呈深绿色,有轻度醋酸味。Ni-W 合金镀层致密,硬度与快速镍相近,但耐磨性优于所有单金属镀层,而且耐热,经不同温度回火处理后,硬度下降较少,主要用于耐磨镀层。

但 Ni-W 合金镀液获得的镀层很薄,仅有 0.03～0.05 mm,太厚则会产生裂纹。为解决这一问题,人们在其基础上加入少量的 $CoSO_4$ 及其他添加剂,研究出 Ni-W-Co 合金镀液。Ni-W-Co 合金镀层的残余应力极低,故可沉积 0.20～0.30 mm 的较厚镀层而不降低其强度、硬度和耐磨性。

3）钝化液和退镀液

（1）钝化液。用于在 Zn、Al 和 Cd 等金属表面,生成能提高表面耐蚀性的钝态氧化膜的溶液。常用钝化液有铬酸盐、硫酸盐及磷酸盐等溶液。

（2）退镀液。用于退除镀件表面不合格、多余层的溶液。退镀一般采用电化学方法进行,采用反接接法。退镀液的品种较多,成分较为复杂,主要由不同的酸类、碱类、盐类、金属缓蚀剂、缓冲剂和氧化剂等组成。使用时应注意防止退镀液对基体的过腐蚀。

4. 电刷镀工艺

电刷镀工艺是指利用该技术对机件进行修复和强化的全过程,主要包括镀前预处理、镀件刷镀和镀后处理三大部分工序。电刷镀的镀层比较厚,一般情况下需要依次刷镀打底层、尺寸镀层和工作层。操作过程中,每道工序完毕后需立即用清水彻底冲洗镀件表面,有助于去除油污、杂质、残留液,防止镀液相互污染。电刷镀的一般工艺过程如表 5.9 所示。实际操作中,可视不同的基体材料和电刷镀表面要求,增加或减少相应的工序。

表 5.9　电刷镀的一般工艺

序号	名称	操作内容及目的	主要设备及材料
1	表面准备	被镀部位机加工、修磨表面;机械或化学法除油污和锈蚀	机床、砂轮、砂纸等
2	电净	电化学除油	电源、镀笔、电净液
3	水冲洗	去除上道工序的残留液	清水
4	活化	电解刻蚀,除锈、除疲劳层	电源、镀笔、活化液
5	水冲洗	去除上道工序的残留液	清水
6	镀打底层	使基体与镀层结合良好	电源、镀笔、打底层镀液
7	水冲洗	去除上道工序的残留液	清水
8	镀尺寸层	快速恢复工件尺寸	电源、镀笔、恢复尺寸镀液
9	水冲洗	去除上道工序的残留液	清水
10	镀工作层	达到尺寸精度,满足表面性能	电源、镀笔、工作层镀液
11	水冲洗	去除上道工序的残留液	清水
12	镀后处理	吹干,烘干,除油,低温回火,打磨,抛光等	抛光轮、砂布、防锈油

1）镀前预处理

（1）表面准备。待镀件的表面必须平整光滑。可采用机械加工方法去除镀件表面存在的毛刺、锥度和疲劳层等，以获得正确的几何形状和暴露出基体金属的正常组织。一般修整后的镀件表面粗糙度 Ra 应在 $5~\mu m$ 以下。

当镀件表面存在大量的油污和锈斑时，可采用化学和机械等方法进行清理。如果待镀件表面所沾油污和锈斑很少，则直接采用下述电净和活化的方法去除即可。

（2）电净处理。电净处理的实质就是电化学除油。根据基体金属材质，可选择阴极除油、阳极除油和联合除油方法，电净后的表面应无油迹，对水润湿良好，不挂水珠。

（3）活化处理。活化处理实质就是电化学除锈。活化时，一般采用阳极活化。

2）电刷镀过程

（1）刷镀打底层。打底层可使镀层与基体结合牢固，其厚度一般为 $1\sim10~\mu m$。应根据不同的基体材料选择不同的打底层镀液。对于碳钢、合金钢、淬火钢、不锈钢等金属基体，一般常用酸性的特殊镍镀液作打底层；对于组织疏松的铸铁、铸钢和铝、锡等软金属，其表面不能直接用酸性镀液打底，以防止酸液对基体的腐蚀，通常采用碱铜、中性镍或快速镍镀液打底；对防护性的锌、镉镀层，一般不需要打底层，活化处理后即可直接电刷镀。

（2）刷镀尺寸镀层。对于磨损较严重或加工超差比较大的零件，常选用沉积速度快的镀液，在零件上形成较厚镀层，以迅速恢复其尺寸，这种镀层称为尺寸镀层。尺寸镀层介于打底层和工作层之间，可以是单一镀层，也可以是多种镀层叠加。每种单一镀层都有一个安全厚度。当镀层厚度超过安全厚度时，镀层粗糙，内应力增大，镀层结合强度下降。所以，一旦修复尺寸超过了单一镀层的安全厚度时，就需要在尺寸镀层中间夹一层或几层过渡性质的镀层，以改善镀层的应力分布，防止开裂剥落。这种中间夹镀的镀层，称为夹心镀层。常用作夹心镀层的镀液有低应力镍液、快速镍液、特殊镍液和碱铜液等，夹心镀层的厚度一般不超过 $50~\mu m$。

（3）刷镀工作层。工作层是在工件上最后刷镀的镀层，直接承受工作负荷并起耐磨、减摩、防腐等作用的镀层。应根据工作层的性能要求来选择合适的电刷镀溶液，例如：对于静配合表面，一般选用快速镍、半光亮镍；对要求耐磨的表面，可用 Ni-W、Co-W 合金等；对于要求耐腐蚀的表面，可选用 Ni、Zn 和 Cd 等；对要求防黏着并减摩的表面，可镀 In 或 Sn；对于装饰表面则镀 Au、Ag、Cr 和半光亮镍等；要求防渗碳的表面则需镀碱铜。

3）镀后处理

电刷镀完毕后，要立即彻底清除镀件表面的水迹、残留镀液等残积物，采取烘干、打磨、抛光、涂油等适当的保护方法，以保证电刷镀零件有较长的贮存期和使用寿命。

5. 电刷镀的应用

1）电刷镀的应用范围

电刷镀的主要应用场合包括：修复加工超差和磨损的零件，填补零件表面的凹坑、划伤、蚀斑和孔洞等缺陷；对零件表面进行强化处理，提高零件的表面硬度、耐磨性、减摩性、抗氧化能力等；对零件表面进行改性处理（改善导电性能、导磁性能、热性能、光性能、防护性能、耐蚀性能、钎焊性能等）；与其他表面技术复合对零件表面进行处理。

电刷镀已在许多工业部门得到广泛应用，并取得了很好的经济效益。但电刷镀不能代替槽镀,对于大批量生产的中小型零件、大面积工件的镀覆,槽镀更具有优势。

2)电刷镀应用举例

下面以某水泥制造机的变速器传动轴修复为例,说明电刷镀的应用。

(1)刷镀修复工艺分析。该轴由于长期在多变载荷和微振动状态下工作,使过盈配合的轴承内环与轴出现了相对运动,发生黏焊,产生划痕,并出现 0.1~0.2 mm 的凹坑。该轴长 870 mm,直径为 220 mm,轴径向平均超差 0.14~0.26 mm,不椭圆度局部超差 0.5 mm,两处磨损位置的宽度为 84~120 mm。该厂原采用堆焊方法修复过此类轴,结果没使用多久就发生断裂。若采用常规的电刷镀镀液修复,由于沉积速度慢,安全厚度小,一般仅适于修复尺寸超差为 0.1 mm 左右的工件,而对于尺寸超差最大值达 0.5 mm 的工件则难以修复。由于稀土电镀液具有沉积速度快、安全厚度大、表面质量优异、耐磨性好的特点,因此,可采用稀土刷镀镀液进行修复。

(2)刷镀修复工艺过程。首先对轴进行表面预处理。将轴的待镀表面用碱液及有机溶剂清洗,并用 600 目水砂纸打磨。采用 1 号电净液除油,工件接正极,电压 14 V,相对运动速度为 8 m/min,以油彻底除净为止,最后用水冲洗。之后,采用 2 号活化液去除轴表面的疲劳层,工件接负极,其他参数与电净处理相同,直到轴表面均匀出现灰黑色碳污为止;用水冲洗后,再用 3 号活化液除去炭黑,电压 21 V,其他参数同上,直到呈现均匀银灰色金属本色为止,用水清洗干净。

(3)稀土镀液的刷镀。为了使镀层与轴之间的结合状态良好,采用特殊镍作为打底层。首先进行无电擦拭,在基体表面预先布置电荷,然后在 18 V 电压下进行闪镀,再将电压降至 14 V 进行正常刷镀,打底层厚度约 3 μm。由于工件尺寸超差过大,必须用恢复尺寸层、夹心层修复超差尺寸。靠近打底层部位采用"厚铜薄镍"原则;靠近工作层部位采用"厚镍薄铜"原则,使镀层应力达到最小,不至于产生龟裂和脱皮现象。工作层选用稀土快镍,刷镀厚度为 0.05 mm,工艺参数同电净处理。由于该轴磨损不均匀,具有较大的椭圆度及偏磨现象,对此部位要进行局部刷镀调整,直到消除上述缺陷为止。然后,再使工件旋转,刷镀到规定尺寸。

采用稀土电刷液修复磨损超差的传动轴,镀层表面平整、光亮。此种工艺不损伤工件基体,是修复超差件的较理想方法。

5.6.5　气相沉积技术

气相沉积技术是利用气相中发生的物理、化学过程,改变工件表面成分,在材料表面形成具有特殊性能(例如超硬耐磨层或具有特殊的光学、电学性能)的金属或化合物涂层的新技术。气相沉积通常是在工件表面覆盖厚度 0.5~10 μm 的一层过渡族元素(钛、钒、铬、锆、钼、钽、铌及铪)与碳、氮、氧和硼的化合物。按照过程的本质可将气相沉积分为化学气相沉积(CVD)和物理气相沉积(PVD)两大类。气相沉积是模具表面强化的新技术之一,已广泛应用于各类模具的表面硬化处理,主要应用的沉积层为 TiC 和 TiN。近年来,又发展出一代新型气相沉积技术,即等离子体增强化学气相沉积(PCVD)。

1. 化学气相沉积

化学气相沉积是利用气态物质在一定温度下于固体表面进行化学反应,并在其表面上生成固态沉积膜的过程。例如,气相的 $TiCl_4$ 与 N_2、H_2 在受热钢的表面形成 TiN,并沉积在钢的表面上,得到耐磨抗蚀的 TiN 沉积层。其过程如下:

（1）反应气体向工件表面扩散并被吸附;

（2）吸附于工件表面的各种物质发生表面化学反应;

（3）生成物质点聚集成晶体并增大;

（4）表面化学反应中产生的气体产物脱离工件表面返回气相;

（5）沉积层与基体的界面发生元素的互扩散,形成镀层。

CVD 涂层生产工艺包括:工件清洗、脱脂等预处理;涂层沉积;涂层热处理强化（某些场合,如装饰涂层可不热处理）。

2. 物理气相沉积

物理气相沉积是将金属、合金或化合物放在真空室中蒸发（或称溅射）,使这些气相原子或分子在一定条件下沉积在工件表面上的工艺。物理气相沉积有许多工艺方法,如真空蒸镀、阴极溅射和离子镀等。

（1）真空蒸镀。将工件放入真空室,并用一定方法加热镀膜材料,使其蒸发或升华至工件表面凝聚成膜。工件材料可以是金属、半导体、绝缘体乃至塑料、纸张、织物等,镀膜材料可以是金属、合金、化合物、半导体和一些有机聚合物等,工件材料及镀膜材料的适用范围很广。加热方式有电阻、高频感应、电子束、激光、电弧加热等。

（2）阴极溅射。将工件放入真空室,并用正离子轰击作为阴极的靶（镀膜材料）,使靶材中的原子、分子逸出,升腾至工件表面凝聚成膜。溅射粒子的动能为 10eV 左右,为热蒸发粒子动能的 100 倍。按入射离子来源不同,可分为直流溅射、射频溅射和离子束溅射。入射离子的能量还可以用电磁场调节,常用值为 10eV 量级。溅射镀膜的致密性和结合强度较好,基片温度较低,但成本较高。

（3）离子镀。将工件放入真空室,并利用气体放电原理,将部分气体和蒸发源（镀膜材料）逸出的气相粒子电离,在离子轰击的同时,把蒸发物或其反应产物沉积在工件表面成膜。这是一种等离子体增强的物理气相沉积,其特点为镀膜致密、结合牢固,可在工件温度低于 590 ℃ 时得到良好的镀层,绕镀性也较好。常用的方法有阴极电弧离子镀、热电子增强电子束离子镀、空心阴极放电离子镀。

PVD 方法可获得金属涂层和化合物涂层。如在黄铜表面涂覆金属膜,用于装饰;在塑料带上涂覆铁钴镍,制作磁带;在高速钢表面涂覆 TiN、TiC 薄膜,提高刀具的耐磨性等。

与 CVD 法相比,PVD 的主要优点是处理温度较低、沉积速度较快和无公害等,有很高的实用价值。其不足之处是沉积层与工件的结合力很小,镀层的均匀性稍差。此外,设备造价高,操作维护的技术要求也较高。

3. 等离子体增强化学气相沉积

通常的 CVD 方法是使气态物质在高温发生化学反应,制造涂层。如果用射频电场、直流电场或微波电场使低压气体放电得到等离子体,则可促进气相化学反应,在基材上沉积化合物涂层。因此,等离子体增强化学气相沉积（简称 PCVD）是在沉积室利用辉光放电使气态物质电离后,在衬底上进行化学反应沉积,来制备半导体材料和其他材料薄膜的方法。工作原理是:在化学气相沉积中,激发气体,使其产生低温等离子体,增强反应物质的化学活性,从而进行外延生长得到沉积层。该方法可在较低温度下形成固体膜。例如,在一个反应室内将基体材料置于阴极上,通入反应气体至较低气压(1~600Pa),基体保持一定温度,以某种方式产生辉光放电,基体表面附近气体电离,反应气体得到活化,同时基体表面产生阴极溅射,从而提高了表面活性。在基体表面上不仅存在着通常的热化学反应,还存在着复杂的等离子体化学反应。沉积膜就是在这两种化学反应的共同作用下形成的。激发辉光放电的方法主要有:射频激发、直流高压激发、脉冲激发和微波激发等。

PCVD 与 CVD 法相比,处理温度要低些,可在非耐热性或高温下发生结构转变的基材上制备涂层,简化后处理工艺。由于气体处于等离子体激发状态,大大提高反应速率,并使通常在热力学上难以发生的反应变为可能,可以开发出具有各种组成比的新型涂层以及高温材料涂层。

等离子体增强化学气相沉积的主要优点是:沉积温度低,对基体的结构和物理性质影响小;膜的厚度及成分均匀性好;膜组织致密、针孔少;膜层的附着力强;应用范围广。

4. 气相沉积涂层的特点

(1) 涂层具有很高的硬度、低的摩擦系数和自润滑性能,所以耐磨损性能良好。

(2) 涂层具有很高的熔点、化学稳定性好,基体金属在涂层中的溶解度小,摩擦系数较低,因而具有很好的抗黏着磨损能力。使用中发生冷焊和咬合的倾向也很小,而且 TiN 比 TiC 更好。

(3) 涂层具有较强的耐蚀能力。

(4) 涂层在高温下也具有良好的抗大气氧化能力。

5. 气相沉积的发展与应用

1) 气相沉积的发展

(1) 设备的发展。已研制出电子束大型连续蒸镀设备、多种类型磁控溅射设备、新型弧源离子镀设备、空心阴极(HCD)离子镀和多弧复合离子镀设备、各种离子束增强沉积(IBAD)设备及等离子体浸没式离子注入(PIII)设备等。

(2) 工艺的进展。主要表现膜层种类的增多和膜层性能的提高。如已制备出各种高性能的耐磨膜层、抗蚀膜层、耐高温腐蚀膜层、热障膜层、类金刚石和立方氮化硼膜层及多种陶瓷和多层复合膜层。

(3) 方法的复合。较先进的气相沉积工艺多是各种单一 PVD、CVD 方法的复合。它们不仅采用各种新型的加热源,而且充分运用各种化学反应高频电磁(脉冲、射频、微波等)及等离子体等效应来激活沉积粒子。如反应蒸镀、反应溅射、离子束溅射、多种等离子体激发的 CVD 等。

2) 气相沉积的应用

气相沉积技术的应用涉及多种领域。仅在改善机械零件耐磨抗蚀性能方面,其用途就十分广泛。如用上述方法制备的 TiN,TiC,Ti(CN) 等薄膜具有很高的硬度和耐磨性,在高速钢刀具上镀制 TiN 膜可以说是高速钢刀具的一场革命,在刀具切削面上镀覆 1~3 μm 的 TiN 膜就可使其使用寿命提高 3 倍以上。在一些发达国家的不重磨刀具中有 30%~50% 加镀了耐磨层。其他金属氧化物、碳化物、氮化物、立方氮化硼和类金刚石等膜,以及各种复合膜也表现出优异的耐磨性。PVD 和 CVD 法制备的 Ag、Cu、CuIn 和 AgPb 等软金属及合金膜,特别是用溅射等方法镀制的 MoS_2、WS_2 及聚四氟乙烯膜等具有良好的润滑、减摩效果。气相沉积获得的 Al_2O_3、TiN 等薄膜耐蚀性好,可作为一些基体材料的保护膜,含有铬的非晶态膜的耐蚀性则更高。离子镀 Al、Cu 和 Ti 等薄膜已部分代替电镀制品用于航空工业的零件上。用真空镀膜制备的抗热腐蚀合金镀层及进而发展的热障镀层已有多种系列用于生产中,作为离子束技术的一个重要分支,离子注入处理已使模具、刀具、工具以及航空轴承、轧辊、涡轮叶片、喷嘴等零件的使用寿命提高了 1～10 倍。

5.6.6　激光表面改性

激光表面改性技术是材料表面工程中的先进技术之一,因其具有加工效率高、无污染、材料消耗低等特点,近年来在材料表面工程领域中引起了广泛关注。激光表面改性是利用激光束极快地加热工件表面,通过快速冷却,改变材料表面的结构,从而使材料表层获得所需的物理、化学、力学性能的一种热处理方法。

图 5.59　大型内齿圈激光淬火

工作原理:激光束辐照至工作表面,材料吸收光子的能量,将其转化为热量,表层温度升高并向内部传热。材料表层对激光能量的吸收,除与激光功率密度、辐照时间有关外,还受激光束的模式、波长、材料的反射率和吸收率等因素的影响。材料表层吸收激光能量,温度升高到相变点以上并发生固态相变,与此相对应的加工工艺为激光表面淬火(见图 5.59)。金属材料随着温度升高,对激光的吸收率也会逐渐增大;材料的温度进一步升高到熔点之上,材料熔化并形成熔池,涉及的主要工艺为激光熔凝、激光熔覆、激光表面合金化等;材料温度升高至汽化点之上,出现等离子体现象,利用等离子体的反冲效应,可对材料进行冲击强化处理;当材料在不同的加热温度下移开激光束而冷却,将出现晶粒细化、相变硬化等多种现象。

根据材料种类的不同,调节激光功率密度、激光辐照时间等工艺参数,或是增加一定的气氛条件,可进行激光表面淬火(相变硬化)、熔覆、表面合金化、非晶化、冲击硬化等激光表面改性处理。用于激光表面改性的设备有半导体光纤输出激光器、光纤激光器、全固态激光器,其中半导体光纤输出激光器在激光热处理领域中应用最广。

激光表面改性技术有如下特点:① 加热速度极快,具有超强的自淬火作用,无需加热和冷却介质,无环境污染;② 激光束功率密度极高,工件的热影响区小、尺寸热变形小、表面光洁度较高;③ 可实现复杂形状工件局部区域的表面处理,而不必工件整体热处理,减少能耗,节约成本;④ 通用性强,可以对结构复杂的精密零部件进行局部或特殊位置(如管孔、深沟、夹角和刀具刃口等)以及难以采用其他常规方法处理的工件表面进行改性,简化加工工序;⑤ 能利用计算机控制加工条件,操作简单,适合自动化高效流水线生产。

1. 激光表面淬火

(1) 激光表面淬火原理。激光表面淬火(laser surface quenching)又称激光相变硬化,是最先用于金属材料表面强化的激光处理技术。对于钢铁材料而言,激光表面淬火是以

$10^4 \sim 10^5$ W/cm² 高功率密度的激光束快速扫描工件,以 $10^5 \sim 10^6$ ℃/s 的加热速度,使材料表面极薄一层的局部小区域的温度急剧上升到相变点以上,并转变成奥氏体,此时工件内部仍保持冷态。在停止加热后,内部金属能迅速传热使表层金属急剧冷却,从而达到自冷淬火而硬化的目的。由于激光表面淬火时,冷却速度高达 10^3 ℃/s,比常规淬火速度要高约 10^3 倍,所以可以获得极细的马氏体组织。

(2)激光表面淬火的特点。激光淬火的优点:具有极高的加热和冷却速度,获得的淬火层硬度比常规淬火提高 15% $\sim$ 20%,耐磨性提高 1 $\sim$ 10 倍;靠自冷却淬火,不需要淬火介质,对环境和工件都无污染;强化后的零件表面光滑且变形小,所以对于某些要求内韧外硬、变形小的机件是很适用的。

(3)激光表面淬火应用。激光表面淬火的零件材料一般以中碳钢、刀具钢、模具钢和铸铁为主,还可以对时效铝合金和奥氏体不锈钢进行固溶处理。自 1978 年美国通用汽车公司首先将激光表面淬火应用于汽车零件的表面处理以来,该强化技术已经基本成熟并成功地应用于工业生产。目前,激光表面淬火大量用于汽车、拖拉机、机车的发动机缸体和缸套内壁处理,以提高其耐磨性和使用寿命,此外,还用于曲轴、齿轮、模具、刀具、活塞环等表面硬化处理。

2. 激光表面合金化

(1)激光表面合金化原理。激光表面合金化(laser surface alloying)是利用激光束来加热所添加的合金及陶瓷粉末,使其与基体表面共熔混合,以改变工件表面的化学组成,从而提高其表面的耐磨、耐腐等性能。即把合金元素、陶瓷等粉末以一定方式添加到基体金属表面上,同时通过激光加热,在 $0.1 \sim 10$ s 内形成厚 $0.01 \sim 2$ mm 的表面合金层。这种快速熔化的非平衡过程可使合金元素在凝固后的组织达到很高的过饱和度,从而形成普通合金化方法不易得到的化合物、介稳相和新相,在合金元素消耗量很低的情况下获得具有特殊性能的表面合金。

向工件表面加入合金粉末的方法有预置涂层法和同步送粉法,如图 5.60 所示。预置涂层法是采用粉末涂刷、热喷涂、电镀、气相沉积等方法,将所需的合金粉末预先涂敷在工件表面,然后用激光加热;同步送粉法是在激光照射的同时送入粉末,需要精度较高的送粉设备来适时控制。

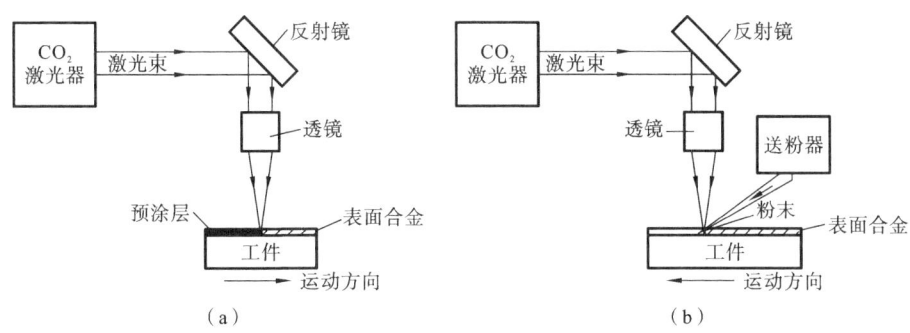

图 5.60　激光表面合金化加热操作方法

(a)预置涂层法;(b)同步送粉法

（2）激光表面合金化的应用。激光表面合金化是一种较新的表面改性技术，目前处于研发和推广阶段。适合于激光合金化的基材较广泛，有普通碳钢、合金钢、不锈钢、铸铁、钛合金和铝合金等；合金化元素包括 Cr、Ni、W、Ti、Mn、B、V、Co 和 Mo 等。

采用激光合金化可使廉价的普通材料表面获得优异的耐磨、耐腐蚀、耐热等性能，以取代昂贵的整体合金。如对于 Ti 合金，利用激光碳硼共渗和碳硅共渗的方法，实现了 Ti 合金表面的合金化，硬度由 $300 \sim 380$ HV 提高到 $1430 \sim 2290$ HV，与硬质合金圆盘对磨时，合金化后的耐磨性可提高两个数量级。美国 AVCO 公司采用激光合金化工艺处理的汽车排气阀，其耐磨性和抗冲击能力得到提高。在 45 钢上进行的 $TiC\text{-}Al_2O_3\text{-}B_4C\text{-}Al$ 复合激光合金化，其耐磨性为 CrWMn 钢的 10 倍；用此工艺处理的磨床托板比原来使用的 CrWMn 钢制的托板寿命提高了 $3 \sim 4$ 倍。

3. 激光熔覆

（1）激光熔覆原理。激光熔覆（laser surface cladding）过程与普通喷焊或堆焊类似，即在金属基体表面上添加一层金属、合金或陶瓷粉末，在进行激光重熔时，控制激光能量输入参数，使添加层熔化并使基体表面层微熔，从而得到一外加的熔覆层。与表面合金化的不同在于：基体微熔而添加物全熔，并要求基体对表层合金的稀释率为最小。因此，避免了熔化基体对强化层的稀释，可获得具有原来特性和功能的强化层。

（2）激光熔覆的特点。合金层和基体可以形成冶金结合，极大地提高了熔覆层与基材的结合强度；由于加热速度很快，熔覆层的稀释率低，仅为 $5\% \sim 8\%$；熔覆层晶粒细小、结构致密，因而硬度一般较高，耐磨、耐蚀等性能更为优异；激光熔覆热影响区小，工件变形小，成品率高，熔覆过程易实现自动化生产，覆层质量稳定。

（3）激光熔覆的应用。激光熔覆适合的基体材料有碳钢、铸铁、不锈钢、Cu 和 Al 等，涂层材料可以是 Co、Ni、Fe 基合金、碳化物和氧化铝陶瓷等。送粉方法与激光合金化的送粉方法类似，可采用预置合金粉末法和同步送粉法。

自 20 世纪 70 年代以来，激光熔覆技术在工业中得到越来越广泛的应用。如发动机排气密封面和发动机缸盖锥面采用激光熔覆 Co 基合金，航空发动机涡轮叶片采用激光熔覆耐热涂层，汽轮机末级叶片表面熔覆耐蚀合金等都取得了很好的应用效果。另外，我国将激光熔覆技术应用于轧钢辊表面强化处理，也取得了显著的经济效益。

5.7 热处理新技术应用

5.7.1 形变热处理

形变热处理是将形变强化（锻、轧等）与热处理强化（相变强化）结合起来，使金属材料同时经受形变和相变，从而使晶粒细化，位错密度增加，晶界发生畸变，达到提高钢件综合力学性能的方法。形变热处理不但能够使钢件得到一般加工处理所达不到的高强度、高塑性和高韧性的良好配合，而且还能大大简化钢材或零件的生产流程，节能降耗，提高经济效益。

形变热处理是压力加工与热处理相结合的金属热处理工艺，是有效强化金属材料的先进技术之一。按照形变与相变过程的关系，形变热处理可分为以下几种类型：主要包括高温形变热处理、低温形变热处理、变塑钢形变热处理和预先形变热处理等。

1. 高温形变热处理

高温形变热处理(稳定奥氏体的形变热处理)是在奥氏体稳定区内先进行塑性变形,然后立即淬火回火的工艺,如图 5.61(a)所示。主要分为高温形变淬火和高温形变等温淬火。

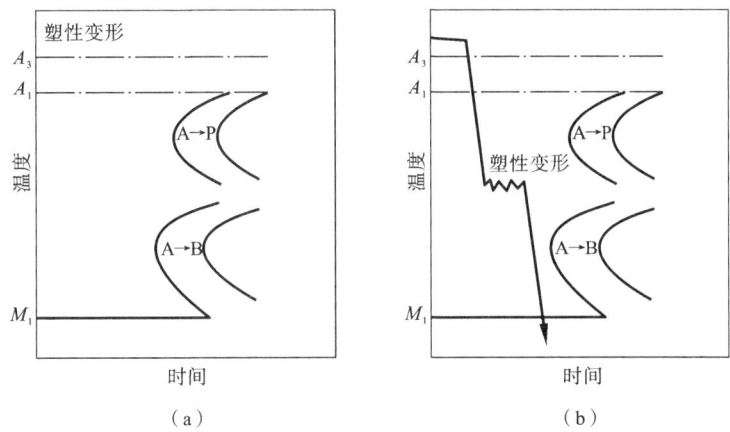

图 5.61　形变热处理工艺

(a) 高温形变热处理;(b) 低温形变热处理

(1)高温形变淬火。将钢加热到稳定奥氏体状态,在该状态下形变,随后淬冷,得到马氏体组织。此法应用广泛,对材料无特殊要求,一般碳钢、低合金钢均可应用。

(2)高温形变等温淬火。将钢加热到稳定奥氏体状态并发生形变后,在珠光体或下贝氏体区域进行等温转变,得到珠光体或下贝氏体组织。高温形变热处理的形变过程也在相变前完成。

对于亚共析钢,形变温度大多在 A_3 线以上;对于过共析钢则在 A_1 线以上。为了保证形变强化效果,防止再结晶软化,形变之后应立即淬火,然后再进行低温回火、中温回火或高温回火。表 5.10 是某企业汽车板簧高温形变热处理与普通热处理性能的比较。其高温形变热处理的工艺是:钢板加热到 930 ℃,进行形变量为 18% 的形变,停留 30~50 s 后,立即用20 号机油冷却,随后进行快速回火。从该表可以看出,高温形变热处理不仅提高了板簧的强度和硬度,而且能显著地提高其疲劳寿命和韧性。

表 5.10　60Si2Mn 钢汽车板簧高温形变热处理与普通热处理的性能比较

热处理	力学性能					
	R_m/MPa	$R_{p0.2}$/MPa	A/(%)	Z/(%)	α_K/(J/cm²)	硬度(HRC)
普通热处理(淬火+回火)	1490	1372	9.86	41.6	3.35	44
高温形变热处理(淬火+回火)	2272	2232	1.70	40.4	6.80	56

锻造(轧制)余热淬火工艺是高温形变热处理的例子,利用锻造(轧制)余热直接淬火不仅提高了零件的强度,还可以改善韧性、塑性和疲劳抗力,减少回火脆性及缺口敏感性,而且能优化工序和减少能耗。锻造余热淬火可适用于各种碳钢及合金钢的调质件以及加工量不大的铸件,如曲轴、连杆、弹簧等。此外,如热轧高速钢钻头、热轧齿轮、热拔钢管都可以进行高温形变热处理。

2. 低温形变热处理

低温形变热处理分为低温形变淬火（亚稳奥氏体的形变淬火）和低温形变等温淬火。

（1）低温形变淬火。如图 5.61（b）所示，将钢加热到奥氏体状态，保持一定时间，然后急冷至 Ar_1 温度线以下，M_s 温度（约 $500\sim600$ ℃）以上，待温度均匀后，进行形变（压力加工），随后淬冷，得到马氏体组织，再进行低温回火或中温回火。这种工艺只适于某些合金钢，即珠光体区和贝氏体区之间具有较长孕育期的钢种。主要用于结构钢、工具钢、合金元素含量较高，过冷奥氏体比较稳定的钢种。

（2）低温形变等温淬火。与低温形变淬火工艺前段相似，但形变、等温在下贝氏体区域进行，淬冷后得到下贝氏体组织。与低温形变淬火相比，可用于合金元素含量略低的钢种。低温形变热处理可以在保证塑性和韧性不降低的条件下，能够大幅度地提高钢件的强度和抗磨损能力，并提高其寿命。其工艺特点是形变在相变之前完成。主要用于要求强度极高的零件，如飞机起落架、高速钢刀具、模具等。

3. 变塑钢形变热处理

变塑钢形变热处理是利用具有形变诱发相变和相变诱发塑性的变塑钢种，通过固溶化处理，奥氏体化后，进行形变、深冷处理等一系列过程，继而发生马氏体转变的热处理工艺。该方法的形变是在相变中进行，工艺操作比较复杂。

4. 预先形变热处理

它是将处于退火、正火或调质状态的钢件，在室温或室温下进行形变强化，中间回火后，再快速加热进行淬火和最终回火的热处理工艺。对结构钢、工具钢预先形变热处理，可达到提高强度，改善塑性的目的。

形变热处理造成强韧化的原因是多方面的，主要有细化马氏体晶体和亚结构，增大位错密度，合金碳化物弥散析出，板条状马氏体增多以及改变残余奥氏体的数量及分布等。由于受设备和工艺条件的限制，形变热处理的应用还不普遍。对于形状复杂的工件很难进行形变热处理，形变热处理后对工件的切削加工或焊接也有一定影响。

形变热处理的主要优点：① 将金属材料的成形与获得材料的最终性能结合在一起，简化了生产过程，节约能源消耗及设备投资；② 与普通热处理比较，形变热处理后金属材料能达到更好的强度与韧性相配合的力学性能。有些钢特别是微合金化钢，唯有采用形变热处理才能充分发挥钢中合金元素的作用，得到强度高、塑性好的性能。形变热处理应用于生产金属与合金型材（板材、带材、管材、丝材等）和各种零件（如板簧、连杆、叶片等）。

5.7.2 真空热处理

钢件在热处理炉内加热时，接触的介质氛围主要有空气、真空、中性盐浴（或熔融金属）和可控气氛四大类。真空热处理是真空技术与热处理技术相结合的新型热处理技术，真空热处理所处的真空环境指的是低于一个大气压的气氛环境，包括低真空（$133.3\times10^{-1}\sim133.3\times10^{-3}$ Pa）、高真空（$133.3\times10^{-6}\sim133.3\times10^{-4}$ Pa）和超高真空（$<133.3\times10^{-6}$ Pa），真空热处理实际也属于气氛控制热处理。

真空热处理是指热处理工艺的全部或部分在真空状态下进行的热处理。包括真空退火、真空淬火、真空回火及真空化学热处理（真空渗碳，真空等离子渗碳、渗氮或渗其他元素）

等,通常可在真空热处理炉内进行,图 5.62 所示。

1. 真空热处理的特点

(1) 真空热处理可以有效地防止金属在处理过程中产生氧化、脱碳且具有脱脂、除气的特殊效果。良好的表面状态对精密细小的零件、容易与炉气发生反应的活性材料和后续处理有困难的产品是非常适用的。

图 5.62　真空热处理装备

(2) 经真空热处理的产品,其力学性能均匀,质量稳定,淬火变形小,变形规律易于掌握。这对于形状复杂、几何精度要求高的产品(如工模具)尤其重要。

(3) 真空化学热处理具有高的生产率。真空渗碳比普通气体渗碳的生产率约高一倍,真空离子化学热处理较真空化学热处理的生产率更高。

(4) 真空热处理是节能无公害的工艺方法。真空炉完善的密封和高效的隔热系统使加热功率得到了较充分的利用。

综上所述,真空热处理与普通热处理相比,其主要优点有:① 工件尺寸精度较高;② 工件的力学性能较好,主要表现在使强度有所提高,特别是使与钢件表面状态有关的疲劳性能和耐磨性等提高。对模具寿命来说,真空热处理比盐浴热处理一般高 40%~400%,对工具寿命来说可提高 3~4 倍。

由于真空热处理设备投资大、辅助材料(保护性气体、淬火油等)价格高等原因,目前主要适合处理刀具、模具和量具,性能要求高的结构件和精密零件,形状与结构复杂的渗碳件及难以渗碳的特殊材料。

2. 真空热处理的应用

(1) 真空退火。真空退火的主要目的是使零件在退火的同时表面具有一定的光亮度。除用于钢、铜及其合金外,还可用于处理一些与气体亲和力较强的金属,如钛、钼、铬和锆等。

(2) 真空淬火。真空淬火的主要目的是实现零件的光洁淬火,零件的淬火冷却在真空炉内进行,淬火介质主要是气体(如惰性气体)、水和真空淬火油等。真空淬火已大量应用于各种渗碳钢、合金工具钢、高速钢和不锈钢的淬火,以及各种时效合金、硬质合金的固溶处理。

(3) 真空渗碳。真空渗碳是近年来在高温渗碳和真空淬火基础上发展起来的一种新工艺。它是将工件入炉后先抽真空,随即通电加热升温至渗碳温度(1030~1050 ℃)。工件经脱气、净化并均热保温后,通入渗碳剂进行渗碳,渗碳结束后将工件进行油淬。与普通渗碳相比,真空渗碳主要有以下优点:① 由于渗碳温度高,加之净化作用使工件表面处于活化状态,渗碳过程被大大加速,时间显著缩短;② 工件表面光洁,渗层均匀且碳浓度梯度平缓,渗层深度易精确控制,无反常组织和晶间氧化产生,渗碳质量好;③ 改善了劳动条件,有利于环境保护。

5.7.3　可控气氛热处理

为了防止加热工件在空气介质的热处理炉中被氧化、脱碳和烧损,向热处理炉内通入某种经过制备的气体介质,这些气体介质总称为可控气氛。工件在可控气氛中进行的各种热处理称为可控气氛热处理。热处理生产技术重点发展的方向之一是可控气氛热处理。在无氧化热处理技术的发展趋势中,首推可控气氛热处理。在目前少品种、大批量生产中,尤其是碳素钢和一般合金结构钢件的光亮淬火、退火、渗碳淬火、碳氮共渗淬火、气体氮碳共渗仍以可控气氛为主要手段。所以可控气氛热处理仍是先进热处理技术的主要组成部分。

1. 可控气氛的组成及性质

常用的可控气氛主要由一氧化碳(CO)、氢气(H_2)、氮气(N_2)及微量的二氧化碳(CO_2)、水蒸气(H_2O)和甲烷(CH_4)等气体及氩气、氦气等惰性气体组成。各种气体与钢铁的化学反应如表 5.11 所示。

表 5.11 各种气体与钢铁的化学反应

气体成分	无氧化条件/(%)	化学反应	性质	不脱碳条件/(%)
O_2	0	$2Fe+O_2 \rightarrow 2FeO$ $Fe_3C+O_2 \rightarrow 3Fe+CO_2$	强氧化性 强脱碳性	0
N_2	100		中性	100
CO_2	≤5	$Fe+CO_2 \rightarrow FeO+CO$ $Fe_3C+CO_2 \rightarrow 3Fe+2CO$	强氧化性 强脱碳性	0
H_2O	≤3 (24 ℃以下)	$Fe+H_2O \rightarrow FeO+H_2$ $Fe_3C+H_2O \rightarrow 3Fe+H_2+CO$	氧化性 强脱碳性	≤0.25 (−11 ℃以下)
H_2	2~100	$FeO+H_2 \rightarrow Fe+H_2O$	强还原性	
CO	8~20	$Fe+2CO \rightarrow Fe(C)+CO_2$ $FeO+CO \rightarrow Fe+CO_2$	弱渗碳性 还原性	
CH_4	1	$Fe+CH_4 \rightarrow Fe(C)+2H_2$	强渗碳性	1

根据这些气体与钢铁发生化学反应的性质,可将它们分为四类:

(1)具有氧化和脱碳作用的气体。除了氧是强烈氧化和脱碳性气体外,二氧化碳和水蒸气同样可以使钢铁零件在高温下产生氧化和脱碳现象,因此必须严格控制气氛中的二氧化碳和水蒸气。

(2)具有还原性的气体。氢气(H_2)和一氧化碳(CO)不仅能够保护钢铁在高温下不被氧化,而且还具有将氧化铁(FeO)还原成铁的作用。一氧化碳还是一种增碳性气体。

(3)具有强烈渗碳作用的气体。甲烷(CH_4)是一种强渗碳性气体,在高温下能分解出大量活性碳原子,渗入钢的表层,使之增碳。

(4)中性气体。氩、氦、氮等气体高温下与钢铁零件既不发生氧化、脱碳,也不还原,也无渗碳作用。

实际上,通入炉内的可控气氛常采用多种气体的混合气体。在高温下,这些混合气体究竟使钢铁氧化、脱碳,还是不氧化、不脱碳、或是增碳,这取决于组成混合气体的各种气体的性质及相对含量。控制上述混合气体的相对含量,便可使加热炉内分别获得渗碳性、还原性和中性气氛,进行各种可控气氛的热处理。

2. 可控气氛的类型及应用

可控气氛的种类较多,在可控气氛热处理生产中的常用气氛有放热式气氛、吸热式气氛、氨分解气氛、氮基气氛。表 5.12 所示为几种可控气氛的成分及主要热处理用途。

表 5.12　可控气氛的成分及主要用途

名称		成分/(%)				露点/℃	用途			
		H_2	CO	CO_2	N_2		低碳钢	中碳钢	高碳钢	特殊钢
吸热式气氛		30～41	17～25	0～1	14～15	−10～30	渗碳,软氮化	渗碳,光亮退火,无氧化淬火	光亮正火,无氧化淬火	无氧化淬火(高速钢)
放热式气氛	浓型	6～13	10～11	5～8	70～80	室温	光亮正火	光亮正火(30 mm以下)		
	淡型	0.8～1.2	0.5～1.5	10～13	87	室温	保护少氧化			
	净化型	0.5～3	0.5～3		94～99	−40	光亮正火	光亮正火,无氧化淬火	光亮正火,无氧化淬火	
氨分解气氛		75			25	−40～−60	烧结,表面氧化还原			光亮退火(铬钢)
氮基气氛		0～10			90～100	−40～−60	添加其他成分,可用于低、中、高碳钢的热处理			

(1) 放热式气氛。燃料气(如甲烷或丙烷、丁烷等)与一定比例的空气混合后通入发生器,靠自身的放热燃烧反应而制成的气体,称为放热式气氛,其主要成分为 N_2、CO、CO_2,只能用作防止氧化的保护气氛,而不能作为防止脱碳的气氛。因此,放热式气氛常用于低碳钢零件的光亮退火,以及短时加热的中碳钢小件的光亮淬火。

(2) 吸热式气氛。燃料气(如甲烷或丙烷、丁烷等)与一定比例(较放热式气氛为低)的少量空气混合后通入发生器进行加热,在触媒的作用下,经吸热反应而制成的气体,称为吸热式气氛。气氛中的主要成分是 N_2、H_2、CO,几乎不含 CO_2 和 H_2O。因此,可用于各种碳钢的光亮热处理,以及作为渗碳或碳氮共渗的稀释气体,还可进行钢板穿透渗碳或脱碳钢的复碳处理。

(3) 氨分解气氛。将无水氨加热到 800～900 ℃,在铁触媒的作用下,很容易分解为 H_2 和 N_2,其性质为还原性和脱碳性的。氨分解气氛不含 CO,不会与钢中的铬形成碳化物而使其贫铬,因而常用作不锈钢和高铬合金钢加热的保护气氛。

(4) 氮基气氛。氮是不活泼气体,利用液态氮可以得到露点低、纯度高的氮气。近年来,国内外十分重视从空气中提取氮来代替以燃料做原料的可控气氛。工业氮中常含有少量的氧,除去后才能防止工件氧化。实际上纯氮中常需加入少量的还原性或渗碳性气体,才能适应各种可控气氛热处理生产的要求,这种混合气体称为氮基气氛。除此之外,还有氢气、滴注式气氛的可控气氛应用,等等。

5.8 热处理与机械设计制造的关系

5.8.1 热处理工序

热处理工序一般安排在铸、锻、焊等热加工和切削加工的各个工序之间。预先热处理主要有退火、正火、调质等,一般安排在毛坯生产之后、切削加工之前,或粗加工之后、半精加工之前。最终热处理主要有淬火、回火、渗碳、渗氮等。由于处理后硬度高,故最终热处理一般安排在半精加工后、磨削加工前。而生产中的灰铸铁件、铸钢件和某些无特殊要求的锻件及焊接件,退火、正火或调质也可作为最终热处理工艺。

不同的零部件,使用性能要求不同,选用的材料不同,所采用的热处理方式及热处理在零件制造过程中的工序位置也不同,即零件制造的工艺路线不同。

1) 低碳钢件的加工工艺路线

(1) 受力较小的工件。如各种机架、容器等,一般为铸件、焊件或冲压件。

工艺路线:毛坯加工→退火(或正火)→切削加工。

(2) 要求表硬内韧的工件。如受冲击载荷较大的轴、轮等,一般为各种圆钢制造。

工艺路线:下料→锻造→正火→粗加工→半精加工(留防渗余量或镀铜)→渗碳→(切除防渗余量)→淬火、低温回火→磨削。

2) 中碳钢件的加工工艺路线

(1) 要求综合力学性能的工件。如连杆、螺栓等,一般为各种圆钢、方钢制造。

工艺路线:下料→锻造→退火(或正火)→粗加工→调质→半精加工→精加工。

(2) 要求整体综合力学性能及表面耐磨性能的工件。如轴、齿轮等,一般为各种圆钢制造。

工艺路线①:下料→锻造一退火(或正火)→粗加工、半精加工(留磨量)→淬火、低温回火→磨削。

工艺路线②:下料→锻造→退火(或正火)→粗加工→调质→半精加工(留磨量)→表面淬火、低温回火→磨削。

3) 高碳钢件的加工工艺路线

要求表面高硬度、耐磨,如各种工具,一般为各种圆钢、方钢制造。

工艺路线①:下料→锻造→正火→球化退火→粗加工、半精加工(留磨量)→淬火、低温回火→磨削。

工艺路线②:下料→锻造→正火→球化退火→粗加工、半精加工(留磨量)→表面淬火、低温回火→磨削。

5.8.2 热处理零件的结构工艺性

对于需要热处理(特别是淬火工艺)的零部件,在设计零件结构时,为防止热处理中的变形、开裂,应考虑以下结构设计要求:

(1) 零件结构应避免尖角、棱角。台阶应设计成圆角或倒角(见图5.63),防止因应力集

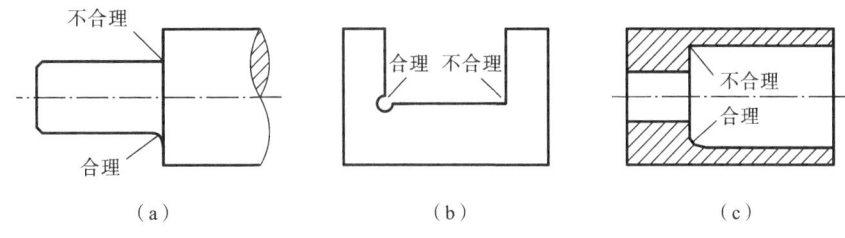

图 5.63　避免尖角和棱角

(a) 台阶过渡圆角；(b) 避免凹槽棱角；(c) 避免内孔尖角

中而开裂。

（2）避免零件截面厚度不均匀，可采取开工艺孔、合理安排孔洞和槽的位置、变盲孔为通孔等措施（见图 5.64），使壁厚尽量均匀，防止内应力不均匀而变形开裂。

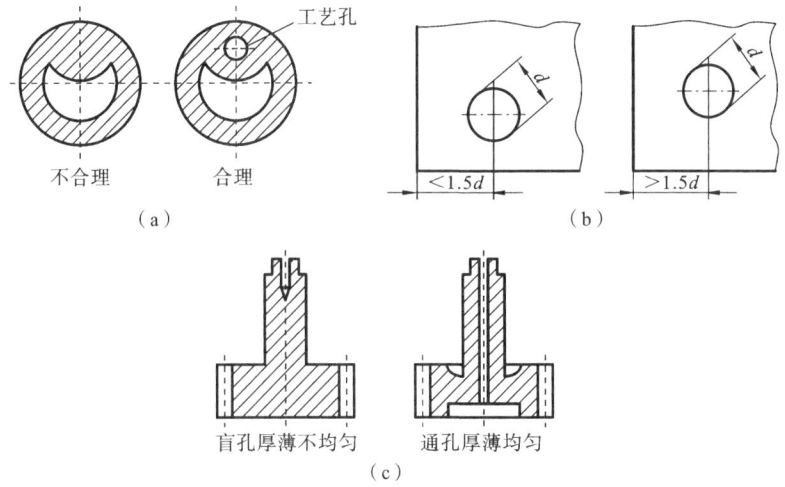

图 5.64　避免截面厚度不均

(a) 开工艺孔；(b) 合理安排孔洞位置；(c) 变盲孔为通孔

（3）采用对称结构，使应力分布均匀，减轻变形或开裂倾向。图 5.65 为镗杆截面，要求渗氮后变形极小，在两侧开槽可避免单侧开槽产生的弯曲变形缺陷。

（4）采用组合结构。对形状复杂或零件各部分性能要求不同的零件，可采用组合结构，避免整体的结构变形。

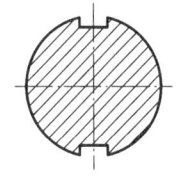

图 5.65　镗杆对称结构

5.8.3　热处理与金属切削加工性能之间的关系

材料的切削加工性能是指材料被加工的难易程度。钢的切削加工性的好坏与其化学成分、金相组织和力学性能有关。在钢的牌号即化学成分确定后，通过热处理方法来改善钢的切削加工性是重要途径之一。

1. 化学成分对切削加工性能的影响

（1）碳的影响。钢随含碳量增加，强度、硬度提高，而塑性、韧性下降。低碳钢的塑性、韧性高；高碳钢的硬度、强度高，这都给切削加工带来一定的困难。因此，生产上对含碳量不大于 0.25% 的低碳钢，大多在热轧态、高温正火态或冷拔态下，进行切削加工；而含碳量超过 0.50% 的钢，大多采用退火处理，适当降低硬度，再切削加工；含碳量在 0.25%～0.50% 之间的中碳钢，常采用正火处理，得到较多的细片状珠光体，适当提高硬度，使加工获得较好的表面光洁度。

（2）合金元素的影响。钢中加入合金元素，通常可提高力学性能，改变物理性能，从而增加切削加工的抗力。在炼钢过程中加入的脱氧元素铝、硅，往往对切削加工性不利，因为它们的化合物 Al_2O_3 和 SiO_2 都是很硬的夹杂物，对刀具的磨损作用很大。为了易于切削加工，冶炼时常把硅的含量控制在最低限度，而且最好不用铝脱氧。在铸铁中，合金元素的作用是以促进或阻碍石墨化作为影响切削加工性的标志的。因为碳以石墨形态存在会使强度和硬度降低，若以渗碳体形态存在，则强度和硬度会提高，从而影响切削加工性。

2. 金相组织对切削加工性能的影响

一般来说，塑性好的单相组织（如铁素体）切削时易发生"黏刀"现象，切屑实际上不是被切割下来的，而是被"撕裂"下来的。由于切削连续不断，刀具严重磨损，影响表面光洁度；另一方面，硬度高的相（如马氏体、渗碳体等）硬而脆，切削时虽不发生变形，但也严重地磨损刀具。上述两种情况对材料的切削加工性能都是不利的。

钢在预备热处理后的组织基本上由铁素体及碳化物所组成，前者软而塑性大，后者硬而脆，具有这两种相的材料，其切削加工性能将主要取决于两者含量的多少，以及形状和分布情况。比较适宜的组织是：晶界上没有粗厚的网状铁素体或碳化物，晶粒内没有粗大的片状碳化物。因此，对于高碳钢，其切削加工性能最好的组织是碳化物呈球状颗粒均匀分布在铁素体基体上的组织（即球状珠光体）。表 5.13 列出了常用结构钢热处理后的硬度、组织与表面光洁度的关系。

扫一扫 表 5.13　常用结构钢热处理后的硬度、组织与表面光洁度的关系

钢号	热处理	硬度（HB）	组织	加工表面光洁度评价
20Cr	正火	156～118	铁素体＋索氏体	车削、拉、插尚好
20Cr	调质	187～207	回火索氏体＋铁素体	车削好，拉、插不良或尚好
20CrMnTi	正火	160～207	铁素体＋索氏体	车削好，拉、插不良
45	正火	170～230	铁素体＋索氏体	车削、拉、插尚好
45	调质	220～250	回火索氏体＋少量铁素体（10%）	车削好，拉、插不良
40Cr	正火	179～229	索氏体＋少量铁素体（>5%）	车削、拉、插均良好
40Cr	调质	230～250	回火索氏体＋少量铁素体	车削好，拉、插不良或尚好
35SiMn	正火	178～229	铁素体＋索氏体	车削、拉、插均良好

3. 力学性能对切削加工性能的影响

通常，金属材料的硬度越高，切削加工性能越差，冷硬铸铁比灰铸铁难加工就是这个道理。切削加工时，切削温度很高，因而材料的高温硬度对切削加工性能也有显著影响。耐热钢比碳钢难加工，因为耐热钢高温硬度较高。切削过程中的加工硬化同样影响切削加工性

能,奥氏体不锈钢比碳钢难加工的原因之一就是加工硬化严重,从而使刀具磨损加剧,甚至引起振动,降低工件的表面光洁度。

5.8.4 机械零件的热处理技术条件

机械零件的技术条件包括机械加工方面的技术条件、热处理技术条件以及其他方面的技术条件。热处理零件一般在图纸上都以硬度作为热处理技术条件,对于渗碳零件则还应标明渗碳层深度,某些要求性能较高的零件还需标明其他力学性能指标。

在工件热处理的图纸上,热处理技术条件要求书写相应的工艺名称,如调质、淬火、回火、高频淬火等。在标注硬度范围时,一般波动范围为:HRC 在 5 个单位左右,HB 在 30～40 个单位之间。

国标 GB/T 12603—2005 虽已规定了热处理工艺分类及代号的详细表示方法,但目前也常沿用原机械工业机床专业标准(GC423-62)所规定的热处理工艺代号及技术条件的表示方法(见表 5.14)。

表 5.14 热处理工艺代号及技术条件的表示方法

热处理方式	代表符号	表示方法举例
退火	Th	退火表示方法为:Th
正火	Z	正火表示方法为:Z
调质	T	调质至 230～250 HBS,表示为:T235
淬火	C	淬火回火至 45～50 HRC,表示为:C48
油中淬火	Y	油中淬火回火至 20～40 HRC,表示为:Y35
高频淬火	G	高频淬火回火至 50～55 HRC,表示为:G52
调质高频淬火	T-G	调质后高频淬火回火至 52～58 HRC,表示为:T-G54
火焰淬火	H	火焰加热淬火回火至 52～58 HRC,表示为:H54
C-N 共渗(氰化)	Q	C-N 共渗淬火回火至 56～62 HRC,表示为:Q59
氮化	D	氮化层深度 0.3 mm,硬度 HV<850,表示为:D0.3-900
渗碳淬火	S-C	渗碳层深度 0.5 mm,淬火回火至 56～66 HRC,表示为:S0.5-59
渗碳高频淬火	S-G	渗碳层深度 0.9 mm,高频淬火回火至 56～62 HRC,表示为:S0.9-59

注:热处理表示方法代号中的数字是标准硬度范围的平均值。

1. 硬度标注

为什么大多数零件的热处理技术条件只标注硬度这一项呢?原因如下:① 因为硬度与强度之间有一定的关系,钢的硬度高低基本反映了钢的强度大小;② 因为硬度检查非常方便,淬火钢的最高硬度主要取决于钢的组织中马氏体的含碳量。研究分析发现,如钢在正常淬火条件下得到 60 HRC 的硬度,其最低含碳量应为 0.45%;相应地,为得到 55 HRC、50 HRC 的淬火硬度,钢的最低含碳量应分别为 0.36%、0.30%。

为生产方便,通常将零件硬度要求划分为几个区间:30～40 HRC、40～45 HRC、45～50

HRC、50～55 HRC、55～60 HRC、60 HRC 以上。

2. 硬化层深度的确定

在制定表面硬化零件的技术要求时,要标注硬化层的深度。

对于渗碳淬火齿轮,一般根据模数来确定渗碳层深度。如果齿轮模数为 m,则渗碳层深度为 $a \times m$,其中 a 为系数,当系数一定,齿轮模数越大,渗碳层越深。采用这种方法时,对模数相同的齿轮,不论载荷大小,可以选用同一种渗碳层深度。这种确定硬化层深度的方法,其设计思想是要充分保证齿根弯曲强度,但它忽视了齿面抗压强度是否足够、能否防止齿面破坏等问题。

一般说来,硬度相同时,渗碳层薄的,齿根弯曲疲劳强度高;渗碳层厚的,齿面抗压强度高。为了把这两种相互矛盾的性能统一起来,就应找出一个最佳的渗碳层深度。具体做法是:先根据模数确定一个渗碳层深度的经验值,然后用校核齿面强度的公式,来检查是否满足抗压强度的要求。如此反复进行,求出合理的渗碳层深度。

有的资料推荐齿轮渗碳层的深度等于齿轮模数的 $15\% \sim 20\%$,若齿轮破坏主要由弯曲疲劳引起,则取下限;当齿轮破坏主要由接触疲劳(麻点)引起,则取上限。

应当注意,上面推荐的数值是采用规定的渗碳层测量方法,即渗碳层深度等于自表面起直到硬度降至表面硬度的 15% 处为止。如表面硬度为 60 HRC,则渗碳层深度测至 51 HRC 处。

也有资料推荐,齿轮渗碳层深度及高频淬火硬化层深度等于齿轮模数的 $18\% \sim 34\%$。

3. 零件热处理的标注图例

(1) 零件整体热处理时的标注。热处理技术条件大多标注在零件图纸标题栏的上方,如图 5.66、图 5.67 所示。

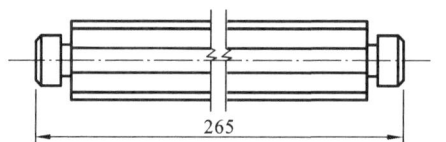

调质	235~265 HB
名称	Ⅱ轴
材料	45钢

265

图 5.66　45 钢Ⅱ轴

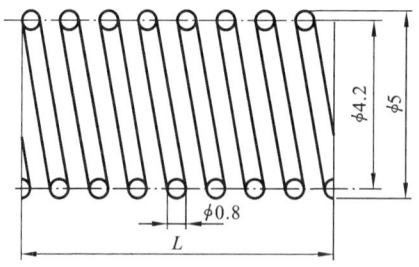

淬火回火	40~45 HRC
名称	弹簧
材料	65Mn

图 5.67　65Mn 钢弹簧

(2) 零件局部热处理时的标注。零件局部热处理时,热处理部位一般用细实线限定,并在引线上写明热处理技术条件,分别如图 5.68、图 5.69 和图 5.70 所示。

在设计零件时,应注意避免设计要求的不合理现象,如:① 要求大截面尺寸零件获得小

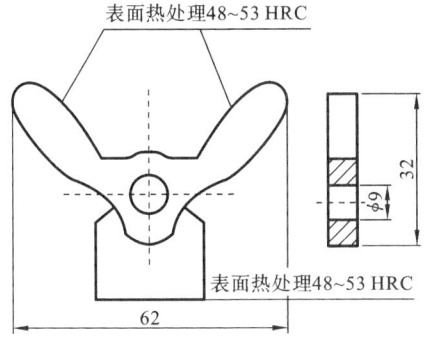

图 5.68　45 钢摇杆

名称	摇杆
材料	45钢

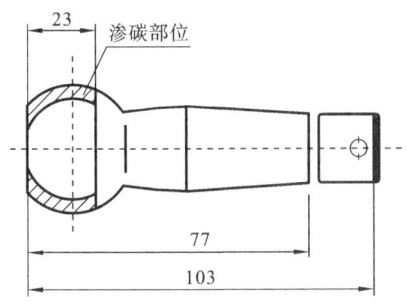

图 5.69　20CrMnTi 钢球头销

淬火回火	58~62 HRC
名称	球头销
材料	20CrMnTi

58~62 HRC

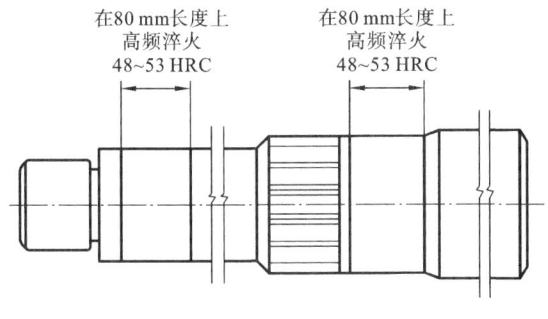

图 5.70　45 钢 II 轴

调质	235~265 HB
名称	II 轴
材料	45钢

样品试样的性能指标;②要求低碳钢不经化学热处理达到高硬度值;③ 零件要求的硬度超过了材料的淬硬性。此外,在标注技术条件时,不应对热处理方法规定得太具体,以便发挥热处理技术人员的创造性。

思考题

5.1　什么是钢的热处理? 它包含哪几个重要环节?

5.2　说明 Fe-Fe₃C 相图中 A_1、A_3、A_{cm}, Ac_1、Ac_3、Ac_{cm} 及 Ar_1、Ar_3、Ar_{cm} 各临界点的含义。

5.3　共析钢奥氏体化的形成有哪几个阶段? 亚共析钢、过共析钢的奥氏体形成有何特点？

5.4 什么是奥氏体的本质晶粒度？本质细晶粒钢及本质粗晶粒钢加热后，前者晶粒一定细小吗？为什么？

5.5 简要说明共析钢过冷奥氏体在各形成温度区间转变产物的组织形态与性能特点。

5.6 根据共析钢的 C 曲线图（TTT 图），说明获得下述组织对应的热处理工艺方法。

（1）P；（2）S；（3）T＋M＋A_R；（4）B_F；（5）B_F＋M＋A_R；（6）M＋A_R。

5.7 何谓淬火临界冷却速度、淬透性和淬硬性？它们主要受哪些因素的影响？

5.8 为什么亚共析钢的正常淬火加热温度为 Ac_3 以上 30～50 ℃，而共析钢和过共析碳钢的正常淬火加热温度为 Ac_1 以上 30～50 ℃？试分析原因。

5.9 确定下列钢件的退火方法，指出退火的目的及退火后的组织。

（1）冷轧后的 45 钢板，要求降低硬度；（2）ZG270-500 的铸造齿轮；（3）具有片状渗碳体的 T12 钢坯。

5.10 什么是回火？淬火钢为什么要进行回火？

5.11 简要比较表面淬火与常用化学热处理方法渗碳、渗氮的异同点。

5.12 什么是钢的回火脆性？如何防止第一、第二类回火脆性？

5.13 钢件渗碳后还应进行何种热处理？表层与心部在处理前后，其组织、性能有何不同？

5.14 现有低碳钢齿轮和中碳钢齿轮各一个，要求齿面具有高的硬度和好的耐磨性，各应进行怎样的热处理？对它们进行热处理后，它们在组织和性能上有何差别？

5.15 何谓预先热处理、最终热处理？退火和正火可以作为最终热处理吗？试解释之？

5.16 试比较感应加热表面淬火与激光表面淬火工艺的异同点。

5.17 低碳钢焊接接头热影响区的组织有何特点？

5.18 试比较物理气相沉积（PVD）和化学气相沉积（CVD）两种材料表面成膜方法的异同点。

5.19 表面形变强化、热喷涂、表面氧化、电刷镀和激光表面改性等方法对改善和提高钢的表面性能有什么作用？

5.20 形变热处理、真空热处理、可控气氛热处理对钢的组织与性能分别有何影响？

本章参考文献

［1］吴超华,彭兆,黄丰.工程材料［M］.上海:上海交通大学出版社,2016.
［2］周凤云.工程材料及应用［M］.武汉:华中科技大学出版社,2014.
［3］齐民,于永泗.机械工程材料［M］.10 版.大连:大连理工大学出版社,2017.
［4］杨瑞成,郭铁明,陈奎,等.工程材料［M］.北京:科学出版社,2012.
［5］李慕勤,李俊刚,吕迎,等.材料表面工程技术［M］.北京:化学工业出版社,2010.

第6章 工业用钢

钢是以铁为主要元素,含碳量一般在 2% 以下,并含有其他元素的金属材料。工业用钢具有良好的力学性能和工艺性能,被广泛应用于机械、建筑、能源、交通、化工和国防等领域,是应用最为广泛的一类金属材料。

6.1 钢的分类与牌号

6.1.1 钢的分类

钢的种类很多,为便于管理和使用,有必要对钢进行分类和编号。

1. 按化学成分分类

根据钢分类的国家标准(GB/T 13304.1—2008),钢按化学成分分为非合金钢、低合金钢和合金钢三大类,并明确规定了三大类钢中合金元素含量的基本界限值。

非合金钢中,碳是主要的加入元素,其他合金元素的加入量很低,因此目前工业上习惯称之为碳钢(即碳素钢的简称)。根据加入碳的质量分数,碳钢可分为低碳钢($w_C <$ 0.25%)、中碳钢(0.25% $\leq w_C \leq$ 0.6%)和高碳钢($w_C >$ 0.6%)。低合金钢中虽然加入了一定量的合金元素,但加入量较低,标准中规定了一些合金元素加入量的界限。合金钢中合金元素的加入量较高,根据合金元素加入总量的高低,可分为低合金钢($w_{Me} <$ 5%)、中合金钢(5% $\leq w_{Me} \leq$ 10%)和高合金钢($w_{Me} >$ 10%)。

2. 按冶金质量分类

根据钢中杂质元素硫、磷含量的高低,钢可分为普通质量钢($w_S \leq$ 0.050%,$w_P \leq$ 0.045%)、优质钢(w_S、$w_P \leq$ 0.035%)和特殊质量钢($w_S \leq$ 0.020%,$w_P \leq$ 0.025%)。

3. 按使用特性分类

按钢的使用特性及用途分类,可分为结构钢、工具钢和特殊性能钢。

1)结构钢

用来制造工程构件和机器零件的钢称为结构钢,分为工程结构用钢和机械结构用钢两大类。工业上,通常结合冶金质量和合金元素的加入量,习惯将结构钢分为碳素结构钢、优质碳素结构钢、低合金高强度结构钢和合金结构钢等。

结构钢一般属于低、中碳(合金)钢,注重强韧性的配合。工程结构用钢强调塑韧性、成形性和焊接性,而机械结构用钢强调强度和淬透性。

2)工具钢

工具钢分为刃具钢、量具钢和模具钢。工具钢一般属于高碳(合金)钢,注重的是钢的热硬性、尺寸稳定性和热疲劳等性能。

3)特殊性能钢

特殊性能钢一般具有特殊的物理或化学性能,一般属于中、高合金钢,主要包括不锈钢、耐磨钢和耐热钢等。

4. 按金相组织分类

1）按钢的正火状态组织分

分为珠光体钢(P)、贝氏体钢(B)、马氏体钢(M)和奥氏体钢(A)。

2）按钢的退火状态组织分

分为亚共析钢(组织为 F+P)、共析钢(组织为 P)、过共析钢(组织为 P+Fe$_3$C)和莱氏体钢(组织含较多的共晶 L'$_d$)。

6.1.2　钢的编号方法

钢的编号，通常采用大写汉语拼音字母、化学元素符号和阿拉伯数字相结合的方法表示。

1. 碳素结构钢

根据碳素结构钢的国家标准(GB/T 700—2006)，其牌号由代表屈服强度的字母、屈服强度数值、质量等级符号和脱氧方法符号等 4 个部分按顺序组成。

例如：牌号 Q235AF，其中"Q"表示钢材屈服强度"屈"字汉语拼音首位字母；数字"235"表示最低屈服强度数值为 235MPa；A 表示钢材质量等级，根据硫、磷的质量分数高低，一般有 A、B、C、D 四个质量等级，其中 D 级最高；F 表示沸腾钢，指钢在冶炼时采用的脱氧方法，除沸腾钢以外，还有镇静钢、特种镇静钢等，分别用 Z、TZ 表示。

2. 优质碳素结构钢

用两位数字表示，两位数字表示钢中的平均含碳量(以万分之几计)。例如 40 钢即表示钢中平均碳质量分数为 0.40%(万分之四十)。若为高级优质钢、特级优质钢，则在数字后面分别以 A、E 表示，优质钢不用字母表示。若钢中锰的质量分数较高，则在钢号后面加"Mn"，如"65Mn"。

3. 碳素工具钢

碳素工具钢的牌号一般由"T+数字"两部分组成，其中字母 T 表示碳素工具钢，数字表示平均碳含量(以千分之几计)。例如，T10 表示碳质量分数为 1.0%的碳素工具钢。

若钢中加入的锰含量较高，在数字后面加锰元素符号 Mn；若为高级优质碳素工具钢，则标注字母 A。例如，T8MnA 表示含有较高含锰量、含碳量为 0.8%的高级优质碳素工具钢。

4. 合金结构钢

合金结构钢的牌号通常由以下四部分组成。

(1) 碳含量。以两位阿拉伯数字表示平均碳含量(以万分之几计)。

(2) 合金元素含量。以化学元素符号及阿拉伯数字表示。具体表示方法为：平均含量小于 1.50%时，牌号中仅标明元素，一般不标明含量；平均含量为 1.50%～2.49%、2.50%～3.49%、3.50%～4.49%等时，在合金元素后相应以 2、3、4 等数字。

(3) 钢材冶金质量。即高级优质钢、特级优质钢分别以 A、E 表示，优质钢不用字母表示。

(4) 产品用途、特性或工艺方法表示符号等(必要时)。

如 40Cr 为合金结构钢中的调质钢,平均碳质量分数为 0.40%,主要合金元素 Cr 的质量分数在 1.5% 以下;20CrMnTi 为合金结构钢中的渗碳钢,平均碳质量分数为 0.20%,主要合金元素 Cr、Mn、Ti 的质量分数均在 1.5% 以下。

5. 合金工具钢

合金工具钢的牌号通常由以下两部分组成。

(1) 碳含量。平均碳含量小于 1.0% 时,采用一位数字表示碳含量(以千分之几计)。平均碳含量不小于 1.0% 时,不标明含碳量数字。

(2) 合金元素含量。以化学元素符号及阿拉伯数字表示,表示方法同合金结构钢第二部分。

如 5CrMnMo 为合金工具钢,平均碳质量分数为 0.5%,主要合金元素 Cr、Mn、Mo 的质量分数均在 1.5% 以下;CrWMn 钢也是合金工具钢,平均碳质量分数约为 1.0%,所以不标注数字,主要合金元素 Cr、W、Mn,其质量分数均低于 1.5%。

高速工具钢的牌号表示方法与合金工具钢相同,但在牌号前一般不标明表示碳含量的阿拉伯数字。

6. 特殊性能钢

不锈钢和耐热钢的表示方法相同。

1) 碳含量

对超低碳不锈钢(即碳含量不大于 0.030%),用三位阿拉伯数字表示碳含量的最佳控制值(以十万分之几计);其他含量的不锈钢和耐热钢,用两位阿拉伯数字表示碳含量的最佳控制值(以万分之几计)。

2) 合金元素含量

表示方法同合金结构钢第二部分。钢中有意加入的 Nb、Ti、Zr 和 N 等合金元素,虽然含量很低,也应在牌号中标出。

以下几种情况是特例:

(1) 对于合金结构钢中专用的铬滚动轴承钢,在钢号前标以"G",其后为 Cr + 数字,数字表示铬平均质量分数的千分之几。如 GCr15,表示碳质量分数约为 1.0%,铬质量分数约为 1.5% 的滚动轴承钢。

(2) 合金工具钢中的高速钢,其碳质量分数一般小于 1%,但也不标出,只标出合金元素平均质量分数的百分之几。如 W18Cr4V,其 C 质量分数实际为 0.7%～0.8%,W 为 18%,Cr 为 4%。

(3) 对于珠光体耐热钢,其碳质量分数表示方法同合金结构钢,以两位数字表示 C 质量分数的万分之几。如 12Cr1MoV,表示碳质量分数为 0.12%,Cr 质量分数在 1% 左右,Mo、V 的质量分数均小于 1.5% 的珠光体耐热钢。

6.2　钢的主要成分及其对组织和性能的影响

6.2.1　钢的主要成分

实际使用的碳钢,除了 Fe、C 两个主要元素外,还含有 Mn、Si、S、P、H、O 和 N 等杂质元素。这些杂质元素对钢材的质量和性能影响很大,必须严格加以控制。

Mn 是由炼钢时采用锰铁脱氧剂带入的,Mn 原子能溶入铁素体(F),对钢起到一定的强化作用;另外,少量 Mn 的存在可以起到一定的脱硫作用,能降低 S 的有害作用。因此,Mn 是一种有益的杂质元素,但 Mn 的硫化物 MnS 毕竟是钢中的一种夹杂物,过量的 MnS 会使钢的疲劳强度和断裂韧度下降,作为杂质元素时,Mn 含量一般不超过 0.8%。

Si 也是来源于脱氧剂(硅铁),Si 也可以溶于 F 中,提高钢的强度、硬度、塑性和韧性,因而也是一种有益元素,作为杂质元素时,其质量分数一般小于 0.4%。

S 和 P 在钢中都是有害元素,S 产生热脆性,在热变形加工时导致钢材脆性开裂;P 可产生冷脆性,使钢在低温时容易发生脆性断裂,冷脆对高寒地带和低温条件下工作的钢结构件具有严重的危害性。

6.2.2 合金元素对钢的组织和性能的影响

为了改善和提高钢的力学性能或获得某些特殊性能,在冶炼过程中带有某种目的加入的一些元素,称为合金元素。合金元素在钢中的作用非常复杂,下面仅从四个方面来分析合金元素对钢的组织和性能的影响。

1. 合金元素对钢的基本相的影响

合金元素加入钢中后,有两种主要的存在方式:溶于固溶体和形成碳化物。碳钢在平衡状态下的基本组成相是铁素体和渗碳体,合金元素的加入对这两个基本相都会产生影响。

1)对铁素体相的影响

大部分合金元素加入钢后都能溶入 F 而形成合金 F,因固溶强化的作用使 F 的强度和硬度提高,冲击韧度降低。图 6.1 所示为几种合金元素对铁素体的硬度和冲击韧度的影响。由图可见,Si、Mn 显著提高铁素体的硬度,当 $w_{Si}<0.6\%$,$w_{Mn}<1.5\%$,$w_{Ni}<5.0\%$ 时,F 的冲击韧度下降趋势不明显,甚至还有一定程度的提高。

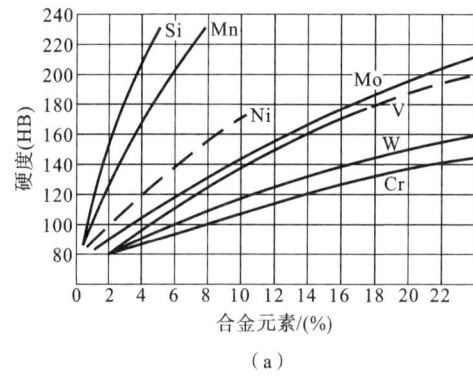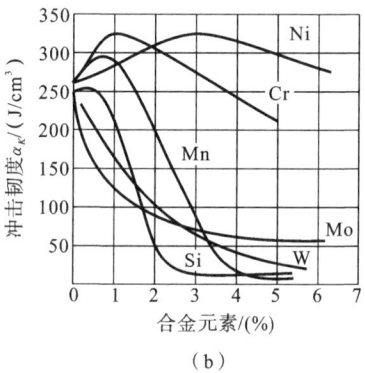

图 6.1 合金元素对铁素体相的硬度和冲击韧度的影响

(a)合金元素对铁素体相硬度的影响;(b)合金元素对铁素体相冲击韧度的影响

2)对渗碳体相的影响

根据合金元素与碳的亲和力大小,可分为碳化物形成元素和非碳化物形成元素两大类。Ni、Co、Cu、Si、Al、N、B 等属于非碳化物形成元素,它们不与碳形成化合物,基本上都溶于铁素体和奥氏体(A)中。

常用的碳化物形成元素有 Mn、Cr、Mo、W、V、Nb、Ti 和 Zr 等,其中 Mn 为弱碳化物形成元素,大部分溶于 F 或 A,少部分溶于渗碳体;Cr、Mo、W 为中强碳化物形成元素,而 V、Nb、Ti 和 Zr 为强碳化物形成元素。这些碳化物形成元素,含量较低时溶于 Fe_3C 形成合金渗碳体,如 $(Fe,Mn)_3C$、$(Fe,Cr)_3C$,含量较高时又可形成新的特殊碳化物,如 $Cr_{23}C_6$、Cr_7C_3、WC、VC、TiC 等。这些合金渗碳体和特殊碳化物都具有高稳定性、高熔点和高硬度等特点,是合金钢的重要强化相,能显著提高钢的强度、硬度、耐磨性和热硬性。

2. 合金元素对 $Fe-Fe_3C$ 相图的影响

1) 对奥氏体相区的影响

Mn、Ni、N、Cu 等元素与 Fe 相互作用,使相图中的 S、E 点向左下移动,甚至降到室温以下,从而使奥氏体相区扩大,其中 Mn 和 Ni 的作用最大,图 6.2 所示为 Mn 元素对 $Fe-Fe_3C$ 相图奥氏体区的影响。当钢中 Mn 和 Ni 含量较高时,加热淬火后在室温时就可得到单相奥氏体组织,如不锈钢 10Cr18Ni9 和耐磨钢 ZGMn13 均属于奥氏体钢。

Si、Cr、V、Ti、W、Mo 等元素加入后,使相图中的 S、E 点向左上移动,扩大了铁素体区。当 Cr 含量相当高时,加热淬火后,在室温时可以得到单相铁素体组织,如 1Cr17、16Cr25N 等不锈钢均属于铁素体不锈钢。Cr 元素对 $Fe-Fe_3C$ 相图的影响如图 6.3 所示。

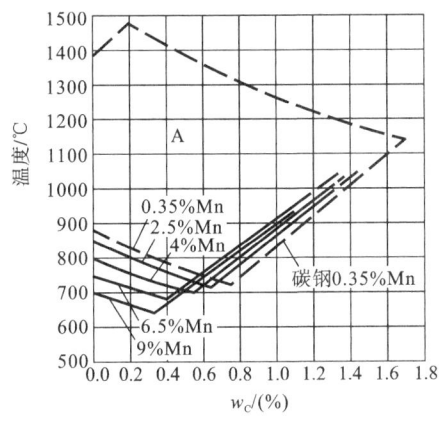

图 6.2　Mn 元素对奥氏体相区的影响　　图 6.3　Cr 元素对奥氏体相区的影响

2) 对 S、E 点位置的影响

几乎所有合金元素均可改变 S、E 点在相图中的位置,使 S、E 点左移,即共析点和共晶点的碳质量分数下降,使合金钢的平衡组织发生变化。如 40Cr13 不锈钢中 $w_c = 0.4\%$,但却属于过共析钢;高速钢 W18Cr4V 中,碳质量分数小于 1.0%,但其铸态组织中却有莱氏体组织。

3. 合金元素对热处理的影响

1) 对钢退火、淬火加热的影响

除 Ni、Co 等非碳化物形成元素因增大碳的扩散速度,使奥氏体的形成速度加快以外,大多数合金元素特别是强碳化物形成元素如 Cr、Mo、W 和 V 等,显著阻碍碳的扩散,大大减慢奥氏体形成速度,延缓奥氏体化过程。另外,形成的合金渗碳体和特殊碳化物不易溶于奥氏体中,能阻碍奥氏体晶界的移动和晶粒的长大,显著细化晶粒。因此,合金钢的奥氏体化要选择较高的加热温度和较长的保温时间。

2) 对钢淬火转变的影响

除 Co 以外,大多数合金元素会增大过冷奥氏体的稳定性,使 C 曲线右移。当加入量较多时,还会改变 C 曲线的形状,如图 6.4 所示。C 曲线右移后,会降低淬火临界冷却速度,从而提高钢的淬透性,这是钢中加入合金元素的主要目的之一。常用提高淬透性的元素有Mn、Si、Ni、Cr、Mo 和 B 等,其中 B 对淬透性的影响最突出。必须指出,加入的合金元素,只有完全溶入奥氏体中时,才能提高淬透性。对于一些强碳化物形成元素,如 V、Ti、Nb、Ta、W 和 Zr 等,由于形成碳化物,固定了钢中的碳,反而降低了淬透性。另外,两种或多种合金元素同时加入,对淬透性的影响比单个元素的影响要强很多。

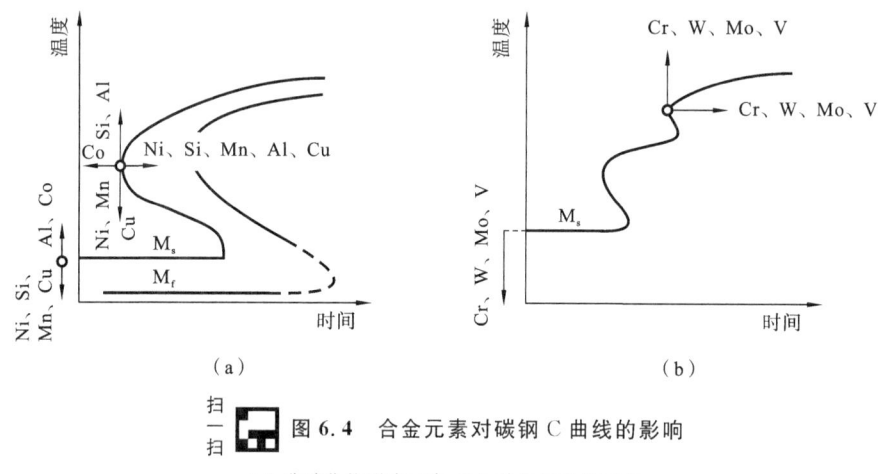

图 6.4　合金元素对碳钢 C 曲线的影响

(a) 非碳化物形成元素;(b) 碳化物形成元素

3) 对钢淬火后产生的残余奥氏体的影响

除 Co、Al 外,大多数合金元素都使 M_s 和 M_f 线下降,如图 6.4 所示。其作用大小按顺序Mn、Cr、Ni、Mo、W 和 Si 依次减弱。M_s 和 M_f 线的下降,使淬火后钢中残余奥氏体量增多。残余奥氏体量过多时,会使钢的硬度和疲劳抗力下降,因此需进行冷处理(冷至 M_f 以下),使残余奥氏体转变为马氏体;或进行多次回火,使残余奥氏体因析出合金碳化物而使 M_s 和 M_f上升,并在冷却过程中转变为马氏体或贝氏体(称为二次淬火)。

4) 对回火转变的影响

(1) 提高回火稳定性。淬火钢在回火过程中抵抗硬度下降的能力称为回火稳定性。由于合金元素阻碍马氏体分解和碳化物聚集长大的过程,使回火时的硬度降低过程变缓,从而提高钢的回火稳定性,使得合金钢在相同温度回火时,比同样碳含量的碳钢具有更高的硬度和强度(这对工具钢特别重要)。另外,当回火硬度相同时,合金钢的回火温度比相同含碳量的碳钢高,这对于消除内应力是有利的。

(2) 产生二次硬化。含有高 W、Mo、Cr 和 V 等元素的钢在淬火后回火加热时,由于析出细小弥散的这些元素的碳化物以及回火冷却时残余奥氏体转变为马氏体,使钢的硬度不仅不下降,反而升高,这种现象称为二次硬化。二次硬化使钢具有热硬性,这对于工具钢是非常重要的。

（3）防止第二类回火脆性。在钢中加入 W、Mo 可防止第二类回火脆性。这对于需调质处理后使用的大型件有着重要的意义。

6.3　结构钢

结构钢主要用于制造各种工程构件和机器零件，按是否加入合金元素，可分为碳素结构钢和合金结构钢两类。碳素结构钢根据含硫和含磷量的高低，可分为（普通）碳素结构钢和优质碳素结构钢两种；合金结构钢按其化学成分和用途，又可分为普通低合金钢、渗碳钢、调质钢、弹簧钢和滚动轴承钢等。

6.3.1　碳素结构钢

1. 普通碳素结构钢

普通碳素结构钢的牌号、化学成分和力学性能见表 6.1。表中，Q195、Q215、Q235A 和 Q235B 等钢的塑性和焊接性较好，并有一定的强度，通常用来轧制成钢筋、钢板、钢管等型材，用于制作桥梁、建筑物等的构件，也可用于制造普通螺钉、螺母、铆钉等。Q235C、Q235D 可用于重要的焊接件；Q275 强度较高，可轧制成型钢、钢板。

表 6.1　普通碳素结构钢的牌号、化学成分和力学性能（摘自 GB/T 700—2006）

牌号	质量等级	化学成分（质量分数）/（%），不大于					脱氧方法	力学性能*，不小于		
		C	Si	Mn	P	S		R_{eH}/MPa	R_m/MPa	A/（%）
Q195	—	0.12	0.30	0.50	0.035	0.040	F、Z	195	315～430	33
Q215	A	0.15	0.35	1.20	0.045	0.050	F、Z	215	335～450	31
	B					0.045				
Q235	A	0.22	0.35	1.40	0.045	0.050	F、Z	235	370～500	26
	B	0.20				0.045	F、Z			
	C	0.17			0.040	0.040	Z			
	D				0.035	0.035	TZ			
Q275	A	0.24	0.35	1.50	0.045	0.050	F、Z	275	410～540	22
	B	0.21				0.045	Z			
	C	0.22			0.040	0.040	Z			
	D	0.20			0.035	0.035	TZ			

* 屈服强度 R_{eH} 数值对应试样厚度（或直径）≤16 mm；断后伸长率 A 数值对应试样厚度（直径）≤40 mm。

碳素结构钢主要保证力学性能。一般情况下，在热轧状态下使用，不再进行热处理。

2. 优质碳素结构钢

优质碳素结构钢的牌号、化学成分和力学性能见表 6.2。优质碳素结构钢主要用来制造机器零件,一般都要经过热处理以提高其力学性能。08 钢的塑性和韧性好,常冷轧成钢板,用来制造冷冲压零件,如汽车车身、拖拉机驾驶室等;15、20 钢用来制造尺寸较小、负荷较轻的渗碳零件,如活塞销、样板等零件;30、35、40、45 和 50 钢经热处理后,可获得良好的综合力学性能,用来制造轴类、齿轮等;60、65 和 65Mn 钢经热处理后具有高的弹性极限,常用来制造受力不大、尺寸较小的弹簧。

表 6.2　部分优质碳素结构钢的牌号、化学成分和力学性能(摘自 GB/T 699—2015)

序号	统一数字代号	牌号	化学成分(质量分数)/(%)			力学性能*					硬度(HBW) ≤	
			C	Si	Mn	R_m/MPa	R_{eL}/MPa	A/(%)	Z/(%)	KU_2/J	未热处理	退火
						≥						
1	U20082	08	0.05~0.11	0.17~0.37	0.35~0.65	325	195	33	60	—	131	—
2	U20102	10	0.07~0.13			335	205	31	55	—	137	—
3	U20202	20	0.17~0.23			410	245	25	55	—	156	—
4	U20302	30	0.27~0.34		0.50~0.80	490	295	21	50	63	179	—
5	U20352	35	0.32~0.39			530	315	20	45	55	197	—
6	U20402	40	0.37~0.44			570	335	19	45	47	217	187
7	U20452	45	0.42~0.50			600	355	16	40	39	229	197
8	U20602	60	0.57~0.65			675	400	12	35	—	255	229
9	U20652	65	0.62~0.70			695	410	10	30	—	255	229
10	U21202	20 Mn	0.17~0.23		0.70~1.00	450	275	24	50	—	197	—
11	U21652	65Mn	0.62~0.70		0.90~1.20	735	430	9	30	—	285	229

＊试样毛坯尺寸为 25 mm。

6.3.2　低合金高强度结构钢

1. 用途

低合金高强度结构钢是在普通碳素结构钢的基础上,加入了质量分数不超过 3% 的合金元素,以提高其强度,减轻结构质量,从而节省钢材,保证使用可靠、持久。此类钢主要用于制造各类工程构件,如桥梁、船舶、车辆、锅炉、高压容器和大型钢结构等。

2. 成分特点及作用

1) 低碳

碳质量分数一般不超过 0.25%,以保证良好的塑性、焊接性和冷成形性能。

2) 主加合金元素

以我国资源丰富的 Mn 为主加合金元素。锰除了能产生较强的固溶强化效果外,因其大大降低奥氏体分解温度,细化了铁素体晶粒,并使珠光体片变细,消除了晶界上粗大的片状碳化物,提高了强度和韧度。锰还使共析点的碳质量分数降低,从而与相同碳质量分数的碳钢相比,增加了珠光体的含量,提高了钢的强度。

3)辅加合金元素

少量的 Nb、V 和 Ti 在钢中形成细小的碳化物,可细化热轧后的铁素体晶粒,并起到一定的弥散强化作用,从而提高了钢的强度和韧度。

3. 常用钢号

低合金高强度结构钢的牌号表示方法同普通碳素结构钢一样,也是由代表屈服强度的汉语拼音字母、屈服强度值、质量等级符号三部分组成。例如:Q345D,其中"Q"表示屈服强度的"屈"字汉语拼音的首位字母;345 代表屈服强度值,单位 MPa;D 代表质量等级为 D级。GB/T 1591—2008 共有 8 种牌号,取消了原 Q295 强度级别,新增了 Q500、Q550、Q620和 Q690 四个牌号,如表 6.3 所示。

表 6.3 常用低合金高强度结构钢的牌号和力学性能(摘自 GB/T 1591—2008)

牌号	质量等级	拉伸试验[①]			冲击试验[②]
		R_{eL}/MPa	R_m/MPa	A/(%)	冲击吸收能量(KU_2)/J
Q345	A	≥345	470~630	≥20	≥34
	B				
	C				
	D			≥21	
	E				
Q390	A	≥390	490~650	≥20	≥34
	B				
	C				
	D				
	E				
Q420	A	≥420	520~680	≥19	≥34
	B				
	C				
	D				
	E				
Q460	C	≥460	550~720	≥17	≥34
	D				
	E				
Q500	C	≥500	610~770	≥17	≥55
	D				≥47
	E				≥31

续表

牌号	质量等级	拉伸试验①			冲击试验②
		R_{eL}/MPa	R_m/MPa	A/(%)	冲击吸收能量(KU_2)/J
Q550	C	≥550	670～830	≥16	≥55
	D				≥47
	E				≥31
Q620	C	≥620	710～880	≥15	≥55
	D				≥47
	E				≥31
Q690	C	≥690	770～940	≥14	≥55
	D				≥47
	E				≥31

注:① 拉伸试验测定 R_{eL} 时,试样的公称厚度≤16 mm;测定 R_m 和 A 时,公称厚度≤40 mm;

② 冲击试验取纵向试样,试样的公称厚度为 12～150 mm。

4. 热处理及组织

此类钢一般在热轧空冷状态下使用,不需要专门的热处理。使用状态下的显微组织一般为铁素体＋细珠光体(索氏体)。

5. 低合金高强度结构钢的工程应用

实例 1 1957 年建成的武汉长江大桥使用普通碳素结构钢 Q235(A3)钢制造,其主跨度为 128m;1968 年我国自行设计和建造的南京长江大桥用强度较高的低合金高强度结构钢 Q345(16Mn)制造,其主跨度为 160 m;1991 年建成的九江长江大桥则用强度更高的低合金结构钢 Q420(15MnVN)制造,其主跨度为 216 m。

实例 2 2008 年北京奥运会主会场(图 6.5)"鸟巢"的钢结构所用钢材为 Q460E-Z35,屈服强度为 460MPa,由我国自主研发生产。"鸟巢"钢结构最大跨度达到 343 m,由于主体结构庞大,还要承受"南北长轴"巨大的预应力,需要一种抗拉、抗压和抗弯强度大的特种钢

图 6.5　北京 2008 年奥运会主体育场-鸟巢

材做支撑柱,尤其是 24 根桁架柱内柱(钢结构受力最大部位)的用钢是最大的难题,为了有效控制构件的最大壁厚,减少焊接工作量,使连接构造合理,钢的强度既要有张力,又要柔韧有拉力,还要能抗低温、易焊接,自重又不能太大。这种钢材在国内是个空白,国际上也没有先例。经过设计师、钢结构及钢材专家、工程技术人员的多次研究和计算,"鸟巢"最关键部位的用钢采用了高强度的 Q460E-Z35 钢材,钢板最大厚度达到 110 mm,要求能耐受 -40 ℃的冲击,抗层状撕裂性能达到 Z35(即 Z 向/厚度方向的断面收缩率达 35%)。

6.3.3 渗碳钢

1. 用途

渗碳钢是指经表面渗碳处理后使用的合金结构钢。渗碳钢主要用于制造表面要求高硬度、高耐磨性和高抗疲劳性,而心部具有良好韧度的机器零件,如汽车、拖拉机中的变速齿轮,内燃机中的凸轮轴、活塞销等。

2. 成分特点

1) 低碳

一般 $w_c = 0.10\% \sim 0.25\%$,以保证零件心部有足够的塑性和韧度。

2) 合金元素

常加入 Cr、Ni、Mn、B、W、Mo、V 和 Ti 等合金元素。其中 Cr、Ni、Mn 和 B 的主要作用是提高淬透性,加入少量的强碳化物形成元素 Ti、Mo、V 和 W 等,可形成细小、难溶的碳化物,能阻碍渗碳时奥氏体晶粒长大,在零件表层形成的合金碳化物还可提高表面渗碳层的硬度和耐磨性。

3. 常用的渗碳钢

常用合金渗碳钢的牌号、热处理、力学性能和用途如表 6.4 所示。渗碳钢按淬透性可分为三类:

表 6.4 常用合金渗碳钢的牌号、热处理、力学性能和用途(摘自 GB/T 3077—2015)

类别	牌号	主要化学成分/(%)				热处理/℃		力学性能(各指标均为不小于)				
		C	Si	Mn	其他	第一次淬火	第二次淬火	R_m/MPa	R_{eL}/MPa	A/(%)	Z/(%)	KU_2/J
低淬透性	20Mn2	0.17~0.24	0.17~0.37	1.40~1.80		850 水、油	—	785	590	10	40	47
	20Cr	0.18~0.24	0.17~0.37	0.50~0.80	Cr:0.70~1.00	880 水、油	780~820	835	540	10	40	47
	20CrMnTi	0.17~0.23	0.17~0.37	0.80~1.10	Cr:1.00~1.30 Ti:0.04~0.10	880 油	870 油	1080	850	10	45	55
	20MnVB	0.17~0.23	0.17~0.37	1.20~1.60	B:0.0008~0.0035 V:0.07~0.12	860 油	—	1080	885	10	45	55

类别	牌号	主要化学成分/(%)				热处理/℃		力学性能(各指标均为不小于)				
		C	Si	Mn	其他	第一次淬火	第二次淬火	R_m/MPa	R_{eL}/MPa	A/(%)	Z/(%)	KU_2/J
高淬透性	12Cr2Ni4	0.10~0.16	0.17~0.37	0.30~0.60	Cr:1.25~1.65 Ni:3.25~3.65	860 油	780 油	1080	835	10	50	71
	40CrNi2Mo*	0.38~0.43	0.17~0.37	0.60~0.80	Cr:0.70~0.90 Ni:1.65~2.00 Mo:0.20~0.30	正火 890	850 油	1050	980	12	45	48

注:① 渗碳 930 ℃,回火 200 ℃,冷却剂为水或空气;

② 淬火后,560~580 ℃回火,在空气中冷却;

③ 测定力学性能时,试样毛坯尺寸均为 15 mm。

1) 低淬透性渗碳钢

典型钢种为 20Cr。这类钢的淬透性低,在水中的淬硬层深度一般小于 20~35 mm,心部强度较低,只适用于制造受冲击载荷较小的耐磨零件,如活塞销、小轴、齿轮等。

2) 中淬透性渗碳钢

典型钢种是 20CrMnTi。这类钢淬透性较高,在油中的最大淬硬层深度为 20~60 mm。另外,具有良好的力学性能和工艺性能,因此用于制造承受较大冲击载荷的重要渗碳件,如汽车、拖拉机中的变速齿轮、齿轮轴等。

3) 高淬透性渗碳钢

典型钢种 20Cr2Ni4。这类钢因含有较多的 Cr、Ni 等元素,所以淬透性很高,主要用于制造大截面、承受重载荷的重要渗碳件,如内燃机车的主动牵引齿轮,飞机、坦克中的曲轴及重要齿轮等。

4. 热处理及组织

渗碳钢的预备热处理为正火,其目的是细化晶粒,改善锻造组织,获得合适的硬度以利于切削加工。最终热处理一般是渗碳后直接进行淬火,然后再低温回火。热处理后的组织,表面渗碳层为回火马氏体与合金渗碳体(碳化物)及少量残余奥氏体,硬度为 60~62 HRC。心部组织与钢的淬透性及零件截面尺寸有关,完全淬透时为低碳回火马氏体;未完全淬透时为低碳马氏体+索氏体(或屈氏体)和少量的铁素体,硬度为 25~40 HRC,所以心部具有较高的强韧性。

5. 渗碳钢的工程应用

应用 1 20Cr 钢制造活塞销。粗加工后 930 ℃渗碳,预冷至 880 ℃油中淬火,200 ℃低温回火。R_{eL}大于 540 MPa,表面硬度达 60 HRC。

应用 2 用 20CrMnTi 渗碳钢制造汽车变速箱齿轮,热处理工艺曲线如图 6.6 所示。

要求渗碳层为 1.2~1.6 mm,表面含碳量为 1.0%,齿面硬度为 58~60 HRC,心部硬度

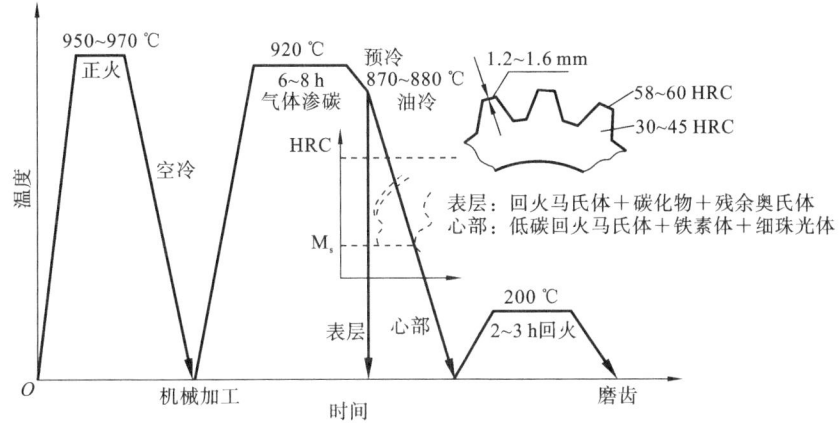

图 6.6 20CrMnTi 渗碳钢制造的汽车变速齿轮的热处理工艺曲线

为 30～45 HRC。其一般加工工艺路线为：下料→锻造→正火→齿形加工→局部镀铜→渗碳→预冷淬火＋低温回火→喷丸→精磨(磨齿)。正火的目的一是改善锻造组织，二是调整硬度，有利于切削加工。对不需淬硬部分可采用镀铜或其他措施防止渗碳。根据渗碳温度(920 ℃)和渗碳层深度要求，渗碳时间确定为 7 h。经淬火和低温回火后，齿轮表面和心部均能达到技术条件要求。

6.3.4 调质钢

1. 用途

调质钢是指经调质处理后使用的合金结构钢。经调质处理后的钢具有较高的强度和良好的塑韧性，即具有较好的综合力学性能，所以调质钢广泛应用于汽车、拖拉机、机床和其他机器上的各种重要零件，如轴类零件、齿轮和连杆等。

2. 成分特点及作用

调质钢多为中碳钢和中碳合金钢，一般碳含量 $w_C = 0.25\% \sim 0.50\%$，含碳量过低时，淬火回火后的强度和硬度不够；含碳量过高时，钢的塑性和韧度会降低。Cr、Ni、Mn、Si 和 B 为主加元素，除了提高淬透性外，还能溶于铁素体，提高钢的强度。辅加元素 W、Mo 可提高回火稳定性，还可防止 Cr、Ni 和 Mn 等引起的第二类回火脆性。

3. 常用的调质钢

常用的调质钢按淬透性也可分为三类，如表 6.5 所示。

(1) 低淬透性调质钢。这类钢的油淬临界直径为 30～40 mm，典型钢种为 40Cr，因淬透性较低，多用于制造一般尺寸的重要零件，如轴类、连杆和螺栓等。

(2) 中淬透性调质钢。这类钢淬透性较高，油淬临界直径为 40～60 mm，典型钢种是 35CrMo，用来制造截面较大的零件，如曲轴、连杆等。

(3) 高淬透性调质钢。这类钢的油淬临界直径为 60～100 mm，典型钢种是 40CrNiMo，用于制造承受重载荷、大截面的重要零件，如汽轮机主轴、叶轮和航空发动机轴等。

表 6.5　常用合金调质钢的牌号、化学成分、热处理和力学性能(摘自 GB/T 3077—2015)

类别	牌号	主要化学成分[①]/(%)				热处理/℃		力学性能[②](各指标均为不小于)				
		C	Si	Mn	其他	淬火	回火	R_m /MPa	R_{eL} /MPa	A /(%)	Z /(%)	A_{ku_2} /J
低淬透性	40Mn2	0.37~ 0.44	0.17~ 0.37	1.40~ 1.80	—	840 水、油	540 水	885	735	12	45	55
	40Cr	0.37~ 0.44	0.17~ 0.37	0.50~ 0.80	Cr:0.80~ 1.10	850 油	520 水、油	980	785	9	45	47
	40CrV	0.37~ 0.44	0.17~ 0.37	0.50~ 0.80	Cr:0.80~ 1.10 V:0.10~ 0.20	880 油	650 水、油	885	735	10	50	71
	35SiMn	0.32~ 0.40	1.10~ 1.40	1.10~ 1.40	—	900 水	570 水、油	885	735	15	45	47
中淬透性	40CrMn	0.37~ 0.45	0.17~ 0.37	0.90~ 1.20	Cr:0.90~ 1.20	840 油	550 水、油	980	835	9	45	47
	40CrNi	0.37~ 0.44	0.17~ 0.37	0.50~ 0.80	Cr:0.45~ 0.75 Ni:1.00~ 1.40	820 油	500 水、油	980	785	10	45	55
	35CrMo	0.32~ 0.40	0.17~ 0.37	0.40~ 0.70	Cr:0.80~ 1.10 Mo:0.15~ 0.25	850 油	550 水、油	980	835	12	45	63
	38CrMoAl	0.35~ 0.42	0.20~ 0.45	0.30~ 0.60	Cr:1.35~ 1.65 Mo:0.15~ 0.25 Al:0.70~ 1.10	940 水、油	640 水、油	980	835	14	50	71
高淬透性	37CrNi3	0.34~ 0.41	0.17~ 0.37	0.30~ 0.60	Cr:1.20~ 1.60 Ni:3.00~ 3.50	820 油	500 水、油	1130	980	10	50	47
	40CrNiMo	0.37~ 0.44	0.17~ 0.37	0.50~ 0.80	Cr:0.60~ 0.90 Ni:1.25~ 1.65 Mo:0.15~ 0.25	850 油	600 水、油	980	785	10	45	63

注:① 各牌号钢的 $w_S \leqslant 0.035\%$，$w_P \leqslant 0.035\%$；② 力学性能测试试样毛坯尺寸为 25 mm。

4. 热处理及组织

调质钢需经淬火＋高温回火处理。合金调质钢淬透性较高,一般都用油淬,淬透性特别高时甚至可以空冷,能减少热处理缺陷。调质钢的最终性能决定于回火温度,一般采用 $500\sim650\ ℃$ 的温度回火。为防止回火脆性,回火后快冷(水冷或油冷)有利于韧性的提高。调质钢热处理后的组织为回火索氏体。

5. 调质钢在工业中的应用实例

实例 1　选用低淬透性调质钢 40Cr 制造汽车发动机连杆,如图 6.7 所示。调质处理: $850\ ℃$ 油淬, $520\ ℃$ 回火油冷。

实例 2　图 6.8 为某汽车半轴的示意图。中小型汽车后桥半轴一般用低淬透性的 40Cr 制造,重型汽车用高淬透性的 40CrNiMo 制造。正火处理后,要进行调质处理: $850\sim870\ ℃$ 油淬, $520\sim560\ ℃$ 回火。为防止第二类回火脆性,回火后应采用水冷。

图 6.7　某汽车发动机连杆总成

图 6.8　某汽车后桥半轴

6.3.5　弹簧钢

1. 用途及性能特点

弹簧钢是指专门用于制造弹簧和弹性元件的钢。弹簧是利用弹性变形吸收能量以缓和振动和冲击,或依靠弹性储能来起驱动作用。弹簧在冲击、振动或长期交变应力下使用,所以要求弹簧钢有高的弹性极限、高的屈服强度、高的疲劳强度及足够的塑性和韧度,以免受冲击时脆断。另外,在工艺上弹簧钢还应有一定的淬透性、不易脱碳、表面质量好等。

2. 成分特点

(1)中、高碳。为了保证高的弹性极限和疲劳强度,弹簧钢的含碳量比调质钢高,一般为 $0.50\%\sim0.70\%$ 。含碳量过高时,塑性和韧度降低,疲劳强度也会下降。

(2)主加合金元素为 Si、Mn。Si 和 Mn 的作用主要是提高淬透性,提高屈强比。其中 Si 的作用更突出,但它在加热时会促进表面脱碳,Mn 则易使钢过热。

(3)辅加元素 Cr、V 和 W 等。重要用途的弹簧钢必须加入 Cr、V 和 W 等元素,目的是减小弹簧钢的脱碳和过热倾向,进一步提高耐冲击性能和高温强度。

3. 常用弹簧钢的牌号

常用弹簧钢的牌号、化学成分、热处理和力学性能如表 6.6 所示。

(1)65Mn。成分简单,价格较低,淬透性和综合力学性能、工艺性能均比碳钢好,但对过热比较敏感。主要用于制造各种小截面扁簧、圆簧、发条等,亦可制作气门弹簧、弹簧环、离合器簧片、刹车弹簧等。

表 6.6 常用弹簧钢的牌号、化学成分、热处理和力学性能(摘自 GB/T 1222—2016)

类别	统一数字代号	牌号	主要化学成分/(%)				热处理/℃		力学性能			
			C	Si	Mn	其他	淬火温度/℃	回火温度/℃	R_m/MPa	R_{eL}/MPa	A/(%)	Z/(%)
碳素弹簧钢	U20652	65	0.62~0.70	0.17~0.37	0.50~0.80	—	840,油	500	980	785	9.0	35
	U20852	85	0.82~0.90	0.17~0.37	0.50~0.80	—	820,油	480	1130	980	6.0	30
	U21653	65Mn	0.62~0.70	0.17~0.37	0.90~1.20	—	830,油	540	980	785	8.0	30
合金弹簧钢	U77552	55SiMnVB	0.52~0.60	0.70~1.00	1.00~1.30	V:0.08~0.16 B:0.0008~0.0035	860,油	460	1375	1225	5.0	30
	A11603	60Si2Mn	0.56~0.64	1.50~2.00	0.70~1.00	—	870,油	440	1570	1375	5.0	20
	A28603	60Si2CrV	0.56~0.64	1.40~1.80	0.40~0.70	Cr:0.90~1.20 V:0.10~0.20	850,油	410	1860	1665	6.0	20
	A23503	50CrV	0.46~0.54	0.17~0.37	0.50~0.80	Cr:0.80~1.10 V:0.10~0.20	850,油	500	1275	1130	10.0	40
	A27303	30W4Cr2V	0.26~0.34	0.17~0.37	≤0.40	Cr:2.00~2.50 W:4.00~4.50 V:0.50~0.80	1075,油	600	1470	1325	7.0	40

(2) 60Si2Mn。这种钢同时加入 Si 和 Mn 元素,其性能比 65Mn 好得多,淬透性更高,主要用来制造直径或厚度在 20~25 mm 的弹簧,如汽车、拖拉机和机车上的减振板簧和螺旋弹簧等。

(3) 50CrVA。Cr、V 不仅可大大提高钢的淬透性,而且还能提高钢的高温强度、冲击韧度和热处理工艺性能。可制造工作应力高、疲劳性能要求严格的螺旋弹簧、汽车板簧等;亦可制作较大截面的高负荷重要弹簧及工作温度小于 300 ℃ 的阀门弹簧、活塞弹簧和安全阀弹簧等。

4. 热处理及组织

弹簧钢要求较高的强度和疲劳极限,一般在淬火＋中温回火的状态下使用,以获得较高的弹性极限。组织为回火屈氏体。为了提高弹簧的疲劳强度,回火后还广泛采用喷丸强化处理,使用寿命可提高数倍,这是由于喷丸处理消除了钢丝表面的缺陷并造成表面压应力的结果。

5．工程应用实例

图 6.9　汽车板簧

汽车板簧用于缓冲和减振，承受很大的交变应力和冲击载荷，需要高的屈服强度和疲劳强度，如图 6.9 所示。一般选用 60Si2Mn 钢制造，中型或重型汽车选用淬透性较高的 50CrMn、55SiMnVB 钢，重型载重汽车应选用淬透性更高的 55SiMnMoV、55SiMnMoVNb 钢。经油冷淬火和中温回火后，组织为回火屈氏体。屈服强度 R_{eL} 不低于 1100 MPa，硬度为 42～47 HRC，冲击韧度 α_K 为 250～300 kJ/m²。

6.3.6　滚动轴承钢

1．用途

主要用来制造滚动轴承的滚动体（滚珠、滚柱和滚针）和内外套圈等，属专用结构钢。从化学成分上看大多类似于低合金刃具钢，所以也用于制造精密量具、冷冲模、机床丝杠等。

2．性能要求

（1）高的接触疲劳强度。轴承滚动体与套圈之间为点或线接触，接触处的压应力高达 1500～5000 MPa，且应力循环次数每分钟高达几万次甚至更多，容易造成接触疲劳破坏，产生麻点或剥落而失效。

（2）高的硬度和耐磨性。滚动体和套圈之间不仅有滚动摩擦，而且有滑动摩擦，轴承也常因过度磨损而失效，因此必须具有高而均匀的硬度，一般为 62～64 HRC。

（3）足够的韧度和淬透性。

（4）在大气和润滑介质中有一定的耐蚀能力和良好的尺寸稳定性。

3．成分特点

（1）高碳。含碳量较高，一般为 0.95%～1.10%，以保证高硬度、高耐磨性和高强度。

（2）主加元素为 Cr。Cr 的加入量一般为 0.40%～1.65%。铬能提高淬透性，形成合金渗碳体(Fe、Cr)₃C，可提高钢的耐磨性，特别是疲劳强度。

（3）辅加元素为 Si、Mn 和 V 等。Si、Mn 可进一步提高淬透性，便于制造大型轴承。V 一部分溶于奥氏体中，一部分形成 VC，提高钢的耐磨性并防止锻轧或热处理加热时奥氏体晶粒长大。

（4）严格控制夹杂物含量。钢中的夹杂物往往是接触疲劳破坏的发源点，故要求钢中夹杂物的数量、大小、形状及分布必须在规定的级别之内。

4．常用滚动轴承钢的牌号

表 6.7 列出了一些常用滚动轴承钢的牌号、化学成分、热处理和用途。GCr15 是使用最广泛的一种铬轴承钢，除制造中小型轴承外，还常用来制造冷冲模、量具和丝锥等。GCr15SiMn 是在 GCr15 的基础上加入一定量的 Si 和 Mn，可提高淬透性，用来制造较大型的轴承。

5．热处理及组织

轴承钢的热处理工艺主要为球化退火、淬火和低温回火。

（1）球化退火。退火温度一般为 780～800 ℃，球化退火不仅降低钢的硬度，以利于切

表 6.7 常用滚动轴承钢的牌号、化学成分、退火硬度和用途(摘自 GB/T 18254—2016)

统一数字代号	牌号	化学成分(质量分数)/(%)									球化退火硬度(HBW)
		C	Si	Mn	Cr	Mo	P*	S*	Ni	Cu	
							不大于				
B00151	G8Cr15	0.75~0.85	0.15~0.35	0.20~0.40	1.30~1.65	≤0.10	0.025	0.020	0.25	0.25	179~207
B00150	GCr15	0.95~1.05	0.15~0.35	0.25~0.45	1.40~1.65	≤0.10	0.025	0.020	0.25	0.25	179~207
B01150	GCr15SiMn	0.95~1.05	0.45~0.75	0.95~1.25	1.40~1.65	≤0.10	0.025	0.020	0.25	0.25	179~217
B03150	GCr15SiMo	0.95~1.05	0.65~0.85	0.20~0.40	1.40~1.70	0.30~0.40	0.025	0.020	0.25	0.25	179~217
B02180	GCr18Mo	0.95~1.05	0.20~0.40	0.25~0.40	1.65~1.95	0.15~0.25	0.025	0.020	0.25	0.25	179~207

　　* 本表中的 P、S 含量为优质钢的含量。若为高级优质钢和特级优质钢,P 含量分别不大于 0.020% 和 0.015%,S 含量分别不大于 0.020% 和 0.015%。

削加工,更主要的是获得球状珠光体和均匀分布的细粒状碳化物,为淬火做组织准备。若钢中存在粗大的网状渗碳体,则球化退火前需先进行正火处理。

　　(2) 淬火和低温回火。铬轴承钢通常在 800~820 ℃ 之间加热,油淬,150~160 ℃ 回火。加入 Si、Mn 和 Mo 等合金元素后,淬火和回火温度要适当提高,一般淬火加热温度为 820~850 ℃,低温回火温度为 170~190 ℃。轴承钢淬火回火后的组织为细小的回火马氏体＋均匀分布的粒状碳化物＋少量的残余奥氏体,回火后的硬度大于 62 HRC。

　　精密轴承的组织中,应尽可能降低残余奥氏体量或使残余奥氏体在使用过程中保持稳定,因此常需在淬火后进行－80 ℃(或更低温度)冷处理,并在回火和磨削加工后,进行低温时效处理(120~130 ℃ 保温 5~10 h)。

6.4　工具钢

　　工具钢是用于制造切削刀具、量具、模具和耐磨工具的钢。按化学成分一般分为碳素工具钢、合金工具钢和高速工具钢;按用途一般分为刃具钢、模具钢和量具钢。

6.4.1　碳素工具钢

　　碳素工具钢的牌号、化学成分和力学性能见表 6.8。碳素工具钢的含碳量为 0.65%~1.35%,均为优质钢或高级优质钢。碳素工具钢在使用前都要进行热处理:预备热处理一般为球化退火,其目的是降低硬度(≤217 HB),便于切削加工,并为淬火做组织准备;最终热处理为淬火＋低温回火,得到的组织为回火马氏体＋颗粒状碳化物＋少量残余奥氏体,硬度可达 60~65 HRC。

表 6.8　碳素工具钢的牌号、化学成分和力学性能(摘自 GB/T 1299—2014)

统一数字代号	牌号	化学成分(质量分数)/(%)			退火硬度(HBW)，不大于	试样淬火	
		C	Si/Mn	其他		淬火温度和冷却剂	淬火硬度(HRC)，不小于
T00070	T7	0.65～0.74	Si≤0.35 Mn≤0.40	S≤0.030 P≤0.035	187	800～820 ℃，水	62
T00080	T8	0.75～0.84				780～800 ℃，水	
T00090	T9	0.85～0.94			192	760～780 ℃，水	
T00100	T10	0.95～1.04			197		
T00110	T11	1.05～1.14			207		
T00120	T12	1.15～1.24					
T00130	T13	1.25～1.35			217		

注:高级优质钢在牌号后加"A"，$w_P \leqslant 0.030\%$，$w_S \leqslant 0.020\%$。

碳素工具钢成本低、加工性好,具有一定的耐磨性,但热硬性差(切削温度低于 200 ℃)、淬透性低,只适用于制作尺寸不大、形状简单的低速刃具。

常用碳素工具钢的工程应用:T7、T8 钢硬度高、韧性较好,可用来制造冲头、凿子和锤子等工具;T9、T10、T11 钢硬度高、韧性适中,可用来制造钻头、刨刀、丝锥和手锯条等刃具及冷作模具等;T12、T13 钢硬度高、韧性较低,可用来制造锉刀、刮刀等刃具及量规等量具。

图 6.10 所示的是用 T12 钢制造的板锉。其刃部表面要求有高的硬度 64～67 HRC,而柄部硬度要求小于 35 HRC。为此,在球化退火后,需在 770～780 ℃进行淬火,为防止表面脱碳和氧化,淬火加热时可在盐浴中或保护性气氛中进行。淬火后,在 160～180 ℃进行低温回火,回火加热时间为 45～60 min。

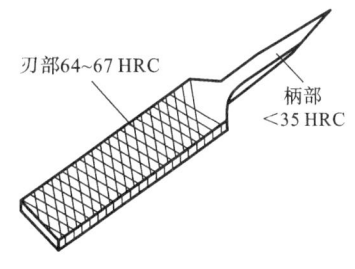

刃部64~67 HRC

柄部 <35 HRC

图 6.10　板锉

6.4.2　合金工具钢

合金工具钢是在碳素工具钢中加入 Si、Mn、Ni、Cr、W、Mo 和 V 等合金元素(加入总量一般不超过 5%)而形成的工具钢。加入合金元素后,合金工具钢的淬硬性、淬透性、耐磨性和韧性均比碳素工具钢显著提高,其按用途可分为刃具钢、模具钢和量具钢三类。其中碳含量高的钢(碳质量分数大于 0.80%)多用于制造刃具、量具和冷作模具,这类钢淬火后的硬度在 HRC 60 以上,且具有足够的耐磨性;碳含量中等的钢(碳质量分数 0.35%～0.70%)多用于制造热作模具,这类钢淬火后的硬度稍低,为 50～55HRC,但韧性良好。

1. 刃具钢

刃具钢主要用于制造各种金属切削刀具,如车刀、铣刀、镗刀和钻头等。为满足使用需要,刃具钢应具备以下性能要求:

1) 性能特点

(1) 高的硬度和耐磨性。在常温下,高硬度是保证切削的基本条件。另外,刀具在工作时要承受很大的压力和摩擦力,很容易使其刃部磨损变钝,为了保持刀具的锋利程度,延长使用寿命,还需要具有高的耐磨性。

(2) 高热硬性。在切削过程中,由于刀具与工件剧烈摩擦,刃部温度迅速升高而使其硬度降低,故要求刀具在切削热的作用下仍能保持高硬度,即具有高热硬性。

(3) 高淬透性。高的淬透性有利于刀具整个刃部都能达到均匀一致的高硬度。

(4) 足够的强度和韧度。刀具在工作时要受到冲击、振动、扭转和弯曲等复杂应力的作用,足够的强度和韧性才能保证其使用时不发生断裂或崩刃。

2) 材料成分、热处理及常用钢种

(1) 化学成分。碳含量较高,$w_c = 0.75 \sim 1.5\%$,主要是为了保证钢的硬度并形成适量的碳化物,以保证钢淬火回火后获得高硬度和高耐磨性。主加合金元素有 Cr、Si、Mn 和 W 等,其中 Cr、Mn、Si 等的主要作用是提高钢的淬透性,强化铁素体;W、V 能提高硬度和耐磨性,防止加热时产生粗大的过热组织,保持细小的晶粒。

(2) 热处理特点。预备热处理采用球化退火,所得组织为球状珠光体;最终热处理为淬火+低温回火,使用状态下的组织为回火马氏体+粒状碳化物+残余奥氏体。低合金刃具钢的热处理过程基本与碳素工具钢相同,所不同的是低合金刃具钢大部分是用油淬,因此工件淬火变形小,淬裂倾向低。

(3) 常用的典型钢种。我国常用的低合金量具刃具钢见表 6.9。典型钢种为 9SiCr,由于加入了 Si、Cr,提高了淬透性和回火稳定性,回火后的硬度在 60 HRC 以上,使用温度可达 250~300 ℃,广泛用于制造各种低速切削的刀具,如板牙、丝锥、铰刀等,也可用于制造截面尺寸较大、形状复杂且变形小的冷冲模。

表 6.9　量具刃具钢的牌号、化学成分、热处理及力学性能(摘自 GB/T 1299—2014)

统一数字代号	牌号	化学成分*(质量分数)/(%)				热处理及力学性能			
		C	Si	Mn	Cr	淬火温度/(℃)	冷却剂	硬度(HRC)不小于≥	退火态硬度(HBW)
T31219	9SiCr	0.85~0.95	1.20~1.60	0.30~0.60	0.95~1.25	820~860	油	62	197~241
T30200	Cr06	1.30~1.45	≤0.40	≤0.40	0.50~0.70	780~810	水	64	187~241
T31200	Cr2	0.95~1.10	≤0.40	≤0.40	1.30~1.65	830~860	油	62	179~229
T31209	9Cr2	0.80~0.95	≤0.40	≤0.40	1.30~1.70	820~850	油	62	179~217
T30800	W	1.05~1.25	≤0.40	≤0.40	Cr:0.10~0.30 W:0.80~1.20	800~830	水	62	187~229

*各牌号钢,$w_S \leqslant 0.03\%$,$w_P \leqslant 0.03\%$。

2. 模具钢

根据工作条件的不同,模具钢包括冷作模具钢和热作模具钢两种。

1) 冷作模具钢(亦称冷变形模具钢)

冷作模具钢是指在冷态下成形所使用的模具钢。冷成形通常是指将板材或棒材冲压、冷镦或挤压成形。常用的模具有冷冲模、冷镦模、冷挤压模等。这类模具工作时的实际温度一般不超过 200 ℃～300 ℃。

(1) 性能要求及成分特点。冷作模具在工作时,由于被加工材料的变形抗力较大,模具的刃口部分受到强烈的摩擦和挤压,有些还受到很大的冲击力的作用,所以要求冷作模具钢具有高的硬度和耐磨性、足够的韧性和疲劳抗力。冷作模具钢的含碳量较高,一般在 1.0%以上,有时达 2%,以保证获得高硬度和高耐磨性。主加合金元素是 Cr,辅加元素是 W、Mo和 V。Cr 的作用主要是形成碳化物,显著提高耐磨性,同时提高钢的淬透性和回火稳定性。辅加元素的作用主要是细化晶粒并提高淬透性。

(2) 热处理。预备热处理一般为球化退火(包括等温退火),最终热处理为淬火+低温回火。含 Mo 和 V 的高碳高铬冷作模具钢的热处理方案有两种。例如,Cr12MoV 钢,其锻造后采用球化退火,最终热处理工艺方案有下面两种:

① 一次硬化法。即采用低温淬火(淬火温度 980 ℃～1050 ℃)+低温回火(回火温度150 ℃～180 ℃),其硬度可达 61～64 HRC。由于其晶粒细小、强度和韧性较好,变形较小,故生产中多采用此法。

② 二次硬化法。即采用较高的淬火温度(1100 ℃～1150 ℃)并进行二至三次高温回火(回火温度 500 ℃～520 ℃),其硬度为 60～62 HRC。此法优点是可获得较高的红硬性和耐磨性及高抗压强度,适宜制作在 400 ℃～450 ℃ 条件下工作的模具。但其缺点是韧性低于一次硬化法,且淬火变形较大。

(3) 冷作模具钢的钢种和牌号。常用冷作模具钢的牌号、化学成分、热处理和用途见表6.10。根据冷作模具的工作条件,制造尺寸小、负荷轻和形状简单的模具,选用碳素工具钢如 T10A,T12A 即可;若制造负荷和尺寸较大,形状较复杂的模具,可选用低合金刃具钢制

表 6.10 常用冷作模具钢的牌号、化学成分、热处理和力学性能(摘自 GB/T 1299—2014)

统一数字代号	牌号	化学成分(质量分数)/(%)							热处理及力学性能			
		C	Si	Mn	Cr	Mo	W	V	淬火温度/℃	冷却剂	硬度(HRC),不小于	退火态硬度(HBW)
T20019	9Mn2V	0.85～0.95	≤0.40	1.70～2.00	—	—	—	0.10～0.25	780～810	油	62	≤229
T21290	CrWMn	0.90～1.05	≤0.40	0.80～1.10	0.90～1.20	—	1.20～1.60	—	800～830	油	62	207～255
T21200	Cr12	2.00～2.30	≤0.40	≤0.40	11.50～13.50	—	—	—	950～1000	油	60	217～269
T21319	Cr12MoV	1.45～1.70	≤0.40	≤0.40	11.00～12.50	0.40～0.60	—	0.15～0.30	950～1000	油	58	207～255

造,如 9Mn2V、9SiCr、CrWMn 等;而制造重载和形状复杂、要求变形小的模具,应选用 Cr12、Cr12MoV 等。

2) 热作模具钢

热作模具钢是指在热态下成形所使用的模具钢。主要用来制造热锻模、热镦模、热挤压模和压铸模等。模具工作时,型腔表面直接与高温或液态金属接触,模具温度可达 600 ℃。

(1) 性能要求。高温工作条件下应具备:① 良好的高温强韧性;② 高的热疲劳和热磨损抗力;③ 一定的抗氧化性和耐蚀性等。

(2) 成分特点。① 中碳(含碳量一般为 0.30%~0.60%),以保证良好的强度和韧性的配合以及较高的硬度和热疲劳性;② 合金元素。常加的合金元素有 Cr、Ni、Mn、Si、W、Mo 和 V 等,其中 Cr、Ni、Mn 和 Si 的作用是提高淬透性,强化铁素体。特别是 Ni,在强化铁素体的同时,还能提高钢的韧性;W、Mo 和 V 的作用是细化晶粒,提高耐磨性和回火稳定性以及防止第二类回火脆性。

(3) 热处理特点。① 锻造后预备热处理为退火,目的是消除锻造应力、降低硬度(197~241 HBW),以便于切削加工。② 最终热处理:淬火 + 高温回火(大型热锻模),或中温回火(中、小型热锻模),或低温回火(压铸模、热挤压模)后使用。

(4) 常用钢种。常用热作模具钢的牌号、化学成分、热处理和用途见表 6.11。目前我国使用广泛的热作模具钢有 5CrNiMo、5CrMnMo、3Cr2W8V 和 4Cr5MoSiV 等。

5CrMnMo、5CrNiMo 钢是典型的低合金高韧性热锻模用钢,其最终热处理规范为淬火(820~860 ℃,油淬) + 高温或中温回火(400~600 ℃),得到的组织为回火 S 或回火 T,用于制造形状复杂、受冲击载荷高的大型(或中、小型)热锻模。

3Cr2W8V 钢是常用的压铸模具钢,有较高的强度和硬度、耐冷热疲劳性良好,且有较好的淬透性,但其韧性和塑性较差。适于制造高温、高应力下,不受冲击负荷的凸模、凹模,如压铸模、热挤压模、精锻模、非铁金属成形模等。

4Cr5MoSiV1 是空淬硬化热作模具钢,系引进美国的 H13 钢。其性能及使用寿命比3Cr2W8V 钢高。适用于作铝合金压铸模、热挤压和穿孔用的工具和芯棒、模锻锤锻模、压力机锻模、高速精锻模和塑压模等;亦被用作飞机、火箭等耐热 400~500 ℃ 工作温度的结构零件。

表 6.11　常用热作模具钢的牌号、化学成分、热处理和力学性能(摘自 GB/T 1299~2014)

统一数字代号	牌号	化学成分(质量分数)/(%)							热处理及力学性能		
		C	Si	Mn	Cr	Mo/W	V	Ni	淬火温度/℃	冷却剂	退火态硬度(HBW)
T22345	5CrMnMo	0.50~0.60	0.25~0.60	1.20~1.60	0.60~0.90	Mo:0.15~0.30	—	—	820~850	油	197~241
T22505	5CrNiMo	0.50~0.60	≤0.40	0.50~0.80	0.50~0.80	Mo:0.15~0.30	—	1.40~1.80	830~860	油	197~241

续表

统一数字代号	牌号	化学成分(质量分数)/(%)							热处理及力学性能		
		C	Si	Mn	Cr	Mo/W	V	Ni	淬火温度/℃	冷却剂	退火态硬度(HBW)
T23273	3Cr2W8V	0.30~0.40	≤0.40	≤0.40	2.20~2.70	W:7.50~9.00	0.20~0.50	1.40~1.80	1075~1125	油	≤255
T23353	4Cr5MoSiV1	0.32~0.45	0.80~1.20	0.20~0.50	4.75~5.50	Mo:1.10~1.75	0.80~1.20	1.40~1.80	1000 ℃(盐浴)或1010 ℃(炉控气氛)±6 ℃加热,保温 5~15 min 油冷;550 ℃±6 ℃回火两次,每次2 h		≤229

3. 量具钢

量具钢是指用于制造各种测量工具(如游标卡尺、千分尺、塞规、块规等)的钢种。

1) 性能要求

量具在使用过程中经常与被测工件接触而受到碰撞与磨损,因此要求量具钢首先应具有高的硬度和耐磨性及一定的韧性。另外,由于量具内部组织与内应力的存在,在长期使用和存放中会引起尺寸精度的变化,因此量具钢还必须具有高的尺寸稳定性。

2) 化学成分特点

为了满足性能要求,量具钢中必须含有较高的含碳量,一般为 0.9%~1.5%,从而保证高硬度和高耐磨性;加入的合金元素有 Cr、W 和 Mn 等,其作用一是提高淬透性,二是在钢中形成一定数量的合金碳化物,进一步提高钢的硬度和耐磨性。

3) 热处理特点

量具钢热处理的目的,一是提高钢的硬度和耐磨性,二是提高尺寸稳定性。可采用正常的淬火+低温回火工艺来满足硬度和耐磨性的性能要求。而提高尺寸稳定性需采取以下措施来实现:

(1) 淬火加热前应进行充分预热,以减少变形;

(2) 在保证硬度的前提下,尽量降低淬火加热温度,以减少应力和残余 A 的含量;

(3) 淬火后立即进行冷处理,以尽量减少残余 A 的含量;

(4) 应进行长时间低温回火(称为低温时效),以使 M 更趋于稳定,进一步降低残余 A 的含量,从而获得较高的尺寸稳定性。

4) 常用量具用钢

量具钢并没有专用的钢种,根据量具种类和精度要求可选用不同种类的钢来制造。

(1) 碳素工具钢。对形状简单、精度要求不高的量具可选用 T10A~T12A。

（2）低合金刃具钢。精度要求较高的量具（如块规、塞规等），通常选用低合金刃具钢。

（3）表面硬化钢。对于形状简单、精度不高、使用中易受冲击的量具，可选用表面硬化钢。

（4）不锈钢。在腐蚀条件下工作的量具可选用不锈钢。

常用量具钢的选用举例如表 6.12 所示。

表 6.12　量具钢的选用举例

量具用途	钢的类别	牌号
尺寸小、精度不高、形状简单的量规	碳素工具钢	T10A、T12A
精度不高、耐冲击的卡板、样板、直尺	渗碳钢	15、20、15Cr
块规、螺纹塞规、环规、样柱等	低合金刃具钢	CrMn、9CrWMn
块规、塞规、样柱	滚动轴承钢	GCr15
各种要求精度量具	冷作模具钢	Cr2Mn2SiWMoV
要求高精度和耐腐蚀的量具	不锈钢	4Cr13、9Cr18

6.4.3　高速工具钢

高速工具钢是指用来制造高速切削刀具的高合金工具钢。此种钢具有高硬度、高耐磨性、高的热硬性、高淬透性和强度高等特点，其热硬性可达 600 ℃，在此工作温度下刀刃依然保持锋利，因此又称为"锋钢"。

1. 化学成分特点

（1）高碳（$w_c = 0.70\% \sim 1.65\%$）。其作用是保证钢淬火后得到高碳马氏体，并形成足够多的碳化物，使钢具有高硬度、高耐磨性和良好的热硬性。

（2）高合金元素。所加合金元素都是碳化物形成元素，如 W、Mo、Cr 和 V 等，合金元素总量大多在 15% 以上，一些高性能高速工具钢甚至超过 25%。W 和 Mo 的主要作用是提高热硬性，含有大量 W 和 Mo 的马氏体具有高的回火稳定性，另外，在 560 ℃ 左右回火时，因析出细小、弥散的特殊碳化物（Mo_2C、W_2C），造成二次硬化，使钢具有很高的热硬性。W 和 Mo 可互相取代，1% 的 Mo 可代替 1.5% ~ 2.0% 的 W。Cr 的主要作用是提高淬透性，使高速钢空冷也能形成马氏体。V 在钢中可形成更为稳定的 VC，部分未溶入奥氏体中的 VC 能有效阻止奥氏体晶粒长大，再加上多次回火后造成的二次硬化，可进一步提高钢的硬度和耐磨性。

2. 高速钢的牌号

常用高速工具钢的牌号、化学成分、热处理和用途见表 6.13。根据钢中的化学成分，高速钢分为钨系和钨-钼系两种。其典型牌号为 W18Cr4V（18-4-1）和 W6Mo5Cr4V2（6-5-4-2）。W18Cr4V 的特点是热硬性较好，但由于 W 的碳化物比较粗大而使塑性较差，通常用于制造一般的高速切削刀具，如车刀、铣刀和铰刀等；W6Mo5Cr4V2 具有良好的热塑性，更好的耐磨性和韧度，应用更为广泛，但脱碳和过热倾向比 W18Cr4V 钢大，适用于制造受冲击较大的刀具，如插齿刀、锥齿轮刨刀等。

表 6.13　常用高速工具钢的牌号、化学成分、热处理和用途(摘自 GB/T 9943—2008)

牌号	化学成分(质量分数,%)							热处理			应用举例
	C	Mn	Si	Cr	W	V	Mo	淬火[①]/℃	回火[②]/℃	硬度(HRC)	
W18Cr4V (18-4-1)	0.73～0.83	0.10～0.40	0.20～0.40	3.80～4.50	17.20～18.70	1.00～1.20	—	1260～1280,油	550～570	≥63	高速车刀、钻头、铣刀
W6Mo5Cr4V2 (6-5-4-2)	0.80～0.90	0.15～0.40	0.20～0.45	3.80～4.40	5.50～6.75	1.75～2.20	4.50～5.50	1210～1230,油	540～560	≥64	冲击较大的刀具、插齿刀、钻头
W9Mo3Cr4V (9-3-4)	0.77～0.87	0.20～0.40	0.20～0.40	3.80～4.40	8.50～9.50	1.30～1.70	2.70～3.30	1220～1240,油	540～560	≥64	切削刀具、冷热模具

注:① 淬火加热温度是指采用箱式炉的加热温度;② 回火温度为 550～570 ℃时,回火 2 次,每次 1 h;回火温度为 540～560 ℃时,回火 2 次,每次 2 h。

3. 热处理特点

以 W18Cr4V 高速钢制造盘形铣刀为例,了解其热处理工艺特点。其加工工艺路线为:下料→锻造→球化退火→机加工→淬火＋回火→喷砂→磨削加工→成品。图 6.11 所示为 W18Cr4V 盘形铣刀热处理工艺曲线示意图,图 6.12 为 W18Cr4V 高速钢盘形铣刀加工和热处理各阶段的显微组织。

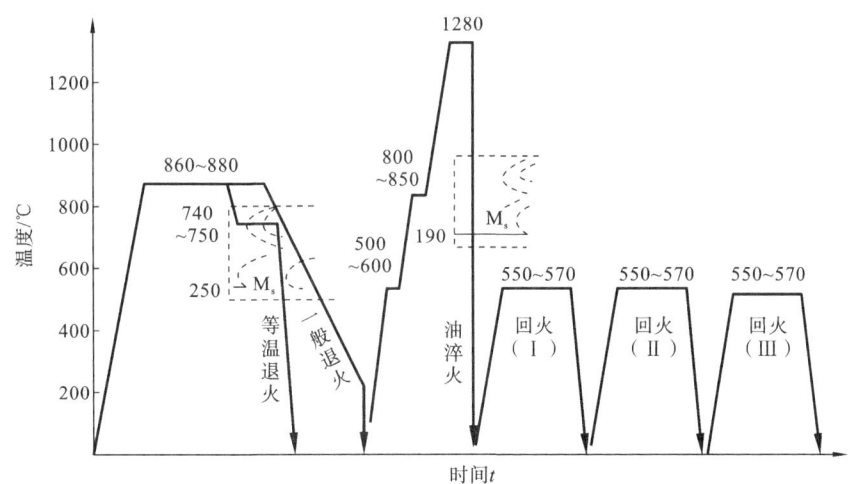

图 6.11　W18Cr4V 高速钢盘形铣刀热处理工艺曲线

1) 锻造

因高速钢是高碳合金莱氏体钢,铸态组织中含有大量呈鱼骨状分布的粗大共晶碳化物(见图 6.12(a)),分布不均匀且脆性很大,无法通过热处理消除,只能采用锻造来打碎鱼骨状碳化物,使其均匀地分布在基体中。所以,对高速钢而言,锻造具有成形和改善组织的双重作用。

2）退火

高速钢锻造后的预备热处理是球化退火。其目的是降低硬度、便于切削加工,并使碳化物形成均匀分布的颗粒状,为最终热处理做好组织准备。球化退火后组织为索氏体(基体)＋细颗粒状碳化物(见图 6.12(b))。

3）淬火＋回火

高速钢的导热性较差,故淬火加热时应在 500～600 ℃和 800～850 ℃预热两次,以防止变形和开裂。W18Cr4V 钢的淬火加热温度高达 1280 ℃,目的是使更多的合金元素溶入奥氏体中,淬火后能提高马氏体的硬度。但淬火温度也不宜过高,否则会使晶粒粗大,淬火后残余奥氏体的量增加,致使性能变差。淬火后的组织为隐晶马氏体＋未熔粒状碳化物＋残余奥氏体(25%～30%),如图 6.12(c)所示。

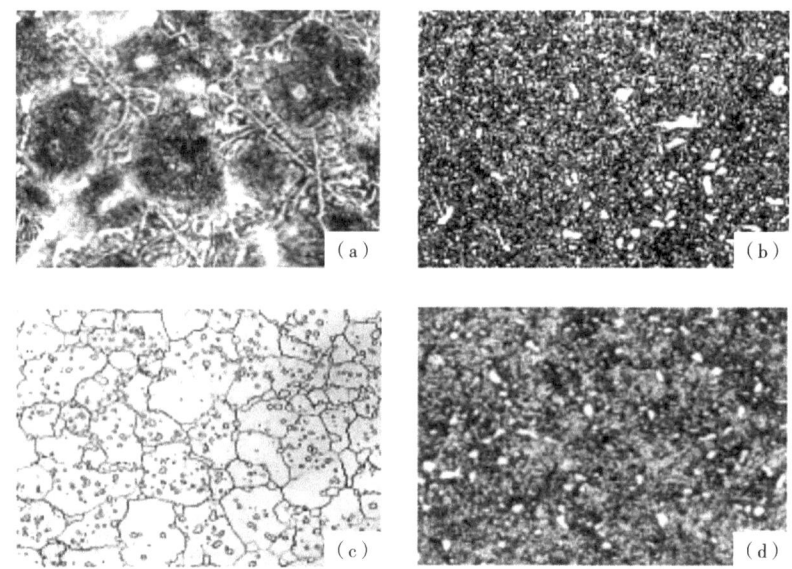

图 6.12　W18Cr4V 高速钢加工和热处理各阶段的组织
(a) 铸态组织;(b) 锻造及球化退火后组织;(c) 淬火后的组织;(d) 回火组织

高速钢淬火后通常在 550～570 ℃进行三次回火,其主要目的是减少残余奥氏体数量,稳定组织,并产生二次硬化。经过三次回火后,残余奥氏体量能下降到 1%左右。在回火过程中,大量细小弥散的 W、Mo 和 V 的碳化物从马氏体中析出,使钢的硬度不仅不降,反而明显升高;同时由于残余奥氏体在回火冷却时转变为马氏体,也会使硬度提高。由于以上原因,在回火时便出现了所谓的“二次硬化”现象。经淬火和三次回火后,高速钢的组织为回火马氏体＋细颗粒状碳化物＋残余奥氏体(少量),如图 6.12(d)所示。

6.5　特殊性能钢

特殊性能钢是指具有某些特殊物理和化学性能的钢。在机械制造中,常用的有不锈钢、耐热钢和耐磨钢等。

6.5.1　不锈钢

不锈钢是指以不锈、耐蚀性为主要特性,且铬含量至少为 10.5%,碳含量不超过 1.2% 的钢。

1. 金属的腐蚀与耐蚀性

根据腐蚀的原理,金属腐蚀可分为化学腐蚀和电化学腐蚀两种。

化学腐蚀是指金属与化学介质直接发生化学反应而造成的腐蚀,如铁的氧化生锈。若金属化学腐蚀后产生的氧化膜结构致密、化学稳定性高,就会有效阻止腐蚀的继续进行,从而提高金属的耐腐蚀性。因此,向钢中加入能形成致密氧化膜的合金元素如 Cr、Si 和 Al 等是提高金属抗化学腐蚀的主要措施之一。

电化学腐蚀是指金属在腐蚀介质中由于形成原电池,阳极失去电子变成离子溶解进入腐蚀介质中,电子向阴极运动,被腐蚀介质中能够吸收电子的物质所接受。因此,提高金属抗电化学腐蚀的能力,可采用以下方法:一是使金属形成均匀的单相组织,减少原电池形成的可能性;二是提高阳极的电极电位,减少两极的电极电位差。

2. 化学成分特点

(1)碳含量。不锈钢的碳含量通常为 0.03%~0.95%。随碳含量增加,其耐蚀性下降,故大多数不锈钢的碳含量为 0.1%~0.2%。但对于制造工具和量具等少数不锈钢,其含碳量较高,在耐蚀的基础上以获得高的强度、硬度和耐磨性。

(2)主加合金元素 Cr。不锈钢中最主要的合金元素是 Cr。Cr 是提高耐蚀性的主要元素,其作用一是提高钢基体的电极电位,当 Cr 的原子分数达到 1/8、2/8、3/8……时,钢的电极电位呈台阶式跃增,称为 $n/8$ 规律,如图 6.13 所示。所以铬不锈钢中的 Cr 含量只有超过台阶值(1/8)时,钢的耐蚀性才明显提高;二是缩小奥氏体区元素,当 Cr 含量大于 12.7% 时,使钢形成单相铁素体组织;三是形成稳定致密的 Cr_2O_3 氧化膜,使钢的耐蚀性大大提高。

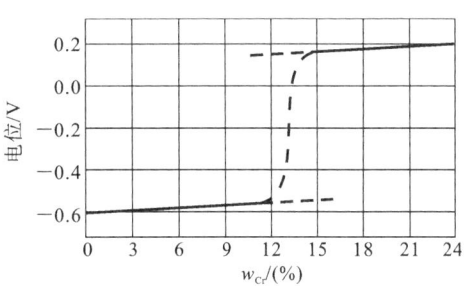

图 6.13　铬含量对 Fe-Cr 合金电极电位的影响(大气条件)

(3)辅加合金元素。主要为 Ni、Si、Al、Mo、Ti 和 Nb 等。加 Ni 的目的是为了获得单相奥氏体组织,显著提高耐蚀性。加 Mo 主要是为了提高钢在非氧化性酸(如盐酸、稀硫酸和碱溶液等)中的耐蚀性。加入 Ti 和 Nb 的主要作用是优先同碳形成稳定化合物,使 Cr 保留在基体中,避免晶界贫铬,防止不锈钢发生晶间腐蚀。

3. 提高钢耐蚀性的方法

合金化是提高金属耐蚀性的主要途径,可从以下三个方面入手。

(1)使金属表面形成一层致密的保护膜。加入一定量的 Cr、Si 和 Al 等合金元素,使金属表面形成 Cr_2O_3、Al_2O_3、SiO_2 等致密的保护膜,或采用化学热处理方法进行渗 Cr、渗 Si、渗 Al 等,从而起到防腐蚀的作用。

（2）使金属形成均匀的单相组织。通过加入 Cr、Ni 和 Mn 等合金元素，使钢在室温下形成单相铁素体或奥氏体组织，避免出现电化学腐蚀。

（3）提高固溶体基体的电极电位。通过加入 Cr、Ni 等可实现此目的。

4. 常用不锈钢

不锈钢按组织特征可分为 5 种类型。常用不锈钢的牌号和化学成分见表 6.14，相应钢种的热处理、力学性能和用途见表 6.15。

表 6.14　常用不锈钢的牌号和化学成分(摘自 GB/T 20878—2007)

类别	牌号 新牌号(旧牌号)	化学成分(质量分数)/(%)					
		C	Si	Mn	Cr	Ni	其他
奥氏体型	022Cr19Ni10 (00Cr19Ni10)	0.030	1.00	2.00	18.00~20.00	8.00~12.00	P≤0.045 S≤0.030
	06Cr19Ni10 (0Cr18Ni9)	0.08	1.00	2.00	18.00~20.00	8.00~11.00	P≤0.045 S≤0.030
	12Cr18Ni9 (1Cr18Ni9)	0.15	1.00	2.00	17.00~19.00	8.00~10.00	P≤0.045 S≤0.030 N≤0.10
奥氏体-铁素体型	12Cr21Ni5Ti (1Cr21Ni5Ti)	0.09~0.14	0.80	0.80	20.00~22.00	4.80~5.80	Ti 5(C−0.02)~0.80
	14Cr18Ni11Si4AlTi (1Cr18Ni11Si4AlTi)	0.10~0.18	3.40~4.00	0.80	17.50~19.50	10.00~12.00	Ti:0.40~0.70 Al:0.10~0.30
铁素体型	10Cr17 (1Cr17)	0.12	1.00	1.00	16.00~18.00	—	P≤0.040 S≤0.030
	008Cr27Mo (00Cr27Mo)	0.010	0.40	0.40	25.0~27.50		Mo 0.75~1.50 N≤0.015
马氏体型	12Cr13 (1Cr13)	0.15	1.00	1.00	11.50~13.50	—	P≤0.040 S≤0.030
	30Cr13 (3Cr13)	0.26~0.35	1.00	1.00	12.00~14.00	—	P≤0.040 S≤0.030
	14Cr11MoV (1Cr11MoV)	0.11~0.18	0.50	0.60	10.00~11.50	0.60	Mo:0.50~0.70 V:0.25~0.40
沉淀硬化型	07Cr17Ni7Al (0Cr17Ni7Al)	0.09	1.00	1.00	16.00~18.00	6.50~7.75	Al:0.75~1.50
	05Cr17Ni4Cu4Nb (0Cr17Ni4Cu4Nb)	0.07	1.00	1.00	15.00~17.50	3.00~5.00	Cu:3.00~5.00 Nb:0.15~0.45

表 6.15　常用不锈钢的热处理、力学性能及用途(摘自 GB/T 1220—2007)

类别	新牌号 (旧牌号)	热处理/℃		力学性能(不小于)				HBW	用途
				$R_{p0.2}$ /MPa	R_m /MPa	A /(%)	Z /(%)		
奥氏体型	022Cr19Ni10 (00Cr19Ni10)	固溶处理 1010~1150 快冷		175	480	40	60	≤187	主要用于需焊接且焊接后又不能进行固溶处理的耐蚀设备部件
	06Cr19Ni10 (0Cr18Ni9)	固溶处理 1010~1150 快冷		205	520	40	60	≤187	适用于制造大中成形部件和输酸管道、容器、结构件等,也可制造无磁、低温设备和部件
	12Cr18Ni9 (1Cr18Ni9)	固溶处理 1010~1150 快冷		205	520	40	60	≤187	历史最悠久的奥氏体不锈钢,主要用于对耐蚀性或强度要求不高的结构件和焊接件,如建筑物外表装饰材料;也可用于无磁和低温装置的部件
奥氏体-铁素体型	14Cr18Ni11Si4AlTi (1Cr18Ni11Si4AlTi)	固溶处理 930~1050 快冷		440	715	25	40	—	可用于制作抗高温、浓硝酸介质的零件和设备,如排酸阀门等
	022Cr19Ni5Mo3Si2N (00Cr18Ni5Mo3Si2)	固溶处理 920~1150 快冷		390	590	20	40	≤290	用于炼油、化肥、造纸、化工等工业制造热交换器、冷凝器等
铁素体型	06Cr13Al (0Cr13Al)	780~830 退火 空冷或缓冷		175	410	20	60	≤183	用于石油精制装置、压力容器衬里、蒸汽透平叶片和复合钢板等
	10Cr17 (1Cr17)	780~850 退火, 空冷或缓冷		205	450	22	50	≤183	用于生产硝酸、硝酸铵的化工设备;薄板主要用于建筑内装饰、日用办公设备、厨房器具、汽车装饰等
马氏体型	12Cr13 (1Cr13)	950~1050 油淬	700~750 回火 快冷	345	540	22	55	≥159	主要用于韧性要求较高且具有不锈性的受冲击载荷的部件,如刃具、叶片、紧固件等
	20Cr13 (2Cr13)	920~980 油淬	600~750 回火 快冷	440	640	20	50	≥192	用于制造承受高应力负荷的零件,如汽轮机叶片、热油泵、水压机阀片等;也可用于造纸工业和医疗器械及日用消费品

续表

类别	新牌号 （旧牌号）	热处理/℃		力学性能（不小于）				HBW	用途
				$R_{p0.2}$ /MPa	R_m /MPa	A /（%）	Z /（%）		
马氏体型	30Cr13 （3Cr13）	920～980 油淬	600～750 回火快冷	540	735	12	40	≥217	主要用于高强度部件及高应力载荷和腐蚀介质条件下的磨损件，如 300 ℃以下工作的工具、弹簧、400 ℃以下工作的轴、螺栓等
沉淀硬化型	07Cr17Ni7Al （0Cr17Ni7Al）	固溶处理 1000～1050	510 ℃时效	1030	1230	4	10	≥388	用于 350 ℃以下长期工作的结构件、容器、管道、弹簧、垫圈等
			565 ℃时效	960	1140	5	25	≥363	
	05Cr17Ni4Cu4Nb （0Cr17Ni4Cu4Nb）	固溶处理 1020～1060	480 ℃时效	1180	1310	10	40	≥375	主要用于要求耐弱酸、碱、盐腐蚀的高强度部件，如汽轮机末级动叶片及在腐蚀环境下，工作温度低于 300 ℃的结构件
			550 ℃时效	1000	1070	12	45	≥331	

1）奥氏体型不锈钢

以面心立方晶体结构的奥氏体组织为主，无磁性，主要通过冷加工使其强化。12Cr18Ni9 是典型的 Cr-Ni 奥氏体型不锈钢，具有良好的塑性、韧性、冷变形性、焊接性和优良的耐蚀性，可在氧化性和还原性介质中使用，工作温度可达 600～700 ℃，广泛用于制造耐硝酸、磷酸、碱、盐溶液以及各种有机、无机盐腐蚀的零件或设备，其缺点是切削加工性较差，有晶间腐蚀倾向，强度较低。

2）奥氏体-铁素体型不锈钢

基体兼有奥氏体和铁素体两相组织（其中较少相的含量一般大于 15%），有磁性，可通过冷加工使其强化。奥氏体-铁素体型不锈钢是在 18-8 型不锈钢的基础上调整 Cr、Ni 的含量，并加入 Mn、Mo、W、Cu 和 N 等合金元素而形成的双相不锈钢，兼有奥氏体和铁素体不锈钢的特性。具有良好的耐蚀性，较高的抗应力腐蚀和晶界腐蚀能力和良好的焊接性能。典型钢种有 022Cr19Ni5Mo3Si2N、14Cr18Ni11Si4AlTi 等，适用于制造化工、化肥的生产设备及管道、海水冷却的热交换设备等。

3）铁素体型不锈钢

基体以体心立方晶体结构的铁素体组织为主，有磁性，一般不通过热处理强化，但冷加工可使其轻微强化。典型钢种如 10Cr17，通常为铁素体组织，其耐蚀性、冷变形性、焊接性等均优于马氏体不锈钢。这类钢在退火或正火态下使用，主要用作耐蚀性要求很高而强度要求不高的构件，如制造硝酸、氮肥等化工设备和容器、管道等。

4）马氏体型不锈钢

基体为马氏体组织，有磁性，通过热处理可调整其力学性能。多用于力学性能要求较高,耐蚀性要求较低的零件。12Cr13、20Cr13 常用作耐蚀结构件,调质处理后获得回火索氏体组织,用来制造汽轮机叶片、锅炉管附件等;30Cr13、40Cr13 用作医疗器械和不锈钢刃具,此时应采用淬火+低温回火处理。

5)沉淀硬化型不锈钢

基体为奥氏体或马氏体组织,并能通过沉淀硬化(又称时效硬化)处理使其硬(强)化。

6.5.2 耐热钢

耐热钢是指在高温下具有良好的化学稳定性或较高强度的钢。耐热钢主要用来制造在高温下工作的锅炉、加热炉、汽轮机和燃气轮机的某些零件或部件。

1. 性能要求

1)化学稳定性

指钢在高温下长期工作而不被氧化的能力,亦称抗氧化性。金属的氧化取决于金属与氧的化学反应能力,而氧化速度或抗氧化能力,在很大程度上取决于金属氧化膜的结构和性能以及本身的强度等。

铁在 560 ℃以下氧化生成 Fe_2O_3 和 Fe_3O_4,它们结构致密,性能良好,对钢有很好的保护作用;但在 560 ℃以上形成的氧化物主要是 FeO,由于 FeO 结构疏松,晶体空位较多,原子扩散容易,钢基体得不到保护,因此氧化很快。所以,提高钢的抗氧化性最有效的方法是加入某些合金元素如 Cr、Si 和 Al 等,以形成致密而稳定的氧化膜,抑制金属的继续氧化,从而提高在高温下的化学稳定性。

2)热强性

指在高温下仍能保持足够强度的特性。钢在一定的温度和应力作用下,随着时间的增加,会缓慢地发生塑性变形,这种现象称为蠕变。显然,耐热钢应该具有高的蠕变强度和持久强度。蠕变强度是指钢在一定温度下,一定时间内产生一定变形量时的应力。如 700 ℃、1000 h 的总蠕变量达到 0.2% 时的蠕变强度用 $\sigma_{0.2/1000}^{700}$ 表示。持久强度是指钢在一定温度下经一定时间引起断裂时的应力。如持久强度 σ_{1000}^{700} 表示在 700 ℃经 1000 h 后断裂时的应力。金属在高温下强度降低,主要是扩散加快和晶界强度下降的结果。所以提高钢的热强性应从这两面着手,最重要的方法是合金化。

2. 化学成分特点

1)含碳量

耐热钢中含碳量一般都不高,是由于碳质量分数较高时,碳化物在高温下易聚集,使高温强度显著下降;同时,碳也使钢的塑性和抗氧化性、焊接性能降低。

2)主加合金元素

主加合金元素主要是 Cr、Si、Al。主加合金元素(尤其是 Cr)的作用是提高钢的抗氧化性,此外 Cr 还有利于提高热强性。辅加元素有 Mo、W、V 和 Ti 等,它们能形成细小弥散的碳化物,起弥散强化的作用,能提高室温和高温强度。

3. 常用耐热钢

根据热处理和组织的不同,耐热钢分为奥氏体型、铁素体型、马氏体型和沉淀硬化型耐热钢四种类型。常用耐热钢的牌号、化学成分、热处理、性能及用途见表 6.16。

表 6.16 常用耐热钢的牌号、化学成分、热处理、性能及用途（摘自 GB/T 1221—2007）

类别	新牌号(旧牌号)	化学成分(质量分数)/(%)						热处理 /℃ 冷却剂	力学性能(不小于)				硬度 (HBW)	用途 举例
		C	Si	Mn	Cr	Ni	其他		$R_{p0.2}$/MPa	R_m/MPa	A/(%)	Z/(%)		
奥氏体型	16Cr23Ni13 (2Cr23Ni13)	0.20	1.00	2.00	22.00~24.00	12.00~15.00	—	固溶处理 1030~1150 水	205	560	45	50	≤201	加热炉部件、重油燃烧器
	06Cr18Ni11Ti (0Cr18Ni10Ti)	0.08	1.00	2.00	17.00~19.00	9.00~12.00	Ti 5C~0.70	固溶处理 920~1150 水	205	520	40	50	≤187	400~900℃腐蚀条件下使用的部件、高温用焊接结构件
	45Cr14Ni14W2Mo (4Cr14Ni14W2Mo)	0.40~0.50	0.80	0.70	13.00~15.00	13.00~15.00	Mo 0.25~0.40 W 2.00~2.75	退火 820~850	315	705	20	35	≤248	700℃以下内燃机、柴油机重负荷进、排气门和紧固件
铁素体型	06Cr13Al (0Cr13Al)	0.08	1.00	1.00	11.50~14.50	(0.60)	Al 0.10~0.30	退火 780~830 空或缓冷	175	410	20	60	≤183	用于石油精制装置、压力容器衬里、蒸汽透平叶片和复合钢板等
	10Cr17 (1Cr17)	0.12	1.00	1.00	16.00~18.00	(0.60)		退火 780~850 空或缓冷	205	450	22	55	≤183	900℃以下耐氧化部件、散热器、炉用部件、油喷嘴等
	16Cr25N (2Cr25N)	0.20	1.00	1.50	23.00~27.00	(0.60)	N 0.25	退火 780~880 快冷	275	510	20	40	≤201	常用于抗硫气氛，如燃烧室、退火模具、玻璃模具、阀门等

续表

类别	新牌号(旧牌号)	化学成分(质量分数)/(%)						热处理 /℃ 冷却剂	力学性能(不小于)				硬度 (HBW)	用途举例
		C	Si	Mn	Cr	Ni	其他		$R_{p0.2}$ /MPa	R_m /MPa	A /(%)	Z /(%)		
马氏体型	12Cr13 (1Cr13)	0.15	1.00	1.00	11.50~ 13.50	(0.60)		950~1000 油淬 700~750 回火、快冷	345	540	22	55	≤200	主要用于具有韧性要求较高且有不锈性的受冲击载荷的部件,如刃具、叶片,紧固件等
	20Cr13 (2Cr13)	0.16 ~ 0.25	1.00	1.00	12.00~ 14.00	(0.60)		920~980 油淬 600~750 回火、快冷	440	640	20	50	≤223	用于制造承受高应力负荷的零件,如汽轮机叶片,热油泵,水压机阀片等;也可用于制造纸浆工业和医疗器械及日用消费品
	14Cr11MoV (1Cr11MoV)	0.11 ~ 0.18	0.50	0.60	10.00~ 11.50	0.60	Mo 0.50~ 0.70 V0.25~0.40	1050~1100 油淬 720~740 回火、空冷	490	685	16	55	退火 ≤200	热强性较高,减震性良好。用于透平机叶片及导向叶片
沉淀硬化型	07Cr17Ni7Al (0Cr17Ni7Al)	0.09	1.00	1.00	16.00~ 18.00	6.50~ 7.75	Al 0.75 ~ 1.50	1000~ 1100 ℃ 固溶处 理 510 ℃ 或 565 ℃ 时效	1030 ~ 960	1230 ~ 1140	4~5	10~25	≥ 363~ 383	用于 350 ℃ 以下长期工作的结构件,容器,管道,弹簧,垫圈等

注:表中所列成分除标明范围或最小值外,其余均为最大值。括号内的值为可加入或允许含有的最大值。

1) 奥氏体型耐热钢

常用钢种有 06Cr18Ni11Ti、20Cr25Ni20 等。钢中加入了较多的能扩大奥氏体区的 Ni 元素,经固溶处理后组织为单相奥氏体。其化学稳定性和热强性都比铁素体型和马氏体型耐热钢高,工作温度可达 750~800 ℃。常用于制作一些比较重要的零件,如用于制造超高参数锅炉、汽轮机的过热器、主蒸汽管及工作温度在 650~750 ℃ 的内燃机排气阀等。这类钢一般进行固溶处理,也可通过固溶处理加时效,提高其强度。

2) 铁素体型耐热钢

常用钢种有 10Cr17、16Cr25N 等。这类钢的主要合金元素是 Cr,Cr 能扩大铁素体区,通过退火可得到铁素体组织,强度不高,但耐高温氧化,用于制作喷油嘴、锅炉部件等。

3) 马氏体型耐热钢

常用钢种有 12Cr13、20Cr13 和 42Cr9Si2 等。这类钢的抗氧化性和热强性均高,淬透性也很好。经调质处理后组织为回火索氏体,主要用于制造 600 ℃ 以下受力较大的零件,如汽轮机叶片、内燃机进气阀、转子及紧固件等。

4) 沉淀硬化型耐热钢

典型钢种是 07Cr17Ni7Al。经固溶处理加时效后抗拉强度可超过 1000 MPa,是耐热钢中强度最高的一类钢。用于制造高温弹簧、膜片、波纹管和燃气透平发动机部件等。

6.5.3　耐磨钢

耐磨钢是指用于制造高耐磨零件及构件的一类钢种。耐磨钢目前还未形成独立的钢种,广义地讲,高碳工具钢、高碳铸钢、Si-Mn 结构钢及滚动轴承钢等均可用于制造耐磨零件。但习惯上,耐磨钢主要是指在强烈冲击条件下产生加工硬化而具有很高耐磨能力的高锰钢。典型的高锰钢牌号为 ZGMn13,牌号中的"ZG"表示汉字"铸钢"。由于这种钢切削加工困难,一般采用铸造方法成形。

1. 化学成分特点

1) 高碳

w_C=0.90%~1.50%,目的是为了保证钢的耐磨性和强度,但过高的碳会在高温下析出碳化物,引起韧性下降。

2) 高锰

w_{Mn}=11%~14%,Mn 是扩大奥氏体相区的合金元素,11%~14% 的 Mn 使高锰钢在水韧处理后形成单相奥氏体组织。

除了高碳和高锰外,耐磨钢中还加入了一定量的 Si,其目的是为了改善钢水的流动性,并起固溶强化的作用。但 Si 的质量分数不能太高,一般为 0.30%~1.0%。质量分数太高,容易导致晶界出现碳化物,从而引起开裂。

2. 热处理特点

高锰钢的铸态组织中因含有沿奥氏体晶界分布的碳化物,使其强度和韧性下降,不能实际应用,必须进行热处理。高锰钢都采用水韧处理,即将钢加热到 1050~1100 ℃,并在高温下保温一段时间,使碳化物完全溶入 A 中,然后迅速水淬至室温,从而形成单相奥氏体组织。高锰钢水韧处理后不能再加热到 300 ℃ 以上,否则会有针状碳化物析出,使钢的性能脆化。

3. 应用特点

高锰钢经水韧处理后,塑性和韧性很好,硬度较低,耐磨性并不高。但高锰钢在使用过程中,在很大冲击力和摩擦力及压力作用下会发生塑性变形,表层的奥氏体会迅速产生强烈的加工硬化,同时促使奥氏体向马氏体转变,使表层获得很高的硬度,从而耐磨性大大提高。如果没有外加压力或冲击力,高锰钢的加工硬化现象就不明显,其高耐磨性就不能充分显示出来。因此,高锰钢主要用于制造承受强烈冲击和较大压力作用的构件,如重型拖拉机、坦克的履带板,挖掘机的铲齿,破碎机的颚板以及铁轨的道岔、球磨机的衬板等。

常用高锰钢的牌号、化学成分与力学性能详见表 6.17。

表 6.17 常用高锰钢的牌号、化学成分与力学性能(摘自 GB/T 5680—2010)

牌号	化学成分(质量分数)/(%)						力学性能					用途
	C	Mn	Si	S	P	其他	R_{eL} /MPa	R_m /MPa	A /(%)	α_{KU} /(J/cm²)	硬度 /(HBS)	
ZGMn13 -1	1.00~ 1.45	11.00~ 14.00	0.30~ 1.00	≤ 0.040	≤ 0.090	—	—	635	20	—	—	用于形状简单的低冲击耐磨件,如辊套、齿板、衬板、铲齿等
ZGMn13 -2	0.90~ 1.35	11.00~ 14.00	0.30~ 1.00	≤ 0.040	≤ 0.070	—	—	685	25	147	300	
ZGMn13 -3	0.95~ 1.35	11.00~ 14.00	0.30~ 0.80	≤ 0.035	≤ 0.070	—	—	735	30	147	300	用于结构复杂并以韧性为主的承受强烈冲击的零件,如斗前臂、提梁和履带板等
ZGMn13 -4	0.90~ 1.30	11.00~ 14.00	0.30~ 0.80	≤ 0.040	≤ 0.070	Cr:1.50 ~ 2.50	390	735	20	—	300	
ZGMn13 -5	0.75~ 1.30	11.00~ 14.00	0.30~ 1.00	≤ 0.040	≤ 0.070	Mo: 0.90 ~ 1.20			—			特殊耐磨件,如自固型无螺栓磨煤机衬板等

思考题

6.1 钢中常存在的杂质元素有哪些？分别说明它们对钢的性能的影响。

6.2 合金钢与碳钢相比，具有哪些优点？

6.3 合金钢中经常加入的合金元素有哪些？它们对钢的性能及热处理过程（加热和冷却等）有何影响？

6.4 按用途对下列钢进行分类，并说明其应用及采用的最终热处理方法。

Q235、45、T12、Q345、20CrMnTi、40Cr、60Si2Mn、GCr15、9SiCr、Cr12MoV、W18Cr4V、5CrMnMo、0Cr18Ni9、ZGMn13。

6.5 有一 $\phi10\ mm$ 的杆类零件，受中等交变拉压载荷的作用，要求零件沿截面性能均匀一致，可供选择的钢号有 Q345、45、40Cr 和 T12，请完成：

（1）选择最适合的钢号；

（2）制定简明加工工艺路线；

（3）说明各热处理工序的作用；

（4）指出最终的组织。

6.6 何谓调质钢？为何调质钢都属于中碳钢？

6.7 某变速箱齿轮选用 45 钢制造，其加工工艺路线为：下料→锻造→热处理 1→粗加工（车）→热处理 2→精加工（车、插）→热处理 3→低温回火→磨削加工。试说明各热处理工序的名称及得到的组织。

6.8 高速钢淬火后为什么要进行三次回火？在 560 ℃ 回火是不是调质处理？为什么？

6.9 大型冷冲模应具有何性能特点？工作零件常采用什么钢种？试述其成分和热处理特点？

6.10 不锈钢中加入 12% 以上 Cr 的作用是什么？Cr12MoV 钢中 Cr 的加入量为 12%，其是否属于不锈钢？为什么？

6.11 耐磨钢 ZGMn13 为什么具有优良的耐磨性和良好的韧性？

6.12 某型号柴油机的凸轮轴，要求凸轮表面有高的硬度（HRC>50），而心部具有良好的韧性（α_k>40J），原采用 45 钢调质处理再进行表面高频淬火，最后低温回火，现因库存的 45 钢已用完，只剩 15 钢，拟用 15 钢取代。试回答：

（1）原 45 钢热处理各工序的作用。

（2）改用 15 钢后，仍按原热处理工序进行处理能否满足性能要求？为什么？如不能，应如何调整热处理工艺？

6.13 用 W18Cr4V 钢制造某刀具的生产工艺路线为：下料→锻造→球化退火→机械加工→淬火+三次回火→喷砂→磨削加工→检验→成品。试回答：

（1）指出合金元素 W、Cr 和 V 在钢中的主要作用。

（2）为什么下料后必须锻造？

（3）锻造后球化退火的目的？

（4）为何要进行三次回火？

本章参考文献

［1］朱征,黄丽明,刘志平.工程材料［M］.北京:国防工业出版社,2014.

［2］齐民,于永泗.机械工程材料［M］.10 版.大连:大连理工大学出版社,2017.

［3］朱张校,姚可夫.工程材料学［M］.北京:清华大学出版社,2012.

［4］周风云.工程材料及应用［M］.武汉:华中科技大学出版社,2014.

［5］工程材料.吴超华,彭兆,黄丰［M］.上海:上海交通大学出版社,2016.

［6］宋琳生.电厂金属材料［M］.4 版.北京:中国电力出版社,2013.

第7章 铸 铁

　　铸铁是指碳含量大于 2.11%,并且含有较多 Si、Mn、P、S 等元素的铁基合金,实际上它是一种以 Fe、C、Si 为主要成分,且在结晶过程中具有共晶转变的多元铁基合金。铸铁具有良好的铸造性能,工业上通常采用铸造方法制成铸件使用,故称之为铸铁。

　　铸铁具有悠久的使用历史,目前仍是使用量仅次于钢材的金属材料。与钢相比,铸铁具有良好的可切削加工性、耐磨性、减振性以及工艺简单、造价低廉等优点,被广泛应用于机械制造、冶金矿山、交通运输和石油化工等领域。

7.1　铸铁及其石墨化

　　工业生产中常用的铸铁材料,其中的碳主要以石墨的形式存在,铸铁中的石墨可以在结晶过程中直接析出,也可以通过渗碳体加热分解得到,铸铁的石墨化是指铸铁中碳原子析出形成石墨的过程。

7.1.1　Fe-Fe₃C 和 Fe-G 铁碳合金双重相图

　　铸铁中的碳主要以化合态的渗碳体(Fe_3C)和游离态的石墨(G)两种形式存在,另外还有极少量的碳固溶在铁基体中,渗碳体是一个亚稳相,石墨是稳定相,因此在一定条件下,渗碳体会发生分解($Fe_3C \rightarrow 3Fe+C$),形成稳定的游离态石墨。

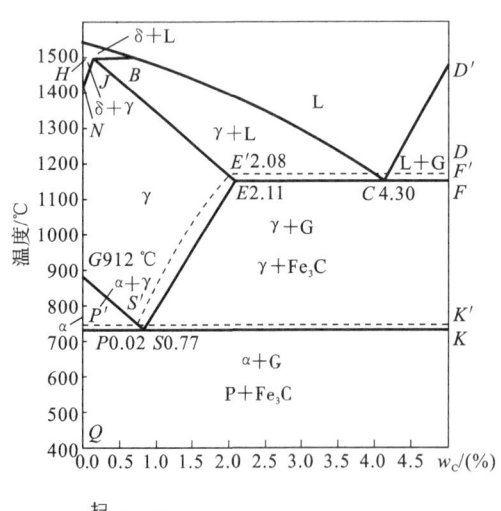

　　实际上,铁碳合金转变存在两个相图,一个是 Fe-Fe₃C 相图,一个是 Fe-G 相图,两个相图叠合在一起,就得到了 Fe-Fe₃C 和 Fe-G 铁碳合金双重相图。这两个相图几乎重合,只是 E、C、S 点的成分和温度稍有变化,如图 7.1 所示,图中的虚线为 Fe-G 相图。可以看到,如果按照 Fe-Fe₃C 相图进行结晶,就会得到含渗碳体的白口铸铁;按照 Fe-G 相图进行结晶,就会析出石墨,发生石墨化过程。根据生产工艺不同,铁碳合金可全部或部分按其中一种相图进行结晶。

图 7.1　铁碳合金双重相图

7.1.2　铸铁的石墨化过程

1. 铸铁的石墨化

　　根据铁碳合金双重相图,当铁碳合金中的碳以渗碳体的形式存在时,最终会得到具有莱氏体组织的白口铸铁;当铁碳合金中的碳全部或者大部分以石墨形式存在时,就会得到在钢基体上分布石墨的铸铁,而石墨的形态、尺寸、数量和分布状态对铸铁的性能有着重要影响。

生产实践中,当共晶铁水冷却速度较快时,Fe-Fe$_3$C 相图中的铁碳合金平衡结晶不析出石墨而是析出渗碳体。这是因为在液体凝固结晶过程中,组织形成的过程都是通过成核和长大进行的,成核过程中原子需要克服一定的浓度梯度。工业铸铁的含碳量一般为 2.5% ～ 4.0%,渗碳体的含碳量为 6.69%,而石墨的含碳量达 100%。相比于石墨,渗碳体形核的浓度梯度要小得多,而且渗碳体是间隙性金属化合物,碳原子只在铁原子的间隙存在,不需要铁原子从晶核处做长距离的迁移,因此形成渗碳体晶核更加容易。但是当合金中含有促进石墨化元素 Si 并且能够在高温保温足够长的时间,使原子充分扩散,不仅渗碳体会分解成石墨,铁水和奥氏体中也会析出石墨,这一过程就是铸铁的石墨化过程。

2. 铸铁石墨化的两个阶段

铸铁的石墨化过程分为以下两个阶段:

(1) 第一阶段。石墨化发生在 $P'S'K'$ 线以上,包括高温石墨化和中间石墨化。其中高温石墨化是指从过共晶铁水中结晶出一次石墨和共晶铁水发生共晶反应析出的共晶石墨,也包括一次渗碳体和共晶渗碳体长时间高温保温分解得到的石墨;而中间石墨化是指在 1154～738 ℃ 之间的冷却过程中由奥氏体中析出的二次石墨。

(2) 第二阶段。石墨化发生在 $P'S'K'$ 线(738 ℃)以下,又称为低温石墨化,包括冷却时共析石墨的析出和加热时共析渗碳体的分解。

根据铸铁石墨化的程度不同,铸铁类型和组织也不相同,一般在第一阶段,由于温度较高,原子能充分扩散,石墨化过程能完全按照 Fe-G 相图充分进行;而第二阶段由于温度较低,原子扩散困难,石墨化过程只能部分进行,甚至完全不进行。铸铁的石墨化程度与其组织之间的关系见表 7.1,工业上主要使用的铸铁,是第一阶段石墨化完全进行的灰铸铁。根据铸铁组织中石墨结晶形态的不同,实际使用的铸铁材料可细分为不同的类型,见表 7.2。

表 7.1　铸铁的石墨化程度与其组织之间的关系

铸铁类型	石墨化程度		显微组织	断口颜色
	第一阶段石墨化	第二阶段石墨化		
灰铸铁	完全进行	完全进行	F+G	灰暗色
		完全进行	F+P+G	
		未进行	P+G	
麻口铸铁	部分进行	未进行	L'$_d$+P+G	灰白相间色
白口铸铁	未进行	未进行	L'$_d$	白亮色

表 7.2　铸铁按石墨结晶形态分类

铸铁类型	灰铸铁	孕育铸铁	可锻铸铁	球墨铸铁	蠕墨铸铁
石墨形态	粗片状	细片状	团絮状	小球状	蠕虫状

7.1.3 影响石墨化的主要因素

1. 化学成分的影响

（1）C 和 Si。C 和 Si 都是强烈促进石墨化的元素，对第一阶段和第二阶段的石墨化都有促进作用。C 含量增高，石墨化晶核数增多，有利于石墨形核；Si 元素可使共晶点左移，提高共晶温度，有利于石墨化进行。但是 C 和 Si 元素含量过高，会导致石墨数量多且粗大，基体内铁素体含量增加，会降低铸铁材料的性能。因此，调整 C、Si 含量是控制铸铁组织最基本的措施之一，工业上一般将铸铁的碳含量控制在 2.5%～4.0%，硅含量控制在 1.0%～3.0%。

（2）P。P 元素有微弱的石墨化促进作用，但是当 P 含量大于 0.2% 后，容易在晶界上形成二元或者三元硬脆的磷共晶，降低铸件强度，增加脆性。因此，除了耐磨铸铁 P 含量较高（0.3%～1.0%）外，通常铸铁的 P 含量一般控制在 0.2% 以下。

（3）S。S 是强烈阻碍石墨化的元素，S 能增加 Fe 和 C 的结合力，同时还降低铁水流动性，产生气泡，导致铸件性能下降，是一个有害元素，应该严格控制，通常 S 含量一般控制在 0.12% 以下。

（4）Mn。Mn 能固溶于铁素体和渗碳体中，增加 Fe 和 C 的结合力，从而阻碍石墨化过程。但是 Mn 能与 S 形成 MnS，减弱 S 元素对石墨化的阻碍作用，通常 Mn 含量一般控制在 0.5%～1.4%。

2. 冷却速度的影响

铸件的冷却速度对石墨化过程有显著的影响，冷却速度越慢，C 原子扩散越充分，可以促进石墨化进行，结晶按照 Fe-G 相图来进行；反之快速冷却则会导致过冷度过大，结晶按照 Fe-Fe₃C 相图来进行，阻碍石墨化。但是在实际生产中，由于考虑到生产成本和效率等因素，不会采用非常缓慢的冷却速度，而是通过调整 C 和 Si 的含量，保证在一般的冷却速度下也能进行石墨化。

铸件的壁厚直接影响冷却速度，因此生产中要综合考虑铸件壁厚和 C、Si 总含量对铸件石墨化的影响。图 7.2 所示为铸件壁厚和 C、Si 含量对铸件石墨化的影响，由图 7.2 可以看出，当 C、Si 总含量一定时，铸件厚度越薄，石墨化越难进行；而当铸件厚度一定时，C、Si 总含量越高，越有利于石墨化的进行。

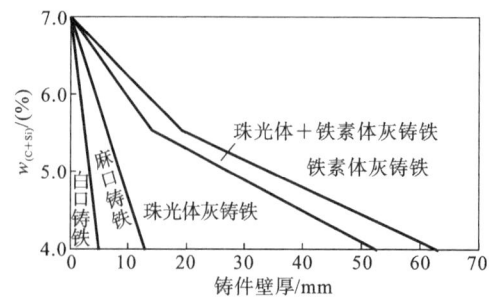

图 7.2 铸件壁厚和 C、Si 含量对铸件石墨化的影响

7.2　灰铸铁

7.2.1　灰铸铁的化学成分及组织

　　灰铸铁通常是指石墨呈片状分布的铸铁。包括灰口铸铁(石墨呈粗片状)和孕育铸铁(石墨呈细片状)。它的应用最广泛,其产量几乎占铸铁全部产量的80%以上。

　　灰铸铁的大致成分范围:$w_C(\%)=2.5\sim4.0$, $w_{Si}(\%)=1.0\sim3.0$, $w_{Mn}(\%)=0.05\sim0.50$, $w_P(\%)=0.05\sim0.50$, $w_S(\%)=0.02\sim0.20$。由于 C、Si 含量较高,所以具有较强的石墨化能力。

　　灰铸铁的显微组织山钢的基体组织与片状石墨组成。钢的基体因共析阶段石墨化进行的程度不同可有铁素体、铁素体＋珠光体和珠光体三种基体,相对应的有三种灰铸铁,如图7.3所示。由于珠光体的强度比铁素体高,因此珠光体灰铸铁的强度最高,应用最广泛。此外,灰铸铁中的片状石墨也呈现出各种形态、大小和分布,它们对灰铸铁的力学性能有着重要影响。

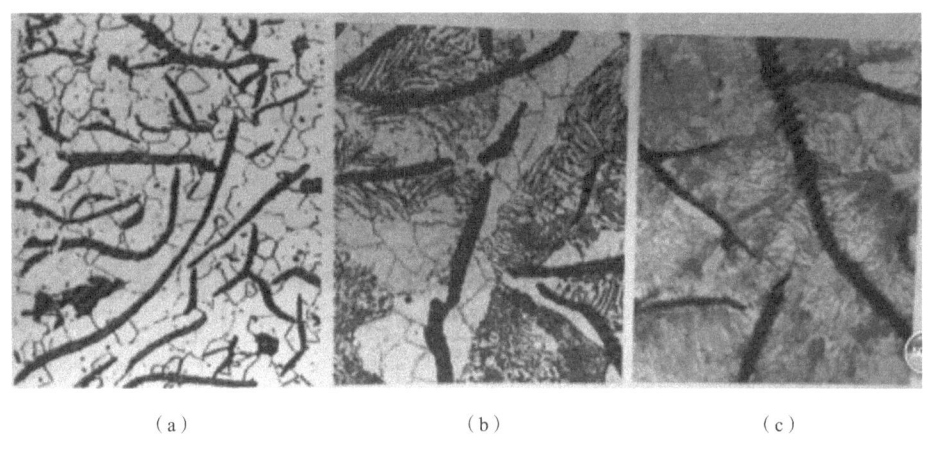

(a)　　　　　　　　　(b)　　　　　　　　　(c)

图 7.3　灰铸铁显微组织

(a)铁素体灰铸铁;(b)铁素体＋珠光体灰铸铁;(c)珠光体灰铸铁

7.2.2　灰铸铁的牌号、性能及用途

　　根据 GB/T 9439—2010 规定,灰铸铁牌号中"H""T"为"灰""铁"二字的汉语拼音的首字母,后续的数字表示最低抗拉强度。

　　灰铸铁中的片状石墨可以理解成金属基体上存在的一些微裂纹,它们破坏了基体的连续性。一旦受到外力,石墨便会破断、脱落。显然,铸铁中的石墨数越多、尺寸越大、分布越不均匀,其抗拉强度和塑性就越差。石墨自身具有良好的润滑作用,同时切削加工时石墨脱落后的孔洞中可存储润滑剂,使灰铸铁具有良好的耐磨性。

　　按照片状石墨的尺寸大小不同,灰铸铁可细分为普通灰铸铁、孕育铸铁。常用灰铸铁的牌号、力学性能、显微组织及用途见表7.3。

表 7.3 常用灰口铸铁的牌号、性能及用途

牌号	铸件壁厚 /mm	抗拉强度/MPa （不小于）	显微组织、细分类别	应用
HT100	2.5～10	130	铁素体＋粗片状石墨,普通灰铸铁	下水管、重锤、底座
	10～20	100		
	20～30	90		
	30～50	80		
HT150	2.5～10	175	铁素体＋珠光体＋较粗片状石墨,普通灰铸铁	端盖、汽轮泵体、轴承座、阀壳、管路附件、机床底座、床身、滑座、工作台等
	10～20	145		
	20～30	130		
	30～50	120		
HT200	2.5～10	220	珠光体＋中等片状石墨,普通灰铸铁	汽缸、齿轮、底架、机体、飞轮、齿条、衬筒、液压泵及阀的壳体等
	10～20	195		
	20～30	170		
	30～50	160		
HT250	4.0～10	270	细珠光体＋较细片状石墨,孕育铸铁	阀壳、油缸、汽缸、齿轮、飞轮、联轴器、齿轮箱外壳、凸轮、轴承座等
	10～20	240		
	20～30	220		
	30～50	200		
HT300	10～20	290	细珠光体＋细小片状石墨,孕育铸铁	齿轮、凸轮、机床卡盘、剪床、压力机的机身、导板、砖塔自动车床、重载荷机床的床身、高压液压筒、液压泵和滑阀的壳体等
	20～30	250		
	30～50	230		
HT350	10～20	340	细珠光体＋细小片状石墨,孕育铸铁	
	20～30	290		
	30～50	260		

7.2.3 灰铸铁的热处理

热处理不能改变灰铸铁石墨的形态和大小,但可改变其基体组织,从而对改善性能有一定效果,常用以下几种热处理方法。

1. 去应力退火

去应力退火也称人工时效。主要是为了消除铸件在铸造冷却过程中产生的内应力,防止铸件变形或开裂。常用于形状复杂的铸件,如机床床身、柴油机汽缸等。去应力退火工艺如下:加热温度为 500～550 ℃;加热速度为 60～120 ℃/h;保温时间为 4～8 h,然后随炉冷却。

2. 软化退火

铸件的表层和薄壁处由于铸造时冷却速度快,易产生白口组织,使得硬度提高、加工困难,需进行退火以降低硬度。软化退火的工艺如下:加热温度为 850~900 ℃;保温时间为 2~4 h,使铸件石墨化,然后出炉空冷。最后得到铁素体或铁素体+珠光体的基体组织,降低了铸件的硬度。

3. 表面淬火

铸铁的表面淬火可提高工件的表面硬度,改善其耐磨性,得到表层为马氏体+片状石墨的组织。通常采用高频感应加热、火焰加热、激光加热及电接触法加热等表面淬火方法。实践表明,机床导轨、汽缸内壁等铸件经表面淬火后,其使用寿命显著延长。

7.3 可锻铸铁

7.3.1 可锻铸铁的化学成分及组织

可锻铸铁是将白口铸铁经长时间石墨化退火处理后而获得的一种铸铁,其组织中的石墨呈团絮状(由于此石墨化过程是在固态下进行的,石墨的长大速度在各方向上大致相同,故石墨呈团絮状)。可锻铸铁的成分范围为:$w_C(\%)=2.4\sim2.7$,$w_{Si}(\%)=1.4\sim1.8$,$w_{Mn}(\%)=0.5\sim0.7$,$w_P(\%)<0.08$,$w_S(\%)<0.25$,$w_{Cr}(\%)<0.06$。C、Si 含量不能太高,以保证浇铸后获得白口组织;但 C、Si 含量又不能太低,否则将延长石墨化的退火周期。

可锻铸铁的组织与第二阶段石墨化退火的程度和方式有关。在第一阶段石墨化,将白口铸铁加热至 900~980 ℃并在此温度下长时间保温退火,使组织中的渗碳体充分分解,形成奥氏体与团絮状的石墨。

如果在共析温度(750~720 ℃)附近长时间保温,过饱和的 C 从奥氏体中析出,并在已生成的团絮状石墨表面形成二次石墨,使第二阶段石墨化也充分进行,则得到铁素体+团絮状石墨组织。由于表层脱碳而使心部的石墨多于表层,断口心部呈灰黑色,表层呈灰白色,故称为黑心可锻铸铁,如图 7.4(a)所示。若通过共析转变区时冷却较快,第二阶段石墨化未能进行,使奥氏体转变为珠光体,得到珠光体+团絮状石墨的组织,称为珠光体可锻铸铁,如图 7.4(b)所示。

还有一类称为白心可锻铸铁,它是白口铸铁在长时间退火过程中形成的,其白口铸铁表层发生氧化脱碳成为铁素体组织,心部为珠光体+团絮状石墨组织。断口心部呈白亮色,表层呈灰暗色,力学性能较差,生产工艺复杂,在生产中应用不多。

7.3.2 可锻铸铁的牌号、性能及用途

根据 GB/T 9440—2010 规定,可锻铸铁牌号中"K""T"为"可""铁"二字汉语拼音的首字母,"KTH"表示黑心可锻铸铁,"KTZ"表示珠光体可锻铸铁,"KTB"表示白心可锻铸铁,其后面的两组数字分别表示抗拉强度和断后伸长率。

可锻铸铁中的石墨呈团絮状,对基体的割裂作用小,铸铁的强度、塑性、韧性优于灰铸

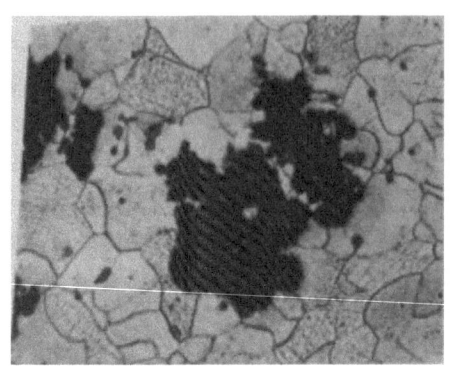　　　　　　　　　　　　

（a）　　　　　　　　　　　　　　　　　　（b）

图 7.4　可锻铸铁显微组织

（a）黑心可锻铸铁；（b）珠光体可锻铸铁

铁。性能水平接近于铸钢，但不适应锻造工艺。可锻铸铁的牌号、力学性能和用途见表 7.4。

表 7.4　常见可锻铸铁的牌号、性能及用途

名称	牌号	试样直径 d/mm	布氏硬度（HBW）	R_m/MPa（不小于）	$R_{p0.2}$/MPa（不小于）	A/(%)（不小于）	应用
黑心可锻铸铁	KTH275-05	12 或 15	≤150	275	—	5	弯头、三通等管道配件，低压阀门、农机犁刀、车轮壳、汽轮机壳、差速器壳等
	KTH300-06			300		6	
	KTH330-08			330		8	
	KTH350-10			350	200	10	
珠光体可锻铸铁	KTZ450-06	12 或 15	150～200	450	270	6	承受较高载荷，在磨损条件下工作并要求有较好韧性的零件，曲轴、连杆、齿轮、摇臂、凸轮轴、活塞环、轴套等
	KTZ550-04		180～230	550	340	4	
	KTZ650-02		210～260	650	430	2	
	KTZ700-02		240～290	700	530	2	
白心可锻铸铁	KTB360-12	6	200	280	—	16	薄壁铸件仍具有较好的韧性、焊接性能和切削加工性能。适用于铸造壁厚在 15 mm 以下的薄壁铸件和焊接后不需要进行热处理的铸件
		9		320	170	15	
		12		360	190	12	
		15		370	200	7	
	KTB400-05	6	220	340	190	12	
		9		360	200	8	
		12		400	220	5	
		15		420	230	4	

7.4　球墨铸铁

7.4.1　球墨铸铁的化学成分及组织

球墨铸铁(球铁)是指经过球化处理及孕育处理后获得的一种铸铁,是在液态铁水中加入一定量的球化剂(稀土镁合金)和孕育剂(硅铁合金或硅钙合金)经石墨化后得到的,其基体上分布着细小的球状石墨。

球墨铸铁的成分不同于灰铸铁,其成分范围一般为:$w_C(\%)=3.8\sim4.0$,$w_{Si}(\%)=2.0\sim2.8$,$w_{Mn}(\%)=0.6\sim0.8$,$w_P(\%)<0.1$,$w_S(\%)<0.04$,$w_{Re}(\%)<0.03$。与灰铸铁相比,它的碳当量($w_C(\%)+1/3w_{Si}(\%)$)较高,一般为过共晶成分,有利于石墨球化。球墨铸铁的发明使铸铁材料的性能发生了质的飞跃,其产量仅次于灰铸铁。

球墨铸铁的显微组织是由基体和球状石墨组成的,按照基体组织不同,有三种类型:铁素体+球状石墨、铁素体+珠光体+球状石墨、珠光体+球状石墨,如图 7.5 所示。由于组织中的石墨呈球状,故对金属基体的割裂与损伤作用小于片状石墨,使金属基体的强度能得到很好的发挥。研究表明,球墨铸铁的基体强度利用率可达 70%~90%,而灰铸铁的基体强度利用率仅为 30%~50%。

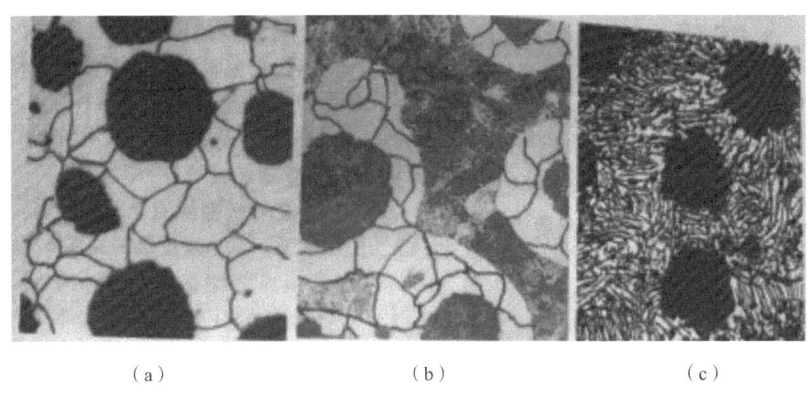

(a)　　　　　　　　　　(b)　　　　　　　　　　(c)

图 7.5　球墨铸铁显微组织

(a) 铁素体+球状石墨;(b) 铁素体+珠光体+球状石墨;(c) 珠光体+球状石墨

7.4.2　球墨铸铁的牌号、性能及用途

根据 GB/T 1348—2009,球墨铸铁牌号中的"Q""T"为"球""铁"二字汉语拼音的首字母,其后面的两组数字分别表示抗拉强度和断后伸长率。若标有字母"L",则表示该牌号的球墨铸铁有低温(−20 ℃或−40 ℃)下的冲击性能要求,若标有字母"R",则表示该牌号的球墨铸铁有室温(23 ℃)下的冲击性能要求。

球墨铸铁中的球状石墨圆整化程度很高,对基体的割裂作用和产生的应力集中更小,因此球墨铸铁具有比灰铸铁高得多的强度、更好的塑性与韧性,其屈强比(R_e/R_m)可达 0.7~0.8,而一般钢只有 0.3~0.5。加之它便于生产,成本比钢低廉,在一些受力复杂、综合性能要求较高、无较大冲击力的场合下,可用球墨铸铁件取代某些钢件,如汽车和拖拉机的曲轴、凸轮轴,某些机床的主轴、轧钢机的轧辊等。球墨铸铁的牌号、力学性能、基体组织和用途见表 7.5。

表 7.5 常用球墨铸铁的牌号、性能、组织及用途

牌号	R_m/MPa (不小于)	$R_{p0.2}$/MPa (不小于)	A/(%) (不小于)	布氏硬度 (HBW)	基体组织	应用
QT400-18L	400	250	18	120～175	铁素体	汽车、拖拉机底盘零件,1600～6400 MPa 阀门的阀体和阀盖
QT400-18R			18	120～175		
QT400-18						
QT400-15			15	120～180		
QT400-10	450	310	10	160～210		
QT500-7	500	320	7	170～230	铁素体＋珠光体	机油泵齿轮
QT550-5	550	350	5	180～250		
QT600-3	600	370	3	190～270		柴油机、汽油机的曲轴,磨床、铣床、车床的主轴,空冷机、冷冻机的缸体、缸套等
QT700-2	700	420	2	225～305	珠光体	
QT800-2	800	480		245～335	细珠光体	
QT900-2	900	600		280～360	回火马氏体或细珠光体	汽车、拖拉机的传动齿轮

7.4.3 球墨铸铁的热处理

球墨铸铁可用退火、正火、调质及等温淬火等热处理方法,提高其力学性能。

1. 退火

(1)去应力退火。对于不再进行其他热处理的球墨铸铁,因其铸造应力较大,常需进行去应力退火,加热到 500～600 ℃,保温 2～8 h,然后炉冷,退火后组织不变。

(2)低温退火。当铸态组织中有铁素体、珠光体和石墨时,为了获得较高的塑性和韧度,可采用低温退火使珠光体分解,加热到 720～760 ℃,保温 3～6 h,使铸件发生第二阶段石墨化,然后炉冷至 600 ℃左右再出炉空冷。最终组织为塑性和韧性较高的铁素体基体上分布着球状石墨。

(3)高温退火。当铸态组织中不仅有珠光体,而且还有自由渗碳体时,为了使自由渗碳体分解,获得铁素体基体的球墨铸铁,则应进行高温退火,加热到 900～950 ℃,保温 2～5 h,炉冷至 600 ℃再出炉空冷。最终组织为铁素体基体上分布着球状石墨。

2. 正火

(1)低温正火。将铸件加热到共析温度以上,一般为 840～880 ℃,保温 1～4 h 后取出空冷。正火后的基体组织为珠光体和铁素体,强度比高温正火略低,但塑性和韧度较高。

(2)高温正火。将铸件加热到共析温度以上 50～70 ℃,当含硅量为 2%～3%时,一般

加热到 880～920 ℃,保温 1～3 h,使组织全部奥氏体化,然后出炉空冷,得到细珠光体＋石墨的组织。

3. 调质

调质的目的是为了获得较高的综合力学性能。如球墨铸铁连杆、曲轴可进行调质处理。球墨铸铁的调质工艺为:加热到 850～900 ℃,使基体完全奥氏体化,再用油淬获得马氏体,然后经 550～600 ℃回火 2～4 h,最终组织为回火索氏体＋球状石墨。

4. 等温淬火

对一些综合力学性能要求较高,且外形复杂,热处理易变形、开裂的零件,如齿轮、凸轮轴等,可采用等温淬火。等温淬火后一般不再回火,得到的组织为贝氏体＋球状石墨,适用于截面尺寸不大的零件。一般球墨铸铁等温淬火的工艺是,加热到 860～900 ℃,适当保温后,在 300 ℃左右的等温盐浴中冷却并保温 30～90 min,然后空冷。

7.5 蠕墨铸铁

7.5.1 蠕墨铸铁的化学成分及组织

蠕墨铸铁因其石墨呈蠕虫状而得名。其成分范围为:$w_C(\%)=3.5\sim3.9$,$w_{Si}(\%)=2.2\sim2.8$,$w_{Mn}(\%)=0.4\sim0.8$,$w_P(\%)<0.1$,$w_S(\%)<0.1$。蠕墨铸铁是在液态铁水中加入一定量的蠕化剂(稀土硅铁镁合金、稀土硅铁合金、稀土硅铁钙合金等)经石墨化后得到的,其基体上分布着细小的蠕虫状石墨。

蠕墨铸铁的显微组织由蠕虫状石墨加钢的基体组织组成,其基体组织与球墨铸铁相似,如图 7.6 所示。在铸态下一般都是珠光体和铁素体的混合基体,经过热处理或合金化才能获得铁素体或珠光体基体。通过退火可以使蠕墨铸铁获得 85% 以上的铁素体基体或消除薄壁处的游离渗碳体。通过正火可增加珠光体量,从而提高其强度和耐磨性。

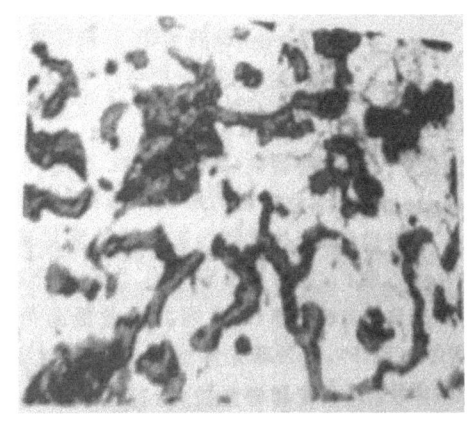

图 7.6 蠕墨铸铁显微组织

7.5.2 蠕墨铸铁的牌号、性能及用途

蠕墨铸铁的牌号用“蠕”的汉语拼音“Ru”和“铁”的汉语拼音的首字母“T”表示,后续数字表示抗拉强度,如 RuT350,就表示最小抗拉强度为 350 MPa 的蠕墨铸铁。

与片状石墨相比,蠕虫状石墨的长度与厚度的比值明显减小,在大多数情形下,蠕墨铸铁组织比较容易得到铁素体基体。由于蠕虫状石墨的尖端比片状石墨要圆钝一些,对基体的割裂作用稍小,应力集中也减轻,因此蠕墨铸铁的抗拉强度、屈服强度、断后伸长率、断面收缩率、弹性模量和弯曲疲劳强度均优于灰铸铁,接近于铁素体基体的球墨铸铁。同时它的导热性及铸造性能均优于球墨铸铁。蠕墨铸铁单铸试样的力学性能、基体组织和应用如表7.6所示。

表 7.6 常见蠕墨铸铁的牌号、性能、组织及用途

牌号	抗拉强度 /MPa (不小于)	屈服强度 /MPa (不小于)	伸长率 /(%) (不小于)	布氏硬度 (HBW)	基体组织	应用
RuT420	420	335	0.75	200~280	珠光体	活塞环、汽缸套、制动盘、玻璃磨具、刹车鼓、吸泥泵体等
RuT380	380	300	0.75	193~274	珠光体	
RuT340	340	270	1.0	170~249	珠光体+铁素体	重型机床件、大型齿轮箱体、盖、座、飞轮、起重机卷筒等
RuT300	300	240	1.5	140~217	珠光体+铁素体	排气管、变速箱体、汽缸盖、液压件、纺织机零件、钢锭模等
RuT260	260	195	3	121~197	铁素体	增压器废气进气壳体、汽车底盘零件等

7.6 合金铸铁

随着工业的发展,不仅要求铸铁具有一定的力学性能,而且还要求其具有耐磨、耐热和耐腐蚀等特殊性能。为此,在铸铁中加入某些合金元素,如 Si、Mn、P、Mo、Sn、V 等元素,可得到具有特殊性能的合金铸铁。

7.6.1 耐热合金铸铁

铸铁的耐热性是指它在高温下抵抗氧化和生长的能力。氧化是指高温下的气氛使铸铁表层发生化学腐蚀而起皮的现象。生长是指铸铁在 600 ℃ 以上反复加热时体积增大、力学性能降低的现象,这些现象是由于渗碳体分解为石墨,以及氧化性气体沿着石墨片的边界和裂纹渗入铸铁内部,造成内部氧化,渗碳体分解为石墨,使体积发生不可逆的增大。

在高温下工作的铸铁,要求具有良好的耐热性,应采用耐热铸铁。为了提高铸铁的耐热性,可加入 Si、Al、Cr 等合金元素。其原理是在铸件表面形成致密的氧化膜,保护其内部不被继续氧化;此外,这些元素还可以提高铸铁的相变临界点,使铸铁在使用温度范围内不发生固态相变或石墨化过程,形成单相基体组织,以减少因体积变化而产生的裂纹,防止铸铁生长。实践证明,耐热铸铁的组织最好是铁素体基的球墨铸铁。这是因为球状石墨呈孤立分布,互不相连,不易形成气体渗入的通道,降低了向内部氧化的条件。

7.6.2 耐蚀合金铸铁

普通铸铁的组织中通常存在着三个不同的相,即石墨、渗碳体、铁素体。这三个相有着不同的电极电位,其中石墨的电极电位最高(+0.37 V),渗碳体次之,铁素体最低(−0.44 V)。

因此,当铸铁处在电解质溶液中时,铁素体会首先受到腐蚀溶解,导致铸件的失效。为了防止这种腐蚀,提高铸铁的抗腐蚀能力,常在铸铁中加入 Si、Cr、Al、Mn、Cu 等合金元素,以提高基体电极电位、改善铸铁组织,形成单相基体上彼此孤立的石墨,并在铸件的表面形成致密的氧化膜,从而使其具有耐蚀性。

7.6.3 耐磨合金铸铁

铸件常处在以下两种摩擦条件下工作:一种是无润滑的干摩擦,另一种是有润滑的摩擦。因此,可按工作条件分为减摩铸铁和抗磨铸铁。

1. 减摩铸铁

减摩铸铁指在润滑条件下工作的耐磨铸铁,组织为在软基体上嵌有硬的组成相,这样软基体磨损后形成的沟槽可保存油物,有利于润滑,坚硬的强化相可承受摩擦。实践表明,细片层状珠光体基体的灰铸铁能满足这种要求,其中铁素体为软基体,渗碳体为硬的强化相,同时石墨起储油和润滑作用。

为了进一步改善珠光体灰铸铁的耐磨性,通常将含磷量提高到 $0.4\% \sim 0.6\%$,即成为高磷铸铁。其中磷形成磷化铁(Fe_2P),可与珠光体或铁素体形成高硬度的组织组成物,显著提高耐磨性,高磷铸铁广泛用来制造机床导轨和汽缸套等。由于普通高磷铸铁的强度和韧性较差,通常在其中还加入 Cr、Mo、W、Cu、V 等合金元素,形成合金高磷铸铁,如磷铜钛铸铁、铬钼铜铸铁等。

2. 抗磨铸铁

抗磨铸铁指在无润滑的干摩擦及抗磨粒磨损条件下工作的铸铁,这类铸铁的组织应具有均匀的高硬度,以承受在很大载荷下的严重磨损。白口铸铁虽有极高的硬度,但脆性较大,生产上常采用急冷来使铸件的表层有一定深度的白口铸铁组织,而心部为灰铸铁组织。这样就保证了铸件既有高的耐磨性,又能承受一定的冲击作用,采用这种急冷办法制得的铸铁又称为冷硬铸铁。

7.7 铸铁的应用与选材

1. 灰铸铁

石墨对铸铁抗压强度影响不大,还能使铸铁具有良好的减振性。因此,灰铸铁主要用来制造汽车、拖拉机中的汽缸体、汽缸套、机床床身等承受压应力及振动的机件。为了改善灰铸铁的性能,常在铁液中加入一定量的孕育剂(硅铁合金或硅钙合金),作为非自发的晶核以细化石墨片,在珠光体基体上获得细小均匀的片状石墨组织。这种灰铸铁称为孕育铸铁或变质铸铁。其强度明显提高,而且对铸件壁厚敏感性也相对减小。因此多用来制造截面尺寸变化较大的重要铸件。

2. 可锻铸铁

可锻铸铁中的石墨呈团絮状,减弱了对基体的割裂作用,故其强度较高,塑性、韧性较好,其强度利用率达到基体的 $40\% \sim 70\%$。为缩短石墨化退火周期,细化晶粒,提高力学性能,可在铸造时进行孕育处理,常用孕育剂为硼、铝和铋。可锻铸铁常用于制造壁薄

（厚度一般小于 25 mm）、形状复杂、承受振动或冲击载荷的机件，如汽车和拖拉机的后桥、轮壳、减速器壳体、活塞环、管接头等。如果是大批量生产铸件，其低成本优点更为突出。

3. 球墨铸铁

球墨铸铁强度高、塑性与韧性好，便于生产，成本比钢低廉，在汽车、机车、机床、矿山机械、动力机械、工程机械、冶金机械、机械工具、管道用途等方面得到了广泛应用，可部分代替碳钢制造受力复杂，强度、韧性和耐磨性要求高的零件。如在机械制造业中，珠光体球墨铸铁常用于制造拖拉机或柴油机的曲轴、连杆、凸轮轴，各种齿轮、机床的主轴、蜗杆、蜗轮，轧钢机的轧辊，大齿轮及大型水压机的工作缸、缸套、活塞等；铁素体球墨铸铁常用于制造受压阀门、机器底座、汽车后轮壳等。

4. 蠕墨铸铁及合金铸铁

蠕墨铸铁多用来制造在热循环及较大温度梯度下工作的机件，如柴油机汽缸盖、汽缸套、钢锭模等。

工作环境较高，要求具有良好的耐热性的铸铁，应采用耐热合金铸铁，如锅炉配件、石油化工、冶金设备零件等。部分耐热铸铁件用在高温下工作的炉底板、换热器、坩埚、废气管道、热处理炉内运输用链条等中。

在海水、电解质以及腐蚀性大气环境中工作的铸铁，应采用耐蚀合金铸铁，常用的有稀土高硅球墨铸铁、中铝耐蚀铸铁、高铬耐蚀铸铁，主要用于制作化工设备中的管道、阀门、离心泵、反应锅及盛储器等。

耐磨合金铸铁主要应用在干摩擦或有润滑的摩擦环境中，如机床导轨、活塞环、滑块、滑动轴承、轧辊、球磨机磨球衬板、煤粉机锤头等。此外，在白口铸铁的基础上加入质量分数为 $14\% \sim 15\%$ 的 Cr 后，可形成铬的碳化物（Cr_7C_3），获得高铬白口铸铁，用来制造大型球磨机的衬板及粉碎机的锤头等耐磨件。

思考题

7.1 什么是铸铁的石墨化？影响铸铁石墨化的主要因素是什么？

7.2 根据石墨形态，铸铁一般分为哪几类？各类大致有什么用途？

7.3 铸铁中的石墨形态对铸铁的性能有何影响？

7.4 现有两块金属，已知其中一块是 45 钢，另一块是 HT150 铸铁，通过哪些方法可将它们区分开？

7.5 灰铸铁在性能上有哪些特点？为什么机床床身常用灰铸铁制造？

7.6 指出下列牌号灰铸铁的类别、数字含义及用途：HT200、KTH350-10、KTZ70002、QT600-3 和 RuT400。

7.7 球墨铸铁是如何获得的？它与相同基体的灰铸铁相比，其突出的性能特点是什么？

7.8 球墨铸铁的主要热处理方法有哪些？调质处理为什么适合球墨铸铁而不适于灰铸铁？

7.9 常用合金铸铁有哪些？试述耐热铸铁合金化的原理。

7. 10 下列铸件宜选用何种铸铁？试选择铸铁牌号并说明理由。

车床床身、机床手轮、汽缸套、摩托车发动机活塞环、汽车发动机曲轴、火车车轮、缝纫机机架、污水管和自来水三通管。

本章参考文献

[1] 王琨.工程材料[M].武汉:华中科技大学出版社,2012.

[2] 于永泗,齐民.机械工程材料[M].9 版.大连:大连理工大学出版社,2012.

[3] 周风云.机械工程材料[M].3 版.武汉:华中科技大学出版社,2017.

第8章　非铁金属及其合金

钢铁金属是指铁及其合金,非铁金属泛指非铁金属及其合金。非铁金属的产量和用量不如钢铁金属多,但由于其具有许多优良特性,如特殊的电、磁、热性能,耐蚀性能及高的比强度(强度与密度之比)等,使非铁金属成为现代工业必不可少的金属材料。

8.1　铝及铝合金

铝是地壳中储量最多的一种金属元素,成本相对较低。铝及其合金是目前工业中用量最大的非铁金属之一,广泛应用于航空、航天、汽车、机械制造、船舶及化工工业等领域。

8.1.1　工业纯铝

1. 工业纯铝的特点

(1) 密度小,熔点低。纯铝的密度约为 $2.7\ g/cm^2$,仅为铁、铜的 1/3 左右。纯铝呈银白色,熔点 660 ℃。

(2) 导电、导热性好。铝室温下纯铝的导电能力约为铜的 62%,若按单位质量计算材料的导电能力,铝的导电能力约为铜的 200%。

(3) 耐大气腐蚀。铝在大气中其表面会生成 Al_2O_3 薄膜,使其内部金属不致受到氧化,耐大气腐蚀。但铝不耐酸、碱、盐的腐蚀。

(4) 塑性好,强度低。纯铝为面心立方晶体结构,结晶后无同素异构转变,表现出极好的塑性($A=35\%\sim40\%$,$Z=80\%$),适合进行各种冷、热加工,特别是塑性加工。铝的硬度、强度很低($25\sim30$ HBW,$R_m=80\sim100$ MPa),耐磨性差,但可通过加工硬化提高其强度。

根据上述特点,纯铝主要用于代替贵金属制作电线、电缆,以及要求具有导热和抗大气腐蚀性能而对强度要求不高的一些用品或器具。

2. 工业纯铝的分类、牌号及应用

工业纯铝可分为未压力加工产品(铸造纯铝)及压力加工产品(变形铝)两种。铸造纯铝牌号由"Z"和铝的化学元素符号及表明铝含量的数字组成。例如,ZAl99.5 表示 Al 含量 99.5%的铸造纯铝。变形铝的牌号用 1××× 表示,其中"1"表示纯铝。第二是字母,表示改型情况,"A"表示原始纯铝;后两位数字对于纯铝,代表铝的质量分数小数点后的两位数字。常用的变形纯铝有 1A50、1A30 等,高纯铝的牌号有的 1A99、1A97、1A93、1A90、1A85 等。

工业纯铝不能热处理强化,通常用冷加工的方式来提高强度。一般经冷加工硬化后的工业纯铝,还需进行退火处理,其退火温度通常为 $300\sim500$ ℃,保温时间随工件厚度而定,尽管如此,但因强度太低,不能制造受力的结构件。因此,铝合金的发展就成为必然。

8.1.2　铝合金

铝中加入适量的 Cu、Mn、Si、Mg、Zn 等合金元素制成铝合金,可改变其组织结构,是提高铝的强度的有效途径。由于这些合金元素的强化作用,使铝合金既提高了强度又保持了纯铝的优良特性。目前,工业上使用的某些铝合金强度已高达 600 MPa 以上,且仍保持着纯铝密度小、耐蚀性好的特点。

1. 铝合金的分类

铝合金按其成分和生产工艺特点的不同,可分为变形铝合金和铸造铝合金两大类。铝中合金元素 Cu、Mg、Zn、Si、Mn 及稀土元素的溶解度一般都是有限的,它们与铝形成的相图大多具有二元共晶相图的特点。这些相图的一般形式如图 8.1 所示,相图中 D 点的位置随着合金元素种类的不同而变化。

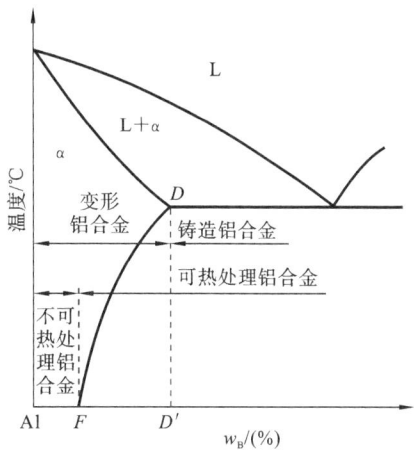

图 8.1　铝合金相图的一般形式

1) 变形铝合金

变形铝合金是指由铝合金铸锭经冷、热加工后形成的各种规格的板、棒、带、丝、管状等型材。在图 8.1 中,成分位于 D 点以左的合金,当加热至固溶线 DF 以上时,能形成单相 α 固溶体,塑性良好,适宜压力加工,故称为变形铝合金。此类合金又分为以下两种:

(1) 不可热处理强化的铝合金。位于 F 点成分左侧的铝合金。这类铝合金的 α 固溶体的成分不随温度而变化,从室温到液相出现前均为单相 α 固溶体,不能进行热处理强化,但可以通过形变强化和再结晶处理来调整其组织性能。这类单相组织的合金具有良好的耐蚀性,典型代表是防锈铝合金。

(2) 可热处理强化的铝合金。位于 F 点与 D 点成分之间的铝合金。这类铝合金的 α 固溶体随温度的变化而变化,可以通过热处理改变组织性能,主要有硬铝合金、超硬铝合金和锻铝合金等。

2) 铸造铝合金

铸造铝合金成分位于 D 点以右,是指由液态直接浇注成工件毛坯的铝合金。结晶时发生共晶反应,熔点低,流动性较好,适宜铸造生产。主要有 Al-Si 合金、Al-Cu 合金、Al-Mg 合金和 Al-Zn 合金等。铸造铝合金中也有成分随温度变化的固溶体,故也可用热处理强化。

2. 铝合金的热处理

1) 退火

(1) 变形铝合金的退火。变形铝合金包括铝合金铸锭及冷变形制品。铝合金铸锭退火的目的在于均匀成分,提高塑性,称为均匀化退火;而对于冷变形加工的铝合金,退火的目的在于消除加工硬化,方便后续塑性成形,称为中间退火或再结晶退火。对于需保持加工硬化效果的铝合金,退火的目的在于消除内应力,稳定产品的尺寸,称为低温去应力退火。

（2）铸造铝合金的退火。目的是消除铸铝件的成分不均匀性和内应力,改善性能。

2）时效强化

铝合金的时效强化处理也是通过淬火,将铝合金加热到 α 相区保温后快冷得到过饱和固溶体,但是其强度和硬度并不高,而塑性和韧性很好,这一过程称为固溶处理。过饱和固溶体是不稳定的,有析出第二相的趋势,随后过饱和固溶体在室温长时间放置或者加热至 $100\sim200$ ℃时分解,第二相析出并偏聚,阻碍位错运动,抗拉强度和硬度明显上升而塑性显著下降,这一现象称为时效强化。

室温下发生的时效称为自然时效,而在加热的条件下进行的时效称为人工时效,时效处理只适合于可以热处理强化的铝合金。成分位于 D 点附近的合金,时效强化效果最好,而随着成分向右远离 D 点,时效强化效果逐渐减小。

Cu 含量 4% 的铝合金的自然时效曲线如图 8.2 所示。经淬火后,强度为 250 MPa,室温下放置 $4\sim5$ d,强度可上升至 400 MPa,强化效果明显。此外,铝合金的时效强化效果还与加热温度和保温时间有关,提高温度可使时效速度加快,但时效温度越高,强化效果越低。如果加热温度过高或保温时间过长,铝合金反而会软化,这一现象称为过时效。

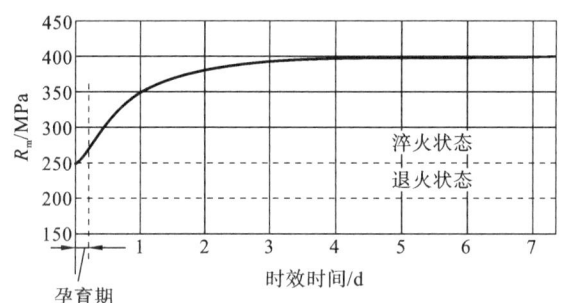

扫一扫　**图 8.2　Cu 含量为 4% 的铝合金自然时效曲线**

3）回归处理

回归处理是指将时效强化的铝合金,重新加热到 $200\sim250$ ℃,经短时间保温后快冷,使合金重新变软,性能回到接近淬火状态的水平。所有能时效强化的合金都能进行回归处理,回归处理后的铝合金仍能进行时效强化,但时效强度逐次下降。一般回归次数不超过 4 次。

工业生产中,常采用回归处理使铝合金软化,方便加工,比如飞机零件在使用过程中发生变形,可在校形修复前进行回归处理;已时效强化的铆钉,在铆接前可实施回归处理。

3. 铝合金的牌号、性能及用途

1）变形铝合金

根据《变形铝及铝合金牌号表示方法》(GB/T 16474—2011)的规定,采用国际四位字符体系表示。利用 $1\times\times\times\sim9\times\times\times$ 系列表示,第一位为数字,用 $1\sim9$ 表示铝合金的组别,如表 8.1 所示;第二位为字母,表示改型情况,A 为原始铝合金,若是 B~Y(C、I、L、N、O、P、Q、Z 除外)中的一个字母,则表示是原始合金的改型合金;最后两位数字没有特殊意义,仅用来区分同一组中不同的铝合金,如 3A21、7A04 等。

表 8.1　变形铝合金四位字符牌号系列

组别	牌号系列
纯铝	1×××
以 Cu 为主要合金元素的铝合金	2×××
以 Mn 为主要合金元素的铝合金	3×××
以 Si 为主要合金元素的铝合金	4×××
以 Mg 为主要合金元素的铝合金	5×××
以 Mg 和 Si 为主要合金元素并以 Mg_2Si 为强化相的铝合金	6×××
以 Zn 为主要合金元素的铝合金	7×××
其他合金元素的铝合金	8×××
备用合金组	9×××

国家标准 GB/T 16475—2008 规定了变形铝及变形铝合金产品的状态代号。基础状态代号用一个英文大写字母表示。例如:F 表示自由加工状态,O 表示退火状态,H 表示加工硬化状态,W 表示固溶热处理状态,T 表示不同于 F、O、H 状态的热处理状态。细分状态代号用基础状态代号加上一位或多位阿拉伯数字或英文大写字母来表示影响产品特性的基本处理或特殊处理。例如:O1 表示高温退火后慢速冷却状态等,更多的细分状态代号可参阅所采用的国家标准。

变形铝合金可分为防锈铝合金、硬铝合金、超硬铝合金和锻铝合金。它们通常由铝合金铸锭经冷、热加工后形成各种规格的型材、板、棒、带、线、管等形状。常见变形铝合金的牌号、化学成分、力学性能及用途如表 8.2 所示。

表 8.2　常用变形铝合金的牌号、化学成分、力学性能和应用

类别	牌号	化学成分/(%)(质量分数)							棒材直径/mm	力学性能(不小于)			应用
		Si	Fe	Cu	Mn	Mg	Zn	Ti		R_m/MPa	$R_{p0.2}$/MPa	A/(%)	
防锈铝合金	3A21	0.6	0.7	0.2	1.0~1.6	0.05	0.1	0.15	≤150	165	—	20	轻载荷的冲压件、焊接件和在腐蚀介质中工作的工件
	5A02	0.4	0.4	0.1	0.15~0.4	2.0~2.8	—	0.15 Fe+Si ≤0.6		230	100	16	
	5A03	0.5~0.8	0.5	0.1	0.3~0.6	3.2~3.8	0.2	0.15		175	80	13	焊接容器、受力零件、航空工业骨架及飞机蒙皮
	5A06	0.4	0.4	0.1	0.05~0.8	5.8~6.8	0.2	0.15 Be:0.0001~0.005		315	155	15	
	5A12	0.3	0.3	0.05	0.4~0.8	8.3~9.6	0.2	0.05~0.15 Ni≤0.1 Be≤0.005 Sb:0.004~0.05		370	185	15	航空工业及无线电工业的板材、棒材及型材

续表

类别	牌号	化学成分/(%)(质量分数)							棒材直径/mm	力学性能(不小于)			应用
		Si	Fe	Cu	Mn	Mg	Zn	Ti		R_m/MPa	$R_{p0.2}$/MPa	A/(%)	
硬铝合金	2A11	0.7	0.7	3.8~4.8	0.4~0.8	0.4~0.8	0.3	0.15	Fe+Ni≤0.7	≤150	370	215	12	中等强度零件、螺旋桨叶片、螺栓、铆钉
	2A12	0.5	0.5	3.8~4.9	0.3~0.9	1.2~1.8	0.3	0.15	Fe+Ni≤0.5	22~150	420	255	12	高载荷零件,飞机骨架,框隔、蒙皮
	2A16	0.3	0.3	6.0~7.0	0.4~0.8	0.5	0.1	0.1~0.2	Zr≤0.2	≤150	355	235	8	高温(250~350℃)工作零件,压缩机叶片、圆盘及焊接件
超硬铝合金	7A04	0.5	0.5	1.4~2.0	0.2~0.6	1.8~2.8	5.0~7.0	0.1	Cr:0.1~0.25	≤150	530	400	6	主要承力结构件、如飞机大梁、蒙皮、翼肋、起落架等
	7A09	0.5	0.5	1.2~2.0	0.15	2.0~3.0	5.1~6.1	0.1	Cr:0.16~0.3	≤150	530	400	6	飞机蒙皮等结构件和主要承力件
锻铝合金	2A50	0.7~1.2	0.7	1.8~2.6	0.4~0.8	0.4~0.8	0.3	0.15	Fe+Ni≤0.7	≤150	355	—	12	形状复杂和中等强度的锻件
	2A70	0.35	0.9~1.5	1.9~2.5	0.2	1.4~1.8	0.3	0.02~0.1	Ni:0.9~1.5	≤150	355	—	8	高温下工作的锻件,如内燃机活塞或叶片等
	2A14	0.6~1.2	0.7	3.9~4.8	0.4~1.0	0.4~0.8	0.3	0.15	Ni≤0.1	22~150	450	—	10	形状简单的高载荷锻件

(1) 防锈铝合金。防锈铝合金主要是 Al-Mn 和 Al-Mg 系合金。锰和镁的主要作用是提高抗蚀能力,起固溶强化作用,同时降低比重。防锈铝合金锻造退火后是单相固溶体,耐蚀性好,强度比纯铝的高,塑性优良,易于变形加工,焊接性能好,但切削性能差。其时效硬化效果不明显,所以不宜热处理强化,但可通过冷加工硬化来提高其强度和硬度。

(2) 硬铝合金。硬铝合金主要是 Al-Cu-Mg 系合金,并含少量 Mn。Cu 与 Mg 在 Al 中可形成固溶体起固溶强化作用,这类合金可进行时效强化,也可进行变形强化。Mn 的作用是提高耐蚀性,并起一定的固溶强化作用。硬铝合金的强度、硬度高,加工性能良好,主要用于制造飞机螺旋桨、叶片、骨架等,但耐蚀性低于防锈铝合金的耐蚀性,通常需进行阳极化处理,使其表面形成一层纯铝。

(3) 超硬铝合金。超硬铝主要是 Al-Cu-Mg-Zn 系合金,并含有少量 Cr 和 Mn。其强化相除 θ 相和 S 相外,还有 $MgZn_2$ 和 $Al_2Mg_3Zn_3$ 等。这种合金时效强化效果最好,经适当的固溶时效处理后可以获得相当于超高强度钢的比强度,是目前强度最高的一类铝合金。超硬铝合金的热态塑性好,但耐蚀性差,且应力腐蚀倾向大。为改善超硬铝的耐蚀性,通常在板材表面包覆 $w_{Zn}=1\%$ 的铝锌合金。

(4) 锻铝合金。锻铝合金具有良好的热塑性,适合锻造,故称为锻铝。锻铝合金主要有 Al-Cu-Mg Si 系合金和 Al-Cu-Mg-Fe-Ni 系合金,其中镁和硅的作用是形成强化相 Mg_2Si,此类合金可锻性好,力学性能高,主要用于制造形状复杂的锻件和模锻件,如喷气发动机叶轮、导风轮及飞机上的接头、框架、支杆等。而 Fe 和 Ni 可形成耐热强化相 Al_9FeNi,为耐热锻铝合金。

2) 铸造铝合金

常用铸造铝合金中的合金元素主要有 Si、Cu、Mg、Mn、Ni、Cr、Zn 和 Re 等。

根据 GB/T 1173—2013,铸造铝合金牌号的命名规则为:ZAl+主要合金元素符号+合金含量的百分数。如果合金元素质量分数小于1%,一般不标数字,必要时可用一位小数表示。例如,ZAlSi7Mg 表示含硅量约7%,含镁量小于1.0%。若为优质合金则在牌号后面加"A"。

铸造铝合金的代号用"铸""铝"二字汉语拼音的首字母"Z""L"后加三位数字表示。第一位数字代表合金系列(如数字"1"为 Al-Si 系,"2"为 Al-Cu 系,"3"为 Al-Mg 系,"4"为 Al-Zn 系和复杂元素的合金),第二、三位数字表示合金顺序号,序号不同,化学成分也不同。例如,ZL101 表示 Al-Si 系中的 01 号铸造铝合金,即 ZAlSi7Mg。若为优质合金则在后面加"A"。常用的铸造铝合金的牌号、化学成分、力学性能及用途如表 8.3 所示。

表 8.3　常用铸造铝合金的牌号、化学成分、力学性能和应用

| 类别 | 代号 | 牌号 | 化学成分/(%)(质量分数) | | | | 铸造方法 | 热处理 | 力学性能(不小于) | | | 应用 |
			Si	Cu	Mg	其他			R_m/MPa	A/%	硬度(HBS)	
Al-Si合金	ZL101	ZAlSi7Mg	6.5~7.5		0.25~0.45		金属型	固溶+不完全时效	205	2	60	形状复杂的零件、飞机仪表零件、抽水机壳体等
							砂型	固溶+完全时效	195	2	60	
							砂型变质处理		225	1	70	
	ZL102	ZAlSi12	10.0~13.0				金属型	退火	145	3	50	形状复杂仪表零件、抽水机壳体,工作温度在200 ℃以下的低载荷零件等
							砂型变质处理		135	4	50	
	ZL104	ZAlSi9Mg	8.0~10.5		0.17~0.35	Mn 0.2~0.5	金属型	固溶+完全时效	235	2	70	温度在200 ℃以下工作的内燃机缸头、活塞等
							砂型变质处理		225	2	70	
	ZL108	ZAlSi12Cu2Mg1	11.0~13.0	1.0~2.0	0.4~1.0	Mn 0.3~0.9	金属型	完全时效	195	—	85	发动机活塞及工作温度在250 ℃以下的零件等
								固溶+完全时效	255	—	90	

类别	代号	牌号	化学成分/(%)(质量分数)				铸造方法	热处理	力学性能(不小于)			应用
			Si	Cu	Mg	其他			R_m/MPa	A/%	硬度(HBS)	
Al-Cu合金	ZL201	ZAlCu5Mn		4.5~5.3		Mn 0.6~1.0 Ti0.15~0.35	砂型	固溶+自然时效	295	8	70	温度在350℃以下工作的零件,如发动机机体、汽缸体等
								固溶+不完全时效	335	4	90	
	ZL203	ZAlCu4		4.0~5.0			砂型	固溶+不完全时效	215	3	70	形状简单的中载荷零件,在200℃以下并切削加工性好的零件
Al-Mg合金	ZL301	ZAlMg10			9.5~11.0		砂型	固溶+自然时效	280	10	60	大气或海水中的零件,在150℃以下大载荷的零件
	ZL303	ZAlMg5Si	0.8~1.3		4.5~5.5	Mn 0.1~0.4	金属型或砂型		145	1	55	腐蚀介质中的中载零件,在200℃以下的海轮零件
Al-Zn合金	ZL401	ZAlZn11Si7	6.0~8.0	0.1~0.3		Zn 9.0~13.0	金属型	人工时效	245	1.5	90	在200℃以下工作,结构形状复杂的汽车、飞机、仪表零件等

(1) Al-Si 系铸造铝合金。通常又称为铝硅明,其中不含其他合金元素的称为简单铝硅明,ZL102 是含硅 10%～13% 的铝硅二元合金,其组织几乎全部为共晶体,由粗针状的硅晶体和 α 固溶体组成,强度和塑性都较差。加入其他合金元素的 Al-Si 铸造合金称为特殊铝硅明。Al-Si 系铸造铝合金的铸造性能好,具有优良的耐蚀性、耐热性和焊接性能。简单硅铝明强度较低,不能热处理强化,但是比重小、抗蚀性和耐热性相当好,用于制造形状复杂但强度要求不高的铸件,如飞机仪表等。复杂硅铝明经固溶时效处理后可获得很高的强度和硬度。

(2) Al-Cu 系铸造铝合金。这类合金耐热性好,强度较高,时效强化效果好,是铸造铝合金中强度和耐热性最高的,但其密度大,铸造性能和耐蚀性较差,强度低于 Al-Si 系铸造铝合金。

(3) Al-Mg 和 Al-Zn 系铸造铝合金。Al-Mg 系铸造铝合金具有密度小、耐蚀性好、强度高等优点,但铸造性能差,耐热性低。Al-Zn 系铸造铝合金价格便宜,铸造性能好,经变质处理和时效处理后强度较高。但密度大,耐蚀性较差。

8.2 铜及铜合金

铜及铜合金具有优良的导电性能、导热性能、抗腐蚀性和良好的成形加工性能,是人类历史上使用最早的金属材料,在我国非铁金属材料的消费中仅次于铝,被广泛地应用于电气、轻工、机械制造、国防工业等领域。

8.2.1 工业纯铜

1. 工业纯铜的特点

纯铜由于其表面易形成紫色的 Cu_2O 膜层,故又称为紫铜。工业纯铜属于重金属,其熔点为 1083 ℃,密度为 18.96 g/cm^2,无磁性。结晶后具有面心立方晶格,无同素异构转变。工业纯铜导电、导热性能优,铜比氢的电极电位高,因此它在大气、淡水及冷凝水中均有良好的耐蚀性。工业纯铜具有良好塑性($A=50\%$,$Z=70\%$),易于冷、热加工,在退火状态下,抗拉强度为 200～250 MPa、硬度为 40～50 HBW。

2. 工业纯铜的分类、牌号及应用

工业纯铜的纯度为 99.50%～99.90%,杂质含量越高,导电性越差,易产生热脆和冷脆。我国工业纯铜分未加工产品(铜锭、电解铜)和加工产品(铜材)及含氧量极低的无氧铜。根据国家标准 GB/T 5231—2012 的规定,纯铜加工产品代号用"铜"字的汉语拼音首字母"T"后加数字表示,数字愈大,纯度愈低。工业纯铜的主要化学成分和应用举例如表 8.4 所示。

表 8.4 常用工业纯铜的主要化学成分及应用

代号	化学成分/(%)(质量分数)							应用
	Cu+Ag	Bi	Fe	Pb	Sb	As	S	
T1	99.95	0.001	0.005	0.003	0.002	0.002	0.005	电线、电缆、导电螺钉、雷管、化工用蒸发器、各种管道
T2	99.90			0.005				
T3	99.70	0.002	—	0.01	0.30	—	0.0015	电气开关中的导电片、防氧化的垫圈、垫片、铆钉、管道

8.2.2 铜合金

铜合金是以纯铜为基体加入一种或几种其他元素所构成的合金。常用的合金元素有 Zn、Sn、Al、Mn、Ni 等。它们溶入铜后可以起到固溶强化的作用,获得强度及塑性都能满足工程要求的铜合金。常用的铜合金主要有黄铜、青铜和白铜。

1. 黄铜

以 Zn 为主加合金元素的铜合金称为黄铜。按其含合金元素种类的不同,可分为普通黄铜和特殊黄铜。

1) 普通黄铜

普通黄铜是 Cu 与 Zn 的二元合金,普通黄铜的组织和力学性能受 Zn 含量的影响,当 $w_{Zn}=30\%$～32% 时,Zn 完全溶入 α 相中,形成单相 α 固溶体,故又称为单相黄铜。随 Zn 含量的增加,合金强度、塑性均增加。当 $50\%>w_{Zn}>32\%$ 时,组织中有少量的脆性第二相析出,塑性下降,强度上升。当 $w_{Zn}>50\%$ 时,组织中全部为脆性第二相,脆性太大,无实用价值。所以工业黄铜的 Zn 含量大多小于 50%。

单相黄铜变形退火组织如图 8.3 所示。该类黄铜具有极强的冷塑性变形能力,最典型的是 Zn 含量为 30% 的单相黄铜,大量用来制造冷拉线材、管材、弹壳及复杂冲压零件。

合金中的 $w_{Zn}>32\%$ 以后,黄铜含有 α 相和 β' 相,称为双相黄铜。双相黄铜变形退火组织如图 8.4 所示。双相黄铜的强度较高,但塑性比单相黄铜的低,一般不进行冷塑性变形。

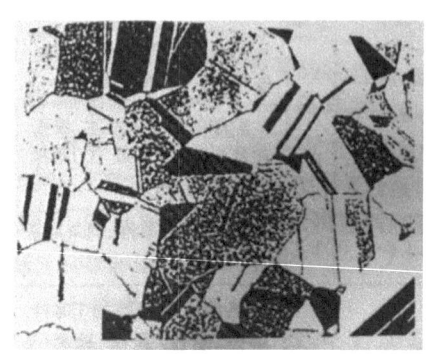

图 8.3 单相黄铜变形退火组织

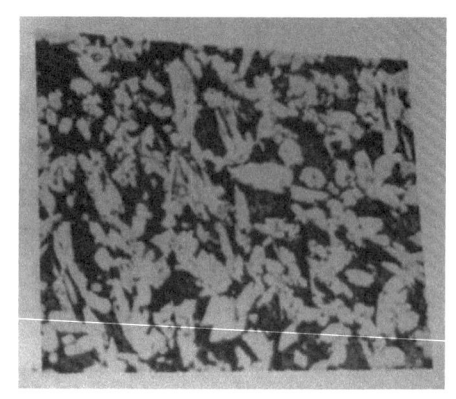

图 8.4 双相黄铜变形退火组织

压力加工普通黄铜的牌号表示为:H+铜的百分含量,如 H90 表示铜含量 90%,锌含量 10%的压力加工普通黄铜。铸造普通黄铜的牌号表示为:Z+Cu+Zn+锌的百分含量,如 ZCuZn38 表示锌含量为 38%的铸造普通黄铜。

普通黄铜在海水、氨、铵盐和酸类介质中容易产生"脱锌"和"季裂"现象。脱锌是指黄铜在盐类水溶液中,发生 Zn 的腐蚀现象。由于 Zn 的电极电位远低于 Cu,所以黄铜在盐水中极易发生电化学腐蚀,Zn 优先溶解受到腐蚀,使工件表面残存一层多孔纯铜,合金因此受到破坏,为了防止脱锌,可选用 Zn 含量低于 15%的黄铜。季裂是指经冷加工的黄铜零件在海水、湿气、氨的作用下,容易产生应力腐蚀开裂现象,这种现象多出现在多雨的春季,因此而得名。为了抑制季裂的发生,黄铜制品必须及时进行去应力退火,另外,在黄铜中加入少量的 Si、As 等元素,可减小季裂倾向。

部分普通黄铜的化学成分和应用举例如表 8.5 所示。表中数据选摘自国家标准 GB/T 5231—2012。

2) 特殊黄铜

在普通黄铜中加入 Si、Al、Sn、Pb、Mn、Fe、Ni 等元素,可制成各种特殊黄铜,故也称为锡黄铜、铅黄铜、铝黄铜等。特殊黄铜的牌号,用"H"+主加元素符号+含铜量+主加元素含量来表示;铸造特殊黄铜在代号前加"Z"。如 HSi80-3 表示含铜量为 80%、含硅量为 3%的压力加工特殊黄铜。部分特殊黄铜的化学成分和应用举例如表 8.5 所示。

表 8.5 常用黄铜的主要化学成分及应用

类别	代号或牌号	化学成分/(%)(质量分数)				力学性能(不小于)		应用
		Cu	Fe	Pb	其他	R_m/MPa	A/(%)	
普通黄铜	H80	79.0~81.0	0.1	0.03		392	3	双金属片、供水排水管道、证章、艺术品等
	H68	67.0~70.0	0.1	0.03		392	13	复杂的冷冲压件、散热器外壳、弹壳、波纹管等
	H62	60.5~63.5	0.15	0.08		412	10	销钉、铆钉、螺栓、螺母、垫圈、弹簧

续表

类别	代号或牌号	化学成分/(%)(质量分数)				力学性能(不小于)		应用
		Cu	Fe	Pb	其他	R_m/MPa	A/(%)	
特殊黄铜	HPb59-1	57.0~60.0	0.5	0.8~1.9		588	3	热冲压及切削加工零件
	HMn58-2	57.0~60.0	1.0	0.1	Mn 1.0~2.0	588	3	海轮上的零件,弱电用零件
	HSn62-1	61.0~63.0	0.1	0.1	Sn 0.7~1.1	392	5	与海水和汽油接触的船舶零件
	HAl60-1-1	58.0~61.0	0.7~1.5	0.4	Al 0.7~1.5	441	15	在海水中工作的高强度零件
	ZCuZn38	60.0~63.0	0.8			295	30	一般结构及耐蚀件,如法兰、阀座、螺杆、螺母等
	ZCuZn31Al2	66.0~68.0	0.8	1.0	Al 2.0~3.0	390	15	压力铸造,如电动机、仪表及船舶耐蚀零件
	ZCuZn16Si4	79.0~81.0	0.6	0.5	Si 2.5~4.5	390	20	接触海水工作的配件,水泵、叶轮、旋塞等

2. 青铜

早期的青铜为锡青铜,表面呈青灰色,主要是铜锡合金。现将除黄铜、白铜以外的铜合金均称为青铜,如常见的锡青铜、铝青铜、铍青铜、硅青铜等。

青铜也分为压力加工青铜和铸造青铜两类。其牌号用"青"字的汉语拼音首字母"Q"+主加元素符号+主加元素含量+其他合金元素含量表示。例如 QSn6.5-0.4 表示主加元素为锡,其平均含量为 6.5%,其他元素含量为 0.4%。铸造青铜在牌号前面加"Z",常用青铜的化学成分和应用举例如表 8.6 所示,表中数据选摘自国家标准 GB/T 5231—2012、GB1176—2013 等。

表 8.6　常用青铜的主要化学成分及应用

类别	代号或牌号	化学成分/(%)(质量分数)			力学性能(不小于)		应用
		Sn	Al	其他	R_m/MPa	A/(%)	
锡青铜	QSn4-3	3.5~4.5		Zn 2.7~3.3	550	4	弹性件,化工机械耐磨耐蚀零件
	QSn4-4-2.5	3.0~5.0		Zn 3.0~5.0 Pb 1.5~3.5	600	4	飞机、拖拉机、汽车轴承和轴套的衬垫
	QSn6.5-0.4	6.0~7.0		P 0.26~0.40	700	10	造纸业用铜网,弹簧及耐磨件

续表

类别	代号或牌号	化学成分/%（质量分数）			力学性能（不小于）		应用
		Sn	Al	其他	R_m/MPa	A/%	
铝青铜	QAl9-4		8.0~10.0	Fe 2.0~4.0	800~1000	5	船舶及电器零件，耐磨件
	QAl10-4-4		9.5~11.0	Fe 3.5~5.5 Ni 3.5~5.5	1000	10	高强度耐磨件及500 ℃以下工作的零件
铍青铜	QBe2			Be 1.8~2.1	1250	3	重要的弹簧及弹性件，耐磨件及高速、高压、高下工作的轴承
	QBe1.7			Be 1.6~1.85	1150	3.5	各种重要的弹簧和弹性元件
铸造青铜	ZCuPb15Sn8	7.0~9.0		Pb 13.0~17.0	200	6	表面高压且有侧压的轴承，冷轧机的铜冷水管，内燃机的双金属轴瓦等
	ZCuAl9Mn2	8.0~10.0		Mn 1.5~2.5	440	20	耐磨、耐蚀件，形状简单的大型锻件，管路配件

1）锡青铜

锡青铜是以锡为主加元素的铜合金，工业锡青铜中的 Sn 含量为 3%~14%。锡青铜的力学性能与合金中的锡含量有着密切关系。含锡量为 5%~7% 的锡青铜塑性好，适于冷热加工；含锡量大于 10% 的锡青铜强度较高，适于铸造。但由于锡青铜铸造流动性差，易形成分散气孔，铸件密度低，高压下易渗漏。锡青铜体积收缩率很小，适于铸造形状复杂、尺寸精度要求高的零件。

锡青铜的表面易生成由 Cu_2O 及 $CuCO_3 \cdot Cu(OH)_2$ 构成的致密薄膜，在大气海水、碱性溶液中的耐蚀性优于黄铜，所以对于暴露在海水中的船舶及矿山机械零件应广泛采用锡青铜来制造。

2）铝青铜

铝青铜是以铝为主加元素的铜合金，工业用铝青铜的铝含量小于 12%。铝青铜的力学性能受铝含量的影响很大。当铝含量小于 5% 时强度很低，铝含量大于 5% 后强度迅速上升，当铝含量为 10% 左右时强度最高。因此，实际应用的铝青铜中的铝含量为 5%~12%。铝青铜多在铸态或经热加工后使用。铝青铜的强度、硬度、耐磨性、耐热性及耐蚀性均高于黄铜和锡青铜，铸造性能好，相对廉价，是无锡青铜中用途最广的一种。但收缩率比锡青铜的大，焊接性能差。它常用来制造齿轮、蜗轮、轴套、弹簧以及船用设备中的一些耐磨、耐蚀件。

3）铍青铜

铍青铜是以铍为主加元素的铜合金，铍含量一般为 1.7%~2.5%。由于铍在铜中的溶解度随温度变化很大，因而铍青铜有很好的固溶时效强化效果，通过热处理和加工硬化可获得很高的强度及硬度。经淬火＋时效处理后，其抗拉强度达 1200~1400 MPa，硬度达350~400 HB。生产上通常利用铍具有优良的塑性，先进行冷加工变形，待制成工件后，再在320 ℃ 左右进行人工时效处理，使工件的强度、硬度达到所需要求。

3. 白铜

以镍为主要合金元素的铜合金称为白铜。以镍为唯一合金元素的白铜称为普通白铜，其牌号表示为：B＋镍的平均百分含量。普通白铜中加入锌、锰、铁等合金元素的铜基合金称为特殊白铜，其牌号表示为：B＋主加元素符号（Ni 除外）＋镍平均百分含量＋主加元素平均百分含量。白铜具有较高的耐蚀性和抗腐蚀疲劳性能及优良的冷热加工性能，用于制造在蒸汽、海水和淡水环境下工作的精密机械、仪表中的零件及热交换器等。

8.3 钛及钛合金

钛具有优良的性能，如高的比强度、好的耐热性、极好的耐蚀性，以及能储氢、具有记忆功能等特殊性能，成为制造飞机、导弹、火箭等航空航天器的重要结构材料。

8.3.1 工业纯钛

1. 工业纯钛的特点

钛是一种银白色的金属，密度小（4.507 g/cm³）、熔点高（1688 ℃）。在 550 ℃ 以下的空气中，钛的表面很容易形成薄而致密的惰性氧化膜，使它在氧化性介质中的耐蚀性比大多数不锈钢的更好。钛具有两种同素异构体，在 882.5 ℃ 发生同素异构转变，α-Ti 具有密排六方晶格，存在于 882.5 ℃ 以下。β-Ti 具有体心立方晶格，存在于 882.5 ℃ 以上。纯钛的塑性、低温韧性和耐蚀性好，具有良好的加工工艺性能。

2. 工业纯钛的分类和牌号

钛中常见的杂质有 Fe、Si、N、O、C、H 等元素，按杂质含量不同，工业纯钛可分为三种牌号，即 TA1、TA2 和 TA3。其中"T"为"钛"字的汉语拼音首字母，"A"表示 α 钛，数字为顺序号，数字愈大，表示杂质含量愈多，强度愈高，塑性愈差。纯钛的化学成分和力学性能如表8.7 所示。

表 8.7 纯钛的化学成分和力学性能

牌号	化学成分/（%）（质量分数）					力学性能（不小于）		
	Fe	C	N	H	O	R_m/MPa	$R_{p0.2}$/MPa	A/（%）
TA1	0.20				0.18	240	140～310	30
TA2		0.08	0.03	0.15	0.25	400	275～450	25
TA3	0.30		0.05		0.35	500	380～550	20

8.3.2 钛合金

为提高纯钛强度，通常在纯钛中加入 Al、Mo、Cr、Sn、Mn、V 等元素制成钛合金。工业纯钛的抗拉强度为 350～700MPa，而钛合金的抗拉强度可达 1200MPa。几乎所有钛合金中都含有铝，因为铝能提高钛合金的强度和再结晶温度，可以稳定钛合金中的 α 相，使其获得固溶强化。每添加质量分数为 1% 的 Al，钛合金的抗拉强度约增加 50MPa，而且铝密度比钛还要小，加入铝后能明显提高钛合金的比强度。

钛合金按其使用状态下的组织可分为 α 钛合金、β 钛合金、(α＋β)钛合金，它们的牌号分别用"TA、TB、TC＋顺序号"表示，如 TA5、TB2、TC4 等。常用钛合金的牌号、化学成分和力学性能如表 8.8 所示。

表 8.8　常用钛合金的牌号、化学成分和力学性能

牌号	化学成分/(%)(质量分数)			室温力学性能(不小于)			高温力学性能(不小于)		
	Al	Mo	其他	R_m/MPa	$R_{p0.2}$/MPa	A/(%)	温度/℃	R_m/MPa	$R_{p0.2}$/MPa
TA5	3.3～4.7	—	B 0.005	685	585	12	—	—	—
TA6	4.0～5.5	—		685	—	12	500	340	195
TA7	4.0～6.0	2.0～3.0	—	735～930	685	12	500	440	195
TA10	—	0.2～0.4	Ni 0.6～0.9	485	345	15	—	—	—
TB2	2.5～3.5	4.7～5.7	Cr 7.5～8.5 V 4.7～5.7	1320	—	8	—	—	—
TC1	1.0～2.5	—	Mn 0.7～2.0	590～735	—	20	400	310	295
TC2	3.5～5.0	—	Mn 0.8～2.0	685	—	12	400	390	360
TC3	4.5～6.0	—	V 3.5～4.5	880	—	10	500	440	195
TC4	5.5～6.8	—	V 3.5～4.5	895	830	10	500	440	195

　　1) α 钛合金

当钛中加入稳定 α 相的 Al、Sn、B 等元素时，这些元素不但能溶于 α-Ti 中形成 α 固溶体，还会提高同素异构转变温度，使合金具有 α 固溶体的单相组织，称为 α 钛合金。α 钛合金因淬火强化效果不大，实际生产中一般只进行消除应力或消除加工硬化的热处理，室温强度低于 β 钛合金和 α＋β 钛合金，但在高温(500～600 ℃)时的强度高于其他两类钛合金，且焊接性能良好。

　　2) β 钛合金

主加元素为 Mo、Cr、V、Al 等，这些元素不但能溶于 β-Ti 中形成 β 固溶体，还会降低同素异构转变温度，使钛合金获得稳定的 β 相组织，故称为 β 钛合金。β 钛合金淬火后具有良好的塑性，可进行冷变形加工。通过淬火加时效处理，能获得 β 相中弥散分布着细小 α 相粒子的组织，可进一步提高 β 钛合金的强度。

　　3) α＋β 钛合金

加入的合金元素有 Al、V、Mo、Cr 等，在室温下能获得稳定的 α＋β 双相组织，故称为 α＋β 钛合金。这类合金可通过淬火时效进行强化，室温抗拉强度可达 1200 MPa，且保持优良的塑性与韧性，尤其在超低温(—253 ℃)下仍有良好的韧性。α＋β 钛合金兼具 α 钛合金和 β 钛合金的优点，强度高，塑性好，具有良好的耐蚀性和低温韧性，但其热稳定性较差。

8.4　铸造轴承合金

滑动轴承是机器设备中对旋转轴起支撑作用的重要部件，由轴承体和轴瓦两部分组成。

轴瓦是包在轴颈外的套圈,它直接与轴颈接触。当轴高速转动时,即使二者间充有润滑剂,也会产生强烈的滑动摩擦,这势必导致轴与轴瓦的磨损。制造滑动轴承的轴瓦及其内衬的耐磨合金称为轴承合金。

8.4.1　铸造轴承合金的特性

为了使轴受到的磨损最小,使用寿命延长,必须减小轴与轴瓦间的摩擦,这就需要有良好的减摩材料来制造轴瓦或内衬,轴瓦除与轴颈发生强烈摩擦外,还要承受轴颈施加的交变载荷和冲击力。因此,要求轴承合金具有以下性能:

(1) 强韧性好,能够承受轴颈施加的压力、冲击及交变载荷;

(2) 较小的热膨胀系数,良好的导热性和耐蚀性,以防止强烈的摩擦升温,避免发生轴与轴瓦的咬合及润滑剂的腐蚀。

(3) 较小的摩擦系数,良好的耐磨性和磨合性,保证轴与轴瓦间良好的配合,但又不能损伤轴颈。

为满足上述性能要求,轴承合金的组织应是在软的基体上分布着硬的质点或在硬的基体上分布着软的质点。当轴旋转时,软基体(或软质点)被磨损而凹陷,硬的质点(或硬基体)因耐磨而相对凸起,凹陷部分可保持润滑油,凸起部分可支承轴的压力,并使轴与轴瓦的接触面积减小。此外,软的基体(或质点)还能起到嵌藏外来硬杂质颗粒的作用,以避免擦伤轴颈。

8.4.2　常用铸造轴承合金

常用的轴承合金有锡基、铅基、铜基和铝基轴承合金等,其中锡基和铅基轴承合金又称巴氏合金,是应用最广的轴承合金。

1) 锡基轴承合金

锡基轴承合金是以锡为主并加入少量锑、铜等元素组成的合金。其熔点较低,具有软基体上分布着硬质点的组织特征。锡基轴承合金的导热性、耐蚀性、工艺性好,尤其是摩擦系数与线胀系数较小,抗咬合能力强。但因锡的熔点较低,工作温度不宜超过 150 ℃,而且疲劳强度较低、价格高。因此,这类合金主要用来制造发动机、汽轮机、内燃机等大型机器中的高速轴承。

2) 铅基轴承合金

铅基轴承合金是以铅为主加入少量锑、锡、铜等元素的合金。其具有软基体上分布硬质点的组织特征。铅基轴承合金的强度、硬度、耐蚀性和导热性都不如锡基轴承合金,但其成本低,高温强度好,有自润滑性。常用于低速、低载条件下工作的设备,如汽车、拖拉机曲轴的轴承等。锡基和铅基轴承合金强度比较低,在工业生产中,为提高其承载能力和使用寿命,常采用离心浇注法,将它们作为内衬材料浇铸在钢制轴瓦上,形成双金属轴承。

3) 铜基和铝基轴承合金

铜基轴承合金常用牌号有 ZCuSn10P1、ZCuSn5Pb5Zn5 等锡青铜和 ZCuPb30 等铅青铜。前者强度高,适于制造中速、承受较大载荷的轴承,如电动机、泵、机床上用的轴承;后者具有高的耐磨性、疲劳强度、导热性和低的摩擦系数,工作温度可达 350 ℃,适于制造高速、重载条件下工作的轴承,如航空发动机、高速柴油机、汽轮机上的轴承。

铝基轴承合金常含有锡、铜、锑、镁等元素,铝基轴承合金密度小,导热性好,疲劳强度高,价格低廉,广泛用于制造高速、高负荷的轴承,如重型汽车、拖拉机、内燃机的轴承。

8.5 非铁金属材料的应用

8.5.1 纯铝及铝合金材料的应用

1. 工业纯铝的应用

通常将质量分数不低于 99.0% 的铝称为工业纯铝,将质量分数大于 99.70% 的铝称为高纯铝。根据纯度的不同,高纯铝还可分为超高纯铝、超高纯度铝和极高纯度铝。高纯铝可用来制造铝箔、电容片等,还可作为铝合金表面的包覆材料以及配制铝合金的原材料,铝的质量分数大于 99.99% 的高纯铝主要用于科学研究、化学工业及一些特殊场合。

2. 铝合金的应用

铝合金具有强度高,密度小、耐蚀性好的特点。可用于制造承受较大载荷的机械零件或构件,成为工业中广泛应用的非铁金属材料,由于铝合金具有高的比强度,因此其成为飞机的主要结构材料。

1) 变形铝合金的应用

常用的 Al-Mn 系防锈铝合金有 3A21,用于制造油罐、油箱、管道、铆钉等需要弯曲、冲压加工的零件。常用的 Al-Mg 系防锈铝合金有 5A05,其密度比纯铝小,强度比 Al-Mn 系铝合金高,在航空工业中得到广泛应用,如制造管道、容器、铆钉及承受中等载荷的零件。

以 Al-Cu-Mg 系为主的硬铝合金,是航空工业和机械工业中广泛使用的重要合金,可轧制成板材、管材等型材,制造较高载荷下的铆接和焊接零件,如飞机构架、螺旋桨叶片和铆钉等。

以 Al-Cu-Mg-Zn 系为主的超硬铝合金,常用牌号有 7A04、7A09 等,主要用于工作温度较低、受力较大的结构件,如飞机的大梁、起落架等。

锻铝合金常用牌号有 6A02、2A50、2A70、2A80 等。主要用于制造 150~225 ℃ 下工作的零件,如航空发动机活塞、直升机的旋翼、压气机和鼓风机的涡轮叶片、超音速飞机的蒙皮等。

2) 铸造铝合金的应用

Al-Si 系铸造铝合金的铸造性能好,耐蚀性、耐热性和焊接性能好。简单硅铝明主要用于制造形状复杂但强度要求不高的铸件,如飞机仪表等。复杂硅铝明常用的代号有 ZL101、ZL104、ZL105、ZL109 等,用于制造低、中强度且形状复杂的铸件,如电动机壳体、汽缸体、风机叶片、发动机活塞等。

Al-Cu 系铸造铝合金常用代号有 ZL201、ZL203 等,主要用来制造要求较高强度或高温下不受冲击的零件,如增压器的导风叶轮、静叶片、内燃机汽缸头、汽车活塞等。

Al-Mg 系铸造铝合金常用代号有 ZL301、ZL303 等,多用于制造在腐蚀介质下工作、承受冲击载荷、外形不太复杂的零件,如舰船和动力机械配件、氨用泵体等。

Al-Zn 系铸造铝合金常用代号有 ZL401、ZL402 等,常用于制造形状复杂、受力较小的零件,如汽车、拖拉机的发动机零件及仪器元件,也可用于制作生活用品。

3）合理选用铝合金

铝合金类别、牌号众多,选用时应注意以下几点:

（1）要求比强度高的结构件,如飞机骨架、蒙皮等,适合用铝合金制造,而一些承载大、受强烈磨损的结构件（如齿轮、轴等）,不宜用铝合金制造。

（2）铝合金的熔点一般只有 600 ℃左右,流动性好,所以对于那些尺寸较大、形状复杂的构件可选用铸造铝合金制造。

（3）一些薄壁、形状复杂、尺寸精度高的零件,可用变形铝合金在常温或高温下挤压成形,充分发挥其塑性好的优点。

（4）铝合金具有导电、导热、耐蚀、减振等优点,可满足某些特殊需要,尤其是铝合金具有面心立方结构,不出现低温韧脆转变,故在 0～－253 ℃范围内塑性不下降,冲击韧度不降低,因此也适合制造低温设备中的构件和紧固件等。

8.5.2　纯铜及铜合金材料的应用

1. 工业纯铜的应用

工业纯铜常用的热处理方式是再结晶退火。其目的为消除内应力,改变晶粒大小,退火温度一般选用 500～700 ℃。工业纯铜广泛应用于制造电线、电缆、电刷、各种传热体、磁学仪器、防磁器械及管、棒、带、条、板、箔等铜材。

2. 铜合金的应用

1）黄铜的应用

普通黄铜具有优良的变形加工性能,例如:H62 被誉为"商业黄铜",广泛用于制作水管、油管、散热器垫片及螺钉等;H68 强度较高,塑性较好,适于经冷深冲压或冷深拉伸制造各种复杂零件,曾大量用于制造弹壳,有"弹壳黄铜"之称,H80 因色泽美观,多用于镀层及装饰品。

特殊黄铜比普通黄铜具有更高的强度、硬度、抗蚀性、抗应力腐蚀破裂和良好的铸造性能,常用来制造螺旋桨、压紧螺母等许多重要的船用零件及其他耐磨零件,在造船、电动机及化学工业中得到广泛应用。

2）青铜的应用

锡青铜具有良好的减摩性、抗磁性、弹性和对大气、海水及无机盐溶液的耐蚀性,广泛用于制造轴承、轴套、海船铸件等耐磨零件,弹簧等弹性零件,齿轮轴、蜗轮、垫圈等耐蚀承载件及艺术雕像等。

压力加工铝青铜的塑性、耐蚀性好,具有一定的强度,主要用于制造有高耐蚀要求的弹簧及弹性元件。铸造铝青铜的强度、耐磨性、耐蚀性高,常用于制造强度及摩擦性要求较高的零件,主要用于制造船舶、飞机及仪器中的高强度、耐磨、耐蚀件,如齿轮、轴承、蜗轮、轴套、螺旋桨等。

铍青铜具有高的强度、疲劳强度、弹性极限、耐磨性、耐蚀性，良好的导电性、导热性和耐低温性，无磁性，受冲击时不起火花，还具有良好的冷热加工性能和铸造性能，但其价格昂贵、工艺复杂，主要用于制造精密仪器及仪表中的重要弹性件、耐磨件等，如钟表齿轮、精密弹簧、膜片，高速、高压下工作的轴承及防爆工具、航海罗盘等重要机件。

3）白铜的应用

白铜不仅具有较高的强度和优良的塑性，能进行冷、热变形加工，而且耐蚀性很好，它们主要用来制造蒸汽和在海水环境中工作的精密仪器、仪表零件、化工机械零件及医疗器械等，含锰量高的白铜可用来制造热电偶丝及变阻器。

需要注意的是，由于铜资源有限，价格较高，故工程结构中如用铝合金能满足设计要求，就尽量不要用铜合金。

8.5.3 纯钛及钛合金材料的应用

1. 工业纯钛的应用

工业纯钛的棒材、板材具有较高的强度，可直接用于飞机船舶、化工等行业，可以制造在 500 ℃以下工作且强度要求不高的各种耐蚀零件，如热交换器、制盐厂的管道、石油工业中的阀门等。

2. 钛合金的应用

α钛合金由于高温强度高，焊接性能好，主要用于在 500 ℃下长期工作的结构件、高压低温容器以及航空发动机的叶片及导弹的燃料缸等。β钛合金主要用于 350 ℃以下使用重载荷回转件，如压气机叶片、轮盘等。α+β钛合金强度高，塑性好，具有良好的热强性、耐蚀性和低温韧性，主要用于制造在 400 ℃以下和低温下工作的零件，如火箭发动机外壳、火箭和导弹的液氢燃料箱部件等。

思考题

8.1 铝及铝合金是如何进行分类的？说明铝及铝合金的物理、化学、力学及加工性能和特点？

8.2 什么是铝合金的时效现象，时效处理的原理是什么？说明铝合金人工时效和自然时效的区别？

8.3 硅铝明是指的哪一类铝合金？它为什么要进行变质处理？

8.4 铜合金如何分类？各类铜合金如何进行强化？

8.5 说明单相黄铜与双相黄铜在加工方式上有什么不同，为什么？说明含锡量对锡青铜的影响。

8.6 黄铜在什么情况下会发生应力腐蚀，应如何防止？

8.7 说明钛合金的特性、分类及各类钛合金的大致用途。

8.8 为什么几乎在所有的钛合金中，都要加入一定量的合金元素 Al？

8.9 铸造轴承合金应具有哪些性能？

8.10　指出下列牌号的材料各属于哪类非铁合金,并说明牌号中字母及数字的含义:

3A21、2A11、7A04、2A50、ZL104、ZL301、H62、HSn62-1、QSn4-3、ZCuSn5Pb5Zn5、TA3、TA7、TB2、TC4。

本章参考文献

[1] 王琨.工程材料[M].武汉:华中科技大学出版社,2012.

[2] 周凤云.机械工程材料[M].3 版.武汉:华中科技大学出版社,2017.

第9章　高分子材料

随着材料科学的发展,我们身边到处都是高分子材料的身影。无论是作为食物的蛋白质还是作为织物的棉、毛和蚕丝等,都是天然高分子材料,就连人体本身基本上也是由各种生物高分子构成的。这些材料之所以称为高分子,就是因为它们有一个共同的特点——分子量高。常用高分子材料的分子量一般在几百到几百万之间。

9.1　概述

塑料、合成橡胶、纤维是工程上常用的高分子材料。高分子材料不仅为工农业生产和人们的衣、食、住、行、用等提供了大量、日新月异的新产品、新材料,还为发展高科技、高技术提供了更多更有效的高性能结构材料和功能性材料。

9.1.1　高分子材料的定义与组成

高分子通常是指由千百个原子彼此以共价键结合形成的相对分子质量特别大、具有重复结构单元的化合物。高分子材料是以高分子化合物为基础的材料,主要由相对分子质量较高的化合物构成,包括塑料、橡胶、纤维、涂料、胶黏剂和高分子基复合材料等。

高分子材料通常由以下几种主要成分构成。

(1) 合成树脂。合成树脂是高分子材料的基本组成成分,是决定高分子材料性质的主要成分,在高分子材料中其质量分数可达 $30\%\sim100\%$。

(2) 填充料。为提高和改善高分子材料的性能,如高分子材料的强度、耐热性、耐磨性、硬度,降低高分子材料的成本,可掺入适量的填充料。常用的填充料有粉状和纤维状两类,粉状填充料一般为木粉、滑石粉、石灰石粉、石英粉、铝粉、硅藻土、炭黑等,纤维状填充料一般有石棉、玻璃纤维等。高分子材料中填充料掺入量的质量分数可达 $40\%\sim70\%$。

(3) 其他添加剂。添加剂是为改善高分子材料性质而掺入的某些助剂,如增塑剂、固化剂、稳定剂、抗老化剂、抗静电剂、阻燃剂、着色剂、发泡剂等。

9.1.2　高分子材料的分类

高分子材料的分类方法有很多,一般是根据其性能、用途、合成工艺、热行为种类及主链结构进行分类的。

1) 按高分子材料的性能和用途分类

高分子材料按其性能和用途,可以分成三种类型。

(1) 塑料。塑料是指在常温下有一定形状,强度较大,受力后能发生一定形变的聚合物。

(2) 橡胶。橡胶是指在室温下具有高弹性,即受到很小外力,形变很大,可达原长的十余倍,去除外力以后又恢复原状的聚合物。

（3）纤维。在室温下分子的轴向强度很大,受力后形变较小,在一定的温度范围内力学性能变化不大的聚合物。

其实,塑料、橡胶和纤维三类高聚物很难严格区分,可用不同的加工方式制成不同的种类。如聚氯乙烯是典型的塑料,但也可以制成纤维,即所谓的氯纶。通常把聚合后未加工成形的聚合物称为树脂,以区分加工后的塑料或纤维制品,如电木未固化前称酚醛树脂,涤纶纤维未纺丝之前称涤纶树脂。除上述三类外,还有胶黏剂和涂料等,它们可以直接使用。

2）按高分子材料聚合反应的类型分类

高分子材料按其聚合反应的类型可以分为加聚化合物和缩聚化合物两种。

（1）加聚化合物。该高分子材料由单体经加聚合成为高聚物,链节结构的化学式与单体分子式相同,如聚乙烯、聚氯乙烯等。

（2）缩聚化合物。该高分子材料由单体经缩聚合成为高聚物。缩聚反应与加聚反应不同,聚合过程有小分子副产物析出,链节的化学结构和单体的化学结构不完全相同。如酚醛树脂是由苯酚和甲醛聚合,缩去水分子形成的聚合物。常见的几种单体如表 9.1 所示。

表 9.1　高分子材料常见的几种单体

名称	结构式	聚合物
乙烯	$CH_2=CH_2$	聚乙烯
丙烯	$CH_2=CH-CH_3$	聚丙烯
苯乙烯	$CH_2=CH-C_6H_5$	聚苯乙烯
氯乙烯	$CH_2=CH-Cl$	聚氯乙烯
丙烯腈	$CH_2=CH-CN$	丁腈橡胶
四氟乙烯	$\begin{matrix} F & & F \\ & C=C & \\ F & & F \end{matrix}$	聚四氟乙烯
丁二烯	$CH_2=CH-CH=CH_2$	丁二烯橡胶
异戊二烯	$CH_2=C-CH=CH_2$ $\quad\quad\; | $ $\quad\quad CH_3$	合成天然橡胶
二甲基丁二烯	$CH_2=C-C=CH_2$ $\quad\quad \| \;\; \|$ $\quad\; CH_3 CH_3$	甲基橡胶
甲基丙烯酸甲酯	$CH_2=C-COOCH_3$ $\quad\quad \|$ $\quad\quad CH_3$	聚甲基丙烯酸甲酯

3）按高分子材料的热行为分类

高分子材料按其热行为的类型,可以分成热塑性高分子材料和热固性高分子材料两大类。

（1）热塑性高分子材料。该高分子材料在加热后软化,冷却后又硬化成形,随温度变化可以反复进行,聚乙烯、聚氯乙烯等烯类聚合物都属于这种类型。

(2) 热固性高分子材料。该高分子材料受热发生化学变化而固化成形,成形后再受热也不会软化变形,如酚醛树脂、环氧树脂等。

4) 按高分子材料聚合物主链上的化学组成分类

(1) 碳链聚合物高分子材料。该高分子材料主链全体由碳原子组成,如聚烯烃、聚二烯烃等。

(2) 杂链聚合物高分子材料。这类高分子材料主链除了碳原子外还有其他原子,如聚酚、聚酰胺等。

(3) 元素有机聚合物高分子材料。在这类高分子材料的主链上不一定含有碳原子,它可以由其他原子介入而构成,如聚硅氧烷等。

9.1.3　高分子材料的性能特点与优点

高分子材料的性能主要决定于高分子化合物的性能。对于高分子化合物,其大分子长链中的原子是以共价键结合,而大分子链之间则是范德瓦斯键或氢键,后者的结合键强度要比金属键或共价键低两个数量级,因而高分子材料在性能上有许多不同于金属或陶瓷之处。

1) 性能特点

(1) 高分子材料的弹性模量和强度都较低,即使是工程塑料也不能用于受力较大的结构零件,而且高分子材料的力学性能对温度和时间的变化十分敏感,在室温下就有明显的蠕变和应力松弛现象。

(2) 高分子材料从液态凝固后多数呈非晶态,只有少数结构简单、对称性高的分子结构可以得到晶体,但也不能得到100%的晶态。这是因为高分子的长链结构很难在较大范围内实现完全有序的排列。因此,高分子材料中有一个表征材料特性的玻璃化温度 T_g,在 $0.75T_g$ 以下材料呈完全脆性,在 $(0.75\sim1.0)T_g$ 之间材料是刚硬的,只能发生弹性变形,这种状态下使用的高分子材料称为塑料,T_g 愈高塑料的耐热性愈好;而加热至 T_g 以上温度,则先后发生皮革状、胶状的黏弹性变形;温度再升高则发生黏性流动。材料可在 $(1.3\sim1.5)T_g$ 范围内,通过喷塑、注塑、挤塑等方法塑制成各种制品,是线型高分子材料的成形加工状态。在流态下使用的高分子材料有胶黏剂和涂料等。

(3) 高分子材料的主要弱点是容易老化,即在长期使用或存放的过程中,由于受到各种因素的作用,其性能随时间的延长而不断恶化,逐渐丧失使用价值。主要表现为塑料会逐渐褪色、失去光泽和开裂,橡胶会变脆、龟裂、变软或发黏等。

2) 独特优点

高分子材料有许多金属和陶瓷所不具备的优点。

(1) 原料丰富,成本低廉。它们大多可以从石油、天然气或煤中提取,密度较小,多数在 $0.96\sim1.48\text{ g/cm}^3$,这对减轻质量、节约能源具有重要意义。

(2) 化学稳定性好。一般对酸、碱和有机溶剂均有良好的耐腐蚀性。

(3) 良好的电绝缘性能。这对电器、电机和电子工业都是很重要的。

(4) 良好的耐磨、减摩和自润滑性能,并能吸振和减小噪声。这对一些机械中使用的轴承和齿轮十分有利,常用它们来代替金属。

（5）优良的光学性能。如有机玻璃对普通光的透射率达 92%（普通玻璃为 82%）。

9.2　常用高分子材料

9.2.1　塑料

塑料是以树脂为主要原料,加入某些添加剂后,在一定温度和压力条件下塑造或固化成形,得到固体制品的一类高分子材料。塑料由于原料丰富易得、制取方便、成形简单、成本低廉以及性能的多样性,所以发展很快,逐渐成为应用广泛的工程结构材料之一。按塑料的适用范围可以将塑料分为通用塑料、工程塑料和特种塑料。

（1）通用塑料。通用塑料主要包括聚乙烯、聚氯乙烯、聚苯乙烯、聚丙烯和酚醛塑料等品种。通用塑料大多被用于制造日常生活用品,其特性和用途如表 9.2 所示。

表 9.2　通用塑料的特性和用途

名称（代号）	特性	用途
聚乙烯 （PE）	无毒、无味、无臭,呈半透明状。强度较低,耐热性不高,易燃烧,抗老化性能较差。具有良好的耐化学腐蚀性,优良的电绝缘性能,吸水率很小,根据密度可分为低密度聚乙烯（LDPE）和高密度聚乙烯（HDPE）	LDPE 主要用作日用制品、薄膜、软质包装材料、层压纸、层压板、电线电缆包覆等。HDPE 主要用作硬质包装材料、化工管道、储槽、阀门、高频电缆绝缘层、各种异型材、衬套、小负荷齿轮、轴承等
聚氯乙烯 （PVC）	具有较高的机械强度、较大的刚性、良好的电绝缘性、良好的耐化学腐蚀性,具有阻燃性。但热稳定性较差,使用温度较低,介电常数、介电损耗较高。根据增塑剂用量不同可分为硬质和软质聚氯乙烯	硬质聚氯乙烯主要用于工业管道系统、给排水系统、板件、管件、建筑及家居用防火材料、化工防腐设备及各种机械零件。软质聚氯乙烯主要用于薄膜、人造革、墙纸、电线电缆包覆及软管等,但不能用其包装食品
聚苯乙烯 （PS）	无毒、无味、无臭、无色的透明状固体。吸水性低,电绝缘性优良,介电损耗极小。耐化学腐蚀性优良,但不耐苯、汽油等有机溶剂。机械强度较低,硬度高,脆性大,不耐冲击,耐热性差,易燃	聚苯乙烯主要用于日用、装潢、包装及工业制品,如仪器仪表外壳、热水罩、光学零件、装饰件、透明模型、玩具、化工储酸槽、包装及管道的保温层、冷冻绝缘层等
聚丙烯 （PP）	聚丙烯是无毒、无味、无臭、半透明蜡状体,密度小,力学性能高于聚乙烯,耐热性良好,化学稳定性好,但不耐芳香族和氯化烃溶剂,耐寒性差,易老化	主要用于化工管道、容器、医疗器械、家用电器部件、家具、薄膜、绳缆、丝织网、电线电缆包覆等,以及汽车及机械零部件,如车门、转向盘、齿轮、接头等
酚醛塑料 （PF）	俗称电木,强度、硬度、绝缘性、耐蚀性（除强碱外）、耐热性（在 140 ℃ 以下使用）、尺寸稳定性好,在水润滑条件下摩擦系数小,但脆性大,耐光性、加工性差,工作温度大于 100 ℃时只能模压成形	主要用作一般机械零件、灯头、灯座、插头、仪表外壳、电器绝缘板、电器开关、耐酸泵、水润滑轴承、带轮等

（2）工程塑料。工程塑料是指作为结构材料在机械设备和工程结构中使用的塑料，具有较高的强度、刚度和韧性，耐热、耐蚀、耐辐射，尺寸稳定性好，主要有聚酰胺、聚甲醛、有机玻璃、聚碳酸酯、ABS塑料、聚苯醚等，常用工程塑料特性和用途如表9.3所示。

表9.3 工程塑料的特性和用途

名称（代号）	特性	用途
聚酰胺（PA）	俗称尼龙或锦纶，具有较高的强度和韧性，耐磨性和自润滑性好，摩擦系数低。具有较好的电绝缘性，良好的耐油、耐溶剂性，良好的阻燃性。但吸水性大，热膨胀系数大，耐热性不高	聚酰胺主要用于制造机械、化工、电子零部件，如轴承、齿轮、凸轮、泵叶轮、高压密封圈、阀门零件、包装材料、输油带、储油容器、丝织品及汽车保险杠、门窗手柄等
聚甲醛（POM）	具有较高的强度、硬度、刚性、韧性、耐磨性和自润滑性，耐疲劳性能高，吸水性小，摩擦系数小，耐化学腐蚀性好，电绝缘性能良好。但热稳定性差，易燃	主要用于制造轴承、齿轮、凸轮、叶轮、垫圈、法兰、活塞环、导轨、阀门零件、仪表外壳、化工容器、汽车部件等，特别适用于无润滑的轴承、齿轮等
聚碳酸酯（PC）	是一种透明的、既刚且韧的材料，透光率可达90%，被誉为"透明金属"。具有优异的冲击韧度和尺寸稳定性，很好的耐高低温性能，良好的电绝缘性和加工成形性。缺点是耐化学试剂性能差，易受碱、胺、酮、芳香烃等的侵蚀，长期浸在沸水中会发生水解现象，在四氯化碳中可能会发生"应力开裂"现象	主要用于制造大型灯罩、防护玻璃、照相器材等；要求耐冲击性高、耐热性好的电力工具、防护安全帽等；在电子电气方面用于制备线圈骨架、绝缘套管等高级绝缘材料
聚甲基丙烯酸甲酯（PMMA）	又称有机玻璃，和无机硅玻璃相比具有较高的强度和韧性，透光率比普通硅玻璃好，优良的电绝缘性，耐化学腐蚀性好，但溶于芳烃、氯代烃等有机溶剂。耐候性好，但热导率低，硬度低，表面易擦伤，耐磨性差，耐热性不高	主要用于飞机、汽车的窗玻璃和罩盖、光学镜片、仪表外壳、装饰品、广告牌、灯罩、光学纤维、透明模型标本和医疗器械等
ABS塑料	由丙烯腈（A）、丁二烯（B）、苯乙烯（S）三种单体共聚而成。ABS塑料具有较好的抗冲击性能、尺寸稳定性和耐磨性能，成形性好，不易燃，耐腐蚀性好，但不耐酮、醛、酯、氯代烃类溶剂	ABS塑料主要用于电器外壳、汽车部件、轻载齿轮、轴承、各类容器、管道等
聚四氟乙烯（PTFE）	具有优良的化学稳定性（可抗"王水"腐蚀），耐热性、耐寒性和电绝缘性能优良，热稳定性好，吸水性小，摩擦系数小，但强度低，尺寸稳定性差	主要用于减摩密封零件，如垫圈、密封圈、活塞环等；用于化工耐蚀零件，如管道、阀门、内衬、过滤器等；绝缘材料，如电子仪器、高频电缆、线圈等的绝缘，印刷电路板底板；医疗方面，如代用血管、人工心肺装置、消毒保护器等

续表

名称（代号）	特性	用途
环氧树脂（EP）	强度较高，成形性好，具有良好的耐热性、耐腐蚀性、尺寸稳定性、优良的电绝缘性能	主要用于仪表构件、塑料模具、精密量具、电子元件的密封和固定、黏合剂、复合材料等

（3）特种塑料。特种塑料是指具有某些特殊性能、满足某些特殊要求的塑料。这类塑料产量有限，价格也贵，只用于有特殊需要的场合，如医用塑料等。

9.2.2　橡胶

橡胶是具有高弹性的高分子材料，根据原料来源可将其分为天然橡胶和合成橡胶两大类，合成橡胶根据用途又可分为通用橡胶和特种橡胶。橡胶最突出的特性是在很高温度范围内处于高弹态，一般橡胶处于高弹态的温度范围是 $-40 \sim 80 \ ℃$，某些特种橡胶处于高弹态的温度范围为 $-100 \sim 200 \ ℃$。橡胶的弹性模量很低，在外力作用下可产生很大变形，去除外力后又能很快恢复原状。橡胶还有优良的伸缩性、抗撕裂性、耐磨性，隔音、绝缘和良好的储能能力等特性，常用于制作减振件、传动件、轮胎、电线绝缘套等。常用橡胶的特性和用途如表 9.4 所示。

表 9.4　常用橡胶的特性和用途

名称	通用橡胶						特种橡胶				
	天然	丁苯	顺丁	丁醚	氯丁	丁腈	聚氨酯	乙丙	氟	硅	聚硫
代号	NH	SBR	BR	HB	CR	NBR	UR	EPDM	EPM	Si	TR
抗拉强度/MPa	25~30	15~20	18~25	17~21	25~27	15~30	20~35	10~25	20~22	4~10	9~15
伸长率/（%）	650~900	500~800	450~800	650~800	800~1000	300~800	300~800	400~800	100~500	50~500	100~700
使用温度/℃	-50~120	-50~140	-73~120	120~170	-35~130	-35~175	-30~80	-40~150	-50~300	-70~275	-7~130
抗撕性	好	中	中	中	好	中	中	好	中	差	差
耐磨性	中	好	好	中	中	中	好	中	中	差	差
回弹性	好	中	中	中	中	中	中	中	中	差	差
耐油性	差			中	好	好	好		好		好
耐碱性	好	好	好	好	好		差	好		好	
抗老化	中	中	中	好	好	中		好	好	好	好
价格		高			高					高	高
特殊性能	高强、绝缘、防震	耐磨	耐磨、耐寒	耐酸碱、气密、绝缘	耐酸碱、耐燃	耐油、耐水、气密	高强、耐磨	耐水、绝缘	耐油、耐碱、耐热、真空	耐热、绝缘	耐油、耐碱

续表

名称	通用橡胶						特种橡胶				
	天然	丁苯	顺丁	丁醛	氯丁	丁腈	聚氨酯	乙丙	氟	硅	聚硫
用途举例	通用制品、轮胎等	通用制品、轮胎、胶板、胶布等	轮胎、耐寒运输带等	内胎、水胎、化工衬里、防震品等	胶管、电缆、胶黏剂、汽车门窗嵌条等	油管、耐油密封垫圈、汽车配件等	实心轮胎、胶辊、耐磨件等	气配件、散热耐热胶管、绝缘件等	化工衬里、高级密封件、高真空橡胶件等	耐高低温制品、耐高温绝缘件、印模等	腻子密封胶、丁腈橡胶等

9.2.3 合成纤维

保持长度比本身直径大 100 倍的均匀条状或链状的高分子材料被称为纤维,包括天然纤维和化学纤维。化学纤维又可分为人造纤维和合成纤维。人造纤维是以天然的纤维为原料加工制成的,俗称"人造丝""人造棉"的胶纤维和硝化纤维、醋酸纤维等;合成纤维是以石油、天然气、煤等为原料,经过化学合成的纤维。常见普通合成纤维性能和用途如表 9.5 所示。

表 9.5 常见普通合成纤维性能和用途

化学名称		聚酯纤维	聚酰胺纤维	聚丙烯腈	聚乙烯醇缩醛	聚烯烃	含氯纤维
商品名称		涤纶（的确良）	锦纶（尼龙）	腈纶（人造毛）	维纶	丙纶	氯纶
强度	干态	优	优	中	优	优	中
	湿态	优	中	中	中	优	中
相对密度		1.38	1.14	1.14~1.17	1.26~1.3	0.91	1.39
吸水率/(%)		0.4~0.5	3.5~5.0	1.2~2.0	4.5~5.0	0	0
软化温度/℃		238~240	180	190~230	220~230	140~150	60~90
耐蚀性		优	最优	差	优	优	中
耐日光性		优	差	最优	优	差	中
耐酸性		优	中	优	中	中	优
耐碱性		中	优	优	优	优	优
特点		挺括、不皱、耐冲击、耐疲劳	结实、耐磨	蓬松、耐晒	成本低	轻、牢固	耐磨、不易燃
工业应用举例		渔网、高级帘子布、缆绳、帆布等	渔网、工业帘子布、降落伞、运输带等	制作碳纤维及石墨纤维原料	工业帆布、过滤布、渔具、缆绳等	军用被服、绳索、水龙带、渔网、合成纸等	导火索皮、口罩、劳保用品、帐篷等

9.2.4 胶黏剂

胶接是工程上一种新型的、较为经济的连接方法。它的优点在于胶接处应力分布均匀，构件(机件)的整体强度高、质量轻、胶缝绝缘、密封性好、耐腐蚀，目前已部分代替铆接、焊接、螺纹连接等工艺，并可以连接难以焊接或无法焊接的金属，还可用于金属与塑料、橡胶、陶瓷等非金属材料的连接。

胶黏剂是以黏性物质为基础，加入各种添加剂组成的一种混合物。按化学成分可将其分为有机胶黏剂和无机胶黏剂两类，其中有机胶黏剂又可分为天然和合成胶黏剂两种。天然胶黏剂有虫胶、骨胶等；合成胶黏剂有环氧树脂、氯丁橡胶等。按胶黏剂固化形式可分为3 类：通过挥发或吸收固化的溶剂型胶黏剂、由不可逆的化学变化引起固化的反应型胶黏剂、通过加热熔融胶接的热熔型胶黏剂。胶接用的常用胶黏剂如表 9.6 所示。

表 9.6 胶接用的常用胶黏剂

胶黏剂	材料									
	钢、铁、铝	热固性塑料	硬聚氯乙烯	聚乙烯、聚丙烯	聚碳酸酯	ABS	橡胶	玻璃、陶瓷	混凝土	木材
无机酸	可							优		
聚氨酯	良	良	良	可	良	良	良	可	—	优
环氧树脂： 胺类固化 酸酐固化	优 优	优 优	— —	可	— 良	良	可 —	优 优	良 良	良 良
环氧-丁腈	优	良				可	良	良		
酚醛-缩醛	优	优					可			
酚醛-氯丁	可	可					优	—	可	可
氯丁橡胶	可	可	良			可	优	可		良
聚酰亚胺	良	良						良		

9.3 高分子材料的典型应用

高分子材料是材料领域中的新秀，它的出现带来了材料领域中的重大变革，其应用领域不断扩展，对人类生产、生活已经产生了深刻的影响。

9.3.1 高分子材料在航空航天领域的应用

"一代材料，一代装备"，新型的航空航天产品往往建立在一大批先进新型材料研制成功的基础上。我国航空航天工业赖以支撑的重要配套材料之一就是高分子材料。

橡胶作为一种理想的密封材料，在航空航天领域有着其独特的地位。它具有很好的化学稳定性，能在高低温下稳定使用，可以用于各种有机、无机溶液以及氧化剂系统的密封。

在航空航天领域,使用的橡胶主要有天然橡胶、氯丁橡胶、丁苯橡胶、丁腈橡胶、乙丙橡胶、硅橡胶、氟硅橡胶、氟橡胶等。

胶黏剂在航空航天领域应用十分普遍,主要是因为航空航天产品广泛采用复合材料、蜂窝结构以及轻合金,需要通过胶黏剂来实现整体结构的成形。航空航天产品需要经受十分复杂苛刻的环境考验,比如高温烧蚀、超低温、高真空紫外线、带电粒子、微陨石等。在航空航天产品上使用的胶黏剂也必须经受住上述的这些考验,这对胶黏剂具有很高的要求。

腐蚀与防护是航空航天工业中必不可少的一个问题。常见的金属材料,耐腐蚀性能差,即使有涂层保护,使用寿命也很有限。高分子材料在腐蚀与防护领域,有着其独特的优势。高分子材料的耐酸、碱、盐介质的腐蚀性能优于其他金属或合金材料,故被广泛应用在飞机制造上。另外,高分子材料具有密度小、强度大的优点,这对减轻飞机本身的质量和减少能源的消耗都有重要意义。

9.3.2 高分子材料在建筑领域的应用

在建筑领域应用的高分子材料主要有塑料、涂料、建筑胶黏剂等。除了水泥、玻璃、陶瓷外,高分子材料已成为第四大建筑材料。它的应用非常广泛,重要性日益突出。高分子材料使得生产、生活、国防、交通等基础设施建设步伐大大加快,极大地改善了人类的生存环境,甚至已经成为不可替代的、重要的现代建筑材料。

玻璃钢(GRP)是建筑中使用较多的高分子塑料之一,它是以合成树脂为基体,以玻璃纤维为增强体,经成形固化而成的固体材料,经常应用在建筑、卫生材料上。玻璃钢制品具有良好的透光性和装饰效果,而且强度高,重量轻,具有良好耐化学腐蚀性和电绝缘性,加工成形工艺简单灵活。

传统意义的涂料是指具有保护和装饰物体的材料,能提高被涂物体的使用寿命。高分子涂料除了这些基本功能外,具有很多其他特殊功能,比如耐高温、防辐射、耐烧蚀等。而且高分子涂料涂敷在物体的表面后,能与基体材料牢固结合,并形成连续完整的保护膜。高分子涂料在建筑材料上的应用,凭借其丰富的色彩和质感,使建筑材料更加美丽,还可以提高建筑物的使用质量和寿命。

随着科技的发展,在建筑上使用的高分子材料也与日俱增,大大提高了建筑的建造速度和使用的舒适度。高分子建筑材料有它自身的一些特性,如密度低,比强度高,可加工性,电绝缘性,装饰效果等等。虽然它也有一些缺点,但通过对其基材和添加剂的改性,高分子材料的性能将不断得到改善,其在建筑领域的发展前景广阔。

9.3.3 高分子材料在农业领域的应用

高分子材料在农业上应用最普遍的是农产品包装。高分子材料因隔阻性好、保鲜性好,故可以用来做蔬菜水果的保鲜、储存、运输、粮食的储运、防霉变等,能提高农产品的附加值。

高分子材料也可以用于粮食的增产中,通过给无机化肥表面涂上一层高分子膜,可以做成缓释化肥。因为高分子膜具有一定的难溶性和抗冲刷性,缓释化肥在土壤中的营养成分的释放速率,可以使化肥在植物的整个成长期间不断供应营养成分,减少施肥次数,降低生产成本,还能使植物最大限度地利用肥料,减少了氮对地下水和大气的污染。

思考题

9.1　试比较热塑性工程塑料和热固性工程塑料的性能特点和应用方向。

9.2　与金属相比,高分子材料的优、缺点是什么?

9.3　高分子材料由什么组成? 各起什么作用?

9.4　橡胶为什么具有高弹性?

9.5　各举三个工程塑料、合成橡胶在机械中的应用实例。

本章参考文献

［1］庄哲峰,张庐陵. 工程材料及其应用[M]. 武汉:华中科技大学出版社,2013.

［2］王少刚,汪涛,郑勇. 工程材料与成形技术基础[M]. 2 版. 北京:国防工业出版社,2016.

［3］徐凤云. 工程材料及应用[M]. 武汉:华中科技大学出版社,2014.

［4］倪红军,黄明宇. 工程材料[M]. 南京:东南大学出版社,2016.

［5］廖成. 高分子材料的性能及其典型应用[J]. 中国新技术新产品,2017,12:117-118.

［6］于钧,王宏启. 机械工程材料[M]. 北京:冶金工业出版社,2008.

第 10 章　陶 瓷 材 料

　　陶瓷是陶器与瓷器的总称,是人类最早使用的材料之一。传统的陶瓷所使用的原料主要是地壳表面的岩石风化后形成的黏土和沙子等天然硅酸盐类矿物,故又称为硅酸盐材料。现代陶瓷所用原料已不仅仅是天然的矿物了,而有很多是经过人工提纯或是人工合成的,因此,现代陶瓷材料是指除金属和有机物以外的固体材料,又称无机非金属材料。

10.1　概述

　　现代陶瓷充分利用了各不同组成物质的特点以及特定的力学性能和物理化学性能。从组成上看,除了传统的硅酸盐、氧化物和含氧酸盐外,还包括碳化物、硼化物、硫化物及其他的盐类和单质;从性能上看,不仅充分利用无机非金属物质的高熔点、高硬度、高化学稳定性,得到了一系列耐高温、高耐磨和高耐蚀性能的新型陶瓷,而且还充分利用其优异的物理性能,制得了不同功能的特种陶瓷,如介电陶瓷、压电陶瓷、高导热陶瓷以及具有铁电性、半导体、超导性和各种磁性的陶瓷,适应了航天、能源、电子等新技术发展的需求。

10.1.1　陶瓷材料的分类

　　陶瓷材料及产品种类繁多,通常按成分、性能和用途对陶瓷材料加以分类。

1. 按化学成分分类

1) 氧化物陶瓷

　　氧化物陶瓷是最早使用的陶瓷材料,其种类也最多,应用最广泛。常用的氧化物陶瓷有 SiO_2、Al_2O_3、CaO、MgO、ZrO_2、$3Al_2O_3 \cdot 2SiO$(莫来石))和 $MgAl_2O_3$(尖晶石)等,常用的玻璃和日用陶瓷均属此类。

2) 碳化物陶瓷

　　碳化物陶瓷具有比氧化物陶瓷更高的熔点,但碳化物易氧化,因此在制造和使用时必须予以防止。常用的碳化物陶瓷有 SiC、WC、B_4C、TiC 等。

3) 氮化物陶瓷

　　氮化物陶瓷包括 Si_3N_4、TiN、BN、AlN 等。其中:Si_3N_4 具有优良的综合力学性能和耐高温性能;TiN 具有高硬度;BN 具有耐磨、减摩性能;AlN 具有热电性能,其应用正日趋广泛。类似的化合物还包括目前正在研究的 C_3N_4,它可能会具有更为优越的物理化学性能。

4) 其他化合物陶瓷

　　除上述陶瓷以外,还有常作为陶瓷添加剂的硼化物陶瓷,以及具有光学、电学等特性的硫族化合物陶瓷等。

2. 按性能和用途分类

1) 结构陶瓷

结构陶瓷作为结构材料,是用于制作结构零部件的陶瓷,又称工程陶瓷。这类陶瓷要求有较好的力学性能,如强度、韧度、硬度、模量、耐磨性及高温性能等。上述四类陶瓷均可设计成为结构陶瓷,常用结构陶瓷有 Al_2O_3、Si_3N_4、ZrO_2 等。

2) 功能陶瓷

功能陶瓷作为功能材料,是利用无机非金属材料优异的物理和化学性能(如:电磁性、热性能、光性能及生物性能等)制作功能器件的陶瓷。例如,用于制作电磁元件的铁氧体、铁电陶瓷,用于制作电容器的介电陶瓷,用于制作力学传感器的压电陶瓷。此外,还有固体电解质陶瓷、生物陶瓷、光导纤维材料等。各类常用陶瓷及其用途如表 10.1 所示。

表 10.1 陶瓷材料的分类及用途

类别	特性	典型材料及状态	主要用途
工程陶瓷	高强度 (常温,高温)	Si_3N_4、SiC(致密烧结体)	高温发动机耐热部件,如叶片、转子、活塞、内衬、喷嘴、阀门
	高韧度	Al_2O_3、B_4C、TiN、TiC、WC(致密烧结体)	切削工具
	硬度	Al_2O_3、B_4C、金刚石(粉状)	研磨材料
功能陶瓷	绝缘性	Al_2O_3(薄片高纯致密烧结体); BeO(高纯致密烧结体)	集成电路衬底、散热性绝缘衬底
	介电性	$BaTiO_3$(致密烧结体)	大容量电容器
	压电性	$Pb(Zr_xTi_{1-x})O_3$(极化致密烧结体)	振荡元件、滤波器
		ZnO(定向薄膜)	表面波延元件
	热电性	$Pb(Zr_xTi_{1-x})O_3$(极化致密烧结体)	红外检测元件
	铁电性	PLZT(致密透明烧结体)	图像记忆元件
	离子导电性	$\beta\text{-}Al_2O_3$(致密烧结体)	钠硫电池
		稳定 ZrO_2(致密烧结体)	氧量敏感元件
	半导体	$LaCrO_3$、SiC	电阻发热体
		$BaTiO_3$(控制显微结构体)	正温度系数热敏电阻
		SnO_2(多孔烧结体)	气体敏感元件
		ZnO(烧结体)	变阻器
	软磁性	$Zn_{1-x}Mn_xFe_2O_4$(致密烧结体)	记忆运算元件、磁芯、磁带
	硬磁性	$SrO \cdot 6Fe_2O_3$(致密烧结体)	磁铁

10.1.2 陶瓷材料的结构与性能

1. 陶瓷材料的结构

陶瓷的结构比金属复杂得多,它们可以是以离子键为主的离子晶体,也可以是以共

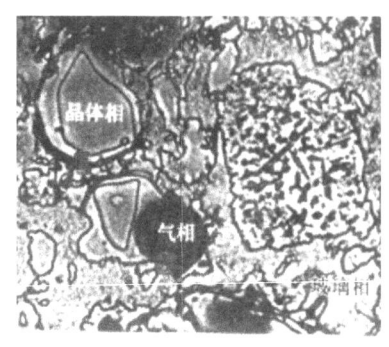

图 10.1 陶瓷的典型组织

价键为主的共价键晶体,完全由一种键组成的陶瓷不多,大多数是混合键。如离子键结合的 MgO,离子键结合比例占 84%,16% 是共价键结合;而以共价键为主的 SiC 仍有 18% 的离子结合。陶瓷的显微组织由晶相、玻璃相和气相组成,如图 10.1 所示。各组成相的结构、数量、大小、形状和分布形态对陶瓷的性能有显著的影响。

(1)晶相。晶相是陶瓷材料的主要组成相,是化合物或固溶体。晶相分为主晶相、次晶相和第三晶相等,主晶相对陶瓷材料的性能起决定性作用。陶瓷中的晶相主要有硅酸盐、氧化物、非氧化物三种。

(2)玻璃相。玻璃相是一种低熔点的非晶态固相。它的作用是黏接晶相、填充晶相间的空隙、提高致密度、降低烧结温度和抑制晶粒长大等。玻璃相的组成随着坯料组成、分散度、烧结时间及炉(窑)内气氛的不同而变化。玻璃相会降低陶瓷的强度、耐热耐火性和绝缘性,陶瓷中玻璃相的体积分数一般为 20%~40%。

(3)气相。气相(气孔)是指陶瓷孔隙中的气体,陶瓷的性能受气孔的含量、形状、分布等的影响。气孔会降低陶瓷的强度,增大介电损耗,降低绝缘性,降低致密度,提高绝热性和抗振性。对功能陶瓷的光、电、磁等性能也会产生影响。普通陶瓷的气孔率为 5%~10%(体积分数),特种陶瓷和功能陶瓷为 5% 以下。

2. 陶瓷材料的性能

(1)力学性能。陶瓷材料具有极高的硬度和优良的耐磨性,其硬度一般为 1000~5000 HV,而淬火钢一般不超过 800 HV。陶瓷的弹性模量高、刚度大,是各种材料中最高的。由于晶界的存在,陶瓷的实际强度比理论值要低很多,其强度和应力状态有密切关系。陶瓷的抗拉强度很低,抗弯强度稍高,抗压强度很高,一般比抗拉强度高 10 倍。陶瓷的塑性、韧性低,脆性大,室温下几乎没有塑性。

(2)物理化学性能。陶瓷的熔点很高,大多在 2000 ℃ 以上,因此具有很高的耐热性能。陶瓷的线胀系数小,导热性和抗热振性都较差,受热冲击时容易破裂。陶瓷的化学稳定性高,抗氧化性优良,对酸、碱、盐具有良好的耐腐蚀性。陶瓷有各种电学性能,大多数陶瓷具有高电阻率,少数陶瓷具有半导体性质。许多陶瓷具有特殊的光学性能、电磁性能等。

10.2 常用工程结构陶瓷材料

10.2.1 普通陶瓷

普通陶瓷是用天然原料制成的黏土类陶瓷,它是以黏土、长石和石英经配料、成型、烧结而成的。这类陶瓷质地坚硬、不氧化、不导电、耐腐蚀、成本低、加工性能好,但强度低、脆性大。除大量用于日用器具(见图 10.2)外,还广泛用于工作温度低于 200 ℃ 的酸碱介质、容

器、反应塔、管道、供电系统的绝缘子和纺织机械中的
导纱零件等。但因其内部含有较多的玻璃相,高温下
易软化,所以耐高温及绝缘性不及特种陶瓷。

10.2.2 特种陶瓷

1. 氧化铝陶瓷

氧化铝陶瓷呈白色,主要成分为 Al_2O_3,同时含有
少量 SiO_2。一般情况下,Al_2O_3 的体积分数都在 95% 以
上,故又称为高铝陶瓷。Al_2O_3 的含量越高,性能越好。

图 10.2 日用陶瓷

高铝陶瓷烧结温度高,尤其当原料颗粒较粗时,烧结温度可达 1700 ℃。为了改善陶瓷的烧
结性、降低烧结温度,可以添加少量 MgO、Cr_2O_3、TiO_2 等作为烧结助剂来抑制晶粒长大。
烧结后的材料也称为刚玉瓷,其主晶相为刚玉相($\alpha\text{-}Al_2O_3$)。

高铝陶瓷中的玻璃相和气孔都很少,强度比普通陶瓷高 2～5 倍,硬度和耐磨性很好,耐
高温,可在 1600 ℃ 高温下长期工作。此外,还具有良好的耐腐蚀性和绝缘性能,在高频下的
电绝缘性能尤为突出,常用于制作高温容器,如坩埚、内燃机的火花塞、切削刀具、模具和高
温轴承等结构件。但氧化铝陶瓷的韧性低、脆性大,不能承受冲击载荷;抗热振性差,不适合
用于有温度急变的场合。

2. 其他氧化物陶瓷

MgO、BeO、ZrO_2 等氧化物陶瓷熔点高,均在 2000 ℃ 附近,甚至更高,而且还具有一些
特殊的优异性能。MgO 是典型的碱性耐火材料,用于冶炼高纯度铁及其合金、Cu、Al、Mg
以及熔化高纯 U、Th 及其合金。其缺点是机械强度低、热稳定性差、易水解。BeO 陶瓷在
还原性气氛中特别稳定,导热性极好,抗热冲击性能好,可用于制作高频电炉坩埚和高温绝
缘子等电子元件,激光管、晶体管散热片以及集成电路的外壳和基片等,但 BeO 粉末及蒸气
有剧毒,在生产和应用中应特别注意。ZrO_2 耐热性好,使用温度可达 2300 ℃,其热导率低,
高温下是良好的隔热材料,室温下是绝缘体,但 1000 ℃ 以上变为导体,是优异的固体电解
质材料,用于制作离子导电材料(电极)、传感及敏感元件及 1800 ℃ 以上的高温发热体,还可
用于制作熔炼 Pt、Pd、Rh 等合金的坩埚。

3. 非氧化物陶瓷

常用的非氧化物陶瓷主要有氮化物陶瓷(如 Si_3N_4、BN 陶瓷)和碳化物陶瓷(如 SiC、
B_4C 陶瓷)等。

氮化硅陶瓷是以 Si_3N_4 为主要成分的陶瓷,它的稳定性极强,除氢氟酸外,能耐各种
酸碱腐蚀,也可抵抗熔融非铁金属的侵蚀;硬度很高,仅次于金刚石、立方氮化硼和碳化
硼;耐磨性及减摩好,具有自润滑功能,是很好的耐磨材料;热膨胀系数小,有很好的抗热
振性;电绝缘性好,可用于腐蚀介质下的机械零件,如密封环、高温轴承、燃气轮机叶片、
冶金容器以及精加工刀具等。近年来,在氮化硅陶瓷中加入一定量的 Al_2O_3,形成 Si-Al-
O-N 系陶瓷(即 Sialon 瓷),是目前强度最高的陶瓷,并具有优异的化学稳定性、热稳定性
和耐磨性。

氮化硼具有石墨类型的六方晶体结构,因而也叫"白色石墨"。其特点是硬度较低,可与

石墨一样进行各种切削加工;导热和抗热性能高,耐热性好,有自润滑性能;高温下耐腐蚀、绝缘性好。主要用于高温耐磨材料和电绝缘材料、耐火润滑剂等。在高压和 1360 ℃时,六方氮化硼会转化为立方 β-B N,其密度为 $3.45 \times 10^3 \, kg/m^3$,硬度提高到接近金刚石的硬度,而且在 1925 ℃以下不会氧化,所以可用作金刚石的代用品,用于耐磨切削刀具、高温模具和磨料等。

特种陶瓷的发展日新月异,化学组成上由单一的氧化物陶瓷发展到了氮化物等多种陶瓷;就品种而言,新型陶瓷也由传统的烧结体发展到了单晶、薄膜、纤维等多种形式。陶瓷材料不仅可以作为结构材料,而且可以作为性能优异的功能材料,目前功能陶瓷材料已渗透到空间技术、海洋技术、电子、医疗卫生、无损检测、广播电视等各个领域。

10.3 陶瓷材料的应用

近年来,随着电子技术、能源开发和空间技术的飞速发展,陶瓷材料的应用日益受到人们的重视。与天然的岩石、矿物和黏土作为原料的传统陶瓷不同,工程陶瓷以人工合成的氧化物和非氧化物为原料,通过对这些原材料化学成分的调控,可以使它们具有特殊的力学性能以及热、光、电、磁等物理性能。

1. 制作刀具

陶瓷材料用于制作机械加工中的各种刀具主要是利用它的高硬度和耐高温特性。工程陶瓷刀具材料(见图 10.3)是 20 世纪 50 年代发展起来的,经改进,其材料硬度可达 93~94 HRA,抗弯强度达 800~1000 MPa,能在 1200~1300 ℃ 的高温下正常切削。

2. 制作轴承

工程陶瓷材料用于制作轴承主要是利用其热膨胀率低、密度低、耐磨等特性。传统滚动轴承的滚珠,由于转速高、重量大,易产生热膨胀现象,因此滚珠弹道磨损严重、回转精度降低。采用工程陶瓷材料(见图 10.4)后,不仅可减小热膨胀,而且轴承由于重量轻,高速旋转式离心力小,同轨道的磨损也相对减小,可以延长轴承的使用寿命。

图 10.3 氧化铝陶瓷刀具

图 10.4 氮化硅陶瓷轴承

3. 应用于航空航天领域

利用工程陶瓷材料的热传导率低、熔点高、抗热冲击、抗氧化等热学特性以及密度低的特点,工程陶瓷材料被用于制作航天飞机外壳表面的镀层以及各种航空航天耐高温器件等。

4. 应用于燃气机

燃气机是喷气式飞机、轮船、发电机组的动力来源。工程陶瓷材料在燃气机上的应用主要是用在高温部件上(见图 10.5),例如叶片、转子、导叶、燃烧筒、套管等。使用工程陶瓷材料后,燃气机涡轮进口温度可提高到 1370 ℃,从而使燃料利用率大大提高。此外,工程陶瓷材料的使用还使发动机重量减轻,使涡轮转子的启动惯量减小,同时比采用高温合金材料具有更好的抗氧化性和耐腐蚀性。

5. 应用于汽车工业

汽车发动机中的一些零部件工作环境很差,长期处于高温、高压、高冲击状态,这就要求零部件耐高温、抗冲击,且能承受急冷急热的温度变化。工程陶瓷材料正是由于具备了某些发动机零部件所要求的良好特性,而被广泛应用于发动机上。例如,制作气门热器、活塞、汽缸、预燃烧室、挺杆、阀门、喷嘴、转子、轴承以及净化排气的氧传感器、蜂窝形催化剂载体、保护催化剂用的温度传感器、提高燃烧效率用的爆燃传感器等。

6. 应用于液压技术

工程陶瓷材料制作的密封件或垫片(见图 10.6)主要应用在液压泵和阀等元件的轴密封处,尤其是输送高温介质的流体系统的轴密封处。在轴密封处,要求密封端面既能相对转动,又不使液体泄漏,因此密封材料要具有良好的密封性,摩擦系数要小,不易磨损,而且不与工作介质发生反应。对于高温密封场合,除了上述要求外,还要求密封材料能够耐高温、热膨胀率低。过去高温密封通常采用铜合金或石墨材料,这些高温密封材料存在易磨损、磨损颗粒污染工作介质等缺点。随着液压技术向高速化、高压化及大型化方向发展,使用环境越来越苛刻,工作介质种类也越来越多,工作温度范围也越来越大,铜合金或石墨做密封材料已不能满足更高的性能要求。如果利用工程陶瓷材料所具有的耐高温、耐磨损、耐腐蚀等特性来制作密封件,则能够更好地发挥密封件的作用,提高液压系统的性能。

图 10.5　氮化硅燃气机叶片

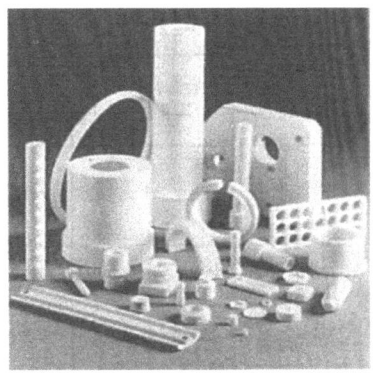

图 10.6　氧化铝密封、气动陶瓷配件

思考题

10.1 什么称为陶瓷？陶瓷的组织由哪些相组成？它们对陶瓷性能有何影响？

10.2 工程陶瓷材料都可应用于哪些领域？有何特点？

10.3 讨论高温结构陶瓷材料替代高温金属材料的可行性。

10.4 说明氮化硅、碳化硅陶瓷的性能特点及用途。

本章参考文献

[1] 王建民. 机械工程材料[M]. 北京:清华大学出版社,2016.

[2] 齐民,于永泗. 机械工程材料[M].10 版. 大连:大连理工大学出版社,2017.

[3] 徐凤云. 工程材料及应用[M].3 版. 武汉:华中科技大学出版社,2014.

[4] 刘朝福. 工程材料 [M]. 北京:北京理工大学出版社,2015.

[5] 肖汉宁,刘井雄,郭文明,等. 工程陶瓷的技术现状与产业发展[J]. 机械工程材料, 2016,40(6):1-7.

[6] 文怀兴,孙建建,陈威,等. 氮化硅陶瓷轴承润滑技术的研究现状与发展趋势[J]. 材料 导报 A,2015,29(9):6-14.

第11章 复合材料

自 20 世纪 50 年代以来，随着航天、航空、电子通信、核能及机械化工等工业的发展，对材料提出了三高一低(即高强度、高模量、耐高温、低密度)、耐腐蚀等多种性能要求。但已有的金属、陶瓷及高聚物材料，没有哪一种材料可单独满足多方面的性能要求。因此，人们将这些具有不同性能特点的单一材料复合起来，来满足现代高新技术对材料的需要，于是产生了一种新型材料——复合材料。

11.1 复合材料及其性能特点

11.1.1 基本概念

复合材料是由两种及以上在物理和化学上不同的物质结合起来而得到的一种多相固体材料。最原始的复合材料是在黏土泥浆中掺和稻草制成的土坯，后来发展的混凝土就是水泥、石子、砂子和水的复合材料，加入钢筋后其增强效果则更好。由此可知，复合材料是多相材料，它的组成主要包括基体相和增强相。基体相是一种连续相材料，它把改善性能的增强相材料固结成一体并起传递应力的作用。增强相起承受应力和显示功能的作用。如玻璃钢含有两种相：其一是环氧树脂，主要起黏结作用，称为基体相或基体材料；其二是玻璃纤维，主要用来承受载荷，称为增强相或增强材料。因此，复合材料也可以说成是增强材料与基体材料经复合而成的新材料。

复合材料最大的优点是其性能比组成材料好。例如，玻璃纤维和树脂的韧性及强度都不高，可是由它们组成的玻璃钢却有很高的强度和韧性(玻璃纤维的断裂能是 $7.5\ \text{J/m}^2$，树脂的断裂能为 $226\ \text{J/m}^2$，但玻璃钢的断裂能可达 $176\times10^3\ \text{J/m}^2$)，而且密度很小。这说明复合材料可以改善组成材料的弱点，充分发挥它们的优点。此外，复合材料还可按照构件的结构和受力要求，设计出所需的最佳性能。例如，若使构件的纤维与所受外力一致时，便可使构件在此方向的强度大大提高。有些复合材料还可以获得单一材料无法具备的电、声、磁等特殊功能。

11.1.2 复合材料的组成和分类

复合材料的种类很多，目前尚无统一的分类方法，通常可根据基体材料、增强材料的形态、复合材料的用途进行分类。

1) 按基体材料分类

根据基体材料可分为树脂基(又称为聚合物基，如塑料基、橡胶基等)复合材料、金属基(如铝基、铜基、钛基等)复合材料、陶瓷基复合材料、水泥基和碳/碳基(如碳纤维增强石墨基)复合材料等。

2）按增强相的种类和形态分类

根据增强材料的形态，可分为纤维增强、颗粒增强及层状增强复合材料。以纤维增强的复合材料，纤维的排布可以是各向同性的，也可以是各向异性的；以颗粒增强的复合材料，若粒子分布均匀，则是各向同性的；层状复合则是由不同的薄板层交替排布而得到的复合材料，它是各向异性的，图11.1所示为材料常见的几种复合形态。

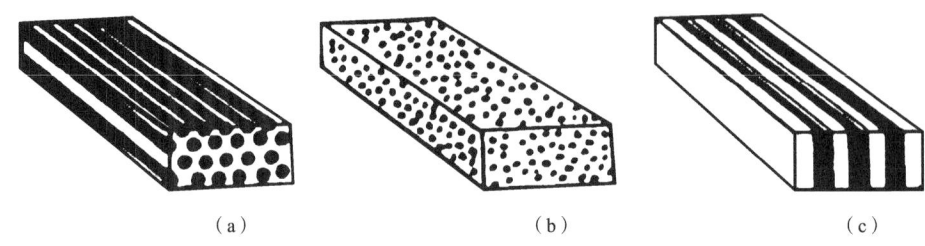

（a）　　　　　　　　　　（b）　　　　　　　　　　（c）

图 11.1　材料复合形态

（a）连续纤维复合；（b）颗粒复合；（c）层状复合

3）按复合材料的用途分类

按复合材料的用途，可分为结构复合材料和功能复合材料两大类。结构复合材料可利用其力学性能（强度、硬度、韧性等）来制造各种承力结构和零件；功能复合材料可利用其物理性能（光、电、声、热、磁等）制作相应元器件。例如，雷达上用的玻璃天线罩，就是一种通过电磁波的良好磁性复合材料；双金属片就是利用不同膨胀系数的金属复合在一起而制成具有热敏功能性质的复合材料。

11.1.3　复合材料的性能特点

复合材料既保持了组成材料各自的最佳特性，又有单一材料无法比拟的综合性能，其性能主要取决于基体相和增强相的性能、两相的比例、两相间界面的性质和增强相几何特征。

（1）比强度或比模量高。比强度和比模量分别是指材料的强度、模量与其密度之比。复合材料中的增强体一般强度高、密度小，而基体也多为密度较小的材料，故复合材料的比强度和比模量均较高，成为复合材料最突出的优点。如碳纤维增强环氧树脂复合材料的比强度比钢高7倍，比模量比钢高3倍。

比强度或比模量是度量材料承载能力的一个指标，比强度越高，相同强度的零件的自重越小；比模量越高，相同质量的零件的刚度越大。因此，这些特性为某些要求自重轻、刚度或强度高的零件提供了理想的材料。

（2）抗疲劳性能好。通常在纤维增强复合材料中，由于纤维缺陷较少，本身的抗疲劳能力很好，而基体的塑性和韧性也较好，能够消除或减少应力集中，不易产生微裂纹，即使形成微裂纹，裂纹的扩展过程也很缓慢。这是因为，一方面由于材料基体中存在大量纤维，裂纹的扩展要经历曲折、复杂的路径，在一定程度上阻止了裂纹的扩展；另一方面，塑性变形的存在又使微裂纹产生钝化而减缓其扩展，这样就使得复合材料具有较好的抗疲劳性能。图11.2所示为三种材料的疲劳性能，可见碳纤维聚酯树脂复合材料的疲劳强度很高，可达到其抗拉强度的70%～80%，而多数金属的疲劳极限是抗拉强度的40%～50%。

（3）减振能力强。工程上有很多机械和设备的振动问题十分突出，如飞机、汽车等在行驶中的振动,尤其当构件所受的外载荷频率与结构的自振频率相同时,将产生共振,导致破坏。但由于复合材料的比模量高,其自振频率也高,因而构件在工作状态下一般不会因共振而快速脆裂。同时,由于复合材料是一种非均质的多相材料体系,纤维与基体界面有吸收振动能量的作用,因此在复合材料中振动的衰减都很快,复合材料的减振能力比钢的强得多。图 11.2 所示为碳纤维聚酯复合材料与玻璃钢、铝合金材料的疲劳强度性能比较;图 11.3 所示为碳纤维聚酯复合材料与钢的振动衰减特性比较。

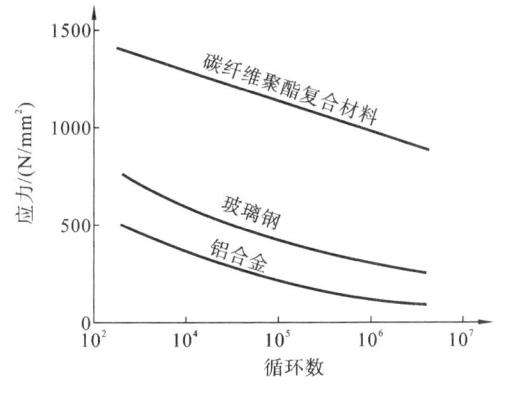

图 11.2　三种材料的疲劳强度　　　　　图 11.3　两种材料的振动衰减特性

　　(4) 高温性能好。增强相纤维多有较高的弹性模量,因而有较高的熔点和较高的高温强度。如玻璃纤维增强树脂可以工作到 $200 \sim 300\ ℃$,铝在 $400 \sim 500\ ℃$ 以后完全丧失强度,但用连续的硼纤维或碳化硅纤维增强的铝复合材料,在这样的温度下仍有较高的强度。若用钨纤维增强钴、镍或者它们的合金时,可把这些金属的使用温度提高到 $1000\ ℃$ 以上。

　　(5) 断裂安全性高。纤维增强复合材料每平方厘米截面上有成千上万根隔离的细纤维,当其受力时,将处于力学上的静不定状态。过载会使其中的部分纤维断裂,但随即进行应力重新分配,由未断纤维将载荷承担起来,不至于造成构件在瞬间完全丧失承载能力时断裂,工作的安全性高。

　　除上述特性外,复合材料的减摩性、耐蚀性以及工艺性能也都较好。但是应该指出,复合材料为各向异性材料,横向拉伸率较低,有的冲击韧性不好,而且成本高,应用会受到一定限制。

11.2　增强材料及其增强机制

　　复合材料是一种由基体相和增强体组成的多相材料,基体为连续相,而增强体为分散相。用作基体的通常是金属材料、高分子材料和陶瓷材料,用作增强体的通常有纤维增强材料、颗粒增强材料和片状增强材料。

11.2.1　常用增强材料

1. 纤维增强材料

增强材料中增强效果最明显、应用最广泛的是纤维增强材料,常用的纤维增强材料有玻璃纤维、碳（石墨）纤维、硼纤维、芳纶纤维和碳化硅纤维等。

（1）玻璃纤维。玻璃纤维是由熔融的玻璃经拉丝而成，可制成连续纤维和短纤维。玻璃纤维密度小、抗拉强度高，具有不吸水、不燃烧、尺寸稳定、隔热、吸声、绝缘、能透过电磁波等特性，还有良好的耐腐蚀性，除氢氟酸、浓碱、浓磷酸外，对其他溶剂有良好的化学稳定性。其缺点是脆性大，耐磨性差。由于其制取方便，价格便宜，是应用最多的增强纤维。

（2）碳纤维。碳纤维是将有机纤维在惰性气体中经高温碳化而制成的纤维，其最突出的特点是密度低、强度和模量高，缺点是脆性大、易氧化且与基体结合力差。

（3）硼纤维。硼纤维是将硼元素用蒸汽沉积方法沉积到耐热金属丝上得到的一种复合纤维。复合硼纤维除具有高强度、高弹性模量、高耐热性特点外，还具有良好的抗氧化性和耐腐蚀性。其缺点是密度大，直径较粗，伸长率低，生产工艺复杂，成本昂贵。

（4）芳纶纤维。国外称 Kevlar 纤维，是一种将聚合物溶解到溶剂中，再经纺丝制成的纤维，它的最大特点是比强度和比模最高，韧性好，具有优良的抗疲劳性、耐腐蚀性、绝缘性和加工性，且价格便宜。

（5）碳化硅纤维。碳化硅纤维是以有机硅化合物为原料经纺丝、碳化或气相沉积而制得的具有碳化硅结构的无机纤维，属陶瓷纤维类，主要用作耐高温材料和增强材料。耐高温材料包括热屏蔽材料、耐高温输送带、过滤高温气体或熔融金属的滤布等。用作增强材料时，常与碳纤维或玻璃纤维合用，以增强金属（如铝）和陶瓷为主，例如，可制作喷气式飞机的刹车片、发动机叶片和机身结构材料等，还可用作体育用品，其短切纤维则可用作高温炉材等。

2. 颗粒增强材料

颗粒增强复合材料是由一种或多种材料的颗粒均匀分散在基体材料内所组成的复合材料。例如弥散强化的金属材料就是一种颗粒复合材料，增强粒子可以是人工加入的，也可以是热处理过程中析出的第二相形成的。

金属陶瓷是常见的一种陶瓷颗粒增强金属基复合材料。一般来说金属及其合金的热稳定性好，塑性也好，但在高温下易氧化和蠕变；陶瓷脆性大，但耐高温、耐腐蚀性好。用适当大小的陶瓷粒子来强化金属基体就可以达到取长补短的目的。常选用的颗粒有碳化硅、碳化钛、碳化硼、碳化钨、氧化铝、氮化硅、硼化钛、氮化硼及石墨等，颗粒的尺寸一般在 $3.5\sim 10~\mu m$，金属基体常用铝、镁、钛、铜、铁、钴等及其合金。

11.2.2　复合材料的增强机理

基体材料和增强相两者之间的物理、化学、力学甚至生物学等的作用及两者的类型和性质决定着复合材料的性能，而并非是两者的机械组合。同时，增强相的形状、数量、分布以及制备过程等也都影响复合材料的性能。

1. 纤维增强材料

纤维增强复合材料中的纤维增强相是具有强结合键的材料或硬质材料，如陶瓷、玻璃等。增强相的内部一般含有微裂纹，脆性大，易断裂。为克服这些缺点，将硬质材料制成细纤维，使纤维断面尺寸缩小，从而降低裂纹长度和出现裂纹的概率，最终使脆性降低，增强相的强度也能极大地提高。高分子基复合材料中的纤维增强相可有效阻止基体分子链的运动,而金属基复合材料中的纤维增强相能有效阻止位错的运动,从而达到强化基体的目的。

纤维增强相置于基体内部,彼此分离并得到基体的保护,因而在受载时不易产生裂纹,使承载能力提高。在受载较大的情况下,一些有裂纹的纤维可能产生断裂,但由于有韧性、塑性好的基体存在,从而阻止了裂纹的扩展并改变裂纹的方向,使材料的强度和韧性提高。

根据以上分析,获得优良性能的纤维增强复合材料,纤维增强相与基体应满足的条件为:作为材料主要承载体的纤维增强相应该有高的强度和模量,且要高于基体材料,其含量、尺寸和分布应合理。起胶黏剂作用的基体相应该对纤维相有润湿性,将纤维有效地结合起来,以保证将力通过两者界面传递给纤维相,并应有一定的塑性和韧性,从而防止裂纹的扩展,保护纤维相表面,以阻止纤维损伤或断裂。纤维相与基体之间的热膨胀系数不能相差过大、不能发生有害的化学反应,要有适中的结合强度。结合力过小,受载时容易沿纤维和基体间产生裂纹;结合力过大,会使复合材料失去韧性而发生断裂危险。

2. 颗粒增强相复合材料

对于颗粒增强复合材料,基体承受载荷,颗粒的作用是阻碍分子链或位错的运动。增强的效果与颗粒的体积含量、分布、尺寸等密切相关,要获得高性能的颗粒增强复合材料,增强颗粒应高度均匀地弥散分布在基体中,从而有效地阻碍分子链或位错的运动。通常颗粒直径一般为 $0.001\sim0.1~\mu m$,颗粒的体积含量一般在 20% 以上,否则达不到最佳强化效果,颗粒与基体之间还应有一定的结合强度。常用颗粒增强物的性能如表 11.1 所示。

表 11.1 常用颗粒增强物的性质

颗粒名称	密度 /(g·cm⁻³)	熔点 /℃	热膨胀系数 /(10⁻⁶·℃⁻¹)	热导率 /(W·(m·K)⁻¹)	硬度 /GPa	抗弯强度/MPa	弹性模量/GPa
碳化硅(SiC)	3.21	2700 (分解)	4.0	75.31	26.5	400~500	
碳化硼(B₄C)	2.52	2450	5.73		29.4	300~500	360~460
碳化钛(TiC)	4.29	3300	7.4		25.5	500	
氧化铝(Al₂O₃)		2050	9.0				
氮化硅(Si₃N₄)	3.2~3.35	2100 (分解)	2.5~3.2	12.55~ 29.29	19.0	900	330
莫来石(3Al₂O₃·2SiO₂)	3.17	1850	4.2		31.9	~1200	
硼化钛(TiB₂)	4.5	2980					

11.3 复合材料的应用

11.3.1 纤维增强聚合物基复合材料

作为机械工程材料,聚合物的最大优点是密度小、耐腐蚀、可塑性好、易加工成形,但其最主要的缺点是强度低、弹性模量低、耐热性差。改善其性能最有效的途径是将其制备成复合材料。在塑料基复合材料中,以纤维增强效果最好、发展最快、应用最广。典型的纤维增强聚合物基复合材料有玻璃纤维增强聚合物、碳纤维增强聚合物及其他纤维增强聚合物。

1. 玻璃纤维增强聚合物

玻璃钢既非玻璃也非钢,而是玻璃纤维增强的塑料,通常是指以玻璃纤维为增强材料,以不饱和聚酯树脂、环氧树脂或酚醛树脂为基体的复合材料。玻璃钢一方面继承了高分子材料良好的耐腐蚀性和韧性,另一方面也继承了玻璃纤维的高强度和高模量,其力学性能可以与钢材媲美,因而得名"玻璃钢"。

目前,在航空航天工业中,喷气式飞机的油箱和管道采用玻璃钢后,质量减轻,油耗降低。在建筑领域,玻璃钢可用来制造冷却塔、围护结构、装饰板,甚至可以取代钢筋。在化工领域,玻璃钢可用来制造耐腐蚀管道、储罐储槽、耐腐蚀输送泵及其附件、耐腐蚀阀门、格栅、通风设施等。在汽车领域,玻璃钢可用来制造汽车壳体、车门、内板、主柱、地板、底梁、保险杠、仪表屏等。在船舶领域,玻璃钢可用来制造捕鱼船,各类游艇、赛艇、救生艇和航标浮鼓等。在能源领域,玻璃钢可用来制造风力发电机的叶片等。在电工领域,玻璃钢可用来制造发电机定子线圈和支撑环及锥壳、绝缘管、绝缘杆、高压绝缘子、电机冷却用套管、绝缘轴天线、雷达罩等。随着科技进步和经济发展,以玻璃钢为代表的复合材料将更广泛地应用于各个领域。

2. 碳纤维树脂复合材料

与玻璃纤维相比,碳纤维具有更高的强度、弹性模量、耐热性和耐蚀性。作为一种高性能的复合材料,碳纤维增强聚合物被广泛应用于火箭发动机壳体、航天飞机结构件、飞机固定翼、发动机风扇叶片、卫星壳体、航天飞行器外表面防热层等;在汽车工业中,用于制造汽车外壳、发动机壳体等;在机械制造工业中,用于制作轴承、齿轮、磨床磨头、齿轮旋转刀具等;在电机工业中,用于制作大功率发电机护环,代替无磁钢;在化学工业中,用于制作管道、容器等。

3. 其他纤维增强聚合物

硼纤维、碳化硅纤维、氧化铝纤维也可用来制备纤维增强聚合物复合材料。硼纤维增强聚合物已用于制作军用飞机结构件、直升机旋翼叶片及运动器材。碳化硅纤维和氧化铝纤维增强复合材料已用于制作网球拍、电路板、装甲和火箭前锥体等。

11.3.2 纤维增强金属基复合材料

纤维增强金属基复合材料是由高强度、高模量的增强纤维与具有较好韧性的低屈服强度金属组成的。常用的增强纤维为硼纤维、碳(石墨)纤维、碳化硅纤维等;常用的基体为铝及铝合金,钛及钛合金,铜及铜合金,银、铅、镁合金和镍合金等。该类复合材料具有金属的弹性、强度和韧性,不易损伤,耐高温,耐磨性好,还具有良好的导电性、导热性,可像金属一样加工成形等,不存在聚合物的老化、变质、尺寸不稳定的缺点,给航天航空技术的发展带来重大变革。但由于工艺复杂、价格较贵,目前在发展水平和应用规模上还落后于纤维增强聚合物基复合材料。

1. 纤维增强铝(或铝合金)基复合材料

目前研究最成功、应用最广的是硼纤维增强铝基复合材料,它是由硼纤维与纯铝、变形铝合金(铝铜、铝锌合金等)、铸造铝合金(铝铜合金等)组成的。这类复合材料具有高拉伸模量、高横向模量,高抗压强度、抗剪强度和疲劳强度,其比强度高于钛合金。主要用于飞机或航天器蒙皮、大型壁板、长梁、加强肋、航空发动机叶片等的制造。

2. 纤维增强钛合金基复合材料

该类材料是由硼纤维、碳化硅改性硼纤维或碳化硅纤维与 Ti-6Al-4V 钛合金组成的,具有低密度、高强度、高弹性模量、高耐热性、低热膨胀系数等优点,是理想的航天航空用结构材料。目前,纤维增强钛合金基复合材料仍处于研究和试用中。

3. 纤维增强铜(或铜合金)基复合材料

该类复合材料主要是由碳(石墨)纤维与铜或铜镍合金组成的。为了增强碳(石墨)纤维与基体的结合强度,常在纤维表面镀铜或镀镍后再镀铜。这类复合材料具有高强度、高导电率、低摩擦因数和高耐磨性,以及一定温度范围内的尺寸稳定性,用于制造高负荷的滑动轴承、集成电路的电刷、滑块等。

11.3.3 纤维增强陶瓷基复合材料

陶瓷具有耐高温、抗氧化、耐磨、耐腐蚀、弹性模量高、抗压强度大等优点。但陶瓷脆性大,不能承受剧烈的机械冲击和热冲击。用纤维或粒子与陶瓷制备成复合材料,其韧性明显提高,同时强度和模量也有一定程度提高。虽然目前陶瓷基复合材料仍在研究之中,但已显示出良好的应用前景。

纤维与陶瓷复合的目的主要是为了提高陶瓷材料的韧性,所用的纤维主要有碳纤维、Al_2O_3 纤维、SiC 纤维或晶须以及金属纤维等。纤维增强陶瓷基复合材料不仅保持了原陶瓷材料的优点,而且韧性和强度得到明显提高。表 11.2 是几种陶瓷经碳化硅纤维增强前后的性能比较。由表可见,经碳化硅纤维增强的各种陶瓷材料其断裂韧度和抗弯强度都远高于未增强的陶瓷材料。

表 11.2 陶瓷及碳化硅纤维增强陶瓷的力学性能比较

材料	抗弯强度 /MPa	断裂韧度 /($MPa \cdot m^{1/2}$)	材料	抗弯强度 /MPa	断裂韧度 /($MPa \cdot m^{1/2}$)
Al_2O_3	550	5.5	玻璃-陶瓷	200	2.0
Al_2O_3/SiC	790	8.8	玻璃-陶瓷/SiC	830	17.6
SiC	495	4.4	Si_3N_4(热压)	470	4.4
SiC/SiC	750	25.0	Si_3N_4/SiC 晶须	800	56.0
ZrO	250	5.0	玻璃	62	1.1
ZrO/SiC	450	22	玻璃/SiC	825	17.6

纤维增强陶瓷硬度高、耐磨性好、耐高温,且有一定的韧性,可用于制作切削刀具。例如,用碳化硅晶须增强氧化铝刀具切削镍基合金、钢和铸铁零件,进刀量和切削速度都可大大提高,而且使用寿命增加。纤维增强陶瓷材料还具有比强度和比模量高、韧性好的特点,在军事和空间技术领域有很好的应用前景。例如,石英纤维增强二氧化硅,碳化硅纤维增强

二氧化硅,碳化硼纤维增强石墨,碳纤维、碳化硅纤维或氧化铝纤维增强玻璃等可制作导弹的雷达罩、重返空间飞行器的天线窗和鼻锥、装甲、发动机零部件、换热器、汽轮机零部件、轴承和喷嘴等。此外,陶瓷基复合材料耐蚀性优异,生物相容性好,可用作生物体材料,也可用于制作内燃机零部件。

11.3.4 粒子增强复合材料

颗粒增强复合材料工艺较简单,价格较便宜,但效果不如纤维增强复合材料。按照增强粒子尺寸大小,颗粒增强金属基复合材料可分为两类:金属陶瓷,其粒子尺寸大于 0.1 μm;弥散强化合金,其粒子尺寸为 0.01~0.1 μm。

图 11.4 硬质合金的显微组织

(1) 金属陶瓷。金属陶瓷中常用的增强粒子为金属氧化物、碳化物、氮化物等陶瓷粒子,其体积分数通常大于 20%。陶瓷粒子耐热性好、硬度高,但其脆性大,一般采用粉末冶金法将陶瓷粒子与韧性金属黏结在一起。如图 11.4 所示为硬质合金的显微组织,图中白色区是 Co 基体,灰色区是 WC 硬质合金,硬度极高,且热硬性、耐磨性好,用硬质合金制造的刀具,切削速度比高速工具钢高 4~5 倍,一般做成刀片,镶在刀体上使用。

典型的金属陶瓷是碳化钨-钴、碳化钛-镍-钼等,即所谓硬质合金。硬质合金不仅被用作切削刀具,还可用于制作耐磨、耐冲击的工模具等。SiC 颗粒增强铝也是一种性能优异的复合材料,可用来制造卫星及航天用结构件,如卫星支架、结构连接件等;飞机零部件,如纵梁管、液压歧管等;汽车零部件,如驱动轴、制动盘、发动机缸套、衬套、活塞、连杆等。

(2) 弥散强化合金。弥散强化合金是一种将少量(体积分数通常小于 20%)的颗粒尺寸极细的增强微粒高度弥散地均匀分布在基体金属中的颗粒增强金属基复合材料。常用的增强相是 Al_2O_3、ThO_2、MgO、BeO 等氧化物微粒,基体金属主要是铝、铜、钛、铬、镍等。由于增强微粒的尺寸及粒子间距都很小,粒子对金属基体中位错运动的阻力更大,因而强化效果更显著,这与沉淀强化合金(如时效强化的铝合金)类似。弥散强化铝可用于加工飞机的结构件,如机翼和机身等,还可作为发动机的压气机叶轮、高温活塞使用。在动力机械上可用作大功率柴油机的活塞等。在原子能工业中可用作冷却反应堆中核燃料元件的包套材料。弥散强化铜常用作高温下的导热、导电体,如制作高功率电子管的电极、焊接机的电极、白炽灯引线、微波管等。

思考题

11.1 什么是复合材料?复合材料有哪些种类?复合材料的性能有什么特点?

11.2 如何理解复合材料的可设计性?

11.3 纤维复合材料可能的失效模式有哪些?如何避免?

11.4　陶瓷基复合材料常由于复合化而使其韧性大大提高,为什么?

11.5　列举一些日常应用的复合材料,并指出其复合强化机制。

本章参考文献

[1] 周凤云. 工程材料及应用[M]. 3 版. 武汉:华中科技大学出版社,2014.

[2] 高红霞. 工程材料[M]. 北京:中国轻工业出版社,2009.

[3] 齐民,于永泗. 机械工程材料[M]. 10 版. 大连:大连理工大学出版社,2017.

[4] 沈莲. 机械工程材料[M]. 3 版. 北京:机械工业出版社,2017.

[5] 张新平,颜银标.工程材料及热成型技术[M]. 北京:国防工业出版社,2011.

第 12 章　工程材料的选用

在进行产品设计时,会遇到零件材料选择的问题;在零部件生产过程中,会遇到怎样使材料成形的问题。材料的选择,不仅关系到机械零件的使用性能,也关系到零部件制造的难易程度,同时还关系到零件的成本,若选材用材不当,会给用户带来直接或间接的损失。因此,合理地选择材料以及采取合适的成形工艺,是保证生产高质量产品的关键之一。另外,材料成本约占零件成本的一半,合理地选材能够降低生产成本,提高经济效益。本章讨论机械零件的选材问题。

12.1　机械零件的失效形式及失效分析

一个机械零件无论质量多好,都不可能无限期地使用,总有一天会因各种原因而失效报废。达到或超过正常设计寿命的失效是不可避免的,但也有许多零件,其运行寿命远远低于设计寿命而发生早期失效,给生产造成很大影响,甚至酿成重大安全事故。因此,必须给予足够的重视。在零件选材初始,就必须对零件在使用中可能产生的失效方式、原因进行分析,为选材及后续加工的控制提供依据。

12.1.1　材料失效的概念

材料在使用过程中,发生了一系列的变化,使材料性能和零件的形状尺寸发生改变,在材料性能达不到使用要求时,或者零件完不成预定功能时,材料就失效了。我们通常把达到正常使用寿命的零件,不作为失效零件对待,而仅把没有达到使用寿命而损坏的零件称为失效零件。

材料的失效都是通过零件的失效来体现的。机械零件一旦报废,就意味着材料的失效。因此在失效分析时,不能单一地分析材料失效,而是要与零件的失效结合起来分析。

材料的使用性能包括力学性能、物理性能和化学性能等。在使用过程中,材料的任何一方面性能达不到使用要求,也就意味着材料的失效。如钢材在高温下使用时强度不断降低,在强度不能达到所要求的强度指标时,材料就失效了。再如,在使用过程中橡胶发生硬化失去弹力。这些都是材料本身性能发生变化而失效的。

在更多的时候,由于零件的形状尺寸在载荷或介质的作用下改变,使零件达不到所要求的功能而失效。在使用过程中如果发生了以下三种情况中的任何一种,即认为该零件已失效:① 完全破坏不能使用;② 虽然能工作但不能满意地起到预定的作用;③ 损伤不严重,虽能工作但继续工作的安全系数不高。

12.1.2　材料的失效形式

结合零件的失效形式,材料的失效形式主要有材料性能降低、过量变形、断裂和表面损伤四种,如图 12.1 所示。

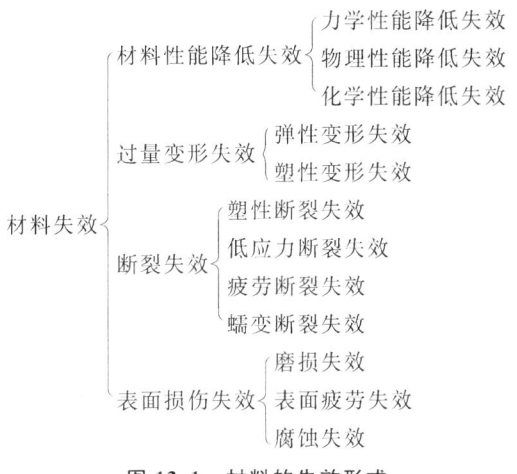

图 12.1　材料的失效形式

1. 材料性能降低

在使用过程中,材料本身的力学性能、物理性能、化学性能等不是一成不变的,随着使用时间的延长,材料性能发生变化,当任何一方面性能达不到使用要求时,材料就失效了。例如:高分子材料在贮存和使用过程中发生变脆、变硬或变软、变黏等现象,从而失去原有性能指标的现象,称为高分子材料的老化。老化是高分子材料不可避免的现象。

在使用过程中,材料的主要使用性能降低是难以避免的。我们进行各种分析的目的不是阻止材料性能降低,而是延缓其降低的速度,延长零件使用寿命,提高性能价格比。这是材料研制工作者的任务。

2. 过量变形失效

材料在各种力的作用下会发生变形,当其变形程度超过允许范围,即过量变形时,材料就失效了。材料的过量变形失效包括弹性变形失效、塑性变形失效和蠕变失效等。

1) 弹性变形失效

在一定的载荷作用下,零件由于发生过大的弹性变形而失效,称为弹性变形失效。如镗床的镗杆,弹性变形大就不能保证零件加工精度。如电机转子安装轴刚度不足时,发生弹性挠曲,会造成转子与定子相撞而破坏。当细长杆或薄板零件受纵向压力时,在弹性失稳后,会发生较大侧向弯曲,进而产生塑性弯曲或断裂而失效。

弹性变形失效的零件没有明显的外部特征,一般只能通过对零件的几何形状及尺寸、外力的形式及大小等进行仔细分析后才能判定。过量弹性变形失效往往伴随着塑性变形或断裂等其他破坏形式。

表征材料弹性变形能力的力学指标是刚度,即弹性模量 E 和剪切弹性模量 G。弹性模量 E 和密度 ρ 的比值称为比模量,是近代工程材料的重要参数。例如,铝的弹性模量 E 是 72 GPa,而钢为 214 GPa,但铝的比模量大于钢,因此铝被大量用作飞机材料。

2) 塑性变形失效

塑性变形失效是指零件发生过大的塑性变形而失效。例如,在载荷作用下键扭曲、螺栓伸长等,又如齿轮的塑性变形会使轮齿啮合不良,甚至卡死、断齿。过量的塑性变形是机械零件失效的重要形式。塑性变形是一种永久变形,可在零件的形状和尺寸上表现出来,比较容易判断和测量。

表征材料塑性变形能力的力学指标是屈服强度,断后伸长率、断面收缩率等。为防止塑性变形失效,在机械设计时,需要确保零件的最大工作应力小于材料的屈服强度,并留有一定的安全系数。

3) 蠕变失效

零件受高温恒定载荷作用时,即使所受到的应力小于屈服强度,零件也会缓慢地产生塑性变形。当蠕变变形量超过零件允许的变形程度时,会发生蠕变失效。蠕变失效与蠕变速度和蠕变时间有关。

3. 断裂失效

断裂失效是指零件在载荷作用下发生断裂而失效,断裂是材料最严重的失效形式。

按金属断裂处是否发生宏观塑性变形,金属断裂的基本类型分为韧性断裂和脆性断裂。韧性断裂在断裂前会发生明显的宏观塑性变形,如低碳钢在拉应力作用下产生显著塑性变形后断裂,故这类断裂在工程上危害不大。脆性断裂在断裂前几乎不发生宏观的塑性变形,如灰铸铁在拉应力作用下不产生塑性变形而断裂。

在低速静载拉伸情况下,抗拉强度是表征材料抗断裂能力的力学指标。

在交变循环应力作用下发生的断裂,称为疲劳断裂。疲劳断裂失效是机器零件中最常见的失效形式,各种机器中的疲劳断裂失效占零件失效总数的 $60\%\sim70\%$。疲劳破坏的交变应力远低于材料的抗拉强度,有时低于屈服强度,因而静载荷下安全工作的零件,在交变载荷下不安全。材料疲劳抗力对零件的形状尺寸、表面状态、材料内部缺陷非常敏感,而且疲劳断裂均表现为脆性断裂,具有突发性。

为防止产生疲劳断裂,如零件设计为无限寿命,交变工作应力应低于 R_{-1};而设计为有限寿命,工作应力低于规定次数下的 R_N,同时应尽可能使构件获得高的疲劳极限。

4. 表面损伤失效

零件在工作过程中,由于机械的和化学的作用,使工作表面受到严重损伤,不能继续正常工作,这种失效称为表面损伤失效。表面损伤失效大致分为磨损失效、表面疲劳失效和腐蚀失效三类。

1) 磨损失效

在机械力的作用下,相对运动的零件表面之间发生摩擦,材料以细屑的形式逐渐消耗,使零件实体尺寸逐渐变小而失效,称为磨损失效。磨损后零件表面变得粗糙,出现擦伤痕迹。磨损种类很多,最常见的有磨粒磨损和黏着磨损两种。

(1) 磨粒磨损。磨粒磨损是指在两物体相互摩擦时,硬颗粒嵌入金属表面并产生切削作用,致使零件表面逐渐耗损的一种磨损。它是机械中普遍存在的一种磨损形式,磨损速度较大。例如,田间泥沙对农业机械的磨损,尘埃或润滑油污物对汽车或拖拉机汽缸套的磨损。

(2) 黏着磨损。在相互摩擦的两个零件表面上,由于摩擦热的作用,零件表面上的微凸体发生焊合或黏着,在继续运动时将其中一侧的黏着表面撕去,造成表面严重损伤,这样的磨损称为黏着磨损。

在滑动摩擦条件下黏着磨损具有严重的破坏性。由于摩擦副表面凹凸不平,当相互接触时,局部接触面积很小,接触压力很大,超过材料的屈服强度而发生塑性变形,使润滑油膜和氧化油膜被挤破,摩擦副金属表面直接接触发生黏着。接触面局部发生金属黏着后,局部黏着表面在随后的相对运动中被拉拽下来,造成严重的表面磨损。

为了减轻磨粒磨损,要求材料具有高的硬度。为减轻黏着磨损,要求材料的摩擦系数尽量小,最好是材料具有自润滑能力或利于保存润滑剂。对表面进行强化处理(渗碳、氮化),可提高材料的耐磨性;对表面进行硫化处理和磷化处理,可起减摩作用。

2) 表面疲劳失效

长期受交变接触压应力作用的零件表面上,材料疲劳引起表面剥落破坏,从而使零件表面耗损的现象,称为表面疲劳失效。这种失效兼有疲劳破坏和磨损的特点。

表面疲劳失效的表现:① 在接触表面上出现许多细小的浅凹坑,称为麻点。麻点使齿轮啮合情况恶化,振动加剧,噪声增加,并产生较大的附加冲击力。② 疲劳裂纹产生在浅层表皮下,应力使裂纹向垂直或平行于表面的方向发展,形成比较平直的凹坑,发生浅层剥落。这种失效方式,常发生在夹杂物较多的地方。③ 发生硬化层剥落(深层剥落)。形成大块剥落,剥块厚度大致为硬化层的深度。例如,在经过表面淬火、化学热处理的零件上,由于表面硬化层深度不够或心部强度不够,在硬化层和心部交界处会产生裂纹,导致大块状剥落。

为了提高零件抵抗表面接触疲劳能力,需要提高零件的表面硬度和强度,采用表面淬火、化学热处理等方法,使零件表面形成一层硬化层。

3) 腐蚀失效

零件表面和介质发生化学或电化学反应,引起表面损伤而造成的失效,称为腐蚀失效。腐蚀失效与介质的性质有关,也与材料的成分和组织有关。常见的腐蚀失效有点腐蚀、裂缝腐蚀和应力腐蚀等。

(1) 点腐蚀。它是在金属表面微小区域,因氧化膜破损、析出相或夹杂物的剥落,引起该处电极电位降低,而出现小孔,并向深处发展的腐蚀。例如,埋在土壤中输送油、水、气的钢管,常因管壁小孔腐蚀而穿孔造成渗漏等。

(2) 缝隙腐蚀。它是指电解质进入零件的缝隙中出现缝内金属加速腐蚀的现象,例如法兰连接面或铆钉、螺钉的压紧面,易产生缝隙腐蚀。

(3) 应力腐蚀。它是指零件在拉应力和化学介质共同作用下所产生的腐蚀。经常在较小的拉应力和腐蚀性较弱的介质中发生。例如,大桥因钢梁在含有 H_2S 的大气中产生应力腐蚀断裂而塌陷;输油气钢管因在 H_2S 的介质中应力腐蚀而爆裂。

一个零部件失效,总是以一种形式起主导作用,但其他因素也有一定影响。另外,各种失效因素相互交叉作用,组合成更复杂的失效形式。

12.1.3　材料失效的原因

零件失效的原因大体在于设计、材料、加工和安装使用等四个方面。图 12.2 给出了导致零件失效的主要原因。

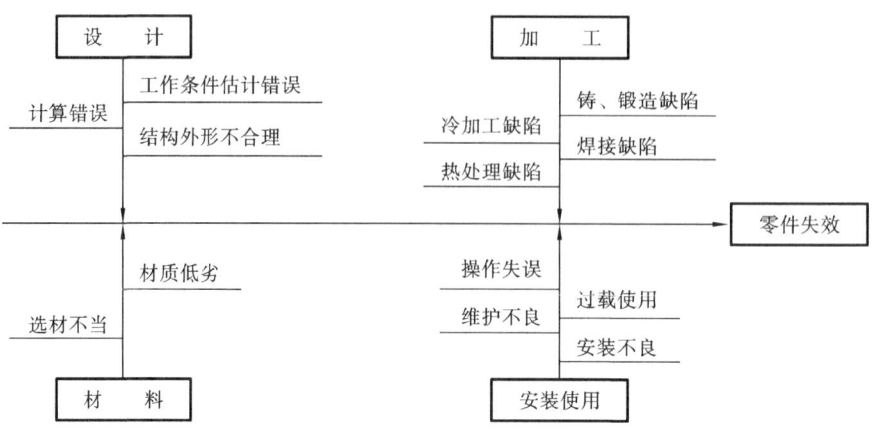

图 12.2　导致零件失效的主要原因

1. 设计不合理

最常见的情况是,零件尺寸和几何结构不正确。例如,过渡圆角太小,存在尖角、尖锐切口等,造成了较大的应力集中。另外,设计中对零件工作条件估计错误。例如,对工作中可能的过载估计不足,因而设计的零件承载能力不够。或者对环境的恶劣程度估计不足,忽略或低估了温度、介质等因素的影响,造成零件实际工作能力的降低。目前,由于应力分析水平的提高和对环境条件的重视,设计不合理造成的事故已大大减少。

2. 选材错误

设计中对零件失效的形式判断错误,使所选用材料的性能不能满足工作条件的要求;或者选材所根据的性能指标,不能反映材料对实际失效形式的抗力,错误地选择了材料。另外,所用材料的冶金质量太差,例如夹杂物多,杂质元素过多,存在夹层等。它们常常是零件断裂的策源地。所以,原材料的检验很重要。

3. 加工工艺不当

零件在加工和成形过程中,由于采用的工艺不正确,可能造成种种缺陷。冷加工中常出现的缺陷是:表面光洁度太低,存在较深的刀痕、磨削裂纹等。热成形中最容易产生的缺陷是过烧、过热和带状组织等。而热处理中,工序的遗漏,淬火冷却速度不够,表面脱碳,淬火变形、开裂等,都是造成零件失效的重要原因。尤其当零件厚度不均,截面变化急剧,结构不对称时(这些都是设计的问题),更应特别注意热处理工艺对零件失效的影响。

4. 安装使用不良

安装时配合过紧、过松,对中不好,固定不紧等,都可能使零件不能正常地工作,或工作不安全。使用维护不良,不按工艺规程操作,也可使零件在不正常的条件下运转。例如,零件磨损后未及时调整间隙或进行更换,会造成过量弹性变形和冲击受载;环境介质的污染会加速磨损和腐蚀进程,等等。所有这些情况对失效的影响都是不可轻视的。

以上讨论了导致零件失效的主要原因,但实际的情况是很复杂的,还存在其他方面的原因。另外,失效往往不只是单一原因造成的,而可能是多种原因共同作用的结果。在这种情况下,必须逐一考查设计、材料、加工和安装使用等方面的问题,排除各种可能性,找到真正的原因,特别是起决定作用的主要原因。

12.1.4　材料失效分析的方法

日前,失效分析已成为一门科学。它包括逻辑推理和实验研究两个方面,在实际应用中应把它们结合起来。这里主要谈实验研究方面。

失效的原因主要在设计、材料、工艺、安装使用等四个方面,所以失效分析中的实验研究也应该主要集中在这些方面。要充分地利用各种宏观测试和微观观察手段,有系统、有步骤地实验和研究失效零件中的变化,以便从蛛丝马迹中找到零件失效的根源。

影响失效的因素很多,失效与诸多因素之间的关系网如图 12.3 所示,由图 12.3 可见失效的系统分析是非常复杂的。下面简单介绍大致分析步骤。

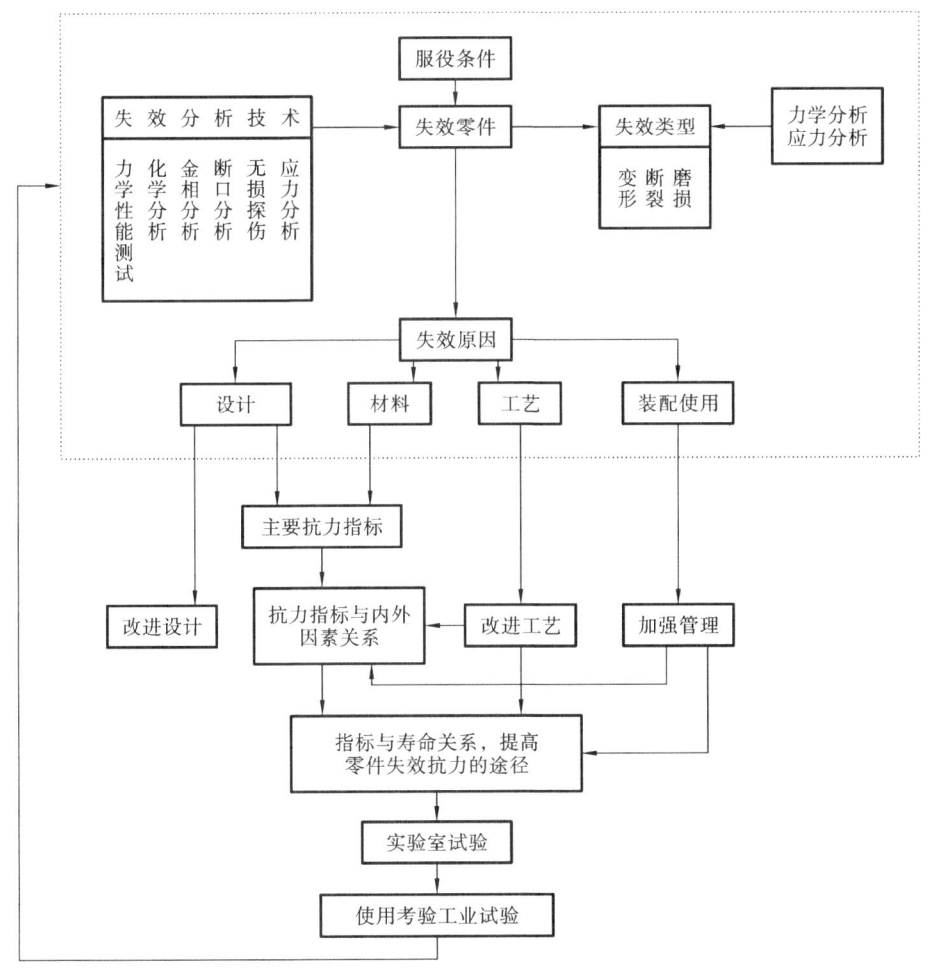

图 12.3　失效分析的基本步骤

(1) 收集失效零件的残体,观测并记录损坏的部位、尺寸变化和断口宏观特征;收集表面剥落物和腐蚀产物,必要时照相留据。

(2) 了解零件的工作环境和失效经过,观察相邻零件的损坏情况,判断损坏的顺序。

(3) 审查有关零件的设计、材料、加工、安装、使用、维护等方面的资料。

（4）试验研究，取得数据。一般根据需要选择以下项目试验。

① 材料成分分析及宏观与微观组织分析。检查材料成分是否符合标准，组织是否正常（包括晶粒度，缺陷，非金属夹杂物，相的形态、大小、数量、分布，裂纹及腐蚀情况等）。

② 宏观和微观的断口分析。确定裂纹源及断裂形式（脆性断裂还是韧性断裂，穿晶断裂还是沿晶断裂，疲劳断裂还是非疲劳断裂等）。

③ 力学性能分析。测定与失效形式有关的各项力学性能指标。

④ 零部件受力及环境条件分析。分析零部件在装配和使用中所承受的正常应力与非正常应力，是否超温运行，是否与腐蚀性介质接触等。

⑤ 模拟试验。对一些重大失效事故，在可能和必要的情况下，应做模拟试验，以验证经上述分析后得出的结论。

（5）综合各方面的分析资料，最终确定失效原因，提出改进措施，写出分析报告。

12.2 机械零件选材的原则和方法

12.2.1 选材的原则

选材的基本原则是所选材料的使用性能应能满足零部件的工作要求，经久耐用，易于加工，成本低，即从材料的使用性能、工艺性能和经济性三个方面进行考虑。

1. 使用性能原则

保证使用性能是保证零部件完成指定功能的必要条件。使用性能是指零部件在工作过程中应具备的力学性能、物理性能和化学性能，它是选材的最主要依据。对于机械零件，最重要的使用性能是力学性能。对零部件力学性能的要求，一般是在分析零部件的工作条件（温度、受力状态、环境介质等）和失效形式的基础上提出来的。根据使用性能选材的步骤如下：

1）分析零部件的工作条件，确定使用性能

零部件的工作条件是复杂的，应对零部件的工作条件进行全面分析，并在此基础上确定零部件的使用性能。零部件工作条件分析包括受力状态（拉、压、弯、剪切）、载荷性质（静载、动载、交变载荷）、载荷大小及分布、工作温度（低温、室温、高温、变温）、环境介质（润滑剂、海水、酸、碱、盐等）和对零部件的特殊性能要求（电、磁、热）等。

2）分析零部件的失效原因，确定主要使用性能

对零部件使用性能的要求，往往是多方面的。例如，对于传动轴，要求其具有高的疲劳强度、韧性和轴颈的耐磨性。因此，需要通过对零部件失效原因的分析，找出导致失效的主导因素，准确确定出零部件所必需的主要使用性能。例如，曲轴在工作时承受冲击、交变等载荷作用。失效分析表明，曲轴的主要失效形式是疲劳断裂，而不是冲击断裂，因此应以疲劳抗力作为主要使用性能要求来进行曲轴的设计。制造曲轴的材料也可由锻钢改为价格便宜、工艺简单的球墨铸铁。表12.1列出了几种常见零部件的工作条件、失效形式及对性能的要求。

表 12.1　几种常用零件的工作条件和失效形式

零件	工作条件			常见的失效形式	对材料力学性能的要求
	应力种类	载荷性质	受载状态		
紧固螺栓	拉、切应力	静载荷	拉伸变形、扭转变形	过量变形、断裂	强度高、塑性好
传动轴	弯、扭应力	交变、冲击	轴径摩擦、振动	疲劳断裂、过量变形、轴径磨损	综合力学性能好
传动齿轮	压、弯应力		摩擦、振动	齿轮折断、磨损、疲劳断裂、接触疲劳(麻点)破坏	表面硬度大、疲劳强度高,心部强度高、韧性好
弹簧	扭、弯应力(拉、压)		振动	弹性失稳、疲劳破坏	弹性极限、屈强比大,疲劳强度高
冷作模具	复杂应力		强烈摩擦	磨损、脆断	硬度高,强度、韧性足够

3) 将对零部件的使用性能要求转化为对材料性能指标的要求

有了对零部件使用性能的要求,还不能马上进行选材,还需要通过分析、计算或模拟试验将使用性能要求指标化和量化。例如,"高硬度"这一使用性能要求,需转化为">60HRC"或"62~65HRC"等。这是选材最关键、最困难的一步。需根据零部件的尺寸及工作时所承受的载荷,计算出应力分布,再由工作应力、使用寿命或安全性与材料性能指标的关系,确定性能指标的具体数值。

4) 材料的预选

根据对零部件材料性能指标数据的要求查阅有关手册,找到合适的材料。根据这些材料的大致应用范围进行判断、选材。对用预选材料设计的零部件,要考虑危险截面处的安全系数,而且其设计工作应力必须小于所确定的性能指标数据值。然后再比较加工工艺的可行性和制造成本的高低,以最优方案的材料作为所选定的材料。

2. 工艺性能原则

材料的工艺性能表示材料加工的难易程度。任何零部件都要通过一定的加工工艺才能制造出来。在满足使用性能选材的同时,必须兼顾材料的工艺性能。工艺性能的好坏,直接影响零部件的质量、生产效率和成本。当工艺性能与使用性能相矛盾时,有时正是从工艺性能考虑,不得不放弃某些使用性能合格的材料,工艺性能实际上成为选择材料的主导因素。工艺性能对大批量生产的零部件尤为重要,大批量生产时,工艺周期的长短和加工费用的高低常常是生产的关键。

金属材料、高分子材料、陶瓷材料的工艺性能概括介绍如下:

1) 金属材料的工艺性能

金属材料的加工工艺路线复杂,要求的工艺性能比较多,如铸造性能、锻造性能、切削加工性能、焊接性能、热处理工艺性能等。

在金属材料中,铸造性能最好的是共晶成分附近的合金,铸造铝合金和铜合金的铸造性能优于铸铁,铸铁又优于铸钢。锻造性能最好的是低碳钢,中碳钢次之,高碳钢则较差。变形铝合金和加工铜合金的锻造性较好,而铸铁、铸造铝合金不能进行冷热压力加工。低碳钢焊接性能最好,随着碳和合金元素含量的增加,焊接性能下降。铸铁则很难焊接,铝合金和铜合金的焊接性比碳钢差。热处理工艺性能包括淬透性,淬火变形开裂及氧化、脱碳倾向等。钢的含碳量越高,其淬火变形和开裂倾向越大。选用渗碳钢时,要注意钢的过热敏感性;选用调质钢时,要注意钢的第二类回火脆性;选用弹簧钢时,要注意钢的氧化、脱碳倾向。

2) 高分子材料的工艺性能

高分子材料的加工工艺比较简单,主要是成形加工,成形加工方法也比较多。高分子材料的切削加工性能较好,与金属基本相同;但由于高分子材料的导热性差,在切削过程中易使工件温度急剧升高,使热塑性塑料变软,使热固性塑料烧焦。

3) 陶瓷材料的工艺性能

陶瓷材料的加工工艺路线为

备料→成形加工(配料、压制、烧结)→磨削加工→装配

陶瓷材料的加工工艺比较简单,主要工艺是成形。按零部件的形状、尺寸精度和性能要求的不同,可采用不同的成形加工方法(粉浆、热压、挤压、可塑)。陶瓷材料的切削加工性差,除了采用碳化硅或金刚石砂轮进行磨削加工外,几乎不能进行任何切削加工。

3. 经济性原则

选材的经济性原则是指在满足使用性能要求的前提下,采用便宜的材料,使零部件的总成本,包括材料的价格、加工费、试验研究费、维修管理费等达到最低,以取得最大的经济效益。为此,材料选用应充分利用资源优势,尽可能采用标准化、通用化的材料,以降低原材料的成本,减少运输、实验研究费用。如选用一般碳钢和铸铁能满足要求,就不应选用合金钢。在满足使用要求的条件下,可以以铁代钢、以铸代锻、以焊代锻,有效地降低材料成本,简化加工工艺。例如,用球墨铸铁代替锻钢制造中低速柴油机曲轴、铣床主轴,其经济效益非常显著。对于要求表面性能高的零部件,可选用低廉的钢种进行表面强化处理来达到要求。

当然,选材的经济性原则并不仅是指选择价格最便宜的材料,或是生产成本最低的产品,而是指运用价值分析、成本分析等方法,综合考虑材料对产品功能和成本的影响,从而获得最优化的技术效果和经济效益。例如,对于一些能影响整体生产装置的关键零部件,如果选用便宜材料制造,则需经常更换零部件,其换件时停车所造成的损失可能很大,这时选用性能好、价格高的材料,其总成本却可能是最低的。

12.2.2 选材的方法

材料及成形工艺的选择步骤如下:首先根据使用工况及使用要求进行材料选择,然后根据所选材料,同时结合材料的成本、材料的成形工艺性、零件的生产批量等,选择合适的成形工艺。机械零件选材的一般程序如图12.4所示。

从零件的工作条件分析开始,来确定所需材料的主要性能指标。在参考材料工艺性及经济性的基础上,进行材料预选择。根据预选择材料的性能,进行零件结构尺寸的核算、负荷能力的核算、材料耐用性的核算,所有要求均能满足的材料才是最终所选择的材料。

上述是选材的一般过程,对于重要零件用材或新材料,在材料最终选定前,有必要进行实验室材料性能试验、材料工艺性能试验等基础试验;对大批量生产的零件,需要进行小批量试生产,进行整机试用等过程,以保证材料的使用安全性和生产便利性。

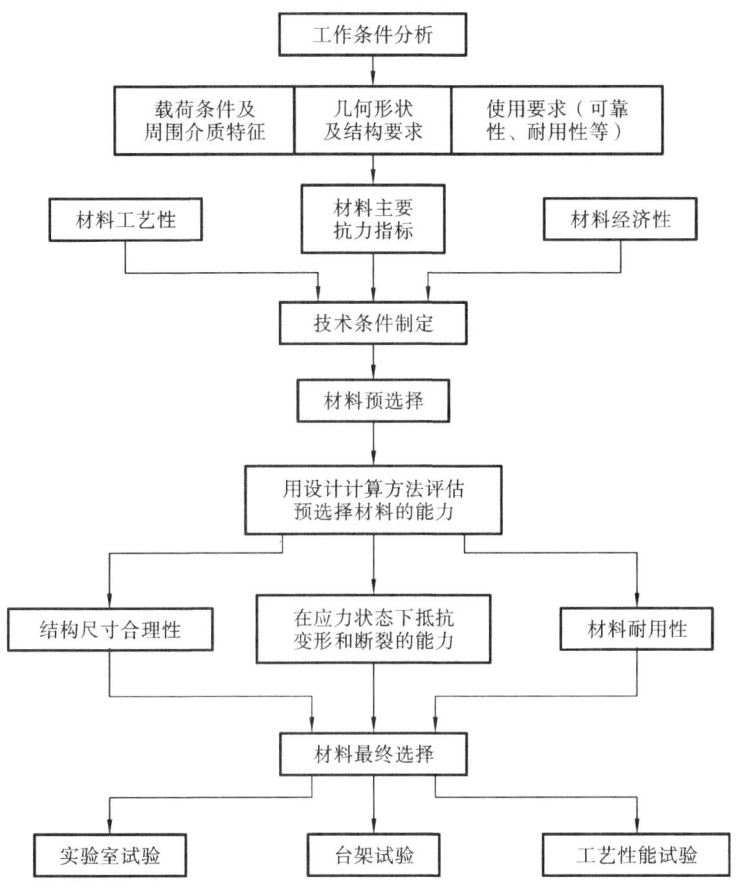

图 12.4　机械零件选材的一般程序

对不太重要的、批量小的零件,通常参照相同工况下同类材料的使用经验来选择材料,确定材料的牌号和规格,安排成形工艺。

12.3　典型零件的选材分析

金属材料、高分子材料、陶瓷材料及复合材料是目前的主要工程材料,它们各有自己的特性,所以各有其合适的用途。随着科技进步,新材料和高性能材料不断得到研究和应用,相应地对材料的使用性能要求和工艺性能要求也在提高。

高分子材料强度和刚度低,尺寸稳定性较差,易老化,耐热性差,因此在工程上,目前还不能用来制造承受载荷较大的结构零件,常制造轻载传动齿轮、轴承、紧固件及各种密封件等。

陶瓷材料在外力作用下不产生塑性变形,易发生脆性断裂,一般不能用来制造重要的受力零件。但陶瓷材料化学稳定性很好,具有高的硬度和红硬性,故用于制造在高温下工作的零件、切削刀具和耐磨零件。陶瓷材料制造工艺较复杂、成本高,在一般机械工程中应用还不普遍,可用于切削刀具、燃烧器喷嘴和石油化工容器等,也用于国防尖端产品和航空工业中。

复合材料综合了多种不同材料的优良性能,如强度、弹性模量高,抗疲劳、减摩、减振性能好,化学稳定性优异,是一种很有发展前途的工程材料。复合材料价格较贵,目前多用于重要零件,但应看到复合材料必将有很好的发展前景。

金属材料具有优良的综合力学性能,被广泛地用于制造各种重要的机械零件和工程结构,是最重要的工程材料。从应用情况来看,金属材料是机械工程中最重要的结构材料,尤其是钢铁材料更为普遍。下面介绍几种典型钢铁材料零件的选材实例。

1. 轴杆类零件

轴杆零件的结构特点是其轴向尺寸远比径向尺寸大。这类零件包括各种传动轴、机床主轴、丝杠、光杆、曲轴、偏心轴、凸轮轴、连杆、拨叉等。

1)轴的工作条件

轴是机械工业中重要的基础零件之一。大多数轴都在常温大气中使用,其受力情况如下:

(1)传递扭矩,同时还承受一定的交变弯曲应力;

(2)轴颈承受较大的摩擦;

(3)有时承受一定的冲击载荷或过量载荷。

2)轴类零件的选材

多数情况下,轴杆类零件是各种机械中重要的受力和传动零件,要求材料具有较高的强度、疲劳极限、塑性与韧性,即要求具有良好的综合力学性能。

作为轴的材料,如选用高分子材料,弹性模量小,极易变形,所以不合适;如用陶瓷材料,韧性太差,容易脆断,亦不合适。因此重要的轴几乎都选用金属材料,常用中碳钢和合金钢,包括 45、40Cr、40CrNi、20CrMnTi、18Cr2Ni4W 等。并且轴类零件大多都采用锻造成形,之后经调质处理,使其具有较好的综合力学性能。

轴的生产工艺流程为:棒料锻造→正火或退火→粗加工→调质处理→精加工。

在满足使用要求的前提下,某些具有异形截面的轴,如凸轮轴、曲轴等,也常采用QT450-10、QT500-7、QT600-2 等球墨铸铁毛坯,以降低制造成本。与锻造成形的钢轴相比,球墨铸铁有良好的减振性、切削加工性及低的缺口敏感性;此外,它还有较高的力学性能,疲劳强度与中碳钢相近,耐磨性优于表面淬火钢,经过热处理后,还可使其强度、硬度、韧性有所提高。因此,对于主要考虑刚度的轴以及主要承受静载荷的轴,采用铸造成形的球墨铸铁是安全可靠的。目前部分负载较重但冲击不大的锻造成形轴已被铸造成形轴所代替,既满足了使用性能的要求,又降低了零件的生产成本,取得了良好的经济效益。

对于在高温或腐蚀介质中使用的轴,可考虑使用具有相应耐热、耐磨、耐腐蚀的材料。

3)轴类零件的选材与工艺分析

下面以图 12.5 所示的 C6132 车床主轴为例,进行轴类零件的选材与工艺分析。

该机床主轴受交变弯曲和扭转的复合应力,但载荷不大、转速不高、冲击作用力不大。由于采用滚动轴承,摩擦已转移给滚动体和套圈,其轴颈部位不需要特别高的硬度,工作条件较好,故具有一般的综合力学性能即可满足要求。但大端的内锥孔和外锥体在与顶尖和卡盘装卸过程中产生相对摩擦,花键部位与齿轮有相对滑动,为防止这些部位表面划伤和磨损而影响配合精度,故要求这些部位有较高的硬度和耐磨性。

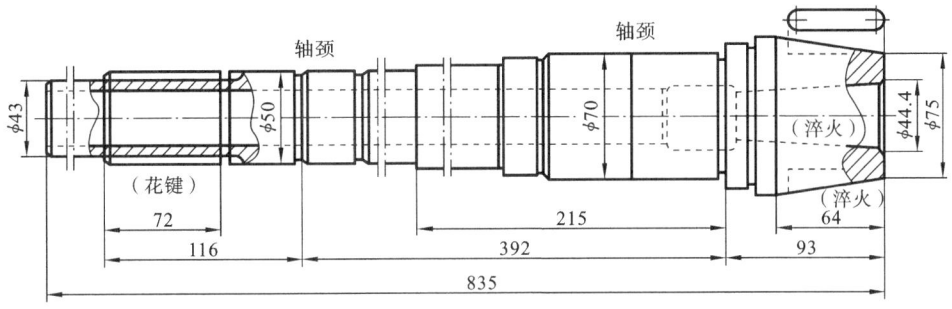

图 12.5　C6132 车床主轴简图

根据上述分析,该主轴选用 45 钢即可满足要求。热处理工艺为整体调质处理,硬度要求为 220~250 HB。内锥孔和外锥体局部淬火,硬度为 46~54 HRC。具体加工工艺路线如下:

下料→锻造→正火→粗加工→调质→半精加工(除花键外)→局部淬火+回火(内锥孔和外锥体)→粗磨(外圆、外锥体和内锥孔)→铣花键→花键高频淬火+回火→精磨(外圆外锥体和内锥孔)。

正火可消除锻造应力,并得到合适的硬度,便于切削加工;同时改善锻造组织,为调质处理做准备。调质处理使主轴具有回火索氏体组织,得到较好的综合力学性能,提高疲劳强度和抗冲击能力。对内锥孔、外锥体进行局部淬火加低温回火,获得回火马氏体组织,能够提高局部硬度,保证耐磨性和装配精度。在花键部位采用高频淬火加回火,可提高花键表面硬度。

2. 齿轮类零件

1) 齿轮的工作条件

齿轮主要是用来传递扭矩,有时也用来换挡或改变传动方向,有的齿轮仅起分度定位作用。齿轮的转速可以相差很大,齿轮的直径可以从几毫米到几米,工作环境也有很大的差别,因此齿轮的工作条件是复杂的。

大多数重要齿轮的受力特点是:由于传递扭矩,齿轮根部承受较大的交变弯曲应力;齿面在相互滚动和滑动过程中承受较大的接触应力,并受到强烈的摩擦和磨损;由于换挡启动或啮合不良,轮齿会受到冲击。因此作为齿轮的材料应具有以下主要性能:高的弯曲疲劳强度和高的接触疲劳强度;齿面有高的硬度和耐磨性,轮齿心部有足够的强度和韧性。

2) 齿轮类零件的选材

作为齿轮用材料,陶瓷因为其脆性大不能承受冲击而不合适,绝大多数情况下有机高分子材料因为其强度、硬度太低也是不合适的。

对于传递功率大、接触应力大、运转速度高而且受较大冲击载荷的齿轮,通常选择低碳钢或低碳合金钢,如 20Cr、20CrMnTi 等制造,并经渗碳及渗碳后热处理,最终表面硬度要求为 56~62 HRC。属于这类齿轮的有:精密机床的主轴传动齿轮、走刀齿轮、变速箱的高速齿轮等。

齿轮的生产工艺流程如下:

棒料镦粗→正火或退火→机械加工成形→渗碳或碳氮共渗→淬火加低温回火。

对于小功率齿轮,通常选择中碳钢,并经表面淬火和低温回火,最终表面硬度要求为45~50 HRC 或 52~58 HRC。其中:硬度较低的,用于运转速度较低的齿轮;硬度较高的,用于运转速度较高的齿轮。

在一些受力不大或在无润滑条件下工作的齿轮,可选用塑料(如尼龙、聚碳酸酯等)来制造。一些在低应力、低冲击载荷条件下工作的齿轮,可用 HT250、HT300、HT350、QT600-3、QT700-2 等材料来制造。较为重要的齿轮,一般都用合金钢制造。

具体选用哪种材料,应按照齿轮的工作条件而定。首先,要考虑所受载荷的性质和大小、传动速度、精度要求等;其次,也应考虑材料的成形及机加工工艺性、生产批量、结构尺寸、齿轮重量、原料供应的难易和经济效果等因素。此外,在选择齿轮材料时还应考虑以下三点:

(1)应根据齿轮的模数、截面尺寸、齿面和心部要求的硬度及强韧性,选择淬透性相适应的钢材。钢的淬透性过低,则齿轮的强度达不到要求;钢的淬透性过高,会使淬火应力和变形增大,材料价格也较高。

(2)某些高速、重载的齿轮,为避免齿面咬合,相啮合的齿轮应选用不同的材料制造。

(3)在齿轮副中,小齿轮的齿根较薄,而受载次数较多。因此,小齿轮的强度、硬度应比大齿轮的高,即材料较好,以利于两者磨损均匀,受损程度及使用寿命较为接近。

3)齿轮类零件的选材与工艺分析

下面以图 12.6 所示的 JN-150 型重型汽车二、三挡齿轮为例,进行选材与工艺分析。

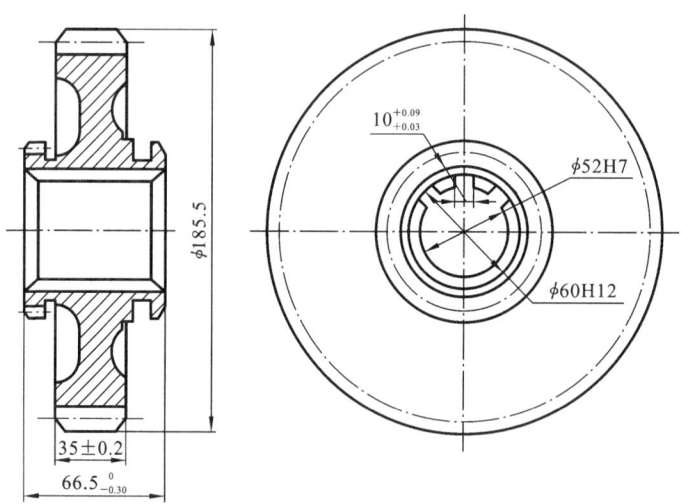

图 12.6　JN-150 型重型汽车二、三挡齿轮简图

由于汽车用齿轮的生产批量大,选材时除考虑力学性能要求外,还要求考虑材料成形能力的问题。该齿轮选择 20CrMnTi 渗碳钢来制造,经渗碳处理+淬火+低温回火后,表面硬度为 58~62 HRC,心部硬度为 30~45 HRC。齿轮的生产工艺流程为

下料→锻造→正火→机械加工→渗碳→淬火+低温回火→喷丸→磨削加工→成品

渗碳可提高齿轮表面的碳含量,使其达到 0.8%~1.05%;淬火后,零件表面硬度提高,

淬硬深度达 0.8～1.3mm,使齿面耐磨性和疲劳强度大幅度提高;低温回火可消除应力,稳定组织;喷丸可使齿面产生加工硬化,利于提高疲劳强度,延长使用寿命。

3. 箱体类零件

箱体是工程中重要的一类零件,如工程中所用的床头箱、变速箱、进给箱、溜板箱、内燃机的缸体等,都是箱体类零件。由于箱体类零件结构复杂,外形和内腔结构较多,难以采用别的成形方法,几乎都是采用铸造方法成形。所用的材料均为铸造材料。

对受力较大、要求高强度、受较大冲击的箱体,一般选用铸钢;对受力不大,或主要是承受静力,不受冲击的箱体可选用灰铸铁,如箱体零件在服役时与其他部件发生相对运动,其间有摩擦、磨损发生,可选珠光体基体的灰铸铁;对受力不大、要求重量轻或导热性好的箱体,可选用铝合金制造;对受力很小的箱体,还可考虑选用工程塑料来制作。总之箱体类零件的选材较多,主要是根据负荷情况选材。

对于大多数大箱体类零件,都需要热处理后使用。如选用铸钢材质,为了消除粗晶组织、偏析及铸造应力,应进行完全退火或正火;对铸铁,一般要进行去应力退火;对铝合金,应根据成分不同,选择退火、固溶、时效等热处理方式。

4. 汽车部分零件的用材选择

汽车部分零件选材情况归纳于表 12.2 和表 12.3 中。

表 12.2 汽车发动机零件的用材选择

代表性零件	材料	性能要求	主要失效形式	热处理及其他
缸体、缸盖、飞轮	灰铸铁 HT200	刚度、强度、尺寸稳定性	产生裂纹、孔臂磨损、挠曲变形	不处理或去应力退火,也可用 ZL104 铝合金做缸体缸盖,固溶热处理后进行时效处理
缸套、排气门座	合金铸铁	耐磨性、耐热性	过量磨损	铸造状态
曲轴	球墨铸铁 QT600-3	刚度、强度、耐磨性、疲劳强度	过量磨损、断裂	表面淬火、圆角滚压、渗氮,也可以用锻钢件
活塞销	渗碳钢 20、20Cr、20CrMnTi、18Cr2Ni4WA	强度、冲击韧度、耐磨度	磨损、变形、断裂	渗碳、淬火、回火
连杆、连杆螺栓、曲轴	调质钢 45、40Cr、40 MnB	强度、疲劳强度、冲击韧度	过量变形、断裂	调质、探伤
各种轴承、轴瓦	轴承钢和轴承合金	耐磨性、疲劳强度	磨损、剥落、烧蚀破裂	滚动轴承需淬火、回火,轴承合金为铸造状态
排气门	耐热阀门钢 42Cr9Si2、40Cr10SiMo	耐热性、耐磨性	起槽、变宽、氧化烧蚀	淬火、回火
气门弹簧	弹簧钢 50CrVA、65Mn	疲劳强度	变形、断裂	淬火、中温回火

续表

代表性零件	材料	性能要求	主要失效形式	热处理及其他
活塞	非铁金属,如高硅铝合金 ZL109、ZL110	耐热强度	烧蚀、变形、断裂	固溶热处理及时效处理
支架、盖、罩、挡板、油箱底、壳	钢板 Q215A、08、20、Q345C	刚度、强度	变形	不热处理

表 12.3 汽车底盘零件的用材选择

代表性零件	材料	性能要求	主要失效形式	热处理及其他
纵梁、横梁、传动轴、保险柜、钢圈等	钢板 25、Q345D 等	强度、刚度、韧度	弯曲、扭转变形、铆钉松动、断裂	要求用冲压工艺性能好的优质钢板
前轴转向臂(羊角)、半轴	调质钢 45、40Cr、40MnB	强度、韧度、疲劳强度	弯曲变形、扭转变形、断裂	模锻成形、调质处理、圆角滚压、无损探伤
变速箱齿轮、后轴齿轮	渗碳钢 20CrMnTi、30CrMnTi、20MnTiB、18Cr2Ni4WA 等	强度、耐磨性、接触疲劳强度及断裂韧度	麻点、剥落、齿面过量磨损、变形、断齿	渗碳(渗碳层深度0.8 mm以上)、淬火、回火,表面硬度58~62 HRC
变速器壳体、离合器壳体	灰铸铁 HT200	刚度、尺寸稳定性、强度	产生裂纹、轴承孔磨损	去应力退火
后轴壳体	可锻铸铁 KT350-10、球墨铸铁 QT400-15	刚度、尺寸稳定性、强度	弯曲、断裂	后轴还可用优质钢板冲压后焊接成形
钢板弹簧	弹簧钢 65Mn、50CrVA、60Si2Mn、55SiMnVB	疲劳强度、冲击韧度、耐蚀性	折断、弹性减退、弯度减小	淬火、中温回火、喷丸强化
驾驶室、车厢罩	钢板 08、20	刚度、尺寸稳定性	变形、开裂	冲压成形
分泵活塞、油管	铝合金、紫铜	耐磨性、强度	磨损、开裂	按合金类型进行热处理

思考题

12.1 何谓失效?零件的失效形式有哪些?引起失效的相应原因是什么?

12.2 在进行失效分析时,常用哪几种检验方法?

12.3 试述选材的基本原则。

12.4 对下列零件做出材料选择,并说明选材的理由,制定其工艺路线,说明各热处理工序的作用及相关组织:① 汽车齿轮;② 普通机床主轴;③ 发动机连杆螺栓;④ 机床床身;⑤ 汽车板簧。

本章参考文献

［1］赵亚忠. 机械工程材料［M］. 西安:西安电子科技大学出版社,2016.

［2］周风云. 工程材料及应用［M］. 武汉:华中科技大学出版社,2013.

［3］张文灼,赵宇辉. 机械工程材料与热处理［M］. 北京:机械工业出版社,2016.

［4］于永泗,齐民. 机械工程材料［M］. 大连:大连理工大学出版社,2010.

［5］郑明新. 工程材料［M］. 北京:清华大学出版社,2011.